ボード・コンピュータ・シリーズ

Network
ネットワーク

ラズベリー・パイ&IchigoJam対応

LED/スイッチからカメラ/LCDまで
何でも3分Wi-Fi接続

超特急Web接続！ESPマイコン・プログラム全集

［CD-ROM付き］

国野 亘 他著

CQ出版社

はじめに
マイコン内蔵で手軽&簡単になったIoT技術を活用しよう

モノがインターネットへつながるIoTの世界が広がろうとしています．これまでは，構成要素となる個々の技術を熟知した大勢の専門家が長い開発期間をかけなければIoTシステムを実現することができませんでした．ところが，本書で紹介するワイヤレス通信モジュールや，IPネットワークに標準対応したLinux OS，またクラウドを利用した各種のXaaSサービスなどの普及などにより，状況が一変しました．こういったハードウェア，ソフトウェア，サービスがモジュール化され，それらを組み合わせるだけで手軽にIoTシステムを開発することができるようになったのです．

本書では，こういった背景で登場したEspressif Systems社のIoTモジュールESPシリーズなどを使用し，さまざまなIoT機器や応用システムの製作およびプログラミングに取り組みます．LEDやスイッチを実装した基本的なIoT機器から，液晶やカメラ，音声出力といった応用的な機能をもった機器，そしてこれらIoT機器を統合的に管理する応用システムまで幅広く紹介します．基礎から応用例までを一冊に凝縮することで，新たなIoT応用システムを自力で生み出し，試作，実験に取り組むための知識を習得できるよう配慮しました．

IoTに興味があり，これからIoTデバイスやIoTシステムを製作したいと思っている人から，新たなIoTシステムを考案しようとしている人まで，多くの人に役立てていただければ幸いです．

本書は，トランジスタ技術2016年9月号と2017年3月号の特集に最新情報を加筆して，ESP32-WROOM-32/ESP-WROOM-02の応用事例をまとめました．小型で多機能，入手性の良いこれらIoT用マイコン・モジュールの回路とプログラムの資料として最適な一冊です．サンプル・プログラムはどちらのESPモジュールにも対応しています．

国野　亘

LED/スイッチからカメラ/LCDまで何でも3分Wi-Fi接続

超特急Web接続！ ESPマイコン・プログラム全集［CD-ROM付き］

CONTENTS

ネットワーク頭脳 IoT システム製作 モバイル編＆実用編

第8章 6 ジャングルや孤島でも…モバイル回線対応・見守りシステム 7 Wi-Fiとモバイル回線を橋渡しするIoTルータ 8 24時間防犯カメラマン 9 ホーム・オートメーション・システム 10 IFTTTでクラウド連携 188

Appendix 6 ESP32搭載ESP32-WROOM-32を使ったIoT機器の製作 214

あれこれ考えてる間に…
地球上のすべては電脳を搭載し話し始めているだろう

イントロダクション 2つ目のインターネット“IoT(Internet of Things)”誕生

大中 邦彦 Kunihiko Ohnaka

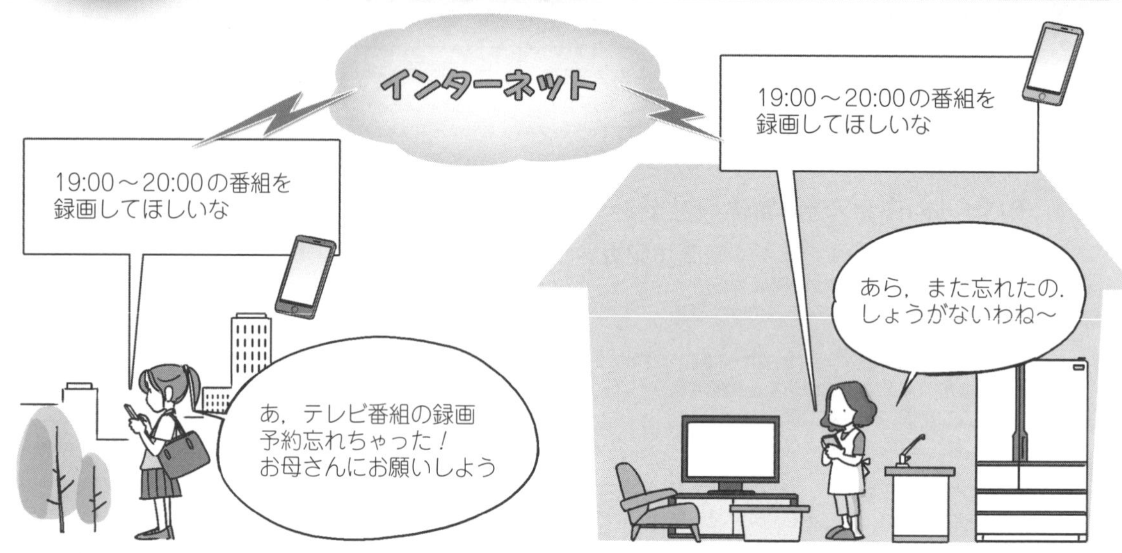

図1 今やみんながスマホを持っているので，離れたところにいても簡単にコミュニケーションをとることができる

モノがネットを駆け巡る？ IoT（アイ・オー・ティ）ってなんだろう

●モノがインターネットにつながる？

経済誌やセミナのタイトルで「IoT（アイ・オー・ティ）」という単語を見かけることが多くなってきました．「なんとなく気になってたんだよなぁ」という方も多いのではないでしょうか？

IoTという言葉は「Internet of Things」を短くしたもので，日本語では「モノ（物）のインターネット」と呼ばれています．モノのインターネットと聞いてもピンとこないと思いますが，「**ヒト（人）のインターネット**（Internet of Human）」という言葉を考えてみると少し理解しやすくなるかもしれません．

私たちはLINEなどのメッセージング・アプリでおしゃべりしたり，ネットショッピングしたりと，何かしらの形で毎日インターネットを使っています．

図1はメッセージング・アプリで自宅にいる家族と会話をしているようすです．テレビ番組の録画予約を忘れてしまった娘さんが，家にいるお母さんにテレビ・レコーダの操作をお願いしています．逆に**図2**では，買い物に出かけたお母さんが，冷蔵庫の中にどんな食材が残っていたかを娘さんに聞いています．どちらも日常的に見かける光景です．

ほとんどの人がスマートフォンを持ち歩くようになり，「すべてのヒトがインターネットに接続されている」といえる状況が生まれ，相手がどこにいるかを気にせずにすぐに連絡できるようになりました．このように，人々をつないで生活を豊かにすることができるインターネットは「**ヒトのインターネット**」，つまり「Internet of Human」と言えそうです．

●すべてのヒトがインターネットにつながったように，すべてのモノがインターネットにつながる時代がやってくる！

図1や**図2**のように場所に縛られずにいろいろなことができるのはとても便利ですが，家にだれもいない場合はこの恩恵を受けることができません．

図3のようにテレビ・レコーダや冷蔵庫がスマホを持っていて，送られたメッセージの指示に従って録画予約をしたり，冷蔵庫の中を教えてくれたりしたらどうでしょう．そうなっていたらわざわざ家の人にお願いする必要もないですし，自宅にだれもいなくても対応できます．

そう考えていくと，身の回りにあるあらゆるものがインターネットに接続されていると便利だと思いませんか？ 家の鍵を閉めたかどうかを外出先から確認できたり，財布を落としても財布の現在地がすぐにわかったりと，想像は無限に広がります．

スマートフォンによって世界中の人々がいつでもど

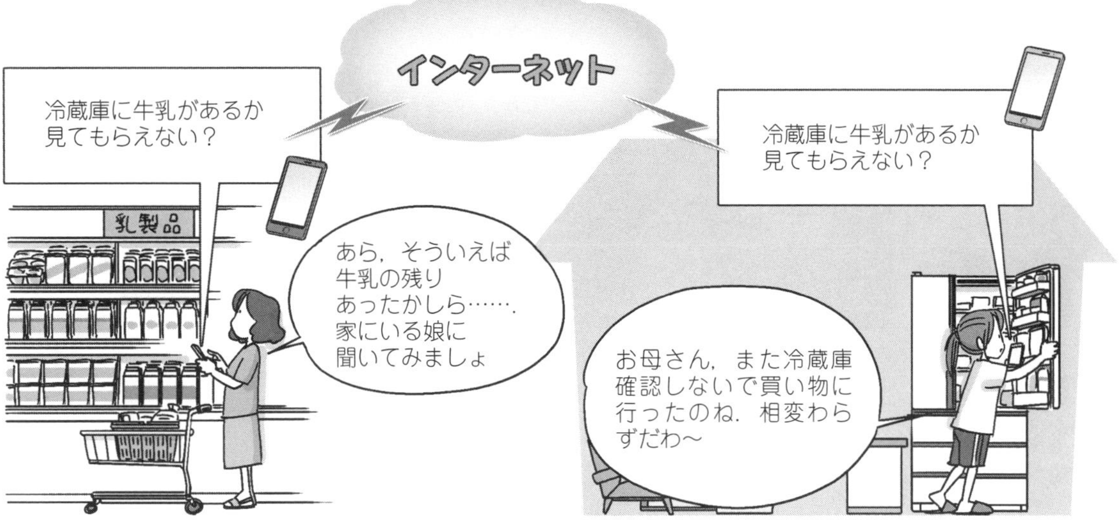

図2　お母さんだってスマホを持っているから，外出先からでも娘さんと連絡できる

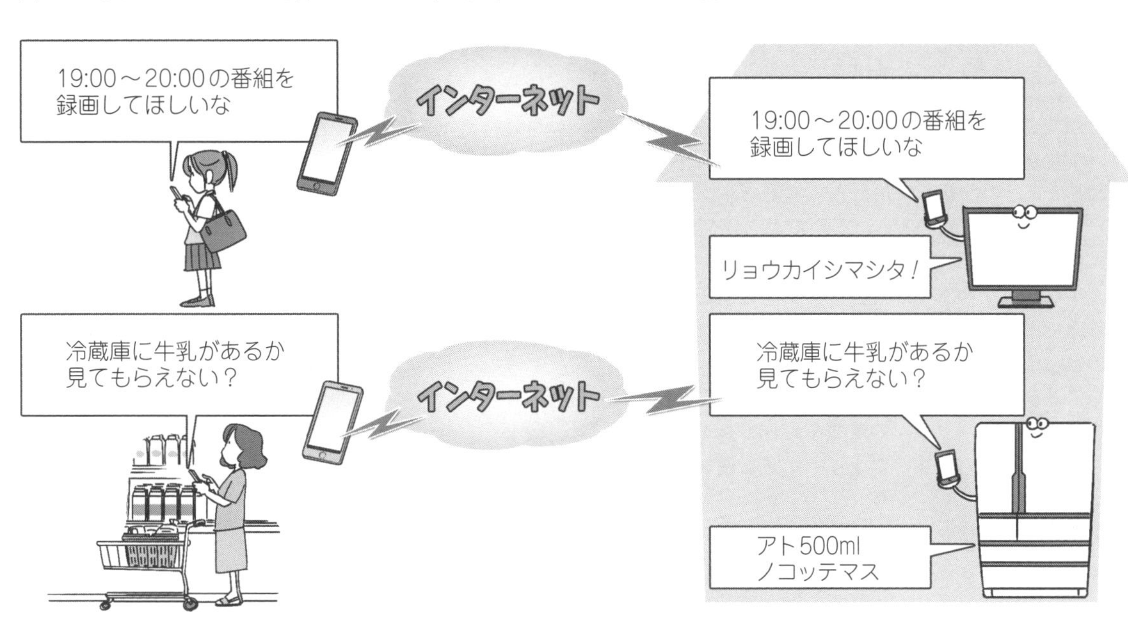

図3　もしテレビや冷蔵庫がスマホを持っていたら，家にだれもいなくても外出先から操作できる

こでもインターネットに接続されるようになって，世界は大きく変わりました．同じように世界中のありとあらゆるモノがインターネットに接続されるようになると，世界がガラッと変わる可能性があります．そんな世界のことをIoTと呼んで，たくさんの人たちが注目しているのです．

IoTの世界をモノの気持ちになって考えてみよう

●モノがインターネット経由で頭脳とつながる

ちょっと視点を変えて，モノの気持ちになってIoTの世界を見てみしょう．

図4は普通の体重計です．体重計の機能は「人が上に乗ったらその重さをディスプレイに表示する」という単純なものです．体重計には知能のようなものはなくて，単なる計測器としての役割しかありません．

図5は少し進化した体重計で，USB端子が付いています．パソコンと接続しておけば，計測結果がパソコンに自動で入力されるので，毎日の体重変化を表計算ソフトに入れてグラフにできます．また，専用の分析ソフトを開発すれば，体重変化を分析して食事のアドバイスをする機能を持たせることもできます．

体重計にとってみると，これはとても大きな変化で

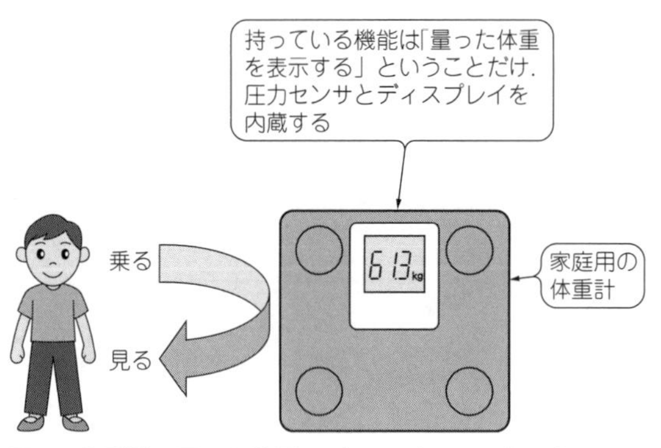

図4　体重計は量った体重がディスプレイに表示することができるモノ

す．単なる計測器だった体重計にパソコンという頭脳が接続されたことで，データを分析してヒトにアドバイスができるようになるのです．これは，「モノに知能が備わった」と言っても過言ではありません．

しかしこの体重計には弱点もあります．たとえば，体重計とパソコンをセットで使う必要があるため，体重計は脱衣所に置いてパソコンは書斎に置くといったことができません．それに，体重を測る前に先にパソコンの電源を入れておかなくてはいけないのも不便です．

図6は，その問題を解決した体重計です．この体重計にはUSB端子は付いていませんが，Wi-Fi接続モジュールを内蔵していて，インターネットに接続できるようになっています．近くにパソコンがなくても常に無線でインターネットに接続されているため，家の中のどこに体重計が置いてあっても，計測した体重はすぐにクラウド・サーバに送られて，データベースに記録されます．パソコンの電源を入れておく必要もないので，今までの体重計とまったく同じ使い方をすれば良いのです．

頭脳となるクラウド・サーバは，パソコン以上の処

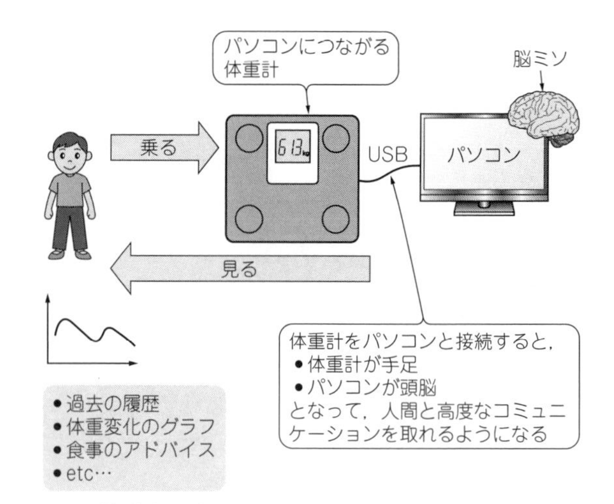

図5　体重計にパソコンという頭脳を持たせると，詳細な健康管理ができるようになる

理能力を持ったコンピュータなので，データの分析などなんなくこなします．分析結果をみるためにはクラウド・サーバと接続する必要がありますが，今はほとんどすべての人がスマホを持っている時代です．スマホは常にインターネットにつながっているので，いつでもどこでもクラウド・サーバに接続して計測結果を見ることができます．

これがまさにIoTの世界です．体重計が「Wi-Fi接続モジュール」というInternet of Humanでのスマホを手に入れ，インターネット社会の一員になったと考えることもできます．**このような体重計を「IoT体重計」と呼ぶことにしましょう**．

● IoT機器は数が集まることでその真価を発揮できる

IoT体重計は確かに便利そうですが，単に体重の増減を見たいだけなら紙のメモ帳に毎回体重を記録して

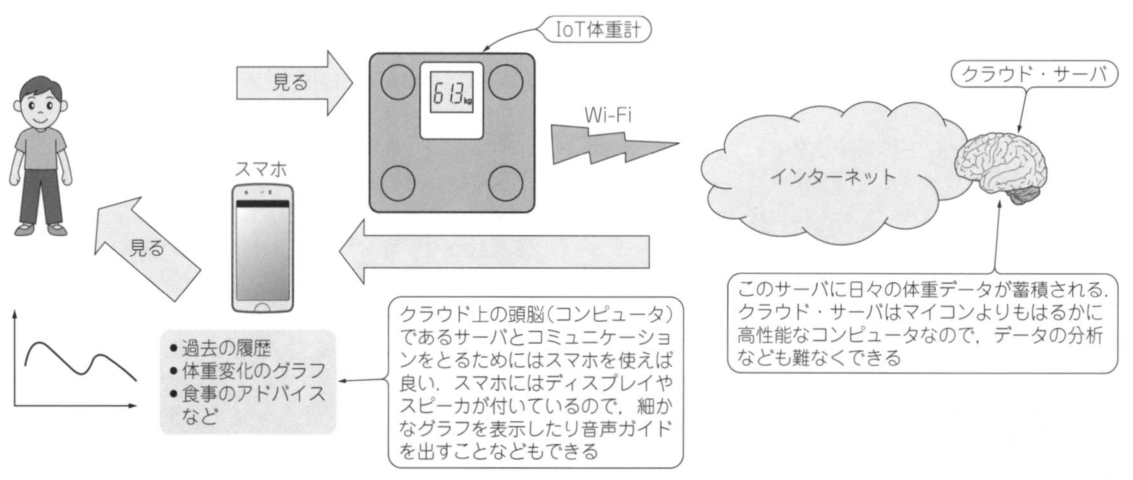

図6　パソコンの代わりにインターネット上のサーバ（クラウド・サーバ）を頭脳として使うと，パソコンが不要になって家の中がスッキリする

も同じことができます.

実はIoT機器はそれ単体で使うだけではその真価を完全に発揮することはできません. IoTの良さを引き出すためには, たくさんのIoT機器同士の協力が欠かせないのです.

図7を見てください. 自宅にはIoT体重計とIoT血圧計があり, 日々計測した結果がクラウド・サーバに蓄積されています. また, いつも通っているスポーツ・ジムにはIoTエアロ・バイクがあり, こちらを利用すると自動的に運動量がクラウド・サーバに送られるようになっています. クラウド・サーバはインターネット上にあるため, IoT機器がどこにあっても問題ありません. そのため, 自宅とスポーツ・ジムのように離れた場所にあるデータも簡単に集めることができるのです.

クラウド・サーバに体重, 血圧, 運動量など, さまざまなデータが自動的に蓄積されるようになると, それらのデータを総合的に活用することができるようになります. 例えば, 体重, 血圧, 運動量の変化を1つのグラフにまとめて表示したり, 体調が変化した原因を総合的に分析したりできます.

IoTというものは単に機器が無線で接続できるというだけでなく, 離れた場所から得られる情報を一ヶ所に集めて活用できるというところに大きなメリットがあります.

IoTを実現するにはやっぱりマイコンが必要! IoTマイコン・システムの作り方

● 1つのモノに1つのネットにつながったマイコン

IoTの世界観について見てきましたが, 実際にIoT機器を作る方法も具体的に見ていきましょう.

図8はマイコンが使われている一般的な装置です. マイコンには入力端子や出力端子があり, それらにスイッチ, センサ, ディスプレイ, モータなどを接続してさまざまな装置を作ることができます.

例えば体重計の場合は重量センサが入力端子に接続されていて, 計測された体重がマイコンに入力されます. その結果はマイコンによって処理され, 出力端子につながったディスプレイに表示されます.

エアコンの場合は操作ボタンが入力端子につながっていて, 出力端子にはコンプレッサのモータがつながっています. ボタンとモータはマイコンによって制御され, ヒトが冷房ボタンを押すとモータが動作してエアコンから冷風が出てきます.

こういったシステムは, マイコン・システムと呼ばれていて, マイコンがその装置の頭脳として機能します. マイコンのプログラムを工夫すると, エアコンのコンプレッサを効率良く動作させたり, ヒトが快適に感じる冷風を出すようにできます. 何ができるかはマイコンの処理能力に依存しているので, 高度な制御をしたい場合は高性能なマイコンが必要になります.

一方, **図9**はIoT化されたマイコン・システムです. **図8**では1つのマイコンの中で処理が完結していましたが, **図9**ではクラウド・サーバを介してたくさんのマイコンが接続されています. 全体的に見ると, クラウド・サーバという脳に手足となる入出力装置がつながっているように見えます.

もう少し具体的に見てみましょう. **図10**は家の中にIoTエアコンとIoT温度センサがあるIoTエアコン・

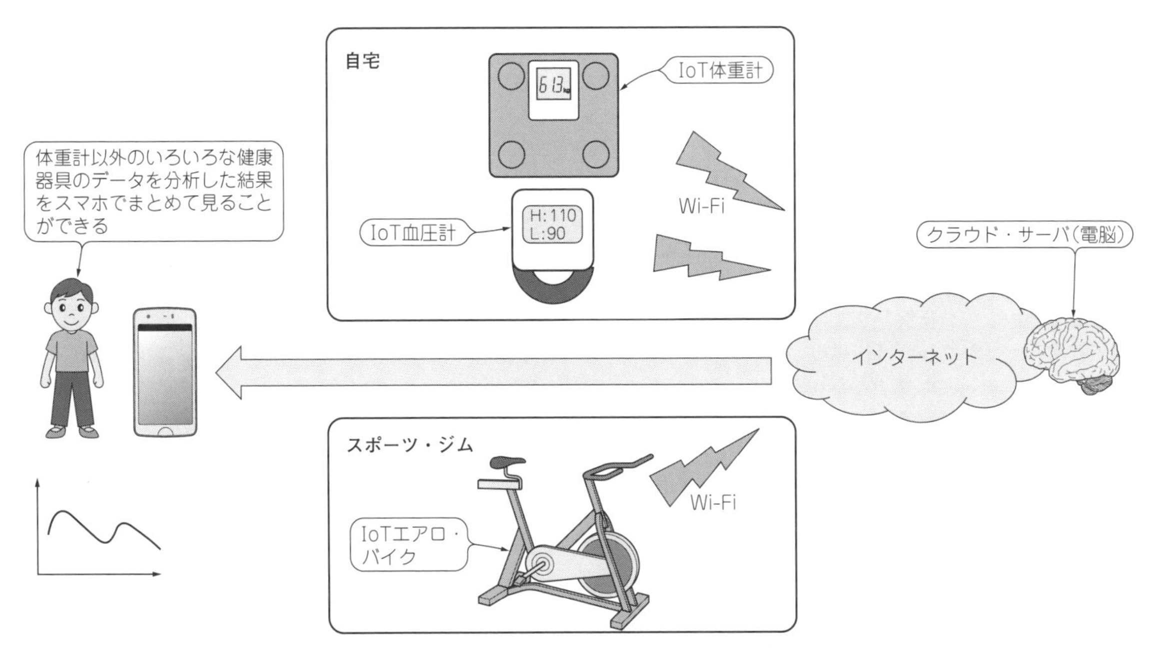

図7　体重計以外のさまざまな機器も一緒に束ねれば, より正確な分析ができるようになる

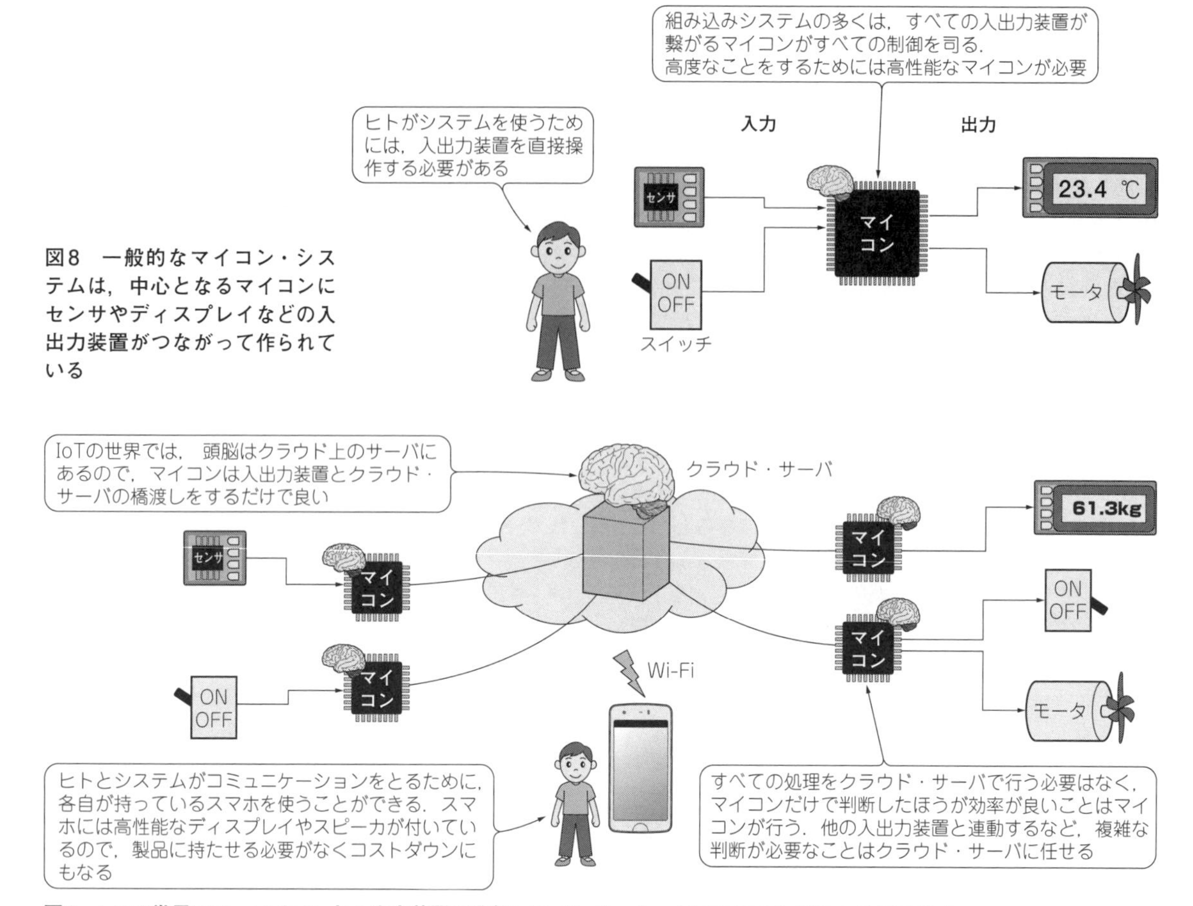

図8　一般的なマイコン・システムは，中心となるマイコンにセンサやディスプレイなどの入出力装置がつながって作られている

図9　IoTの世界では，マイコンと入出力装置が分離してインターネット経由でつながるようにできる

システムです．今までのエアコンは単体で完結するシステムだったので，そのエアコンから見える範囲の情報だけで制御を行っていました．しかし，IoTエアコン・システムの場合は，家の中のいろいろな場所にある温度センサの情報がクラウド・サーバに集約されるため，クラウド・サーバがそれぞれのエアコンを適切に制御できるようになります．

また，クラウド・サーバはヒトが持っているスマホから簡単に接続できるのもIoTエアコン・システムの特徴です．さまざまな機器をスマホから一括でコントロールすることができれば，専用のコントローラが不要になり，コストダウンにもなります．

● 従来のマイコンではなかなかしんどい

システムの頭脳となるクラウド・サーバの手足となる入出力装置は，インターネットを介して接続されています．インターネット上でそれらが相互に通信するためには「**インターネット・プロトコル(Internet Protocol)**」という方式で通信する必要があります．インターネット・プロトコルは「IP」と略され，通常はTCPやUDPというプロトコルと組み合わされてTCP/IP，UDP/IPという形で利用されます．

マイコンでTCP/IPやUDP/IPといったプロトコルを使用するためには，それ専用のソフトウェアが必要になります．Windows，MAC OS X，Linuxなどの主要なOSには，TCP/IPを扱うソフトウェアが含まれていますが，マイコンの場合はかならずしも簡単に利用できるとは限りません．

● ラズベリー・パイなら簡単だけど

図11は，最近よく解説記事を目にするラズベリー・パイというマイコン・ボードです．ラズベリー・パイには，Ethernetが搭載されていて，LANに接続できます．Linux系のOSが公式に提供されているため，TCP/IPも扱えます．しかし，ラズベリー・パイのボードは1つ5,000円程度するため，温度センサを1つだけつなぐ用途には少々高価です．

IoTは，たくさんの機器がインターネットに接続することで高い効果を出すことができます．もっと小型で，インターネットと接続することもでき，TCP/IP

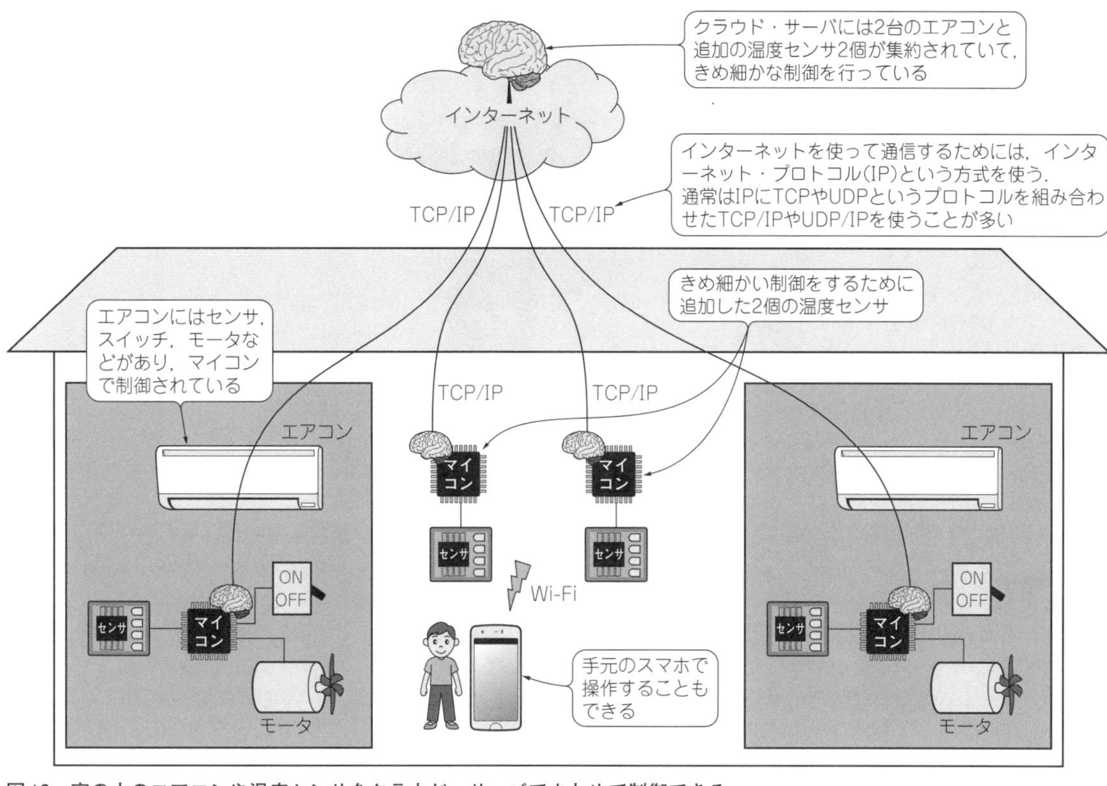

図10　家の中のエアコンや温度センサをクラウド・サーバでまとめて制御できる

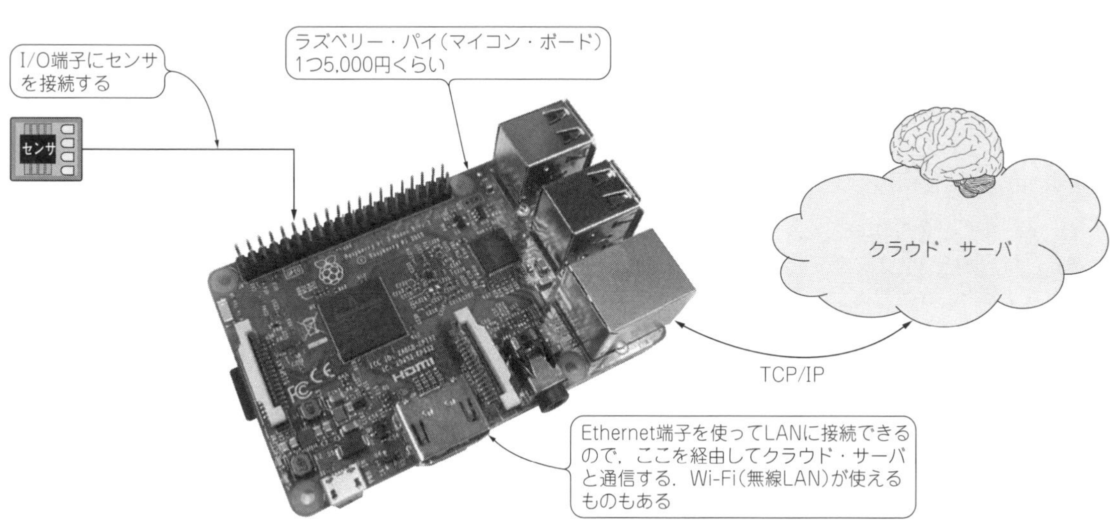

図11　TCP/IPが使えるマイコン・ボードにはラズベリー・パイなどがあるが, センサを1つ接続するためだけに使うには値段が高い

も扱える安価なマイコン・ボードがあれば, IoTの理想の世界に近づくことができます.

そんな中, 秋葉原などで人気が出てきているマイコン・ボードが**図12**の**ESP8266**というマイコン・ボードです. こちらは小型で, **1つ500円**程度で入手可能なマイコンです. この値段でWi-Fiモジュールを内蔵しています. ESP8266にはEthernetコネクタこそありませんが, **Wi-Fiが扱える**ので, 無線でインターネットに接続できます. さらに, 電力消費も低いため, 電池でも十分に動作します.

問題はTCP/IPです. Wi-Fiマイコン ESP8266はLinuxなどのOSはサポートしていませんが, TCP/IPを扱うためのライブラリが利用できるので, 自作のプログラムからライブラリを呼び出して, クラウド・サ

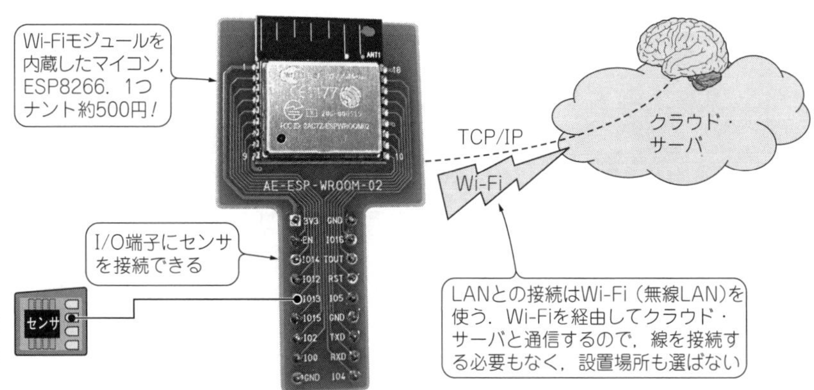

図12　IoTアタッチメントWi-Fiマイコン ESP8266を使えば500円でインターネットに接続できる

ーバと通信できます．

安価なので，センサなどをたくさん使うような用途に向いています．例えばこのマイコンにセンサを取り付けたものをレストランの各座席に設置しておけば，空席情報をインターネット上にリアルタイムに表示できます．もちろんセンサだけでなく出力することもできるので，LEDを接続して大規模なイルミネーション・システムも作ることができます．

ESP8266マイコン・ボードの使い方については，次章以降にじっくり解説していきます．**図13**にIoT機器開発用の三大ワイヤレス・アイテムの関係を示します．

IoTシステムの頭脳となる，クラウド・サーバの作り方

● 各IoTマイコンからの情報を収集して処理

IoTの世界を作り上げるためには，その頭脳となるクラウド・サーバを用意する必要があります(**図14**)．

現在，IoT向けのクラウド・サーバの統一的な作り方はありません．クラウド上で動くサーバ・サービスはたくさんあるので，それらを使って一からプログラムを組んでいくというのが1つの方法ですが，決して簡単ではありません．日々の体重の変化や，部屋の温度変化をグラフにして見たいだけだとしても，それなりの開発期間が必要です．

● はじめの一歩，IoT向けクラウド・サービスを利用してみよう

そこで近年徐々に注目を浴びているのが「**IoTプラットフォーム**」と呼ばれるサービスです．このサービスを利用すると，IoTで必要になるクラウド・サーバを少ない手数で構築できます．以下に具体的なサービスを3つご紹介します．

▶ambient (https://ambidata.io/)

下島 健彦さんという方が個人で運営されているIoT向けクラウド・サービスで，IoT機器から送られたデータをWebブラウザ上でグラフ化して表示することが簡単にできます．

現時点ではユーザ登録をすれば規約の範囲内でだれでも利用できます．本特集内でも使い方を説明します．

▶AWS IoT (https://aws.amazon.com/jp/IoT/)

AWS(Amazon Web Services)は，オンライン・ショピング・サイトの「**アマゾン**」が母体となっている世界有数のクラウド・サービス事業者です．そのAWSが提供しているIoT向けサービスがAWS IoTです．

多数のIoT機器から情報を収集して大規模なデータベースに格納したり，それらを高性能なコンピュータで分析できます．

商用サービスにも利用できるレベルの本格的なプラットフォームではありますが，提供されるシステムは基礎的な部分だけなので，データのグラフ化などは自分で作り込む必要があります．

▶さくらのIoT Platform (https://IoT.sakura.ad.jp/)

日本でレンタルサーバやクラウド・サービスを手がける，さくらインターネットが提供するIoT向けプラットフォームです．2016年7月現在，まだ一般向けのサービスは始まっておらず，事前に申し込みを行ったαユーザだけに提供されています．

このプラットフォームのおもしろいところは，携帯キャリアの回線を使ったデータ通信用のモジュールがセットで提供されている点です．IoT機器をWi-Fiで接続する場合は，近くにWi-Fiアクセスポイントを用意する必要がありますが，こちらの通信モジュールは，**携帯電話の電波が入るところであれば直接インターネットに接続できます**．

ちょっと未来を想像してみた

● 急速に浸透するであろうIoT技術

IoTの世界を駆け足で紹介してきましたが，いかがだったでしょうか？　身近なものがインターネットに

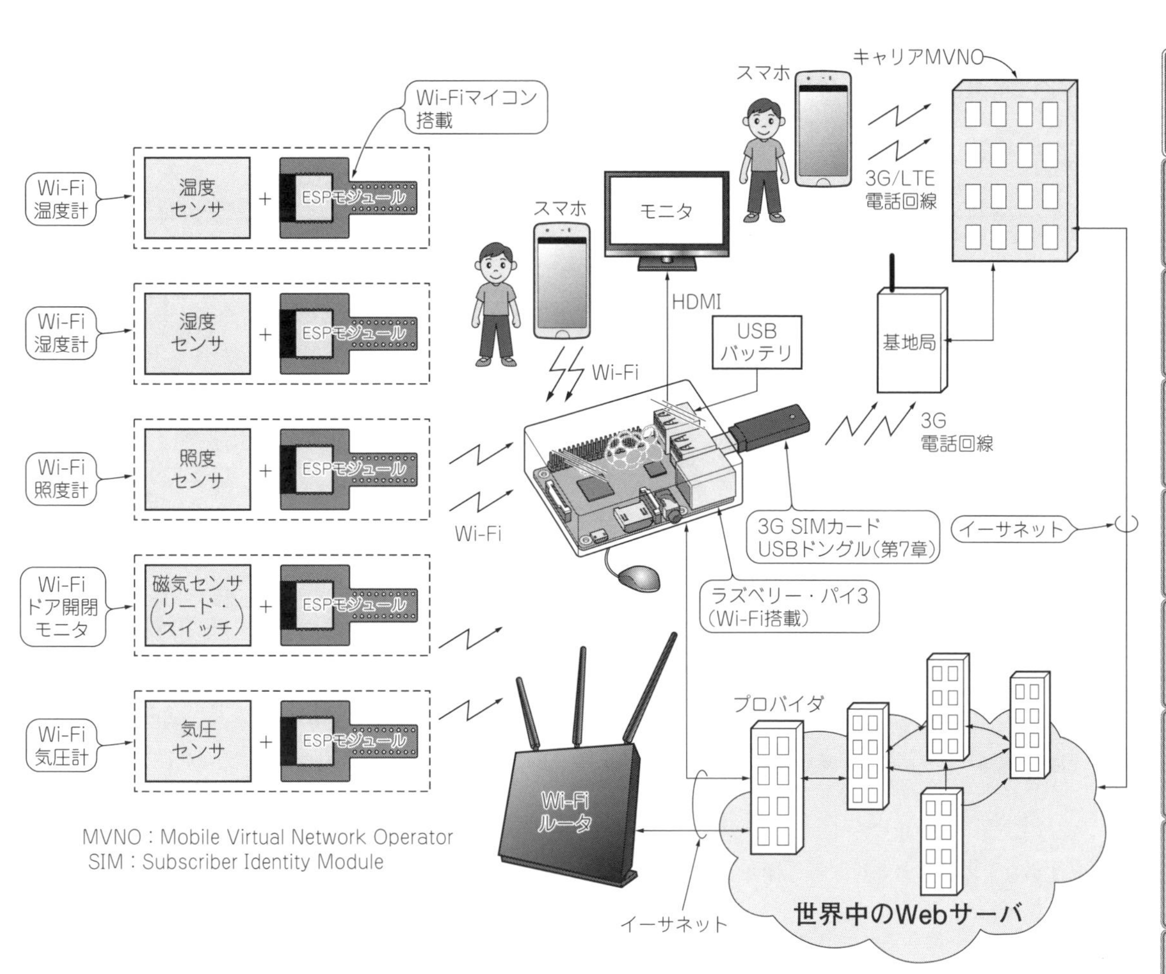

図13　IoT機器開発用の三大ワイヤレス・アイテム ①Wi-Fiワンチップ・マイコン ②ラズベリー・パイ ③3G/LTE携帯回線モジュールと，Webサーバ，キャリアの関係

特集では，IoT開発用三大アイテムのすべてを使って，センサやスイッチ，LED，LCDを始めとする，さまざまなモノ(Things)をWebサーバに接続する方法を製作を通じて紹介する．時計，体重計，照明，トイレなど，世界中のThingsが頭脳を搭載すると，一体どんな世界になるのだろう？

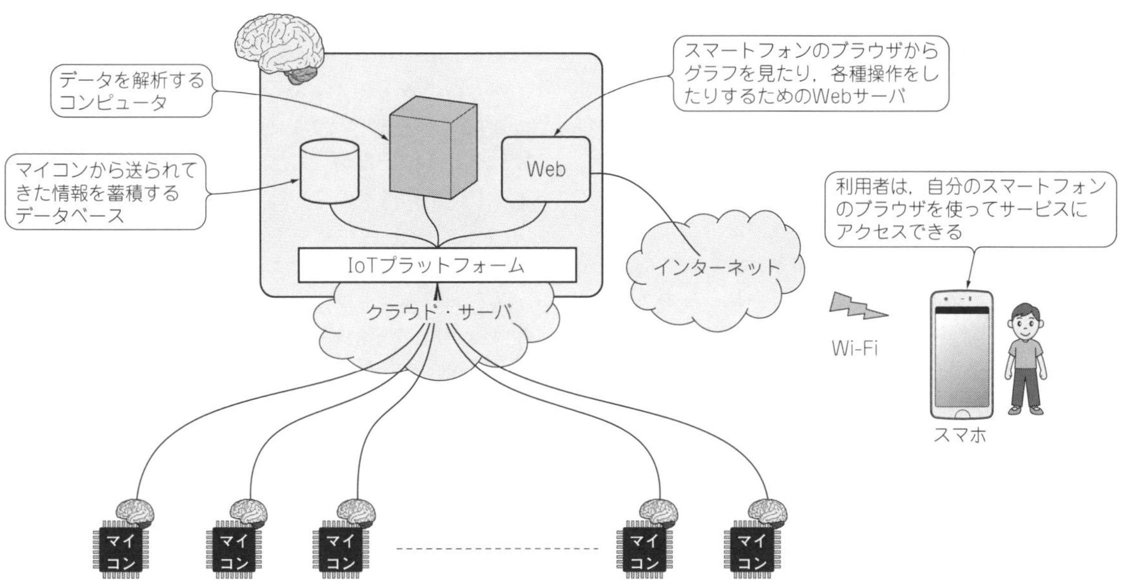

図14　IoT向けのクラウド・サーバを手軽に構築できる IoTプラットフォーム・サービスが注目されている

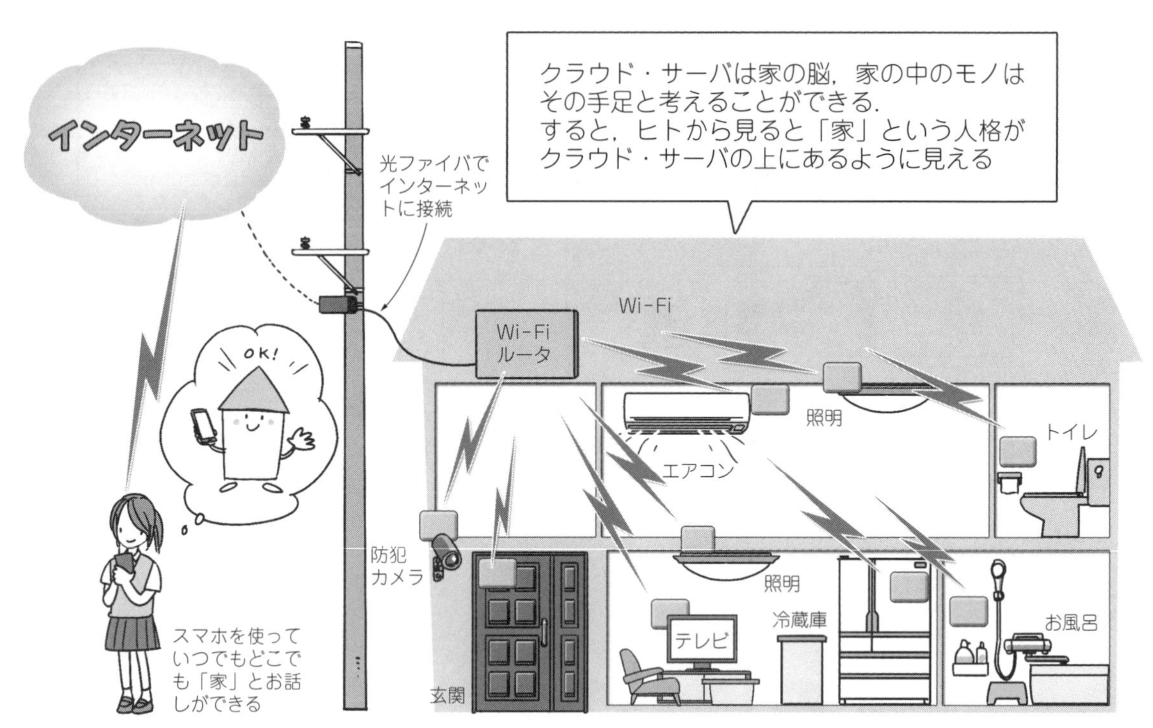

図15　IoTが実現された未来は，家じゅうのモノがインターネットにつながっているIoTハウスが当たり前になる

接続している世界は，おそらくそう遠くない未来にやってくるはずです.

図15は，家の中にあるさまざまなモノをインターネットに接続したIoTハウスです．冒頭の**図1**や**図2**でテレビや冷蔵庫がインターネットにつながった世界を紹介しましたが，**図15**のIoTハウスでは玄関，防犯カメラ，照明，エアコン，お風呂，トイレなどがインターネットにつながっています．これらの機器はWi-Fiルータを経由してクラウド上のサーバに接続されていて，住人のスマホから操作できます.

家の外から玄関の鍵がかかっているかを確かめたり，防犯カメラの映像を見たり，帰宅前に冷房を入れるなどもできます.

こういった機能は家の外から使うだけでなく，家の中にいても活用できます．家の中を見渡すと，たくさんのリモコンがあると思いますが，それらを手元のスマホ1台にまとめて操作したり，音声コントローラで操作したりできます.

ヒトから見ると，スマホを通じてあたかも「家」という人格とコミュニケーションできる感じになるかもしれません．例えば「部屋が寒いよ」と言うだけで暖房をつけてくれるかもしれません.

IoTハウスの頭脳は暖房を制御するだけでなく，換気扇の強さを弱めたり，窓の開けっ放しを教えてくれたりと，部屋を暖める方法を横断的に判断してくれるようになるに違いありません.

● IoT普及の波は，すぐそこまできている？

そういった判断ができるためには，IoTハウスの頭脳であるクラウド・サーバに，家じゅうの**情報がすべて自動的に集まってくる**必要があります．2016年現在，それを実現するための土台はかなり揃ってきたと言えますが，世界中の人が当たり前に使えるまでには，まださまざまなハードルがあります.

例えば，クラウド・サーバと機器の間はIPを使って通信すると説明しましたが，そのIPを使って温度情報をどう伝えるか，また，ディスプレイに文字を表示するためにはどのようなデータを送れば良いかなどは，サービスごとに異なった方式が使われていて統一されていません.

また，他人によって勝手にIoT機器が使われたり情報を盗み見られないためのセキュリティの仕組みも整備していく必要があります.

これらの問題が解決されてIoTハウスが実現するまでには，まだまだ時間がかかりそうですが，一方でIoTは今後の成長が見込める分野であるとも言えます.

次章以降は500円ワイヤレス・マイコンを実際に使う方法について解説します．ぜひ実物に触れてIoTの持つ可能性について実感してみてください.

締めて2千円! 部品を付けてルータ経由で世界のコンピュータにポンポーンと接続!

第1章 1 ESPスタータ・キット×ブレッドボードで作るIoT実験ボード

国野 亘 Wataru Kunino

Espressif Systems社からESP-WROOM-02モジュールが登場したことにより，従来のワイヤレス通信モジュールはIoTモジュールに変貌を遂げる大きなきっかけとなりました．

その後，さらに機能を追加/強化したIoTモジュールが発売されていますが，ESP-WROOM-02をベースに機能強化しているので，このESP-WROOM-02の使い方をマスタすれば，他の最新のモジュールもほぼ同じように使えるようになります．

本章ではブレッドボード上にESP-WROOM-02を実装した実験用ボードを製作し，そこにIoT回路を試作します．

ブレッドボードを使用することで，ESP-WROOM-02の動作確認にとどまらず，さまざまなIoTセンサ，IoT機器へ拡張することができます．

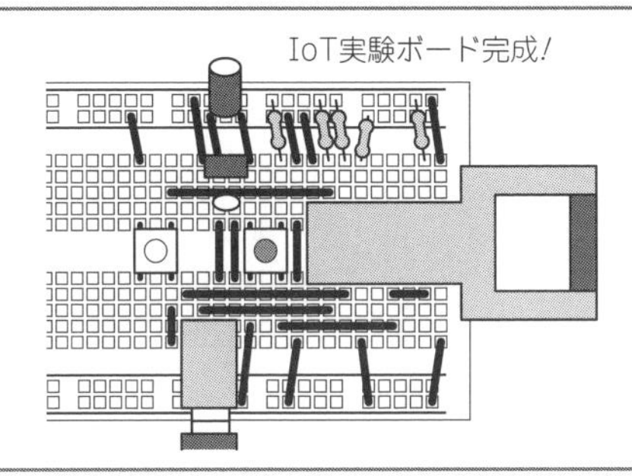

DIP化したESPモジュールとブレッドボードを使い，ESPモジュールの試作用実験ボードを作ります．「IoT実験ボード」と名付けました．

Wi-Fi マイコン ESP-WROOM-02の特徴

● Wi-Fi, A-Dコンバータ内蔵マイコンモジュール

Espressif Systems社(中国・上海)が開発したIEEE 802.11b/g/n対応の**無線LANチップESP8266EX**内のMPUには，米Cadence社の32ビットMCU Tensilica L106(クロック80 MHz)が組み込まれています．このESP8266EXを搭載した**ESPモジュールESP-WROOM-02**(**写真1**)は，**図1**のように，GPIOや10ビットA-D変換器，I²CやSPIの外部接続用インターフェースをもった多機能マイコンで，IoTに利用しやすいWi-Fiマイコンです．

プログラムをモジュール内のメモリに書き込むことができるので，IoTモジュールとも呼ばれています(以下，本稿では本モジュールをESPモジュールと呼ぶ)．

このESPモジュールの特徴は，

- 低価格(550円ほど)，国内の電波法に基づいた認証を取得済み
- インターネットにアクセスするための通信のプロトコル・スタック(=複数の階層に分かれた通信プロトコルを実装したソフトウェア)を搭載

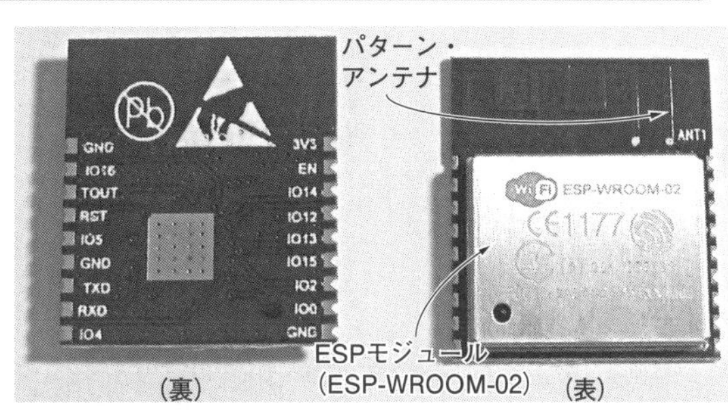

写真1 ESPモジュールESP-WROOM-02(Espressif Systems社)
ESPモジュールの外寸は18 mm×20 mm×3 mm，面積はSDカードの約半分．秋月電子通商では，このモジュールを実装済みのDIP化キットを販売している

秋葉原の秋月電子通商やaitendoで購入できます．

このMPUの処理能力のうち，約20 %はWi-Fi用のプロトコル・スタックを動かすために使われます．残る80 %は，ユーザが作成したプログラムを動かすために使用することができます．

ESPモジュールには，**Wi-FiおよびTCP/IPの通信プロトコル・スタック，ATコマンドAPI**(アプリケーション・プログラム・インターフェース；別のプログラムとのインターフェース)**が実装されている**ので，プログラムを作成することなく，これらを直接制御し

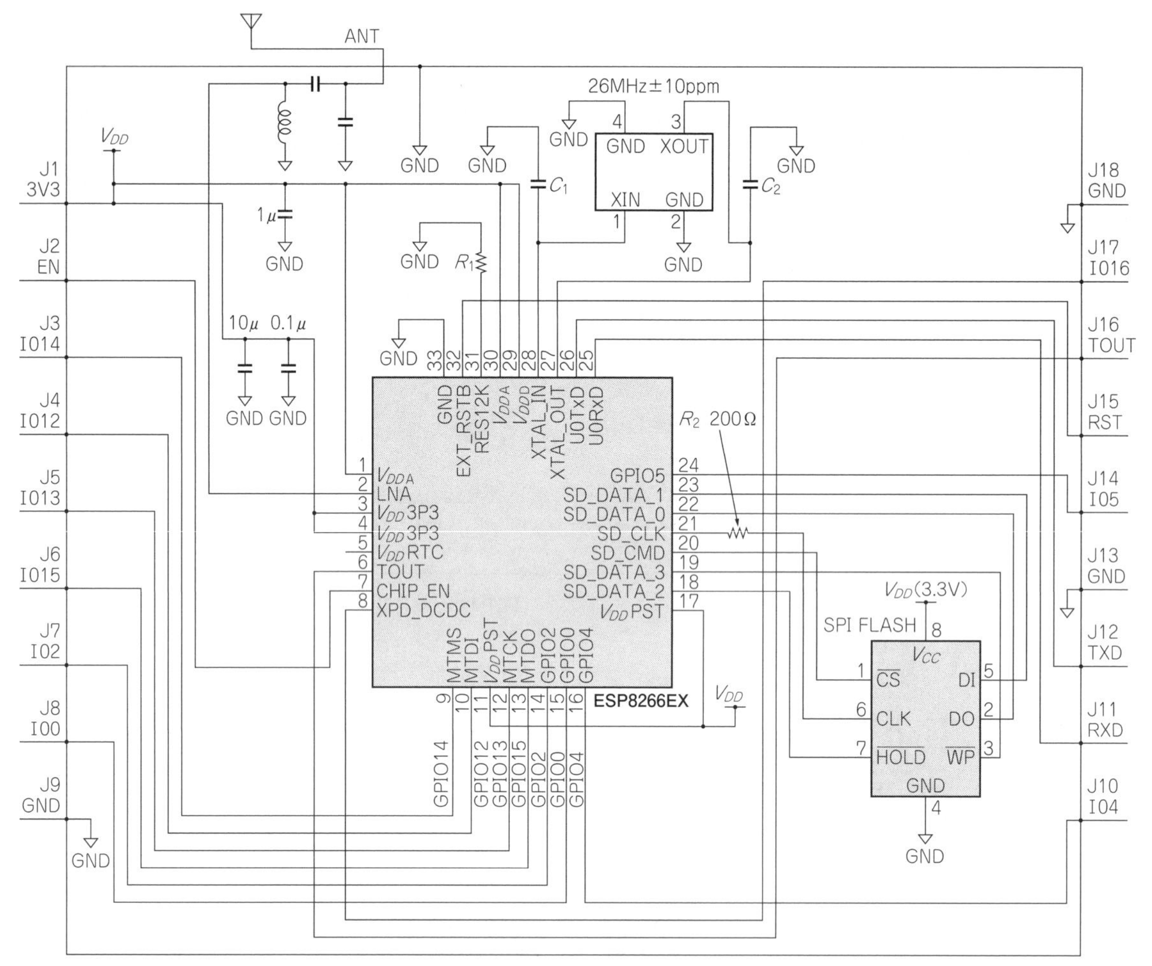

図1　Wi-Fiマイコン ESP モジュール(ESP-WROOM-02)の内部回路図
モジュール内には，無線LANチップ以外にも，フラッシュ・メモリ(SPI接続，2Mバイト)，水晶発振子が内蔵されている．一般的な無線LANモジュールに実装されている高周波バランやパワー・アンプ部は，すべて無線LANチップ内に集積化されている

て動かすことも可能です．

ESP8266EXとESP-WROOM-02の関係，それとこの特集で使っているESP-WROOM-02 DIP化キットの概要を**表1**に示します．

ESP-WROOM-02モジュールの周辺回路

● パソコン接続用インターフェースと電源

プログラミングを行うパソコンとESPモジュールは，USBシリアル変換アダプタを介して接続します．本稿では，Windows 7～10のいずれかを搭載したパソコンと，秋月電子通商で販売されているUSBシリアル変換アダプタ AE-FT234Xを使いました．他のパソコンやUSBシリアル変換アダプタを使用する場合は，画面表示，ピン配列などを，実際に使用する機器に合わせて読み替える必要がありますが，基本的にはシリアル通信で接続します．

最初に，ESPモジュールの実験用のボード(**写真2**)を作成します．使用したパーツを**表2**に示します．

ESP-WROOM-02 DIP化キット(秋月電子通商)は，ピン・ピッチ変換基板にESPモジュールが実装済みで，ブレッドボードやユニバーサル基板にそのまま接続できます．

ピン・ピッチ変換基板とUSBシリアル変換アダプタのはんだ付け DIP化キットにUSBシリアル変換アダプタを実装

● DIP化基板を利用する

ESP-WROOM-02 DIP化キットには，9ピンのヘッダが2本，付属しています．

このピン・ヘッダをピッチ変換基板の裏面から挿入しはんだ付け(**写真3**)すればWi-Fiモジュール ESP-

表1 ESP8266EX，ESP-WROOM-02，ESP-WROOM-02 DIP化キットの概要
ESP8266EXはWi-Fi搭載のマイコン，ESP-WROOM-02はESP8266EXにメモリとアンテナを追加したモジュール，DIP化キットは，ESP-WROOM-02が実装済みの2.54 mmピッチ変換基板

Wi-Fi搭載マイコンESP8266EX（Espressif Systems製）	
Wi-Fi	802.11 b/g/n 2400～2483.5 MHz
MCU	32ビットTensilica L106（米Cadence社）
クロック	80 MHz（最大160 MHz）
RAM	36 Kバイト（最大）
外部インターフェース	GPIO，10ビットA-Dコンバータ，I^2C，SPI
電源電圧	3.0～3.6 V
消費電流	170 mA（送信時），80 mA（平均）
待機電流	60 μA（RTC使用ディープ・スリープ時）
サイズ	5 mm×5 mm
ESP8266EX＋フラッシュ・メモリ＋アンテナ・モジュールESP-WROOM-02（Espressif Systems製）	
構成	ESP8266EX＋フラッシュ・メモリ＋アンテナ
フラッシュ・メモリ	2 MB（最大16 MB）
水晶振動子	26 MHz
電源電圧	3.0～3.6 V
サイズ	18 mm×20 mm×3 mm
ESP-WROOM-02 DIP化キットAE_ESP-WROOM-02（秋月電子通商）	
構成	ESP-WROOM-02（実装済み）＋2.54 mmピッチ変換基板
付属品	ピン・ヘッダ2本
サイズ	50 mm×29 mm×4.2 mm

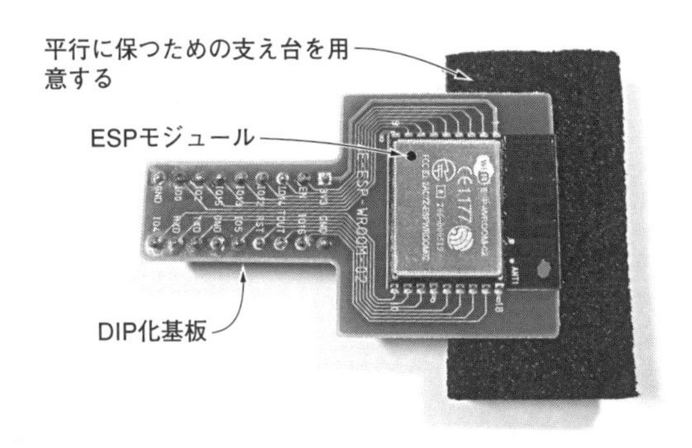

写真3 Wi-FiモジュールESP-WROOM-02 DIP化キットのピン・ヘッダをはんだ付けするコツ
基板が机に対して平行になるように安定させてから作業を行う．はんだごての熱がスポンジに伝わると，溶けて有害なガスが発生してしまうので，はんだ付けを行うピン・ヘッダから離れた位置で保持する

WROOM-02 DIP化キットは完成です（**写真4**）．

USBシリアル変換アダプタ（**写真5**）にもピン・ヘッダをはんだ付けします．基板上のICが，ピン・ヘッダのはんだ付けパッドに近いので，余分なはんだがIC，プリント・パターンに付着しないように注意してください．

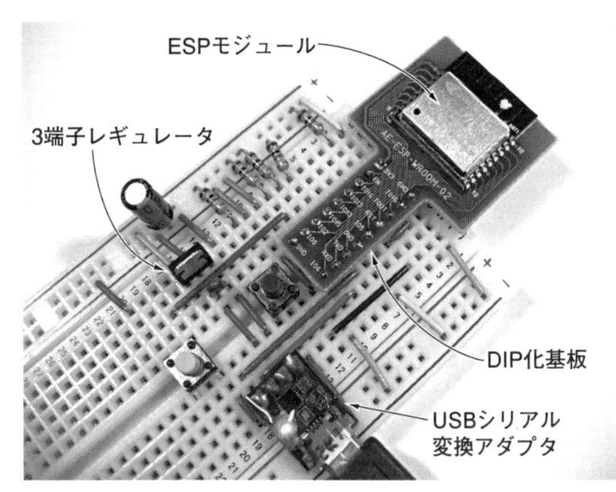

写真2 ESPモジュール実験用ブレッドボードの完成例
Wi-FiモジュールESP-WROOM-02 DIP化キットと超小型USBシリアル変換モジュールAE-FT234Xを利用したので簡単に組み立てることができた

表2 動作実験を行うのに必要な最小限の部品
ESP-WROOM-02 DIP化キットを使ってESPモジュールの動作実験を行うためにブレッドボードにUSBシリアル変換モジュールや電源，リセット・スイッチを準備した

主要部品	数量
ESP-WROOM-02 DIP化キット	1式
レギュレータ 3.3V TA48M033F or TA48033S or BA33BC0T	1個
電解コンデンサ 47 μF	1個
セラミック・コンデンサ 0.1 μF	1個
USBシリアル変換アダプタ	1式
タクト・スイッチ	2個
抵抗器（1/4 W）10 kΩ	5個
電解コンデンサ 470 μF	1個
ブレッドボード E-CALL EIC-801	1枚
ブレッドボード用ジャンパ EIC-J-L	1式
ブレッドボード用ジャンパ BBJ-20	1式

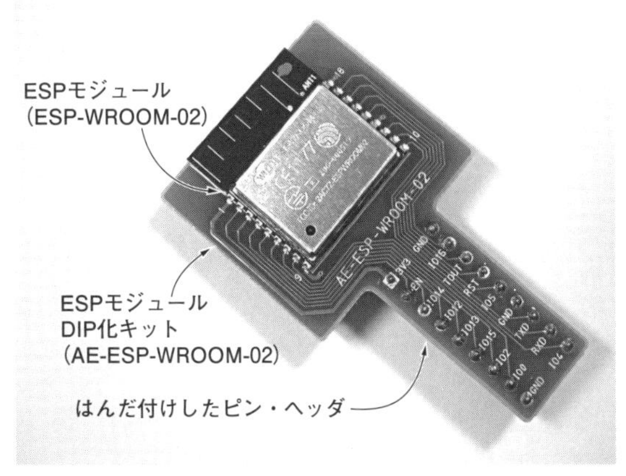

写真4 ESPモジュールESP-WROOM-02 DIP化キットの完成例
ESPモジュールが実装済みのDIP化キットに付属のピン・ヘッダを2か所にはんだ付けするとESPモジュール実装済みDIP変換基板が完成する

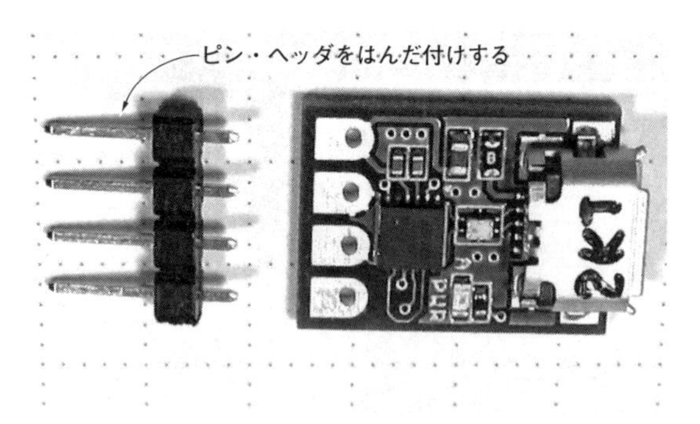

(a) USBシリアル変換アダプタ

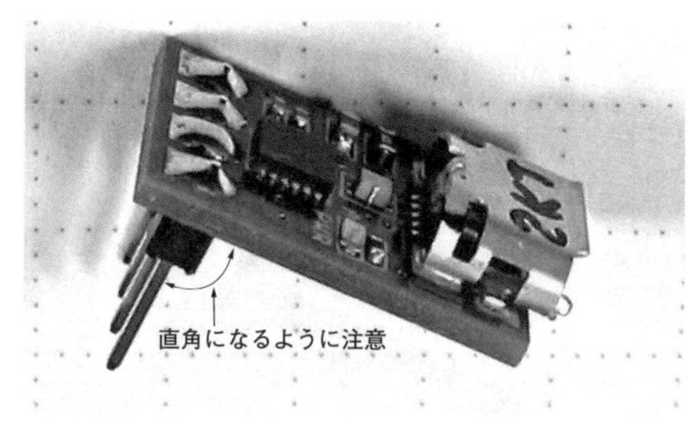

(b) USBシリアル変換アダプタ

写真5 パソコンとESP-WROOM-02を接続する．USBシリアル変換モジュールAE-FT234X(秋月電子通商)ピン・ヘッダのはんだ付け

(a) ここで使った超小型USBシリアル変換モジュールAE-FT234X(秋月電子通商)は，付属の4ピンのヘッダをはんだ付けする
(b) はんだ付け前に，ポリイミド・テープを巻いて絶縁しておくと，他の金属との接触や静電気によって本アダプタが壊れるリスクを低減することができる．ピン・ヘッダの端子部とUSBコネクタの差込口については，開口しておくとよい．ピン・ヘッダと基板は直角になるようにはんだ付けする

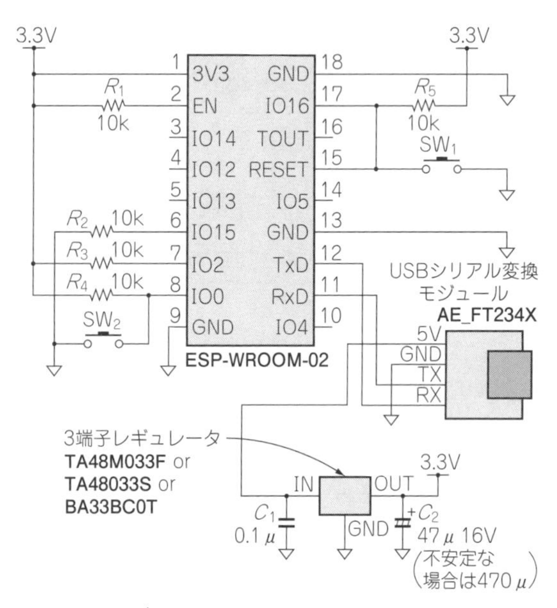

図2 ESPモジュール実験用ボードの回路図

ESPモジュール(ESP-WROOM-02)を使った回路の試作を繰り返すことを考えブレッドボードで作った

ブレッドボードを使って実験用ボードを製作する

● ESP-WROOM-02を使った試作実験に便利

ブレッドボードを用いて**写真2**のようなESPモジュールの実験用ボードを製作します．はんだ付けは不要です．回路図を**図2**に示します．

まず，ブレッドボードにジャンパ線を実装(配線)します．ブレッドボードに書かれた数字の小さい位置から順番に行うと，配線のし忘れが減ります．

ジャンパ線(E-CALL ENTERPRISE社EIC-J-L)

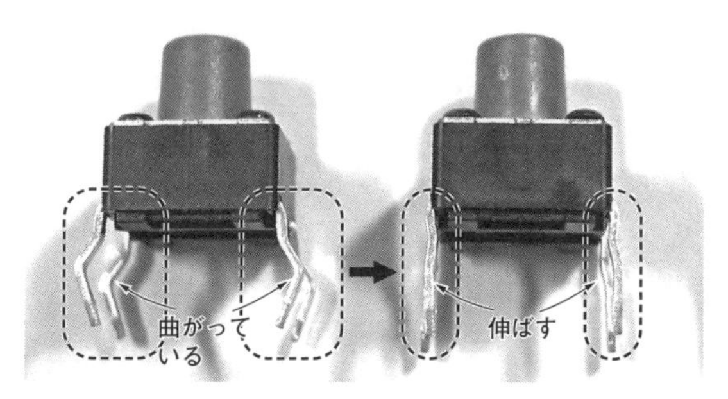

写真7 ブレッドボードに挿し込めるようにタクト・スイッチのリード線を伸ばす

タクト・スイッチのリード線は曲げ加工されていて，ブレッドボードに挿しにくいので，写真のようにリードを伸ばす

の絶縁材の色は，長さをカラー・コードで示しています．**写真6**に合せれば，ジャンパ線の長さが製作例と一致します．

タクト・スイッチのリード線は，曲げ加工されているので，ラジオ・ペンチを使ってリード線を，**写真7**のように真っ直ぐに伸ばしてブレッドボードに挿入します．ボタン操作時に外れてしまうような場合は，リード線の先端を少し内側に曲げて，外れにくくすると良いでしょう．

R_1，R_3～R_5の片側は，ブレッドボード左側の＋の電源ラインに接続します．R_2は－側へ接続します．反対側は，**写真6**の位置に合わせます．電源レギュレータ部は，**図3**の透過図を参考にしてください．電解コンデンサの極性と3端子レギュレータの向きに注意してください．

配線と実装が完了したら，**写真6**を見ながら，ESPモジュールDIP化キットのピン・ヘッダを端子名を合わせてブレッドボードに実装します．また，USBシ

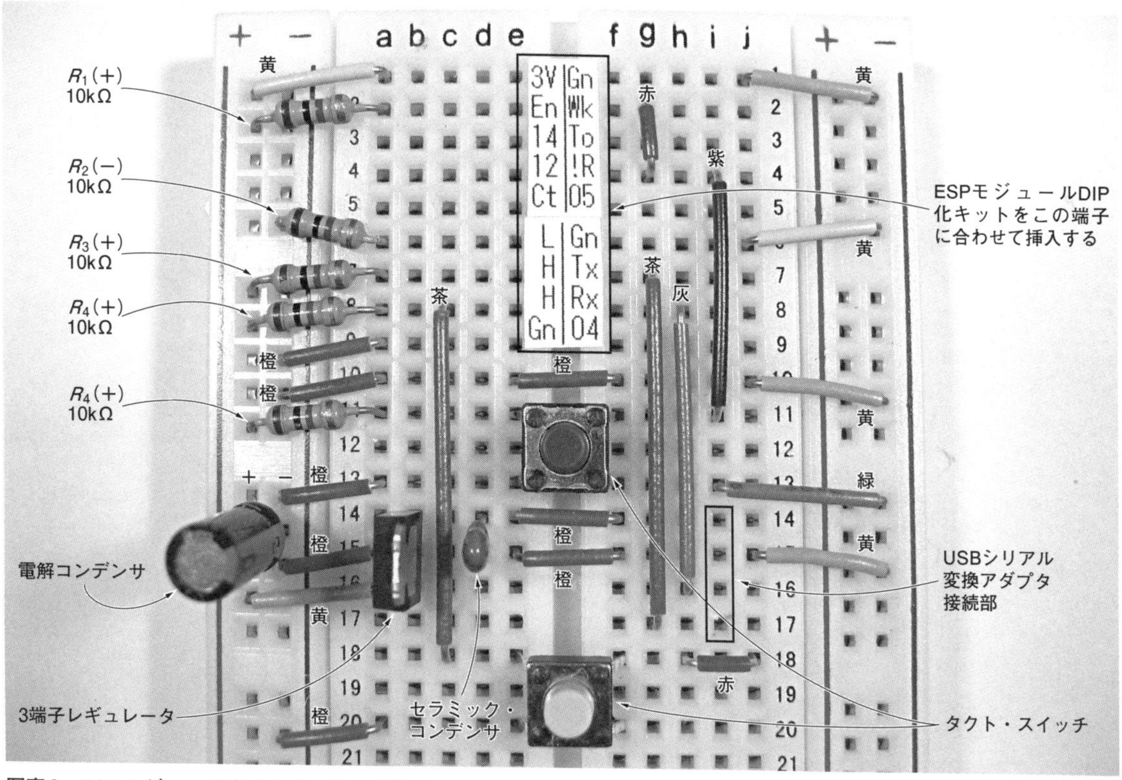

写真6 ESPモジュール実験用ボードの実装例
Wi-FiモジュールESP-WROOM-02 DIP化キットを使っているので，ESPモジュールをブレッドボードにそのまま挿して動作させることができる

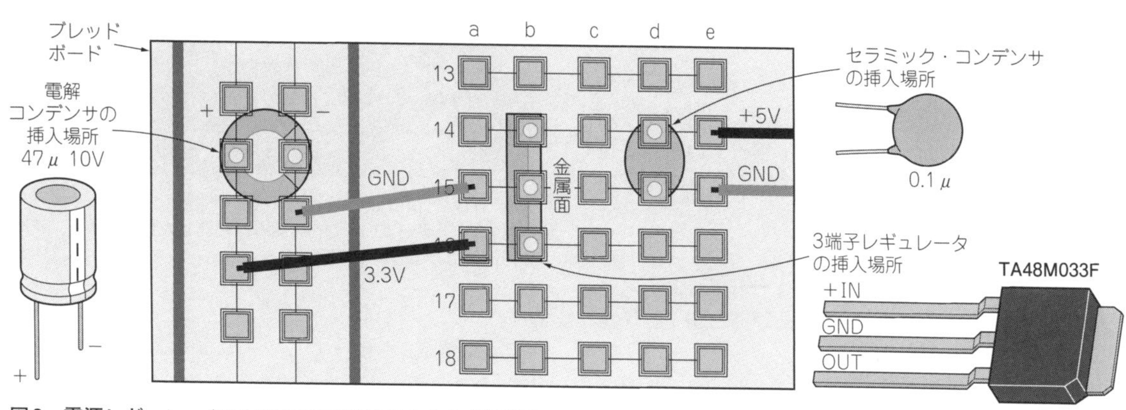

図3 電源レギュレータTA48M033F接続のようす(透過図)
レギュレータによって端子の順序が異なるので注意すること．代替品情報 … https://bokunimo.net/esp/replaced_ldo.pdf

リアル変換アダプタを接続するときは，パソコンに接続していない状態で，ブレッドボード右側の位置*i*-14～17に合わせて実装します．

● USBシリアル変換アダプタを使ってパソコンに接続するESPモジュールとPCのシリアル通信

実験用ボードの製作後に，**図4**のように実験用ボードをパソコンに接続すると，Windows Updateによってドライバのインストールが自動的に開始します．数分の時間を要する場合があります．

自動的にドライバがインストールされなかった場合やインストールを急ぐ場合は，ICの製造元であるFTDI社のホームページから仮想シリアル・ドライバ(VCP Driver)をダウンロードし，インストールします．

付与されたCOMポート番号を知る方法はいくつかあります．ここでは，「デバイスマネージャ」を使用し

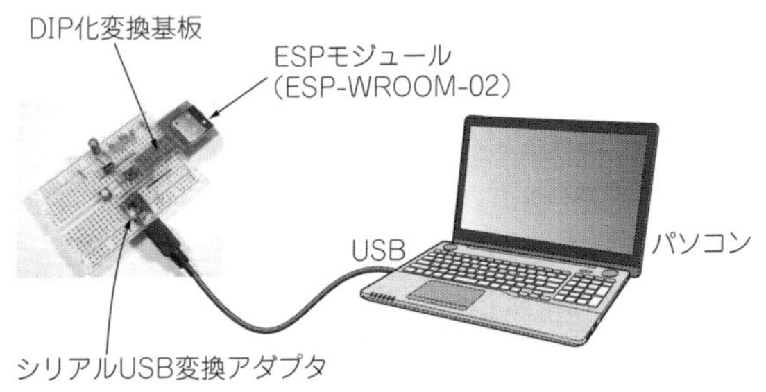

図4　ESPモジュール実験用ボードをパソコンのUSB端子に接続する
初回接続時に，USBシリアル変換アダプタのドライバをインストールするために少し時間がかかる

ます．

① Windows 7の場合は，「スタート」メニュー内の「コンピュータ」を右クリックして「プロパティ」を開き，画面の左側の「デバイスマネージャ」を開きます．

② Windows 8～10では「Windows」キー(Windowsロゴのキー)を押しながら「X」キーを押し，マウスで「デバイスマネージャ」を選択します．

③ デバイスマネージャの一覧の中から「ポート(COMとLPT)」の+をクリックすると，COMポート番号が表示されます．**図5**は，「USB Serial Port」に「COM5」のCOMポート番号が付与された例です．

もし，複数のCOMポートが表示された場合は，USBシリアル変換アダプタをUSB端子から抜き，そのときにデバイスマネージャから消えたCOMポート番号を確認します．

USBからの電源供給が不十分だと，ESPモジュールの動作が不安定になります．起動しない場合や，通信が途切れやすい場合は，ブレッドボードの左側の電源ライン+と−に470 μF程度の電解コンデンサを追加すると改善される場合があります．

● ターミナル・ソフトでモジュールにコマンドを入力するシリアル通信接続で，ESPモジュールにコマンドを送る

購入したばかりのESPモジュールには，ATコマンドAPIが実装されています．**ATから始まるコマンドを使って，Wi-Fi通信の動作確認を行うことができます．** ATコマンドを手動で送受信するにはターミナル・ソフトが必要です．

ここではターミナル・ソフトTera Termを使用します．下記のサイトからTera Termをダウンロードし，Windows 7～10が動作するパソコンにインストールしてください．

Tera Termホームページ
http://ttssh2.osdn.jp/

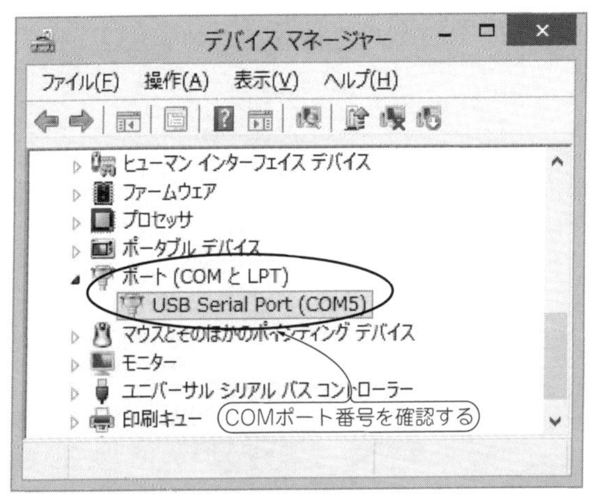

図5　デバイス・マネージャの表示例
USB Serial Portが，どのCOMポート番号になったかを確認する．同じパソコンでも違うCOMポート番号が付与されることがあるので，毎回確認する必要がある

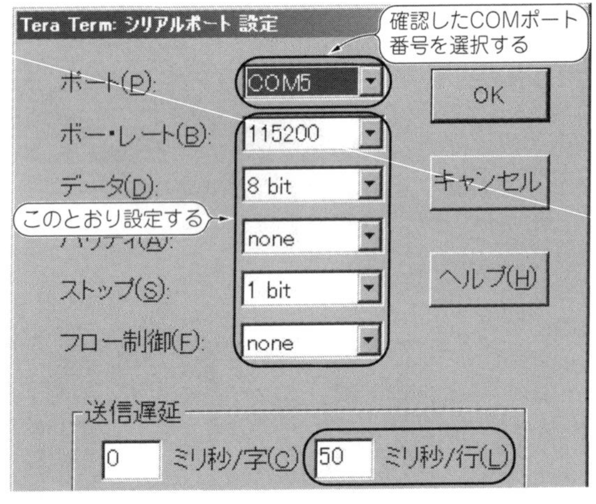

図6　Tera Termのシリアル・ポート設定
COMポート番号は，かならず**図5**で確認した値を入れる．それ以外は，この図のように設定する

Tera Termを使ってESPモジュールに接続するには，シリアル・ポートやターミナルの設定が必要です．Tera Termの「設定」メニューから[シリアル・ポート]を選択して，シリアル・ポートの設定画面を開いてください．一番上の項目「ポート」には，ESPモジュールが接続されたシリアルCOMポート番号を指定します．その他の項目は，**図6**と同じように設定します．送信遅延の「50ミリ秒/行」は，ESPモジュールの処理待ち時間です．設定後，[OK]をクリックして設定画面を閉じます．

次にターミナルの設定を行います．「設定」メニューから［端末の設定］を選択し，**図7**のように設定してください．「改行コード」の「受信」を「LF」に，送信を

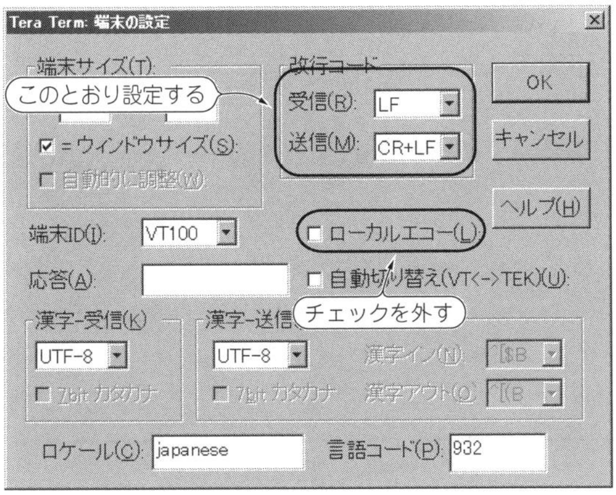

図7　Tera Termの端末設定
改行コードは，受信(R)LF，送信(M)CR＋LFに，ローカルエコーのチェックを外す．そのほかは，そのままでよい

「CR + LF」に，またローカル・エコーのチェック・マークを外してください．設定後に[OK]をクリックします．

次に，「設定」メニューから[設定の保存]を選択し，[保存]ボタンをクリックします．設定ファイル「TERATERM.INI」が上書き保存され，次回以降の起動時に，変更した設定が自動的に読み込まれます．

Tera Termから，「AT↵」と入力して接続を確認してみます．ESPモジュールと通信ができていれば，「OK」の応答が表示されます．「OK」が出ない場合は，ESPモジュールやTera Termを再起動してみます．

ESPモジュールを再起動させるには，ブレッドボードの位置e～f-11～13に接続したタクト・スイッチSW_1を1秒ほど押してONにしてください．

再起動すると，無意味な文字が表示された後に「ready」のメッセージが出ます．この無意味に見える文字は，ROMやブートローダの起動メッセージですが，起動直後は，ビットレートが74.8 kbpsのため，正しく表示できないために起こる現象です．

「ready」の表示以降はビットレートが115.2 kbpsになり，正しく表示されます．もし，起動後も文字化けしたままの場合は，Tera Termのビットレートを確認して再起動してください．

ESPモジュールと通信ができるようになったら，ファームウェアのバージョンを確認します．下記のコマンドをすべて大文字で入力してください．

```
AT + GMR↵
```

本章では，**図8**の「AT Version」に示すversion:0.40.0.0(Aug　8 2015 14:45:58)のESPモジュールを使っています．

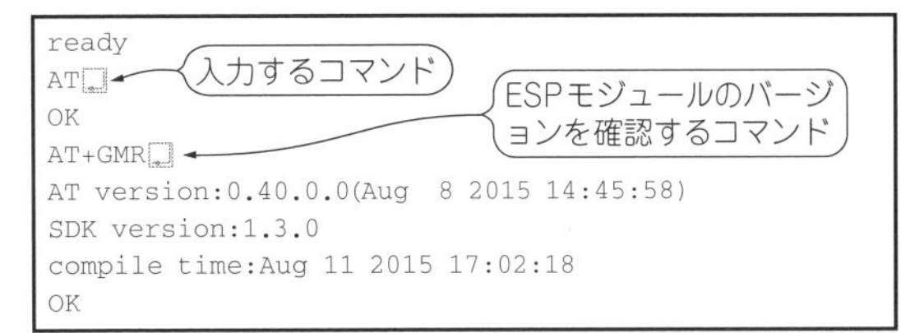

```
ready
AT↵
OK
AT+GMR↵
AT version:0.40.0.0(Aug  8 2015 14:45:58)
SDK version:1.3.0
compile time:Aug 11 2015 17:02:18
OK
```


図8　ファームウェアのバージョンを確認する
ATコマンドを入力してOKが返ってきたら，AT＋GMRコマンドを入力してESPモジュールのファームウェアのバージョンを確認する

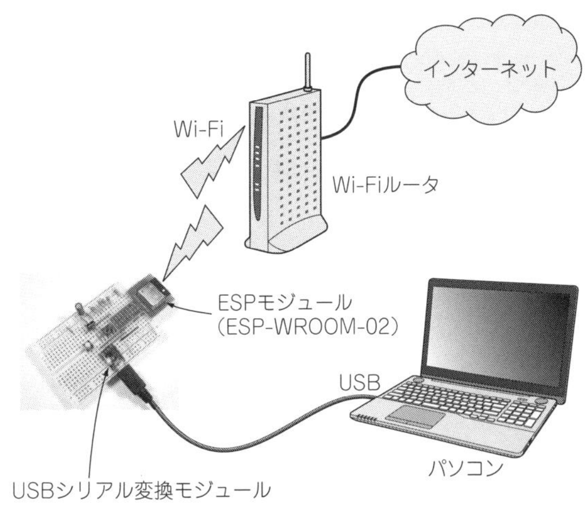

図9　STAモードで無線LANアクセス・ポイントに接続
ESPモジュールの初期状態は，機器だけでワイヤレス通信を行うときに便利な②APモード．この実験では，通常のパソコンなどと同じように無線LANに接続する

無線LANアクセス・ポイントへ接続してみよう

● ESPモジュールの動作モード

ESPモジュールは，次のWi-Fiモードがあります．

① STAモード(Stationモード)
② APモード
③ AP + STAモード

ここでは，STAモード(**図9**)で使います．

STAモード(Stationモード)は，通常のパソコンなどと同じように無線LANに接続します．① STAモードを使用するには，無線LANアクセス・ポイントが必要です．インターネット・モデムやホーム・ゲートウェイ，ブロードバンド・ルータに，無線LAN機能が含まれている場合は，それらを使用できます．② APモードは，無線LANアクセス・ポイントと同じように動作します．③ AP + STAモードは，APモードとSTAモードの両方で動作します．

ESPモジュールの初期状態は② APモードです．イ

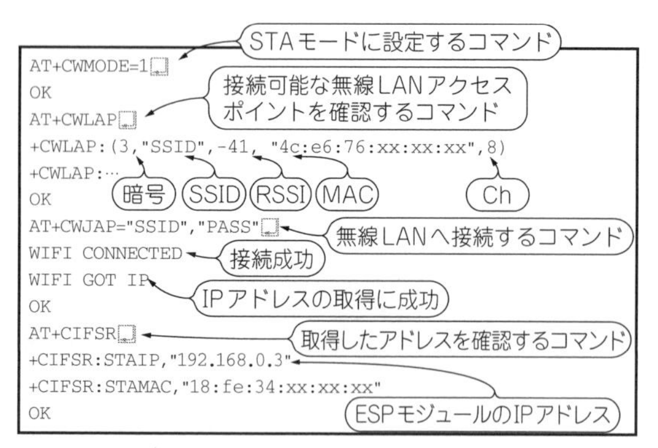

図10 無線LANアクセス・ポイントへ接続する
AT＋CWMODE＝1コマンドでSTAモードに変更し，AT＋CWLAPコマンドで利用可能な無線LANアクセス・ポイントを確認し，AT＋CWJAP＝"SSID","PASS"で接続させる．接続が成功後，AT＋CIFSRコマンドでIPアドレスを確認できる

```
Microsoft Windows [Version 6.1.7601]
Copyright (c) 2009 Microsoft Corporation.  All rights
reserved.

C:¥Users¥name>ping 192.168.0.3
192.168.0.3 に ping を送信しています 32 バイトのデータ:
192.168.0.3 からの応答: バイト数 =32 時間 =58ms TTL=255
192.168.0.3 からの応答: バイト数 =32 時間 =81ms TTL=255
192.168.0.3 からの応答: バイト数 =32 時間 =101ms TTL=255
192.168.0.3 からの応答: バイト数 =32 時間 =24ms TTL=255
192.168.0.3 の ping 統計:
    パケット数: 送信 = 4, 受信 = 4, 損失 = 0 (0% の損失),
ラウンド トリップの概算時間 (ミリ秒):
    最小 = 24ms, 最大 = 101ms, 平均 = 66ms

C:¥Users¥name>
```

PINGをESPモジュールに送信するコマンド

ESPモジュールからの応答

図11 パソコンからPINGで接続確認する
ESPモジュールが無線LANに接続してIPアドレスが割り振られたことが確認できたら，同じネットワーク内のパソコンからESPモジュールのIPアドレス宛てにPINGをして応答が返ってくることを確認する

ンターネットや家庭内のネットワークに接続せずに，機器だけでワイヤレス通信を行うときに便利ですが，記事中でこのモードは使用しません．

▶① STAモード（Stationモード）で使用する

ESPモジュールを無線LANのアクセス・ポイントに接続させるには，以下のコマンドをTera TermからESPモジュールに送ります．「SSID」と「PASS」の部分は，使用する無線LANアクセス・ポイントのSSIDとパスワードに置き換えてください．

```
AT + CWMODE = 1
AT + CWJAP = "SSID","PASS"
```

接続可能な無線LANアクセス・ポイントを確認するには，「AT + CWLAP」コマンドを使用します．応答の「+ CWLAP:」に続く文字列は，表示順に，暗号モード(0:なし，1:WEP，2:WPA，3:WPA2，4:WPA + WPA2)，SSID，RSSI(受信電波強度)，MACアドレス，使用チャネルを示します．

接続に成功すると，

```
WIFI CONNECTED
```

が表示されます．表示されない場合や，

```
WIFI DISCONNECT
```

が表示される場合は，SSIDやパスワードを確認し，再度，接続をやり直してください．

接続後，

```
WIFI GOT IP
```

と表示され，ESPモジュールにIPアドレスが割り当てられます．

もし，ネットワーク内に有効なDHCPサーバがない場合は，IPアドレスが割り当てられません．その場合は，ネットワーク機器の説明書などを確認して，DHCPサーバを有効にします．

本ESPモジュールに割り当てられたIPアドレスを確認するには以下のコマンドを入力します．

```
AT + CIFSR
```

応答の「+ CIFSR:STAIP」に続く文字列が，**本ESPモジュールに割り当てられたIPアドレス**です(**図10**)．

Tera Termで入力したコマンドに反応がない場合は，電源が不安定になっている可能性が考えられます．前述のように，容量の大きな電解コンデンサの追加で対応できます．

無線LAN環境の目安は，RSSIの値が−80よりも大きい(絶対値が小さい)場所で行うのが良いでしょう．無線LANアクセス・ポイントまでの距離が遠すぎるとうまく通信ができません．

ESPモジュールの設定値を初期状態に戻すには，

```
AT + RESTORE
```

と入力するとリセットされます．設定をやり直したい場合に使います．

Wi-Fiで接続されているかどうかを，同じネットワークに接続されているパソコンから確認してみます．Windowsのアクセサリにある「コマンド プロンプト」を起動し，「PING」コマンドに続けてESPモジュールに割り当てられたIPアドレスを入力します．

正しく接続ができていれば，**図11**のように，ESPモジュールからの応答が得られます．「宛先ホストに到達できません」と表示された場合は，ESPモジュールが正しく無線LANに接続されていない恐れがあります．

```
AT+CIPSTART="TCP","www.bokunimo.net",80↵
AT+CIPSEND=67↵
GET /bokunimowakaru/cq/esp.txt HTTP/1.0↵
Host: www.bokunimo.net↵
↵
```

Webサーバの URLとポート番号 / 送信データのサイズ / HTTPコマンド

図12 HTTPリクエスト用のファイル
Webで使われてるHTTPプロトコルで通信ができることを確認するための，リクエスト用ファイルを準備する

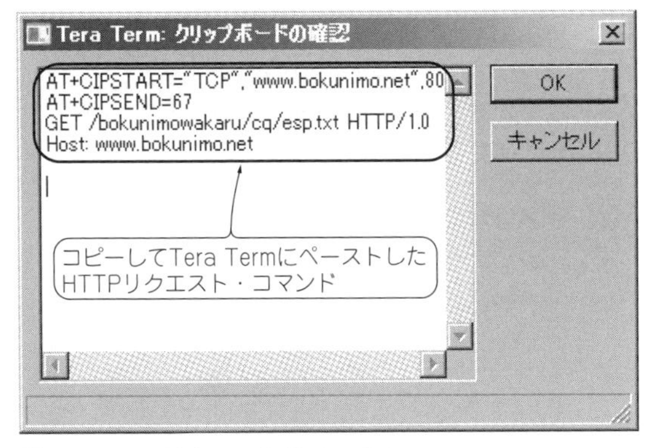

図13 HTTPリクエスト用ファイル
筆者の運営するサイトへのHTTPリクエストの例．テキストをコピー＆ペースト後，Tera Termの右クリックで送信内容を確認できる

```
AT+CIPSTART="TCP","www.bokunimo.net",80
CONNECT
OK
AT+CIPSEND=67
OK
Recv 67 bytes
SEND OK
+IPD,457:HTTP/1.0 200 OK
Date: Fri, 01 Apr 2016 11:26:58 GMT
Last-Modified: Sun, 17 Jan 2016 03:49:00 GMT
Accept-Ranges: bytes
Content-Length: 344
Vary: Accept-Encoding
Cache-Control: private
Content-Type: text/plain
Age: 0
Connection: keep-alive

+IPD,344:これはテキストによる
メッセージ配信の実験です.
3行目にお知らせ, 4行目に近況,
5行目に関連URL,
6行目に更新日が入ります.
今のところ［お知らせ］はございません.
現在のボクの［近況］は本書の執筆中です.
http://www.geocities.jp/bokunimowakaru/diy/esp/
2016/01/17
CLOSED←切断
```

HTTP リクエスト送信 / HTTP ヘッダ / Webサーバから受信した本文 / 応答

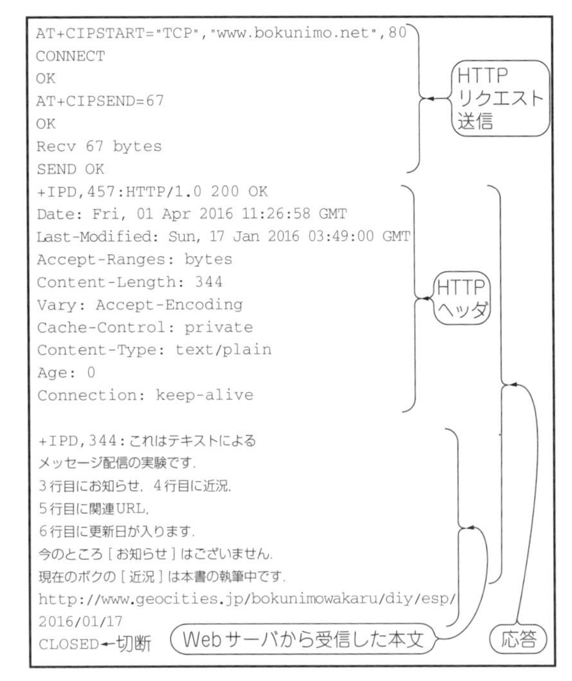

図14 HTTPによる応答の一例
ESPモジュールが，筆者の運営するWebサイトにアクセスして，Webサイトのテキスト・データを表示している

ESPモジュールを使って インターネットにアクセスしてみよう

● ATコマンドでESPモジュールを制御

ESPモジュールは，無線LANのアクセス・ポイントを経由して，インターネットにアクセスすることが可能です．その場合，2つのATコマンドを使います．

AT + CIPSTART

アクセスを開始するコマンドです．これは，インターネット上のサーバに接続するときに使用します．

AT + CIPSEND

サーバにメッセージを送信するコマンドです．

ESPモジュールには，インターネット等で使われる通信プロトコルTCP/IPが実装されているので，TCPのメッセージを簡単に送受信することができます．以降，TCPやHTTPといった用語が出てきますが，わかりにくい場合は，どちらも「通信メッセージ」であると読み替えれば，理解しやすくなるでしょう．

Webサイトの情報を取得するには，HTTPのGET命令を使用します．あらかじめ，HTTPリクエスト・コマンドをテキスト・ファイルで作成しておき，Tera Termの画面にペーストする，もしくはTera Termの「ファイル」メニュー内の「ファイル送信」機能を使用してWebサーバへ送信します．**図12**にHTTPリクエスト用のファイルの一例を示します．

このファイルの1行目と2行目は，ESPモジュール用のATコマンドです．1行目は，筆者が利用しているWebサーバ(bokunimo.net)へ接続するためのコマンドです．2行目のコマンドでは，TCP送信するデータのサイズを指定します．データのサイズは次のように計算します．

送信データ・サイズ
＝空白を含む文字の総数＋2(改行文字)

3行目以降は送信するデータです．最後の行の改行も必要です．Windows以外のシステムでは改行コードにも注意が必要です．必ず，CR(＼r)＋LF(＼n)の2つのコードを使用してください．

それでは実験してみます．HTTPリクエスト用のファイルを全選択し，「Ctrl」+「C」キーでデータをコピーし，Tera Termでマウスの右ボタンをクリックすると，**図13**のような確認画面が表示されるので，「OK」をクリックします．

HTTPリクエストに成功すれば，**図14**のような応答が得られます．メッセージの内容は，筆者の運営する本稿のサポート・ページの更新情報です．

ホビー・スパコンやこどもパソコンを世界のコンピュータとつなぐ

第2章 ② ラズベリー・パイとWi-Fi通信 ③ IchigoJamでWi-Fi通信

国野 亘 Wataru Kunino

前章ではESP-WROOM-02を外部のインターネットへ接続しました．

家庭やオフィスなどの施設内に複数のIoT機器を設置する場合は，LAN内で相互通信を行った方が効率的です．

例えば，ラズベリー・パイでLAN内のIoT機器を統合管理し，インターネットとの通信の橋渡しを行うことで，動作の応答性，確実性，安定性，IoT機器のセキュリティなどを向上することができます．

本章では，ESP-WROOM-02のATコマンドを使い，LAN内での相互接続実験を行い，IPネットワークの仕組みや接続手順について学びます．

また，ATコマンドは，ネットワーク通信機能をもっていないマイコン・ボードをIoT化するときに利用されているので，ESP-WROOM-02モジュールをIchigoJamマイコン・ボードに接続し，IchigoJamマイコン・ボードのIoT化の実験をしてみます．

② ラズベリー・パイとWi-Fi通信

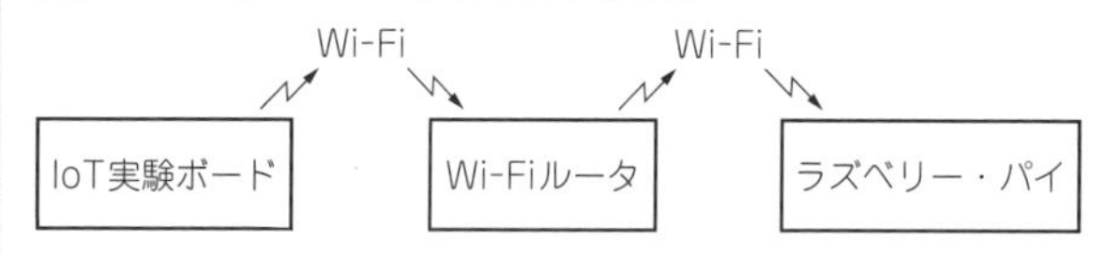

③ IchigoJamでWi-Fi通信

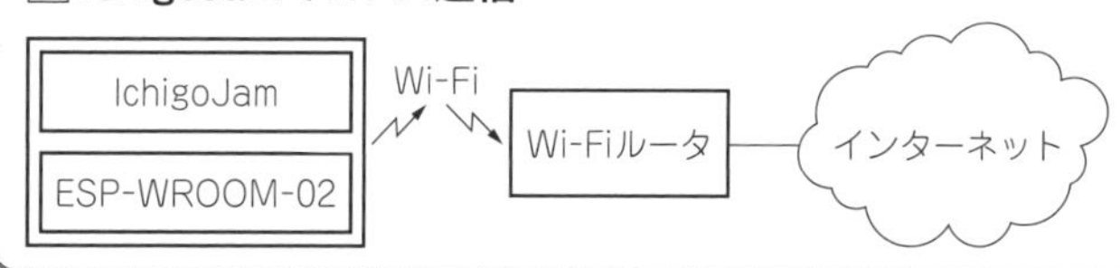

第1章で製作したIoT実験ボードをラズベリー・パイへWi-Fi接続する実験とESP-WROOM-02モジュールをIchigoJamマイコン・ボードに接続する実験を行うことで，ATコマンドによる各種マイコンとESP-WROOM-02モジュールとのインタフェース部の理解を深めます．ATコマンドを活用することで，IoT非対応の製品のIoT化が短期間で行えるようになるでしょう．

ESP-WROOM-02モジュールとラズベリー・パイを接続する

● ラズベリー・パイを親機として使うためのネットワーク接続テスト

ここでは親機にラズベリー・パイ3を使い，ESPモジュールとラズベリー・パイとの通信実験を行います．

無線LANを内蔵していないラズベリー・パイ1や2であっても，無線LANアクセス・ポイントの有線LAN端子を経由して接続することが可能です．

● ATコマンドでESPモジュールを制御する

ラズベリー・パイを，図1のようにESPモジュールと同じ無線LANに接続し，LXTerminalを起動してください．

ラズベリー・パイでは，LXTerminalを操作して，パケットの送受信を行います．ESPモジュールは，これまでと同様にパソコンのTera Termを使って操作します．

図1 ESPモジュールとラズベリー・パイをつなぐ
ラズベリー・パイをESPモジュールと同じLANに接続する．ラズベリー・パイのLXTerminalと，ESPモジュールに接続したパソコンのTera Termを使ってATコマンドでESPモジュールを制御する

● ESPモジュールをTCPサーバにする

それでは，ESPモジュールをTCPサーバとして動作させてから，ラズベリー・パイのLXTerminalを使

ってESPモジュールへ接続し，データの送受信を行う手順について説明します．

▶ESPモジュールをTera Termで制御する

まず，Tera Termから下記の手順でTCPサーバを起動します．すでにESPモジュールが無線LANアクセス・ポイントに接続されている場合は，③から始めてください．

① STAモードに設定する
　AT+CWMODE=1⏎
② アクセス・ポイントへ接続する
　AT+CWJAP="SSID","PASS"⏎
③ ESPモジュールのIPアドレスを確認する
　AT+CIFSR⏎
④ 多重接続モードを起動する
　AT+CIPMUX=1⏎
⑤ TCPサーバを起動する
　AT+CIPSERVER=1,23⏎

今回は，手順⑤において，**TCPサーバのポートを23に設定**しました．このポート23は，TELNETと呼ばれる通信プロトコル専用のポート番号です．実験には使いやすいポートですが，セキュリティの観点では，攻撃を受けやすいポートです．実験が終わったらESPモジュールの電源を切っておきましょう．

▶ラズベリー・パイからESPモジュールにTCPパケットを送る

ESPモジュール側のTCPサーバが起動したら，ラズベリー・パイのLXTerminalから操作を行います．まず，TELNETを使用せずにLinuxに標準搭載されているbashシェルを使って，ESPモジュールにTCPパケットを送ってみましょう．

ラズベリー・パイのLXTerminalから以下のbashコマンドを入力します．IPアドレスの「192.168.0.3」の部分は，手順③で確認したESPモジュールのIPアドレスに書き換えてください．

```
$ echo ␣ Hello! ␣ >/dev/tcp/192.168.0.3/23⏎
```

「/dev」に続く「/tcp」はTCPパケットを示し，また行末の23はポート番号を示します．

通信に成功すると，Tera Term側に「+IPD,0,7:Hello!」と受信メッセージが表示されます．反対にESPモジュールから送信を行い，その受信を確認したい場合は，以下のコマンドを使用して待ち受けます．「Ctrl」キーを押しながら「C」を押すと待ち受けを終了します．

```
$ cat ␣ </dev/tcp/192.168.0.3/23⏎
```

▶ESPモジュールからラズベリー・パイにTCPパケットを送る

ESPモジュールからTCPパケットを送信するには，以下のコマンドを使用します．

⑥ 接続IDと送信パケットの大きさを指定する
　AT+CIPSEND=0,5⏎
　（ここでは5文字・5バイトを指定）
⑦ 5文字の送信データを入力する
　hello

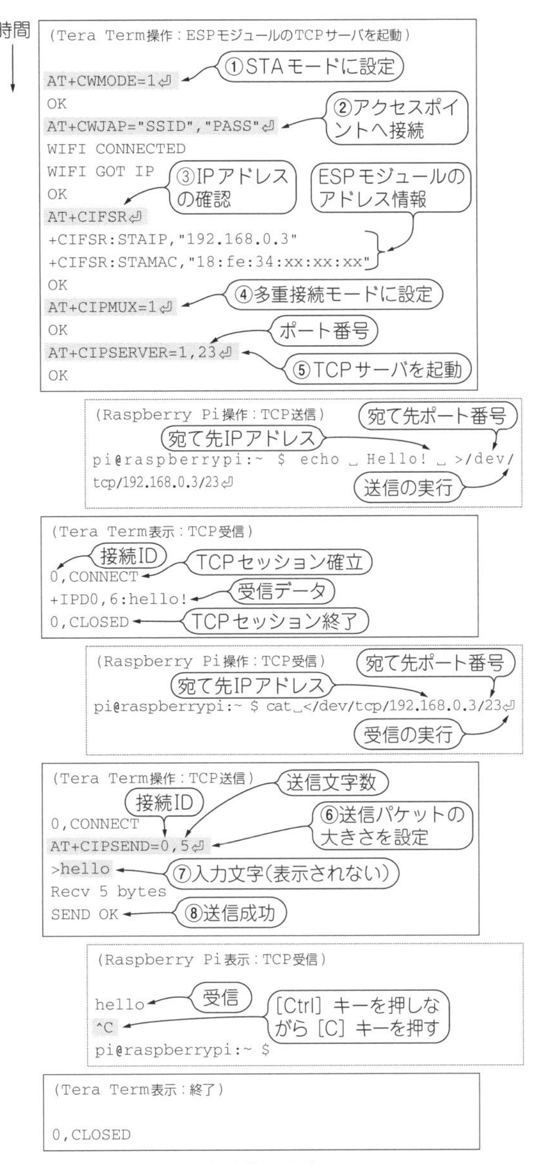

図2　TCPパケットの送受信の実験
AT+CWMODE=1コマンドでSTAモードに変更，AT+CWJAP="SSID","PASS"コマンドでアクセス・ポイントに接続後，AT+CIFSRコマンドでIPアドレス確認，AT+CIPMUX=1コマンドで多重接続モードに変更後，AT+CIPSERVER=1,23コマンドでTCPサーバを起動させ，bashコマンドでESPモジュールに接続しテキストを送信した．+IPD0,6:hello!が受信データで，SEND OKが送信成功を示す

⑧「SEND OK」が表示されたら送信成功

LXTerminal側に「hello」の文字が届けば実験の成功です．Tera Termを使ったESPモジュール側の操作とラズベリー・パイの操作のようすを**図2**に示します．

▶ESPモジュールにTELNETで接続する

次に，ラズベリー・パイ側でTELNETクライアント・ソフトを使用して，同様に通信実験を行います．Tera Termを使ったESPモジュールの操作方法は，bashのときと同じ手順なので，**図2**を参照してください．

ラズベリー・パイへTELNETクライアントをインストールするには，ラズベリー・パイのLXTerminalから次のコマンドを入力します．

```
$ sudo␣apt－get␣install␣telnet⏎
```

「続行しますか?」というメッセージが表示されたら，「Shift」キーを押しながら「Y」キーを押します．

上記の方法でインストールされるのはTELNETクライアントです．他の手段でインストールする場合は，誤ってTELNETサーバをインストールしないように注意してください．

インストールが完了したら，LXTerminalからtelnetに続けてESPモジュールのIPアドレスを入力し，接続してみましょう．

```
$ telnet␣192.168.0.3⏎
```

接続に成功すると，Tera Term側に「0,CONNECT」などのメッセージが表示されます．LXTerminal側からメッセージ「Hello!」を入力し，「⏎」を押すと，メッセージが送信され，Tera Term側に「+IPD,0,8:Hello!」のような受信メッセージが表示されます．さらにESPモジュールが接続されているTera Term側から前述の手順⑥～⑧に従って送信を実行すると，LXTerminal側に受信メッセージが表示されます．

▶TELNETを終了させる

終了するにはLXTerminal側で「Ctrl」キーを押しながら「]」キーを押下し，その後に再び「Ctrl」キーを押しながら「D」キーを押下します．切断処理が正しく行われた場合は，TELENT側に「Connection closed.」，Tera Term側に「CLOSED」が表示されます．

＊

以上の通信実験のラズベリー・パイ側の操作例を**図3**に示します．

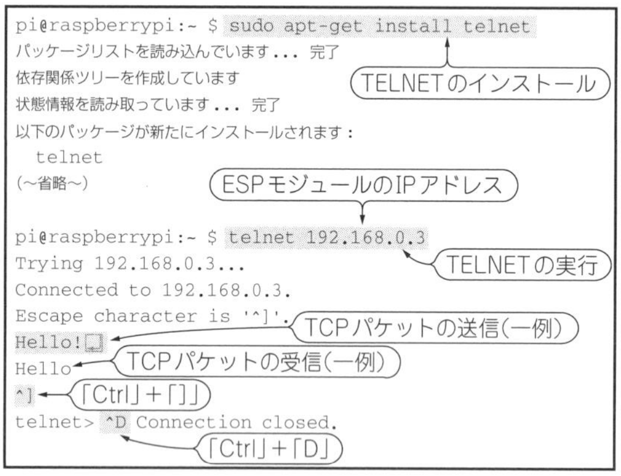

```
pi@raspberrypi:~ $ sudo apt-get install telnet
パッケージリストを読み込んでいます... 完了
依存関係ツリーを作成しています
状態情報を読み取っています... 完了
以下のパッケージが新たにインストールされます:
  telnet
(～省略～)

pi@raspberrypi:~ $ telnet 192.168.0.3
Trying 192.168.0.3...
Connected to 192.168.0.3.
Escape character is '^]'.
Hello!⏎
Hello
^]
telnet> ^D Connection closed.
```


図3　TELNETを使った通信実験(ラズベリー・パイ)
ラズベリー・パイにTELNETをインストール後，ESPモジュールにTELNETで接続し，TCPパケットでHello! という文字列を送信実験したようす

こどもパソコンIchigoJamと接続する

● ワンチップ・マイコンをESPモジュールでパワーアップ!

Arduino UNOや**IchigoJam**(jig.jp)など，ネットワーク機能を持たないマイコン・ボードに，ESPモジュールを繋ぐと，**ネットワーク機能を持たせて**，簡単にインターネットやIPネットワークに接続できます．

ATコマンドをシリアル信号でやりとりできるように，ESPモジュールとマイコン・ボードの**シリアル信号線のTXD－RXDを相互に接続するだけ**です．

Column　ATコマンドでIPアドレスを固定する

ESPモジュールのIPアドレスを固定して使いたい場合は，まず，ESPモジュールのDHCPクライアントを無効にします．

```
AT+CWDHCP=1,0⏎
```

そして，次の例にしたがって，IPアドレス，ゲートウェイ・アドレス，サブネット・マスクを順に入力します．

```
AT+CIPSTA="192.168.0.3",
"192.168.0.1","255.255.255.0"⏎
```

※使用するネット環境のアドレス，サブネット・マスクを設定すること

DHCPを有効にする場合は，次のコマンドを使います．

```
AT+CWDHCP=1,1⏎
```

写真1　IchigoJamにESPモジュールを接続
IchigoJamのTXDをESPモジュールのRXDと，ESPモジュールのTXDをIchigoJamのRXDに接続する（お互いのGND同士も接続）と，IchigoJamがネットワーク機能を使えるようになる

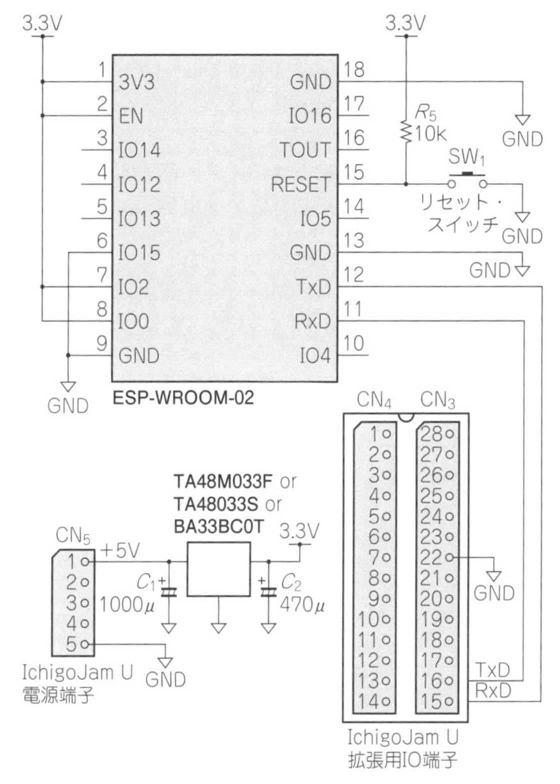

図4　こどもパソコンIchigoJamとESPモジュールの接続
TXDとRXDとが互いに交差するように接続する．ESPモジュールの電源は別途供給したほうが良い

写真1は，IchigoJamにESPモジュールを接続した場合の例です．これで，IchigoJamもIoT対応マイコン・ボードとして使用することができます．

図4に，IchigoJamにESPモジュールを接続する場合の接続図を示します．お互いのTXDとRXDとが交差するように接続し，お互いのGND同士を接続します．

リスト1　こどもパソコンIchigoJamをTCPサーバ化してATコマンドで制御する
IchigoJam＋ESPモジュールは，IchigoJamマイコン・ボードとESPモジュールのシリアル入出力を，TXDをRXDへ，RXDをTXDへ（それぞれが互いに交差するように）接続する．双方のGNDも接続する．ESPモジュールの電源は別途供給したほうが良い．プログラムを起動するとIPアドレスが表示される．そのアドレスに同じネットワークの他のPC等のTera TermやTELNETから接続し，例えば「L1␣」を入力するとIchigoJamのLEDが点灯する

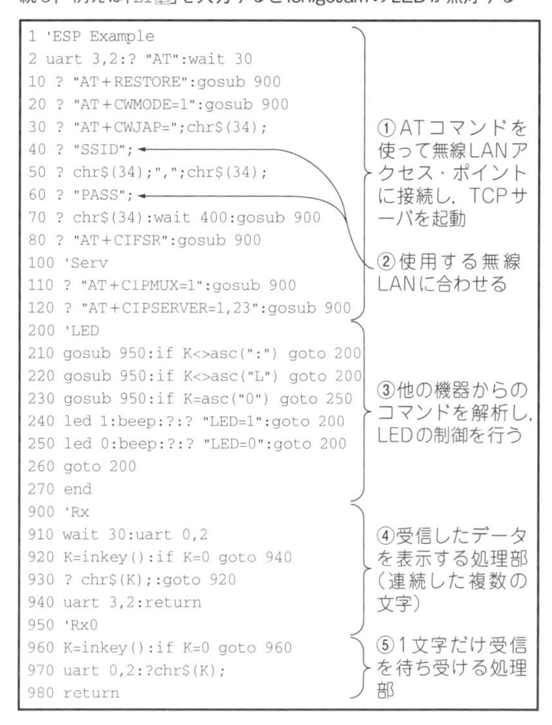
```
1 'ESP Example
2 uart 3,2:? "AT":wait 30
10 ? "AT+RESTORE":gosub 900
20 ? "AT+CWMODE=1":gosub 900
30 ? "AT+CWJAP=";chr$(34);
40 ? "SSID";
50 ? chr$(34);",";chr$(34);
60 ? "PASS";
70 ? chr$(34):wait 400:gosub 900
80 ? "AT+CIFSR":gosub 900
100 'Serv
110 ? "AT+CIPMUX=1":gosub 900
120 ? "AT+CIPSERVER=1,23":gosub 900
200 'LED
210 gosub 950:if K<>asc(":") goto 200
220 gosub 950:if K<>asc("L") goto 200
230 gosub 950:if K=asc("0") goto 250
240 led 1:beep:?:? "LED=1":goto 200
250 led 0:beep:?:? "LED=0":goto 200
260 goto 200
270 end
900 'Rx
910 wait 30:uart 0,2
920 K=inkey():if K=0 goto 940
930 ? chr$(K);:goto 920
940 uart 3,2:return
950 'Rx0
960 K=inkey():if K=0 goto 960
970 uart 0,2:?chr$(K);
980 return
```
①ATコマンドを使って無線LANアクセス・ポイントに接続し，TCPサーバを起動
②使用する無線LANに合わせる
③他の機器からのコマンドを解析し，LEDの制御を行う
④受信したデータを表示する処理部（連続した複数の文字）
⑤1文字だけ受信を待ち受ける処理部

● IchigoJamをTELNET接続して制御する

リスト1は，IchigoJamを使った場合の例です．手順①は，無線LANアクセス・ポイントに接続する処理です．ATコマンドは「?」命令を使って発行します．手順②でSSIDとパスワードを設定します．実行前にこの②の部分を書き換えておく必要があります．手順③はTELNETやbashシェルから入力したコマンドを解析し，IchigoJam上のLEDの点灯制御を行う部分です．また，④と⑤は受信データを待ち受ける処理です．製作方法は筆者のWebサイトを参照してください．

http://bokunimo.net/ichigojam/esp.html

IchigoJam側でプログラムを実行し，無線LANアクセス・ポイントへの接続に成功すると，ESPモジュールのIPアドレスが表示されます．例えば，ラズベリー・パイのbashから下記のコマンドを実行するとLEDを制御することができます（IPアドレスはESPモジュールのアドレスに変更する）．

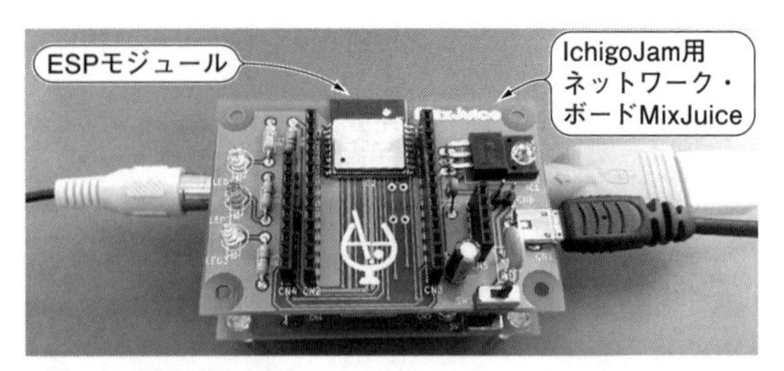

写真2　IchigoJam用のネットワーク・ボードMixJuice(販売元＝http://pcn.club/)
独自のファームウェアが書き込まれたESPモジュールが搭載されており，IchigoJamから簡単な操作でインターネットへアクセスすることができる

LEDを点灯する場合：
$ echo "L1" > /dev/tcp/192.168.0.3/23↵

LEDを消灯する場合：
$ echo "L0" > /dev/tcp/192.168.0.3/23↵

● ネットワーク・ボードMixJuiceを使った情報取得

MixJuice(PCN社)は，IchigoJam用のネットワーク・ボードです．独自のファームウェアが書き込まれたESPモジュールが搭載されており，IchigoJamから簡単な操作でインターネットへアクセスすることがで

Column　良く使うESPモジュールのATコマンドのリファレンス

良く使うESPモジュール用ATコマンドを，**表A**にまとめました．このうちの多くが，第1章や本章で使用したコマンドです．本ページに付箋かラベルを貼っておき，使用時に参照すると便利でしょう．

コマンドを入力するときは，本表の「コマンド名」の欄に書かれたコマンドの先頭に「AT＋」を付与します．また，コマンド名の後方に「＝」と値を付与することで，設定を変更することができます．複数の設定値が必要なコマンドの場合は，それらをカンマ「,」で区切ります．文字列については「"」ダブル・クォーテーションで括ります．

現在の設定値を確認するには，コマンド名の後方に「?」を付与します．例えば，無線LANの動作モードを設定するCWMODEコマンドの場合，以下のように使用します．

```
AT+CWMODE=1    (STAモードへ設定)
AT+CWMODE?     (現在のモードを確認)
```

表A　ESP-WROOM-02を制御するATコマンド
ESPモジュールに実装されているネットワーク機能は，ATコマンドで制御できる

種類	コマンド名	内　容	使用例	説　明
基本	GMR	バージョン表示	AT+GMR	バージョンを表示する
	RESTORE	出荷時設定	AT+RESTORE	設定を出荷時の状態に戻す
	RST	リセット	AT+RST	ESPモジュールをリセットする
	UART	UART設定	AT+UART=115200,8,1,0,0	UARTの設定(初期値)
Wi-Fi	CWMODE	Wi-Fi動作モード	AT+CWMODE=1	STAモードに設定する
	CWLAP	アクセス・ポイント表示	AT+CWLAP	周囲の無線LANアクセス・ポイントを表示
	CWJAP	アクセス・ポイント接続	AT+CWJAP="SSID","PASS"	無線LANアクセス・ポイントへ接続する
	CIFSR	アドレス情報表示	AT+CIFSR	本機のアドレス情報を表示する
IP	CIPSTATUS	接続状態の表示	AT+CIPSTATUS	STATUS＝2：IP取得済，3：接続中，4：切断
	CIPSTART	単一接続処理の開始	AT+CIPSTART="UDP","255.255.255.255",1024	ポート1024に対してUDPブロードキャスト送信を行うための事前処理を行う
	CIPCLOSE	単一接続処理の終了	AT+CIPCLOSE	AT+CIPSTARTで開始した処理を終了
	CIPMUX	多重接続モード設定	AT+CIPMUX=1	TCPサーバに必要なモード設定
		単一接続モード設定	AT+CIPMUX=0	単一接続モード(初期状態)
	CIPSERVER	多重接続サーバ起動	AT+CIPSERVER=1,1024	ポート1024のTCPサーバを起動する
		多重接続サーバ終了	AT+CIPSERVER=0	TCPサーバを終了する
	CIPSEND	単一接続データ送信	AT+CIPSEND=n	単一接続時にnバイトのデータを送信
		多重接続データ送信	AT+CIPSEND=ID,n	多重接続時にnバイトのデータを送信
	CIPMODE	Transparent転送設定	AT+CIPMODE=1	Transparent転送モードを設定する
		Transparent転送終了	AT+CIPMODE=0	Transparent転送モードを終了する

きます．執筆時点で最新のファームウェア(Ver 1.0.2)では，HTTPクライアント機能を搭載しており，インターネットやLAN上の情報を，簡単に取得することができます．

写真2のように，MixJuiceをIchigoJam Uに重ねるように接続し，MixJuiceのUSBコネクタに電源を供給します．IchigoJam Uへ電源を供給する場合はCN5にコネクタを取り付ける必要があります．両方の電源を入れ，キーボードの[F1]キーで画面を消去してから，以下のコマンドを入力してください(無線LANアクセス・ポイントのSSIDとパスワードを <SSID> と <PASS> の部分へ入力)．

```
?" MJ ␣ APC ␣ <SSID> ␣ <PASS>" ↵
```

無線LANアクセス・ポイントに接続すると，IPアドレスが表示されます．この状態で，以下のコマンドを入力すると，IchigoJam + MixJuice専用のコンテンツを表示することができます．

```
筆者サイト：
?"MJ ␣ GET ␣ bokunimowakaru.github.io/MJ/" ↵
```

Appendix 1　Wi-Fiマイコン ESPの通信データをモニタ！ Socket Debugger Free

うまくつながらない？と思ったら，IoT機器どうしの会話をチェック

● パケット・モニタ・ソフトSocketDebugger Freeで通信を確認する

Appendix 1では，第1章で作成した実験用ブレッドボードを使用し，LAN内でのIPネットワーク通信の実験を行います．通信動作の確認には，Windows用のパケット・モニタ・ソフト「**SocketDebuggerFree**」を使用します．実験を始める前に，下記からダウンロードし，インストールしてください．

> パケット・モニタ・ソフトSocketDebuggerFree
> http://sdg.udom.co.jp/

図1はESPモジュールの通信テスト用の接続図です．

左側のSocketDebuggerFreeをインストールしたパソコンは，親機として使用します．無線LANアクセス・ポイントに接続し，ESPモジュールとのワイヤレス通信を行います．

右側のパソコンはESPモジュールの制御用です．無線LANにつながっている必要はありません．ESPモジュールにUSBで接続し，Tera Termで制御します．

2台のパソコンを示しましたが，同じパソコン上で両方のソフトを動かすこともできます．

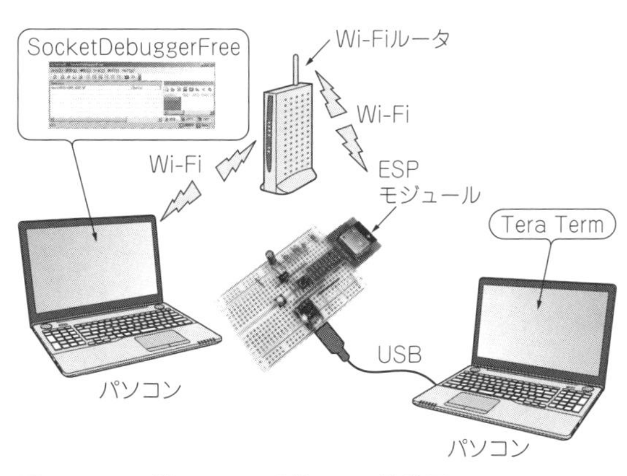

図1　ESPモジュールの通信テスト接続図
ESPモジュールを実装した実験用ブレッドボードに，PCをUSBでつなぎ，インストールしたTeraTermからATコマンドでESPモジュールを制御する．パソコンは1台でも実験可能

● SocketDebuggerFreeの通信設定

▶ESPモジュールの通信実験

SocketDebuggerFreeを起動し，「設定」メニューから「通信設定」を選択すると，設定画面が表示されます．

左側の枠のツリーの中から[接続] - [ポート1]の画面を開き，**図2**の通信タイプを「UDP」に，送信先を「BROADCAST」に変更後，[適用]ボタンを押します．

TCP通信の設定は，ツリーの「接続」を「ポート2」に切り替え，**図3**の「このポートを使用する」にチェックを入れ，ESPモジュールのIPアドレスを入力します．

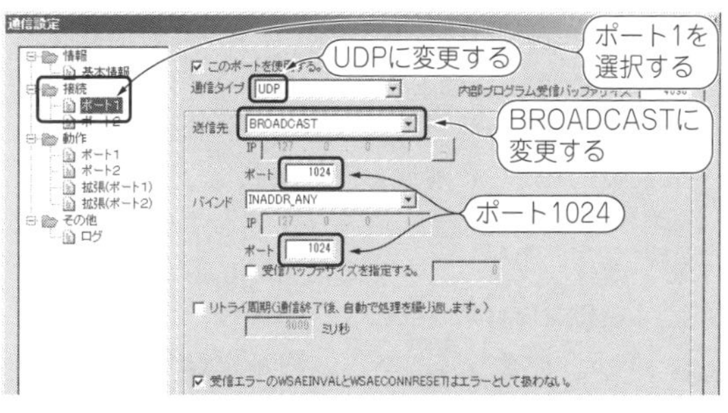

図2　Wi-Fi通信パケット・モニタ・ソフトウェアSocket DebuggerFreeのUDP設定例
起動後，「設定」メニューの「通信設定」画面にある「ポート1」の通信条件を設定をする．通信タイプをUDPに，送信先をBROADCASTに，ポートを1024に変更する

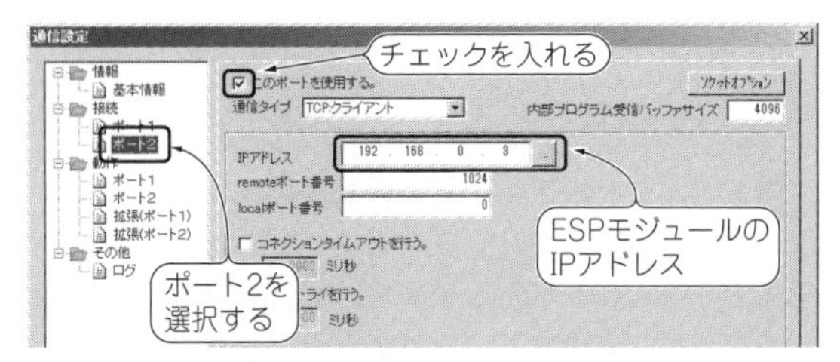

図3　Wi-Fi通信パケット・モニタ・ソフトウェアSocket DebuggerFreeのTCP設定例
起動後，「設定」メニューの「通信設定」画面にある「ポート2」の通信条件を設定をする．「このポートを使用する.」にチェックを入れる，「通信タイプ」をTCPクライアントに，「IPアドレス」をESPモジュールのIPアドレスに(ここでは，192.168.0.3)変更する

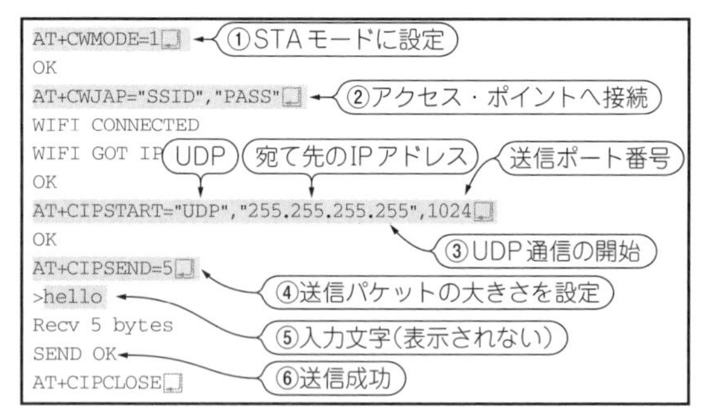

図4　UDPパケットを送信するときのようす
AT+CWMODE=1コマンドでSTAモードに変更し，AT+CWJAP="SSID","PASS"コマンドでアクセス・ポイントに接続後，ブロード・キャスト・アドレスへのUDP通信開始コマンドの後，文字を入力(ここではhello)し，SEND OKが戻ってくれば送信が成功したことが確認できる

通信タイプは「TCPクライアント」のまま，［OK］をクリックします．以上で設定の完了です．

● 試運転① ESPモジュールからUDPパケットを送信する

ESPモジュールはセンサで読み取った値をWi-Fiで無線送信できます．

UDPは，通信の手続きや設定が少ないプロトコルなので，センサの値を送信するときに便利です．

前節で設定済のSocketDebuggerFreeを使って，UDPパケットを待ち受けるには，「通信」メニューの「Port 1 処理開始」を選択します．この他にも，「Ctrl」キーを押しながら「1」を押す方法や，再生ボタンと数字の「1」が描かれたアイコンをクリックして待ち受けを開始する方法もあります．

TCPの通信では「AT+CIPSTART」コマンドを使って通信を開始しました．UDP通信では，このコマンドに「UDP」を指定します．以下に，ESPモジュールに接続したTera Termを使って，UDPパケットを送信する手順を説明します．すでにアクセス・ポイントに接続されている場合は③から始めてください．

① STAモードに設定する
AT+CWMODE=1↵
② アクセス・ポイントへ接続する
AT+CWJAP="SSID","PASS"↵
③ UDP通信を開始する
AT+CIPSTART=
"UDP","255.255.255.255",1024↵
④ UDPの送信パケットの大きさを指定する
AT+CIPSEND=5↵

Column　UDPとTCPの特徴

IPネットワークでデータを送受信する方法として，UDP(User Datagram Protocol)とTCP(Transmission Control Protocol)の2種類のプロトコルがあります．

UDPのほうが仕組みがシンプルです．プログラマの都合に合わせた通信や，ネットワークの性能を最大限に使用した通信を行えます．

UDPでは，宛て先のIPアドレスとポート番号を指定すれば，すぐにデータを送信できます．ポートとは，仮想的なコネクタのようなものです．各機器に0～65535までの番号が付けられた65536個のコネクタが装備されたようすをイメージしてください．このうちの1つのコネクタへ，仮想的にケーブルを接続する作業がポート番号の指定です．受信側は，たくさんのコネクタの中から，特定のポート番号のコネクタへ送られてきたデータを待ち受けて，取り出すことができます．UDPは単純な仕組みだからこそ，不特定多数の機器とのデータ送受信を高速に行えます．

一方TCPは，通信相手の接続を確認し合い，接続状態ならデータを送受信します．TCPサーバは，TCPクライアントからの接続要求を待ち受け，要求を受けると通信データをやりとりするための通信路を確立します．切断も互いに確認し合ってから切断します．データが適切に届いたかどうかも確認し，届かなかった場合は再送信も行うので，UDPよりも信頼性の高い通信が行えますが，そのぶん時間がかかります．

図5　ESPモジュールから受け取ったUDPパケットの例
ESPモジュールからUDPブロード・キャストで送信したパケットが，ネットワーク上の別のパソコンに届いたときのSocketDebuggerFreeの表示例

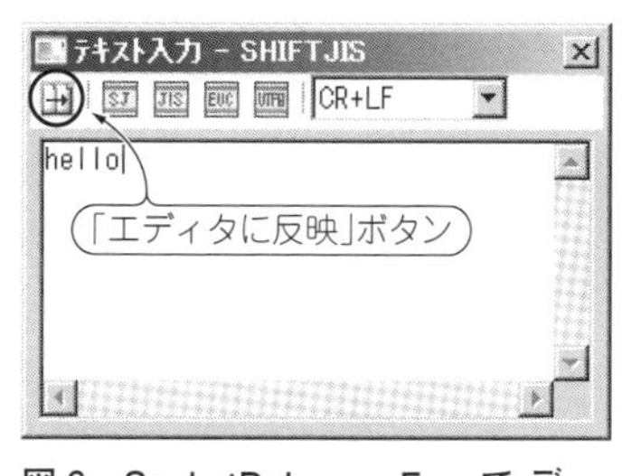

図6　SocketDebuggerFreeでデータ通信用のテキストを入力
「テキスト入力」ウインドウに文字を入力し，「エディタに反映」ボタン押す

図7　ESPモジュールへUDPパケットを送信
「通信」メニューにある「Port1 データ送信」を押す．または，Ctrl＋2でも送信可能

(ここでは5文字・5バイトを指定)

⑤ 送信データを入力する
hello
(Tera Termには表示されない)

⑥「SEND OK」が表示されたら送信成功

⑦ UDP通信を終了する
AT+CIPCLOSE⏎

以上の送信時のTera Termのようすを**図4**に示します．手順③の設定時にエラーが発生した場合は，他の設定や状態が適切でない可能性が考えられます．「AT+RESTORE⏎」で設定を初期化し，再設定してから確認してください．

宛て先の「255.255.255.255」は，ブロードキャスト・アドレスと呼ばれるIPアドレスです．LAN内の全機器にパケットを送信するときに使用します．255.255.255.255が使用できない場合は，IPアドレスのネットマスク部に当該LANセグメントのIPアドレスを入力します．例えば，PCのアドレスが192.168.0.3でマスクが255.255.255.0の場合，このセグメント内のブロード・キャスト・アドレスは「192.168.0.255」になります．

ESPモジュールが送信したUDPパケットがSocketDebuggerFreeに届くと，**図5**のように受信したデータ(16進数)とテキスト文字列が表示されます．テキスト文字列が見えない場合は，ウィンドウの大きさ(幅)を広げてください．

実験が終わったら，SocketDebuggerFreeの「通信」メニューから「Port 1 処理終了」を選択して，通信の待ち受け処理を停止します．ショートカット「Ctrl」+「3」の操作や，画面上の「一時停止」アイコンのボタン操作で停止することもできます．

●試運転② ESPモジュールでUDPパケットを受信する

今度は受信の実験です．SocketDebuggerFreeからデータを送信し，ESPモジュールで受信します．

ESPモジュールを受信待機状態にするには，ESPモジュールに接続したTera Termを使って，以下のように設定します．既に無線LANアクセス・ポイントに接続されている場合は，手順③から始めてください．

① STAモードに設定する
AT+CWMODE=1⏎

② アクセス・ポイントへ接続する
AT+CWJAP="SSID","PASS"⏎

③ ESPモジュールのIPアドレスを確認する
AT+CIFSR⏎

④ UDP通信を開始する
AT+CIPSTART="UDP","255.255.255.255",1024,1024⏎

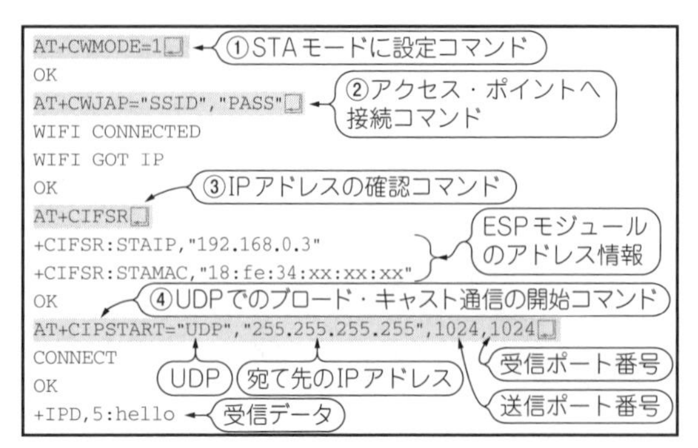

図8　UDPパケットを受信したときのようす
AT+CWMODE=1でSTAモードに変更し，AT+CWJAP="SSID","PASS"コマンドでアクセス・ポイントに接続し，AT+CIFSRコマンドで自分のIPアドレスを確認，AT+CIPSTART="UDP","255.255.255.255",1024,1024コマンドでUDPでのブロード・キャスト通信を開始したようす

手順③でIPアドレスが得られない場合は，②のアクセス・ポイントへの接続ができていない可能性やDHCPが動作していない可能性などが考えられます．また，手順④の設定時にエラーが発生した場合は，他の設定や状態が適切でない可能性が考えられます．「AT+RESTORE⏎」で設定を初期化し，再設定してから確認してください．

SocketDebuggerFreeのデータ送信の設定は，ウィンドウ右側の「送信データエディタ」の「TXT」と書かれたアイコンをクリックし，**図6**のウィンドウを使ってテキスト文字を入力し，左上の[エディタに反映]ボタンをクリックします．

送信を実行するには，「通信」メニューの「Port 1 データ送信」を選択する，または「Ctrl」キーを押しながら「2」を押す，または右矢印と数字の1が描かれたアイコンをクリックします(**図7**)．以上の送信時のTera Termのようすを**図8**に示します．

通信ができない場合は，設定の誤りか，パソコンのセキュリティ・ソフトが原因となっていることがほとんどです．もう一度，見直してください．ネットワークの環境によっては，ブロードキャスト通信が行えない場合があります．その場合は，SocketDebuggerFreeの「通信」メニューから「Port 1 処理終了」を実行し，「設定」メニューの「通信設定」の「ポート1」で，送信先を「UNICAST」に戻し，③の操作で得られたIPアドレスを「IP」欄へ入力してください．

＊

実験が終わったら，Tera Termから「AT+CIPCLOSE⏎」を入力して，UDP通信を終了してください．終了しておかないと以降の実験に支障をきたす場合があります．

Socket Debugger Freeを使ってTCP通信の動作確認を行う

TCPによる通信は，お互いが通信を行うことを認識しあってから通信を開始します．TCP通信を行うには，TCPサーバと，TCPクライアントが必要で，TCPサーバはTCPクライアントからの接続要求を待ち受けます．TCPクライアントは，通信を開始するための接続要求をTCPサーバへ送信し，TCPサーバが接続を認めれば，相互の通信路が確立し，送受信が可能になります．ここではESP-WROOM-02モジュールをTCPサーバ，パソコンをTCPクライアントとして，TCP通信の動作確認を行います．

● 試運転③ ESP-WROOM-02をTCPサーバにする

ESP-WROOM-02モジュールに接続したTera Termを使って，TCPサーバを開始する手順は以下のようになります．既に無線LANアクセスポイントに接続されている場合は，下記の③から始めてください．

① STAモードに設定する
　AT+CWMODE=1⏎
② アクセスポイントへ接続する
　AT+CWJAP="SSID","PASS"⏎
③ ESP-WROOM-02モジュールのIPアドレスが，SocketDebuggerFreeで設定した値と同じなのを確認する
　AT+CIFSR⏎
④ 多重接続モードを起動する
　AT+CIPMUX=1⏎
⑤ TCPサーバを起動する
　AT+CIPSERVER=1,1024⏎

手順③で得られたIPアドレスがSocketDebuggerFreeの[通信設定]の[ポート2]の値と異なる場合は，SocketDebuggerFree側の設定を変更してください．

手順④や⑤の設定時にエラーが発生した場合は，「AT+RESTORE」で設定を初期化し，再設定してください．

WSP-WROOM-02内のTCPサーバが起動したら，SocketDebuggerFreeからWSP-WROOM-02に接続処理を行います．[通信]メニューの[Port2 処理開始]を選択するか，「Ctrl」を押しながら「4」を押す，または再生ボタン形状に数字の「2」のついたアイコンをクリックしてください．接続に成功すると[接続完了]の文字が表示されるとともに，Tera Termに「0,CONNECT」のメッセージが表示されます．この表示の「0」は接続IDです．この接続との通信を行う際に使用します．

```
AT+CWMODE=1⏎
OK
AT+CWJAP="SSID","PASS"⏎
WIFI CONNECTED
WIFI GOT IP
OK
AT+CIFSR⏎
+CIFSR:STAIP,"192.168.0.3"
+CIFSR:STAMAC,"18:fe:34:xx:xx:xx"
OK
AT+CIPMUX=1⏎
OK
AT+CIPSERVER=1,1024⏎
OK
(ここでSocketDebuggerFreeからセッション接続する)

0,CONNECT
AT+CIPSEND=0,5⏎
>hello
Recv 5 bytes
SEND OK
(ここでSocketDebuggerFreeからセッション切断する)
0,CLOSED
```

図9　TCPパケットを送信するときのようす
「AT+CWMODE=1」とコマンドを入力し，WSP-WROOM-02をSTAモードに設定する．「AT+CWJAP="SSID","PASS"」とコマンドを入力してアクセス・ポイントに接続し，「AT+CIFSR」コマンドでIPアドレスを確認し，「AT+CIPMUX=1」と入力して多重接続モードを起動し，「AT+CIPSERVER=1,1024」と入力してTCPサーバを起動し，SocketDebuggerFreeからのセッション接続を待ち受ける．セッションが確立したら，「AT+CIPSEND=0,5」と入力して「hello」を送信する

● 試運転④ ESP-WROOM-02からTCPパケットを送信する

TCP接続が完了したら，ESP-WROOM-02モジュールからTCPパケットを送信してみましょう．送信を行うには，以下のコマンドを使用します．

⑥ 接続IDと送信パケットの大きさを指定する
AT+CIPSEND=0,5⏎
（ここでは5文字・5バイトを指定）
⑦ 送信データを入力する
hello
⑧「SEND OK」が表示されたら送信成功
⑨ 多重接続モードで手順⑥の「AT+CIPSEND」コマンドを使用するには，接続IDの指定が必要です．接続時に表示された「0,CONNECT」の先頭の「0」が接続IDです．
⑩ 通信が終わったらSocketDebuggerFreeの[通信]の[Port 2処理終了]を選択してセッションを終了します．終了すると，Tera Termに接続ID 0が閉じられたことを示すメッセージ「0,CLOSED」が表示されます．

以上のTera Termのようすを**図9**に示します．

```
AT+CWMODE=1⏎
OK
AT+CWJAP="SSID","PASS"⏎
WIFI CONNECTED
WIFI GOT IP
OK
AT+CIFSR⏎
+CIFSR:STAIP,"192.168.0.3"
+CIFSR:STAMAC,"18:fe:34:xx:xx:xx"
OK
AT+CIPMUX=1⏎
OK
AT+CIPSERVER=1,1024⏎
OK
(ここでSocketDebuggerFreeからセッション接続する)

0,CONNECT
(ここでSocketDebuggerFreeからデータを送信する)

+IPD0,5:hello
(ここでSocketDebuggerFreeからセッション切断する)
0,CLOSED
```

図10　TCPパケットを受信したときのようす
送信と同じ手順で①～⑤の準備を行う．SocketDebuggerFreeからのセッション接続を受けると0,CONNECT が表示され，「hello」のメッセージが含まれるTCPパケットを受け取ると，受け取ったメッセージが表示される

なお，手順⑩を使ってセッションを終了してもTCPサーバは動作し続けるので，SocketDebuggerFreeから「Port 2 処理開始」を再実行すると，通信を再開することができます．TCPサーバを完全に終了するには，「AT+CIPSERVER=0⏎」を入力します．

UDPパケットの送信や受信の実験を行う場合は「AT+CIPMUX=0⏎」を入力して，多重接続モードを解除します．

● 試運転⑤ ESP-WROOM-02でTCPパケットを受信する

こんどはESP-WROOM-02でTCPパケットを受信してみます．前節の手順⑤までを実施したら，SocketDebuggerFreeの[通信]メニューから[Port 2 データ送信]を選択して，ESP-WROOM-02にメッセージを送信してみましょう．Tera Termのようすを**図10**に示します．

実験が終わったら，TCPサーバを「AT+CIPSERVER=0⏎」を入力して停止させ，また「AT+CIPMUX=0⏎」を入力して，多重接続モードを解除します．

SocketDebuggerFreeには通信設定の保存機能が無いので，実験のたびに再設定しなければなりませんが，有料版のSocketDebuggerには保存機能が追加されています．また，パケットのキャプチャ機能やシリアルポートへのアクセス機能なども追加されており，使い勝手が向上します．

学生マイコンArduinoと同じツールでお気楽プログラミング

第3章 Arduino IDEを使って プログラミング

国野 亘 Wataru Kunino

Wi-FiマイコンESPモジュールで動作するプログラムの作成や，ESPモジュールにプログラムを書き込むには，Arduino用の開発環境(Arduino IDE)がそのまま使えます．

最初のプログラミング例として，ESPモジュールにつないだLEDの点滅プログラムの作成からスタートします．次章のIoTデバイス実験のためのプログラミング方法とプログラムのアップロード方法を習得します．

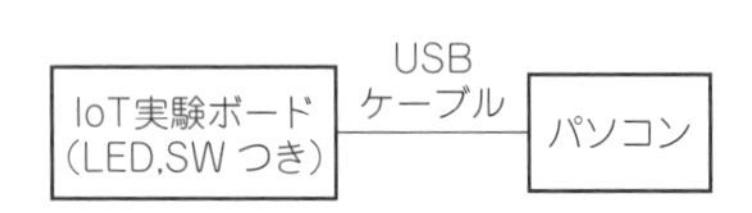

No	演習内容	ESP-WROOM-02用	ESP-WROOM-32用(参考)
1	シリアル出力する	practice01_uart.ino	esp32_01_uart.ino
2	LEDを点滅させる	practice02_led.ino	esp32_02_led.ino
3	スイッチ入力	practice03_sw.ino	esp32_03_sw.ino
4	変数の使い方	practice04_var.ino	なし
5	良く使う演算子	practice05_calc.ino	なし

IoT実験ボード上のプログラミングの方法について，5つの練習スケッチを使って学びます．Arduino言語は学生マイコン用に開発された言語ですが，IoT向け組み込みマイコンで用いられるC言語を基にしているので，実用的なIoT機器の開発に向けた入門用としても適しています．

実験の準備

■ 開発環境はおなじみ！ Arduino IDE

● ESPモジュール用ライブラリを追加インストール

ESPモジュール(Espressif社の IoTモジュール ESP-WROOM-02)を使うには，学生マイコンArduino用のプログラム(スケッチ)を作成するための開発環境をパソコンにインストールします．

開発環境の**Arduino IDEのバージョンは，1.8.5以降を推奨**します．下記のリンクからアクセスするか，Arduinoのホームページの「Download」から「Previous IDE Releases」のリンクを探してください(**図1**)．

Arduino IDEのダウンロード先
https://www.arduino.cc/en/Main/OldSoftwareReleases

図1　Arduino IDE 1.8.5以降をダウンロードする
本書では，バージョン1.8.5以降推奨

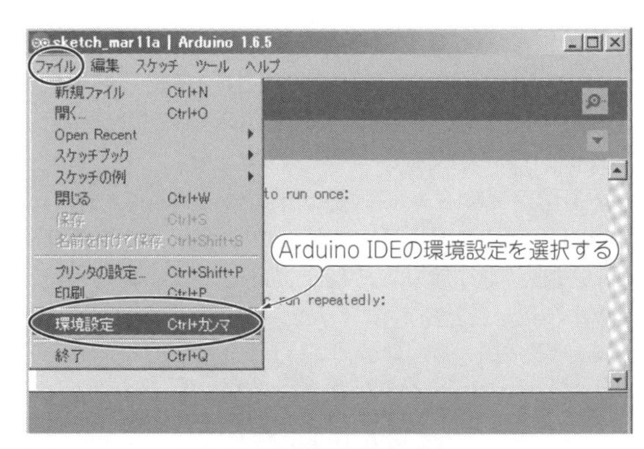

図2　Arduino IDEの環境設定を選択する
[ファイル]メニューの[環境設定]を選択する

● IDEを起動する

インストールが終わったら，Arduino IDEを起動します．

図2のように[ファイル]メニューの[環境設定]を選択すると，**図3**の設定画面が表示されます．「Additional Boards Manager URLs」の欄に，以下のURLを入力してください．

```
http://arduino.esp8266.com/stable/package_esp8266com_index.json
```

● ESPマイコン用のライブラリをインストールする

図4のArduino IDEの[ツール]メニューの[ボード]の中から，[Boards manager]を選択すると，**図5**の画面が表示されます．右上の検索ボックスに「esp」を入力するか，スクロール・バーを操作して，[esp8266 by ESP8266 Community]を選択し，[Install]をクリックすると，ESPモジュール用のライブラリのインストールが開始されます．

インストール後，Arduino IDEの[ツール]メニュー内の項目[ボード]に，ESPモジュールに関連した機器名が追加されます．執筆時点では，「ESP-WROOM-02」が登録されていないので，[Generic ESP8266 Module]を選択してください．

● ESPモジュールのメモリ・サイズを選択する

同じ[ツール]メニュー内の項目[Flash Size]の中から，[2MB(FS：1MB OTA：～512KB)]を選択します．また，項目[lwIP Variant]では，[v2 Lower Memory]を選択してください．シリアルCOMポート番号については，ESPモジュールをパソコンへ接続してから，項目[ポート]の中から選択します．

＊

以上で，プログラミングのための準備は完了です．[ツール]メニューを開いたときに，**図6**のようになっているかどうかを確認してください．

■ サンプル・スケッチをダウンロードする

● 動作確認ずみのプログラムを用意しました

Arduinoでは，プログラムのことをスケッチと呼びます．本稿で使用する練習用スケッチやサンプル・スケッチを筆者のサポート・ページから「デスクトップ」などへダウンロードしてください．

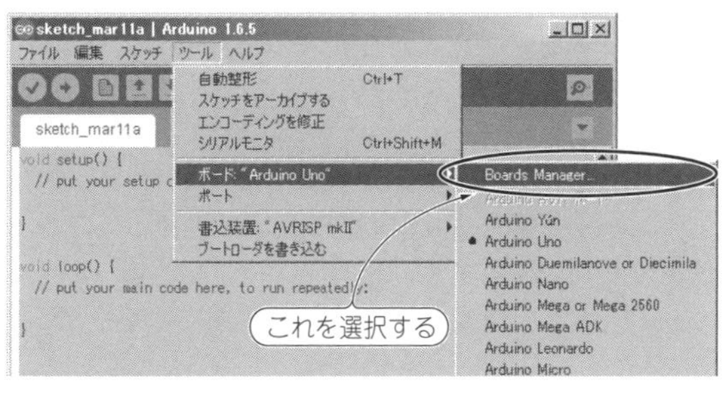

図4　Arduino IDEにESP用の設定を追加する
Arduino IDEの[ツール]メニューの[ボード]の中から，[Boards manager]を選択する

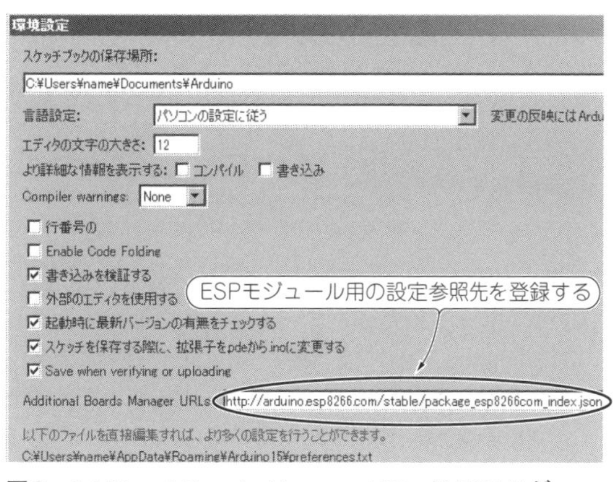

図3　Additional Boards Manager URLsにESPモジュールを追加する
「Additional Boards Manager URLs」の欄に，`http://arduino.esp8266.com/stable/package_esp8266com_index.json`を入力する

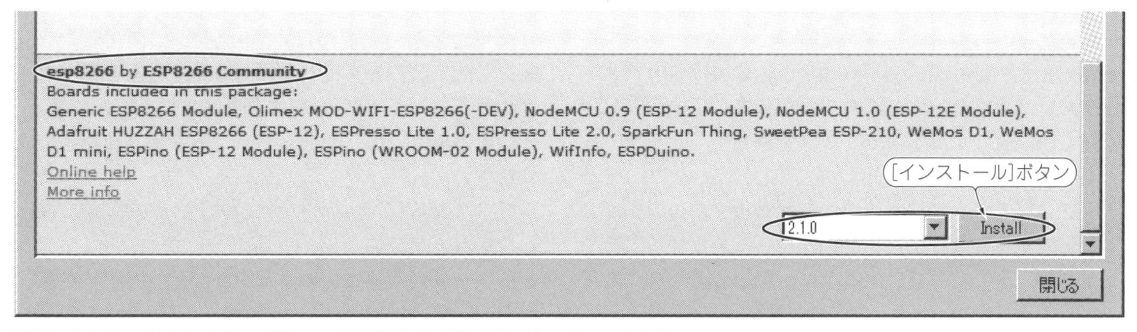

図5　Arduino IDEにESPモジュール用のライブラリをインストールする
BoardsManagerから，esp8266 by ESP8622 Communityで，最新バージョンを選んで[Install]ボタンを押す

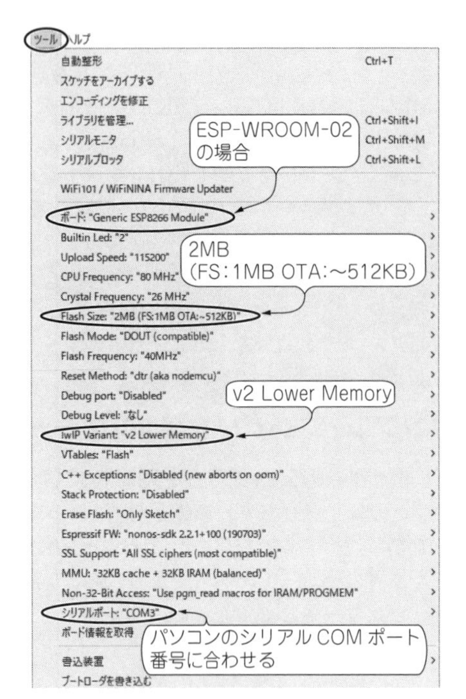

図6　Arduino IDEのツール設定
[ツール]メニュー内に表示される[ボード]，[Flash Size]，[lwIP Variant]，[シリアルポート]を設定したときのようす

筆者のサポート・ページ：
http://www.bokunimo.net/bokunimowakaru/cq/esp/

ダウンロードしたZIPファイルをダブルクリックし，内部の**「cqpub_esp」フォルダをArduino IDEのスケッチブック用の保存フォルダへコピー**します．スケッチブック用のフォルダがわからない場合は，[ファイル]メニューの[環境設定]を開いて，「スケッチブックの保存場所」を確認してください．例えば，以下のように表示されていた場合は，「マイ ドキュメント」フォルダ内の「Arduino」フォルダがスケッチブック用のフォルダです．

スケッチブックの保存場所：
C:¥Users¥(ユーザ名)¥Documents¥Arduino

エクスプローラでの表示：
(ユーザ名)▼マイ ドキュメント▼Arduino

スケッチブックのコピー先：
(ユーザ名)▼マイ ドキュメント▼Arduino▼cqpub_esp

コピーが終わったら，Arduino IDEを起動します．すでに起動している場合は，Arduino IDEの[ファイル]メニュー内の[終了]を選択し，一度，終了させてから，起動し直してください．起動後，[ファイル]メニュー内の[スケッチブック]を選択すると，コピーした[cqpub_esp]が**図7**のように表示されます．

■ ESPモジュールにスケッチを書き込む

● ESPモジュールをカスタマイズする

スケッチ(プログラム)をESPモジュールに書き込む前に，念のため注意点を説明します．

スケッチを書き込んだESPモジュールは，第1～2章のようなATコマンドを実行することができなくなります．元のファームウェアを再び書き込むことで元に戻すことも可能ですが，実際には，ATコマンド用と，スケッチ書き込み用のモジュールを使い分けると簡単で便利です．

Column　コンパイル時のエラー

コンパイルを実行したときに，エラーが発生すると，Arduino IDEの下段部のグリーンの帯がオレンジ色に変わり，コンパイルが中断されます．ESP-WROOM-02モジュールへの書き込みも実行されません．この場合，ESP用のプログラム(スケッチ)に何らかの誤りがあるので，それを修正してからコンパイルし直す必要があります．

プログラムの文法が適切にも関わらず，エラーが発生する場合は，全角文字が使われていないことを確認してみてください．とくに，空白のスペースが全角になっていると，一見しただけでは気が付きにくいです．「stray '＼' in program」もしくは「stray '¥' in program」と表示された場合は，全角文字が使われている可能性が高いです．

全角文字が使えるのは，「/*」と「*/」で囲まれたコメント部，「//」から改行までのコメント部，「"」(ダブルコーテーション)で囲まれた文字列部だけです．その他の箇所では，かならず，半角文字を使用してください．

プログラム(スケッチ)を他のエディタなどで作成した場合，プログラムの文字コードがシフトJISなどになっている場合があります．「ファイル」メニューの「名前を付けて保存」を選択し，プログラムの文字コードをUTF-8で保存し直してください．

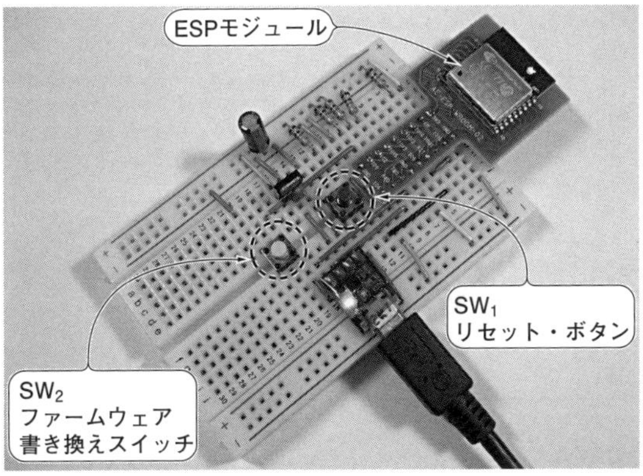

写真1　リセット・ボタンとファームウェア書き換えボタンをブレッドボードに載せる
SW₁とSW₂を操作して，ファームウェアを書き換えることができる．ただし，ATコマンドでESPモジュールを制御する場合，ファームウェアをオリジナルに戻す必要がある

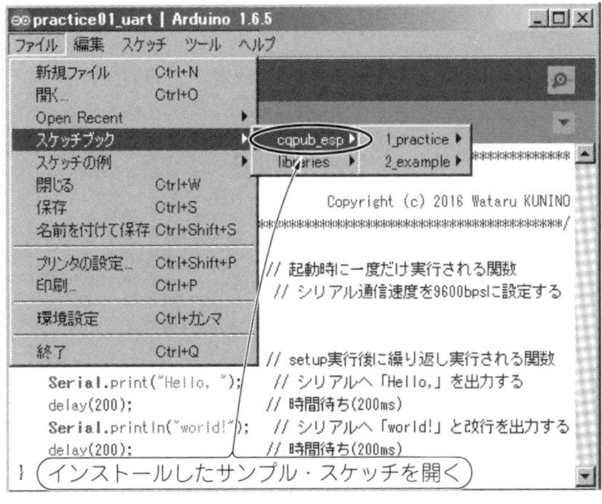

図7　インストールしたサンプル・スケッチを開く
［ファイル］-［スケッチブック］メニューから，筆者のWebサイトからダウンロードしたサンプル・スケッチを開く

　スケッチを書き込むときは，ブレッドボード上のSW_1(リセット・ボタン)とSW_2(ファームウェア書き換えボタン)を操作します．ボタンの位置を**写真1**に示します．

　ファームウェアの書き換えモードにするには，SW_2を指で押したまま，SW_1を押し，SW_2を押さえたままSW_1だけを離してください．その後，ファームウェア書き換えボタンSW_2を離します．順番通りに行わないとESPモジュールのファームウェア書き換え機能が正しく動作しません．

● サンプル・スケッチの説明

　それでは，ダウンロードしたスケッチをESPモジュールに書き込むために，サンプル・スケッチを開いてみましょう．

　図7の[cqpub_esp]の中から[1_practice]を選択し，さらにその中から[practice01_uart]を選択してください．**図8**のスケッチ(プログラム)が表示されます．

　Arduino IDE上の[→(右矢印)]アイコンをクリックすると，スケッチのコンパイル後，ESPモジュールに書き込みます．コンパイルとは，スケッチをESPモジュール上で動作可能な実行形式のファイルに変換する処理です．もし，スケッチに不具合があると，Arduino IDEの下段部のグリーンの帯がオレンジ色に変わり，エラー内容が表示されます．その場合は，書き込みは実行されません．修正し，やり直す必要があります．

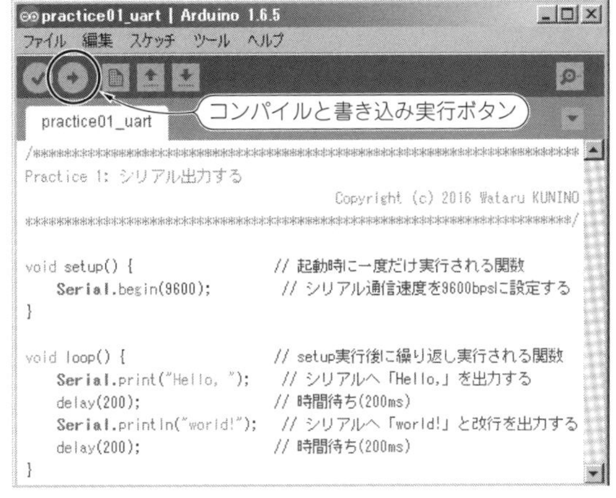

図8　練習用のサンプル・スケッチ
[cqpub_esp]の中から[1_practice]を選択し，さらにその中から[practice01_uart]を選択する．左上の[→]アイコンをクリックすると，スケッチのコンパイルとESPモジュールへの書き込みが行われる

● シリアルCOMポート番号を合わせる

　正しくシリアル接続されていない場合にもエラーが発生します．「**マイコン・ボードに書き込んでいます**」のメッセージが表示されれば，コンパイルが成功したことがわかります．その後に，「error: espcomm_upload_mem failed」のようなメッセージが表示された場合は，シリアル接続のエラーです．ファームウェア書き込みモードになっていない恐れがあるので，再操作してください．シリアルCOMポート番号が誤っている恐れもあります．［ポート］メニューで選択可能なシリアルCOMポート番号を確認してから，ESPモジュールに接続しているUSBケーブルを抜き，再度，［ポート］メニューで選択可能なシリアルCOMポート番号を確認してください．はじめの確認のときに存在していたCOMポート番号のうち，後の確認時になくなったCOMポートが，ESPモジュールのシリアルCOMポート番号です．

リスト1　練習用スケッチpractice01_uart
ESPモジュールは「Hello, world!」という文字列データをシリアル(UART)端子からパソコン(Arduino IDE)に向けて出力する

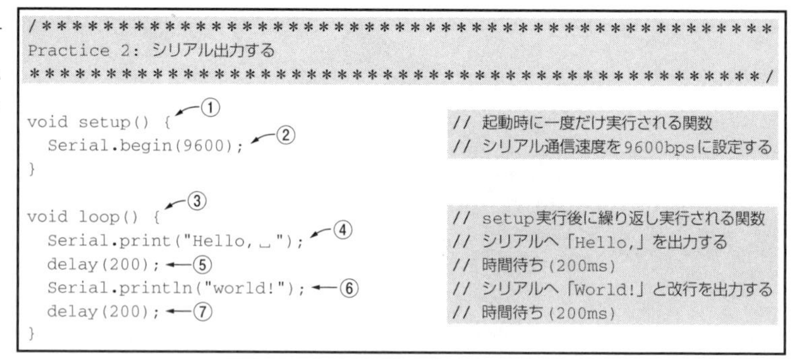

```
/**********************************************
Practice 2: シリアル出力する
**********************************************/

void setup() {  ←①                          // 起動時に一度だけ実行される関数
  Serial.begin(9600);  ←②                   // シリアル通信速度を9600bpsに設定する
}

void loop() {  ←③                           // setup実行後に繰り返し実行される関数
  Serial.print("Hello,␣");  ←④              // シリアルへ「Hello,」を出力する
  delay(200);  ←⑤                           // 時間待ち(200ms)
  Serial.println("world!");  ←⑥             // シリアルへ「World!」と改行を出力する
  delay(200);  ←⑦                           // 時間待ち(200ms)
}
```

図9　Arduino IDEの機能シリアル・モニタの表示例
サンプル・スケッチ「practice01_uart」は，Hello, world!の文字列をシリアル出力するプログラム．正しくコンパイルされ，ESPモジュールに書き込まれると，シリアル・モニタにHello, world!が表示される

ESPモジュールを再接続し，そのESPモジュール用のシリアルCOMポート番号を選択してください．

練習用プログラムの定番 Hello, world!

● ESPモジュールにプログラムを書き込む

前の説明でESPモジュールに書き込んだスケッチpractice01_uart(**リスト1**)は，シリアル(UART)端子から「Hello, world!」の文字列データを出力する練習用のサンプル・スケッチです．

ESPモジュールのシリアル出力は，USBシリアル変換アダプタを経由してパソコンへ接続されています．このため，**ESPモジュールからシリアル出力されたテキストのメッセージを，Arduino IDEのシリアル・モニタで確認できます**．この機能は，デバイス開発途中のデバッグ(スケッチの不具合対策)にも利用します．

Arduino IDEの表示ウィンドウ右上にある虫眼鏡のアイコンをクリックすると，シリアル・モニタが開き，**図9**のようにHello, world!のメッセージが表示されます．表示されない場合は，ウィンドウ右下のビット・レートを9600 bpsにしてください．

● スケッチの処理の流れ

ここからはスケッチを見ながら解説を進めます．Arduinoで使用するプログラム言語スケッチは，C言語を拡張したものです．

C言語の機能とArduinoの独自機能について説明します．

リスト1の内容を確認します．Arduinoのスケッチは，大きく2つのブロックに分かれます．

前半は，スケッチ内の手順①の「void setup()」の「{」から「}」までの3行です．この「setup」は関数名です．そして，「{」と「}」の中の記述はsetup関数の内容です．ESPモジュールが起動したときに，このsetup関数の内容が一度だけ実行されます．

後半のブロックは，手順③のloop関数です．前述のsetup関数を実行した後に，このloop関数の内容を繰り返し実行します．

この練習用スケッチpractice01_uart(**リスト1**)の場合，ESPモジュールを起動したときに手順②を実行し，その後，手順④～⑦を繰り返し実行します．

①「setup」関数を定義します．関数の定義の方法はC言語の仕組みですが，この関数名「setup」の役割はArduino独自のものです．「setup」関数の中(「{」と「}」で囲まれた区間)には，ESPモジュールの起動時やリセット時に一度だけ実行する命令を記述します．関数名の前の「void」は，戻り値(結果)のない関数であることを示します．

②「Serial.begin」は，シリアル通信を開始するときに使用するArduino独自の命令です．カッコ内の引き数には，シリアルの通信速度を記します．ここでは9600 bpsに設定します．

③ 手順④～⑦を繰り返し実行する「loop」関数を定義します．手順①のsetup関数と同様にC言語の関数定義の仕組みを使ったArduino独自の関数名です．

④「Serial.print」はArduino独自のシリアル出力命令です．「"」(ダブル・クォーテーション)で囲まれた文字列を出力します．ここでは「Hello,」を出力します．

⑤「delay」はESPモジュールが何もしない待ち処理を実行するArduino独自の命令です．ここではLED点灯後に約200 msの時間を待ちます．あまり長い待ち時間を設定すると，他の通信処理などに影響が出る場合があります．ESPモジュールでは，500 ms以下にしましょう．

⑥「Serial.println」もArduino独自のシリアル出力命令です．手順④との違いは出力後に改行を出力することです．つまり，「world!」を出力した後に，改行を出力します．

⑦「delay」は，⑤と同じで，指定時間だけ何もしない待ち時間処理を行います．ここでも約200 ms処理を待ちます．

命令の語尾には必ず「;(セミコロン)」を付け，1つの命令の区切りを明示します．

命令の区切りをセミコロンで明示するので，改行やスペース，タブは，比較的自由に使うことができます．スケッチを見やすく書くことで，プログラムの不具合(バグ)を減らすことができます．

以上の練習用スケッチの内容が理解できたら，メッセージを自分で変更して，コンパイルと書き込みを実行してみてください．

① マイコンが動作することを確認してみよう

● プログラミング初めの一歩

LEDを点滅させるスケッチを使ってLEDの点滅を行ってみましょう．これでマイコン周辺回路が正しく配線されていることの確認もできます．

ハードウェアは第1章で作成した実験用ボードに，LEDと1 kΩの炭素皮膜抵抗器を追加します．ハードウェアを変更するときは，必ずUSBケーブルを取り外し，電源を切った状態で行ってください．

LEDと炭素皮膜抵抗器の追加個所を**図10**の回路図に示します．製作例は**写真2**を参考にしてください．LEDのアノードをESPモジュールのIO 13(5番ピン)に接続し，カソードには炭素皮膜抵抗器を接続します．そして，炭素皮膜抵抗器の反対側をブレッドボード右側の－(マイナス)に接続します．念のために**写真3**にLEDの詳細を示します．LEDの極性に注意してください．

LED追加後，配線に誤りがないことをよく確かめ，問題がなければ，USBケーブルをパソコンに接続し，

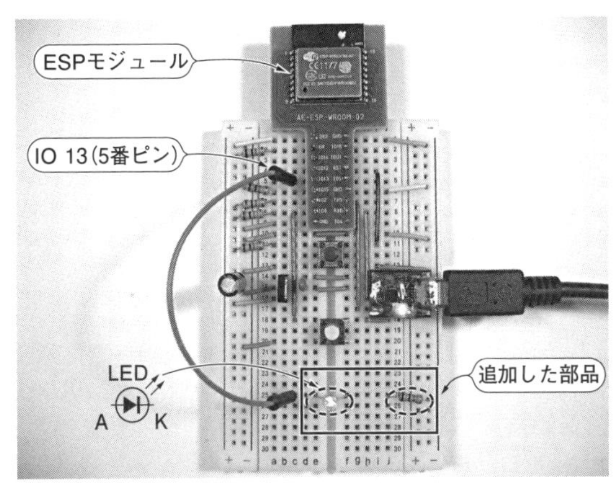

写真2 ESPモジュールにプログラム(スケッチ)を書き込んでLEDを点滅させているところ
実験用ボードに，練習用スケッチのLチカを実行するために，ESPモジュールの5ピン(IO13)にLEDと抵抗1 kΩを追加した

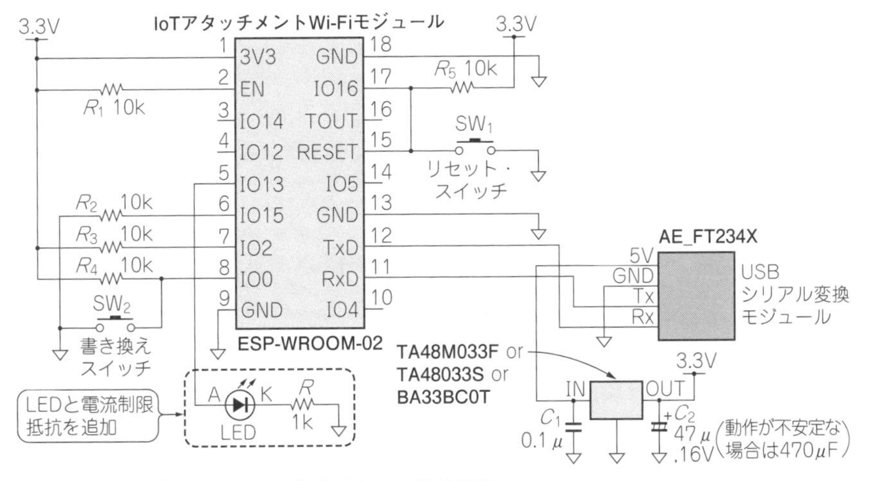

図10 ESPモジュールでLEDを点滅させる実験回路
ESPモジュール実験用ボードにLEDと抵抗を追加する．練習用スケッチのLチカを実行するために，ESPモジュールの5ピン(IO13)にLEDと抵抗1 kΩを追加する

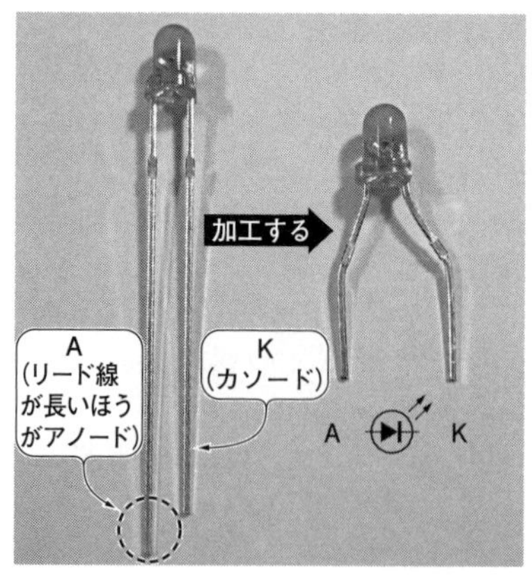

写真3　LEDの極性とリード線の加工
LEDの極性に注意する．ブレッドボードに挿すときは，LEDのリード線を少し広げると挿しやすくなる

リスト2　練習用スケッチpractice02_led
ESPモジュールに書き込んで実行すると，LEDが点滅する練習用プログラム．通称Lチカ・プログラム

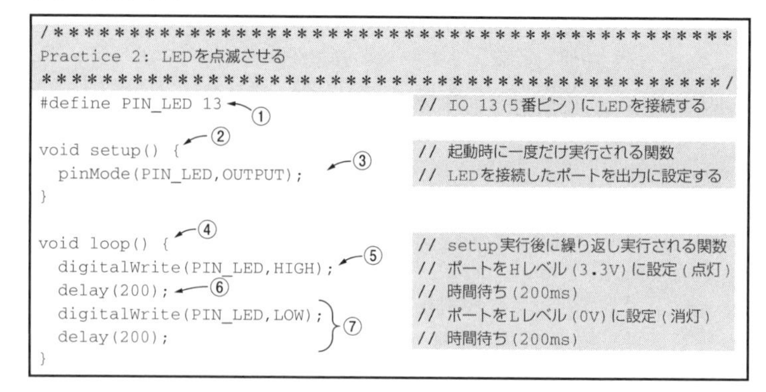

```
/***************************************
Practice 2: LEDを点滅させる
***************************************/
#define PIN_LED 13  ←①                     // IO 13(5番ピン)にLEDを接続する

void setup() {  ←②                         // 起動時に一度だけ実行される関数
  pinMode(PIN_LED,OUTPUT);  ←③              // LEDを接続したポートを出力に設定する
}

void loop() {  ←④                          // setup実行後に繰り返し実行される関数
  digitalWrite(PIN_LED,HIGH);  ←⑤           // ポートをHレベル(3.3V)に設定(点灯)
  delay(200);  ←⑥                           // 時間待ち(200ms)
  digitalWrite(PIN_LED,LOW);  }⑦            // ポートをLレベル(0V)に設定(消灯)
  delay(200);                               // 時間待ち(200ms)
}
```

前節と同様の方法でスケッチ「practice02_led」をESPモジュールに書き込みます．正常なら，LEDが点滅を始めます．うまく動かない場合は，ブレッドボードの上側のリセット・ボタンSW_1を押してみてください．

それでは，**リスト2**の処理内容を確認します．以下に本スケッチ内の処理の流れを説明します．

①「#define」は定数を定義するC言語の命令です．ここでは，LEDを接続するIOポートの定数PIN_LEDへ，IOポート番号の値13を定義します．
定数の値を変更したい場合は，スケッチを修正して，ESPモジュールにスケッチを再度書き込む必要があります．

②ESPモジュールの起動時やリセット時に一度だけ実行する「setup」関数を定義します．

③「pinMode」はIOポートの入出力を設定するArduino独自の命令です．ここでは手順①のPIN_LEDで定義されたIOポート13を，「OUTPUT」すなわち「ディジタル出力」に設定します．こういったArduino独自命令についても，Arduino IDE内ではC言語やC++言語の仕組みを使って動作します．したがって，関数の使い方はC言語やC++言語に似ています．

④以下の手順⑤～⑦の命令を繰り返し実行する「loop」関数を定義します．

⑤「digitalWrite」はディジタル出力に設定したIOポートに信号を出力するArduino独自命令です．PIN_LEDで定義されたIOポート13へ「HIGH」すなわち"H"の約3.3 Vを出力します．この3.3 Vの電圧出力によってLEDが点灯します．

⑥「delay」命令を使って，200 msの待ち時間処理を行います．

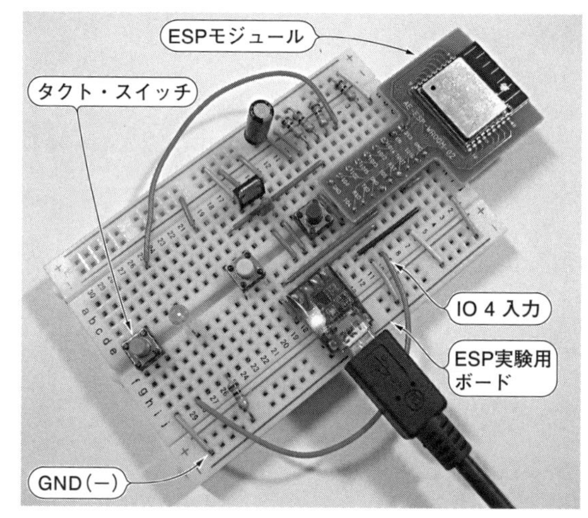

写真4　ESP実験用ボードにタクト・スイッチを追加
ディジタル入力の実験を行うために，スイッチを1個追加する

⑦前述の手順⑤と⑥の処理に似ています．異なる点はdigitalWrite命令の2番目の引き数です．ここでは「LOW」すなわち"L"の約0.0 Vを出力します．LEDを消灯し，約200 msの待ち処理を行います．

②スイッチ入力の読み込み

●スイッチの状態を調べる

ESPモジュール実験用ボードに，タクト・スイッチを1個追加します(**写真4**)

ESPモジュールのIO4入力(10番ピン)にスイッチの片側を接続し，異極となる側をGND(電源ラインの−)に接続します．スイッチの追加回路図を**図11**に，タクト・スイッチの端子の説明を**写真5**に示します．

共通端子
押下時：接続
開放時：切断
共通端子

写真5　タクト・スイッチの端子
タクト・スイッチには4つの端子があり，それぞれ2本ずつが共通の端子になっている．スイッチを押下したときに距離の短い端子同士が電気的に接続され，スイッチを離すと電気的に開放される

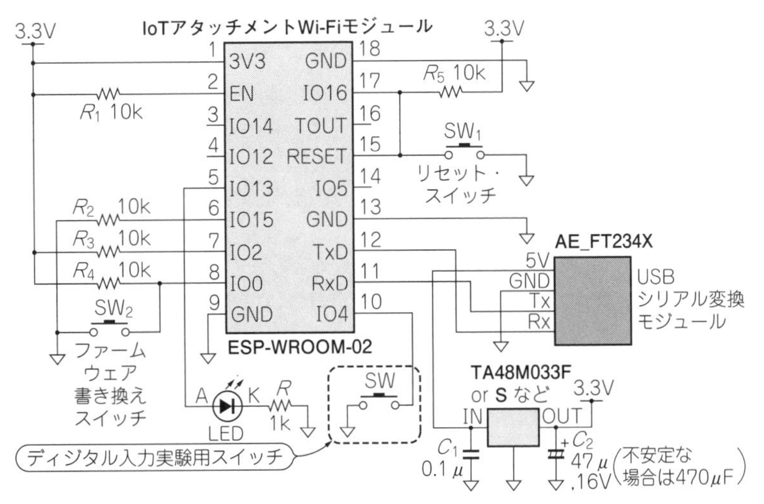

図11　スイッチの追加回路図
スイッチを使ったディジタル入力の実験を行うために実験用ボードのESPモジュール10ピン(IO4)とGNDの間にタクト・スイッチを追加する

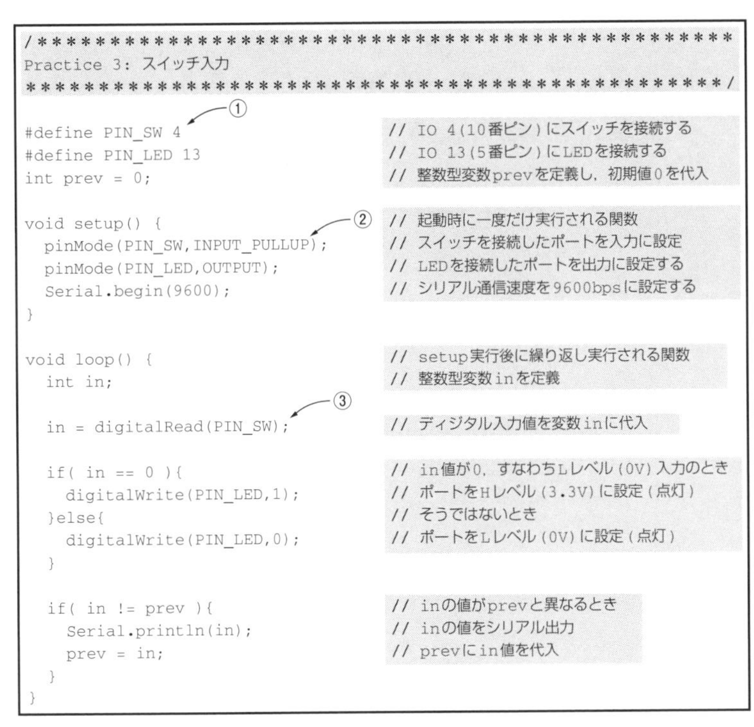

```
/*************************************************
Practice 3: スイッチ入力
*************************************************/

#define PIN_SW 4          ①     // IO 4(10番ピン)にスイッチを接続する
#define PIN_LED 13               // IO 13(5番ピン)にLEDを接続する
int prev = 0;                    // 整数型変数prevを定義し，初期値0を代入

void setup() {                   // 起動時に一度だけ実行される関数
  pinMode(PIN_SW,INPUT_PULLUP);  ②  // スイッチを接続したポートを入力に設定
  pinMode(PIN_LED,OUTPUT);       // LEDを接続したポートを出力に設定する
  Serial.begin(9600);            // シリアル通信速度を9600bpsに設定する
}

void loop() {                    // setup実行後に繰り返し実行される関数
  int in;                        // 整数型変数inを定義

  in = digitalRead(PIN_SW);  ③  // ディジタル入力値を変数inに代入

  if( in == 0 ){                 // in値が0，すなわちLレベル(0V)入力のとき
    digitalWrite(PIN_LED,1);     // ポートをHレベル(3.3V)に設定(点灯)
  }else{                         // そうではないとき
    digitalWrite(PIN_LED,0);     // ポートをLレベル(0V)に設定(点灯)
  }

  if( in != prev ){              // inの値がprevと異なるとき
    Serial.println(in);          // inの値をシリアル出力
    prev = in;                   // prevにin値を代入
  }
}
```

リスト3　タクト・スイッチを押すとArduino IDEのシリアル・モニタ画面に1または0の文字が表示されるスケッチpractice03_sw
スケッチをコンパイルしてESPモジュールに書き込んだ後，タクト・スイッチを押したときに，シリアル・モニタに0が，解放時に1を表示するスケッチ．ESP実験用ボードにLチカ用のLEDを接続している場合は，LEDが点いたり消えたりする

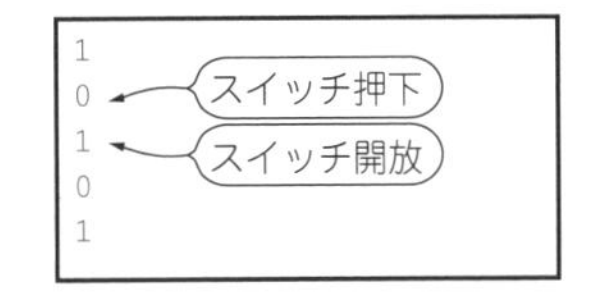

図12　practice03_swを実行したときのシリアル・モニタの表示
スイッチを押下したときに値は0になり，解放したときに値は1になる

スイッチの開放時は，ESPモジュールの内部プルアップ抵抗によって，入力端子IO 4と電源とが同電位となり，約3.3 Vの"H"が内蔵マイコンに入力されます．また，スイッチ押下時はGND(電源のマイナス)に接続されるので入力端子IO 4が0 Vとなり，内蔵マイコンに"L"が入力されます．

リスト3　練習用スケッチpractice03_swをESPモジュールに書き込んで実行し，タクト・スイッチを押したり放したりしてみてください．シリアル・モニタには，**図12**のように，スイッチ押下時に0，解放時に1が表示されます．前述のLEDを接続していた場合はLEDも変化します．

手順①の部分で，定数PIN_SWに4(すなわちIO 4)を定義し，手順②でIO 4を内部プルアップありの入力端子に設定，手順③でIO 4の状態を読み取ります．詳しいスケッチの内容については，スケッチの各行に書かれたコメントを参照してください．

練習スケッチ practice04_var：変数の使い方

プログラミング初心者向けに変数について説明します．プログラミング経験者は，読み飛ばして次章に進んでいただいてかまいません．

プログラミング言語で使用する変数とは，数値や文字を代入(収容)することができる容器のようなものです．aやbといった変数名を付けて，複数の容器を扱うことができます．この変数には，何らかの数値などが代入されており，数学で用いる変数のように未知数を示すことはありません．何も入っていないことを示す値を持つことや，意図しない不定値を持つことはあります．

変数には，代入する値の種類よって異なる「型」があります．整数のみを代入することができる整数型，文字を代入することが可能な文字型，小数を扱える浮動小数点数型などです．

それぞれの変数の型について以下に記します．**リスト4**と比較しながら見ていきましょう．

①「int」は整数型の変数を定義する命令です．変数の定義と言うとわかりにくいかもしれません．整数型の変数a(容器)を使えるようにする命令と考えると良いでしょう．この変数a(容器)の中へ整数の数値を代入することができます．ここでは「12345」を代入します．扱える数値の範囲はマイコンによって異なります．ESP-WROOM-02モジュールの場合は約±21億の範囲です．

②「char」型は文字変数を定義する命令です．ここで定義した変数c(容器)には半角文字を1字だけ代入することができます．ここでは文字「R」を代入します．文字変数に文字を代入するときは，代入する文字を「'(シングルコート)」で囲みます．

③変数の後ろに「[」と「]」を付与することで複数の文字を代入可能な文字列変数を定義することができます．文字列は「"(ダブルコート)」でくくります．代入可能な文字数を20文字にしたい場合は，「char s[21]」のように文字数よりも1だけ大きい21バイトを指定します．

④「float」型は小数を扱うことができる変数を定義するC言語命令です．浮動小数点数型と呼びます．有効桁数は関数電卓よりも劣る約6～7桁ですが，センサの値に用いるには十分でしょう．より多く

リスト4　練習スケッチpractice04_var

```
/*******************************************************************************
Practice 4: 変数の使い方
*******************************************************************************/

void setup() {                          // 起動時に一度だけ実行される関数
    Serial.begin(9600);                 // シリアル通信速度を9600bpsに設定する
}

void loop() {                           // setup実行後に繰り返し実行される関数
    int a = 12345;←①                   // 整数型の変数aを定義
    char c = 'R';←②                    // 文字変数cを定義
    char s[] = "Hello, world!";←③      // 文字列変数sを定義
    float v = 1.2345;←④                // 浮動小数点数型変数v
    int size;←⑤                        // 変数sizeを定義

    Serial.println("Practice 03");      // 「Practice 03」を表示

    Serial.print("a=");
    Serial.println(a,DEC);←⑥           // 整数値変数aの値を表示

    Serial.print("c=");
    Serial.write(c);←⑦                 // 文字変数cの値を表示
    Serial.println();←⑧                // 改行する

    Serial.print("s=");
    Serial.println(s);←⑨               // 文字列変数sの値を表示

    size = sizeof(s);←⑩                // sのサイズをsizeに代入
    Serial.print("sizeof(s)=");
    Serial.println(size,DEC);←⑪        // sizeの値を表示して改行

    Serial.print("v=");
    Serial.println(v,3);←⑫             // 浮動小数点数型変数vの値を表示

    for(a=0;a<10;a++) delay(100);       // 1秒の待ち時間処理
    Serial.println();
}
```

表1　良く使う変数の型とシリアル出力方法

変数の型	型名	サイズ	シリアル出力方法	修飾子	備考
整数型	int	2 or 4バイト	Serial.print(変数,DEC)	%d	10進数の整数出力
文字型	char	1バイト	Serial.write(変数)	%c	1文字しか扱えない
文字列型	char *	文字長+1バイト	Serial.print(変数)	%s	Serial.writeでも可
浮動小数点数型	float	4バイト	Serial.print(変数,桁数)	%f	桁数=小数点以下

の桁の値を保持したい場合は倍精度の「double」型を使用します.

⑤ 変数名に文字列を使用することもできます. この変数名「size」のようにわかりやすい名前をつけることで, プログラムのミスを減らすことができます. ただし, 命令(予約語)や, 定義済の関数と同じ名前の変数を使用することはできません.

⑥「Serial.println」は「"」で囲まれた文字列と改行をシリアルへ出力するコマンドでしたが, ここには, 「"」がありません. この場合, 変数aの中身を出力するコマンドとなります. また2番目の引き数「DEC」は10進数の整数を表します. したがって, 手順①の部分で変数aに代入された「12345」を出力します.

⑦「Serial.write」は文字変数の内容をシリアル出力するArduino独自の命令です. ここでは文字変数cに代入された文字「R」を表示します. 数値を表示するSerial.printと使い分ける必要があります.

⑧ 引き数のないSerial.println()は, 改行をシリアル出力します.

⑨ ここでは「Serial.println」命令を使って文字列変数sの内容「Hello,□world!」をシリアル出力します. 改行が不要な場合はSerial.printまたはSerial.writeを用います.

⑩「sizeof」関数は変数のメモリ・サイズ(単位=バイト)を得るC言語の関数です. ここでは文字列変数sが占有するメモリの大きさを変数sizeへ代入します. 文字列変数sには13文字の文字列が代入されているので, 1だけ大きい14バイトが変数sizeに代入されます.

⑪ 変数sizeに代入された値「14」をシリアル出力します.

⑫「Serial.println」の第2引き数に小数点以下の表示桁数を記述することで, 小数をシリアル出力します. 浮動小数点数型の変数vには1.2345が代入されているので, 小数の第4桁目を四捨五入した「1.235」が出力されます.

練習用スケッチ「practice04_var」を実行すると, **図12**のように, それぞれの変数内の値と文字列変数sのメモリの大きさが表示されます. ⑩のsizeof関数の引き数を整数型の変数aや, 浮動小数点数型の変数vに変更すると, それぞれの型のメモリの大きさを表示することができます. それぞれの型の違いを**表1**に示します. プログラムの内容とプログラムの実行結果を比較しながら学習しましょう.

```
Practice 03
a=12345
c=R
s=Hello, World!
sizeof(s)=14
v=1.235
```

図12　practice04を実行したようす
整数型変数aに代入した数値12345, 文字変数cに代入した文字R, 文字列変数sに代入した「Hello, World!」と文字列長, 浮動小数点型変数vに代入した1.235の小数点以下3桁までを表示した

なお, Arduinoでは, より文字列を扱いやすくするためにStringクラスが装備されていますが, 多くのマイコンの開発で用いられているC言語ではサポートされていません. 本書ではおもに配列型の文字変数を使用します.

練習スケッチ practice05_calc：四則演算

コンピュータは電子計算機とも呼ばれます. すなわち計算機です. 演算子「+」で加算, 「−」で減算, 「*」で乗算, 「/」で除算が行えます. 以下に, 演算子の使い方を練習するための練習用スケッチpractice05_calcの①〜⑤の動作について説明します.

①「a = a − 345」は引き算の一例です. C言語において「=」は代入を示します. この行ではa−345を計算し, その結果を変数aに代入します. loop関数の最初に12345を変数aへ代入しているので, 12345−345を計算します. その結果, 変数aには12000が代入されます. 足し算の場合は「+」にします.

②「a = a / 1000」は割り算の一例です. 「÷」の代わりに「/」を使用します. 掛け算の場合は「×」の代わりに「*」を用います. ここでは, 12000÷1000を計算します. その結果として, 変数aには12が代入されます.

③ 括弧つきのfloatは変数の型変換を表します. 整数型変数aを浮動小数点数型に変換してから, float型の変数vに代入します. 異なる型の変数に代入するときは, このような型変換が必要で

す．変数aには整数の12が入っていましたので，変数vには浮動小数点数の12.000が代入されます．

④ 整数型の変数aを10で除算します．整数の12を10で割ると1.2ですが，変数aは整数しか扱えないのでa=1となります．

⑤ 浮動小数点数型の変数vを10で除算すると，変数vには1.2000が代入されます．整数型と同じ計算ですが，結果が異なります．

リスト5　練習スケッチpractice05_calc

```
/*******************************************************************************
Practice 5: 良く使う演算子
*******************************************************************************/

void setup() {                             // 起動時に一度だけ実行される関数
    Serial.begin(9600);                    // シリアル通信速度を9600bpsに設定する
}

void loop() {                              // setup実行後に繰り返し実行される関数
    int a = 12345;                         // 整数型の変数aを定義
    float v;                               // 浮動小数点数型変数v

    Serial.println("Practice 04");         // 「Practice 04」を表示

    Serial.print(a,DEC);                   // 整数値変数aの値を表示
    a = a - 345;←①                        // a-345を計算してaに代入
    Serial.print(" - 345 = ");
    Serial.println(a,DEC);                 // 整数値変数aの値を表示

    Serial.print(a,DEC);                   // 整数値変数aの値を表示
    a = a / 1000;←②                       // a÷1000をaに代入
    Serial.print(" / 1000 = ");
    Serial.println(a,DEC);                 // 整数値変数aの値を表示

    v = (float) a;←③                      // 浮動小数変数vにaを代入
    Serial.print("(int) ");
    Serial.print(a,DEC);                   // 整数値変数aの値を表示
    a = a / 10;←④                         // a÷10をaに代入
    Serial.print(" / 10 = ");
    Serial.println(a,DEC);                 // 整数値変数aの値を表示

    Serial.print("(float) ");
    Serial.print(v,3);                     // 浮動小数点数型変数vの値を表示
    v = v / 10;←⑤                         // v÷10をvに代入
    Serial.print(" / 10 = ");
    Serial.println(v,3);                   // 浮動小数点数型変数vの値を表示

    for(a=0;a<10;a++) delay(100);          // 1秒の待ち時間処理
    Serial.println();
}
```

```
Practice 04
12345 - 345 = 12000
12000 / 1000 = 12
(int) 12 / 10 = 1
(float) 12.000 / 10 = 1.200
```

図13　practice05_calcを実行したようす
整数型変数aに代入した数値12345，文字変数cに代入した文字R，文字列変数sに代入した「Hello, World!」と文字列長，浮動小数点型変数vに代入した1.200の小数点以下3桁までを表示した

Column　int型にはshort型の場合とlong型の場合がある

ESP-WROOM-02モジュールには32ビットMPUが搭載されています．このため，int型の変数(容器)のメモリサイズ(大きさ)は，4バイト(＝32ビット)です．これをlong型とも言い，21億までの整数が使えます．ほとんどの用途で十分な範囲でしょう．

一方，MPUが8ビットの場合など，int変数型のメモリ・サイズが2バイト(＝16ビット)の場合もあります．これをshort型と呼びます．short型の場合は－32768～32767までしか扱えません．

通常は，longかshortのどちらかを明示して使ったほうが良いでしょう．さまざまなMPU上で同じ数値範囲で扱えるからです．しかし，意図的にintを使用する場合もあります．例えば32ビットMPUでは，16ビットのshort型を使っても32ビットのlong型を使っても演算部の処理速度は変わりませんが，その前後に発生する型変換に処理時間やメモリを消費してしまうことがあるからです．数値の範囲を明示する必要がなく，かつshortの範囲でしか使用しない場合はintを使用しても良いでしょう．

電脳搭載！小さな電子部品が考えながら動く

第4章 1 Wi-Fiインジケータ 2 Wi-Fiスイッチャ 3 Wi-Fiレコーダ 4 Wi-Fi LCD

国野 亘 Wataru Kunino

ESP-WROOM-02がIoTデバイスと呼ばれているのは，ユーザが作ったオリジナルのプログラムを書き込むことができるからです．本章では，Wi-Fi機能を利用したプログラミング後，実際にプログラムをESPモジュールに書き込み，スイッチやセンサなどの情報をWi-Fi経由で通信させ，IoTデバイスとしての機能を試します．

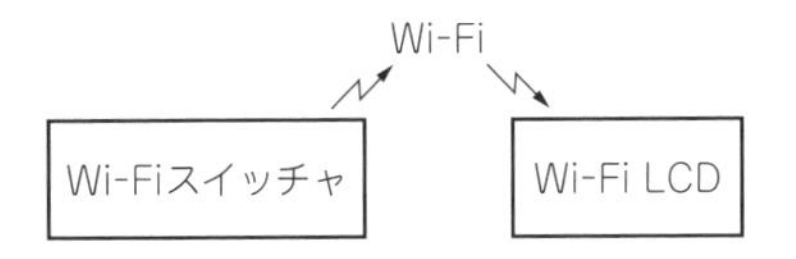

No	演習内容	ESP-WROOM-02用	ESP-WROOM-32用（参考）
1	Wi-Fiインジケータ	example01_led.ino	example33_led.ino
2	Wi-Fiスイッチャ	example02_sw.ino	example34_sw.ino
3	Wi-Fiレコーダ	example03_adc.ino	example35_adc.ino
4	Wi-Fi LCD	example05_lcd.ino	example37_lcd.ino
–	ケチケチ運転術	example04_le.ino	example36_le.ino

IoT実験ボードにスイッチや可変抵抗，LCDなどを接続して，簡単なWi-Fi機器を製作します．Wi-Fiスイッチャのボタンを押すと，Wi-Fi LCDへ「Ping」の文字が，ボタンを離すと「Pong」の文字が表示されます．

1 Wi-Fiインジケータ

●TCPパケットを受信するとLEDが点灯/消灯する

子機となるESPモジュール側のハードウェア構成は，第3章の「Lチカ」(LEDの点滅制御)と同じです(**写真1**)．ESPモジュールのIO 13(5番ピン)へ接続したLEDを，親機となるパソコンやラズベリー・パイからTCPパケットで制御します．

ソフトウェアは，前章でダウンロードしたフォルダに含まれているcqpub_espを使用します．

Arduino IDEの[ファイル]メニュー内の[スケッチブック]から[cqpub_esp]を選択し第3章の**図7**，項目「2_example」を選択すると，サンプル・スケッチのリストが表示されます．その中から，「example01_led」を選択すると，**図1**のような画面が開きます．このスケッチの内容を**リスト1** example01_ledに示します．

スケッチの始めのほうにあるSSIDとPASS(②の部分)を，各自の無線LANアクセス・ポイントに合わせて変更してください．その際，両端の「"」(ダブル・クォーテーション)は削除しないでください．以降のスケッチも，SSIDとPASSの変更が必要です．

ESPモジュールを書き込みモードに変更するには，ブレッドボード上のファーム書き換えボタンSW_2

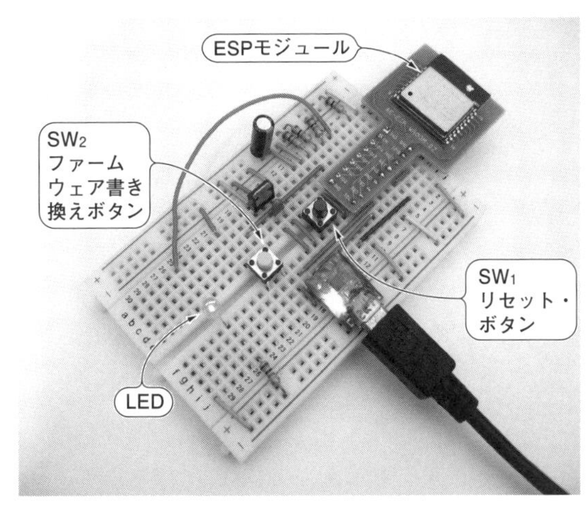

写真1　製作したWi-Fiインジケータ
スケッチcqpub_espをESP実験ボード上のESPモジュールに書き込んで，LEDをWi-Fi通信によって制御してみる

(IO0)を押したまま，リセット・ボタンSW_1(RST)を押し，SW_1を離してからSW_2を離します．その後，Aduino IDEの右矢印ボタンをマウスでクリックすると，スケッチのコンパイルとESPモジュールへの書き込みが実行されます．

ESPモジュールにスケッチを書き込んだら，Arduino IDEの右上にある虫眼鏡のアイコンをクリックして，「シリアル・モニタ」を開きます．ブレッドボード上の

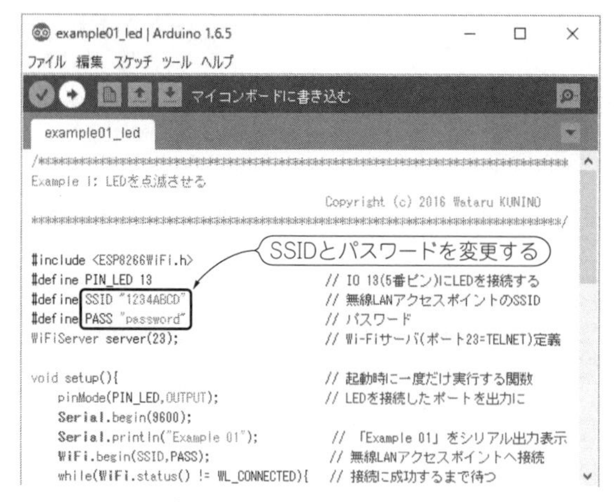

図1　SSIDとパスワードを変更してから書き込みを行う
スケッチcqpub_espをESPモジュールに書き込む前に，使用する無線LANのSSIDとパスワードに変更してから書き込まないとESPモジュールがアクセス・ポイントに接続できないので注意すること

リセット・スイッチを押し，しばらくすると，ESPモジュールのIPアドレスが表示されます．この状態で，同じネットワークに接続されたパソコンやラズベリー・パイから，**ESPモジュールのIPアドレスのポート23へTCPパケットを送信**すると，LEDを制御することができます．このサンプル・スケッチは，ESPモジュールが「0」を受け取るとLEDが消灯し，「1」を受け取ると点灯します．

TCPパケットの送信はSocketDebuggerFree，TELNET，Bashコマンドなどが使用できます．Tera TermのTELNET機能を使う場合は，Tera Termを起動し，［ファイル］メニューから「新しい接続」を選択すると**図2**の画面が表示されます．ここで，［TCP/IP］を選択し，「ホスト」の欄にESPモジュールのIPアドレスを入力し，「サービス」の「Telnet」を選択して，［OK］をクリックするとESPモジュールに接続要求を出します．接続すると，Arduinoのシリアル・モニタ

リスト1　ESPモジュールに接続したLEDをWi-Fi経由で点滅させることができるスケッチ・プログラム
(example01_led)
Tera TermからESPモジュールに接続すると，Arduino IDEのシリアル・モニタに「Connected」が表示される．「1⏎」や「0⏎」を入力すると，LEDの点灯-消灯が制御できる

```
/*******************************************************************
Example 1: LEDを点滅させる
*******************************************************************/

#include <ESP8266WiFi.h> ←①              // Wi-Fi機能を利用するために必要
#define PIN_LED 13                        // IO 13(5番ピン)にLEDを接続する
#define SSID "1234ABCD"   ←②  ※使用する   // 無線LANアクセス・ポイントのSSID
#define PASS "password"       無線LANに   // パスワード
WiFiServer server(23); ←③    合わせる    // Wi-Fiサーバ(ポート23=TELNET)定義

void setup(){                             // 起動時に一度だけ実行する関数
  pinMode(PIN_LED,OUTPUT);                // LEDを接続したポートを出力に
  Serial.begin(9600);                     // 動作確認のためのシリアル出力開始
  Serial.println("Example 01 LED");       // 「Example 01」をシリアル出力表示
  WiFi.mode(WIFI_STA);      ←④            // 無線LANをSTAモードに設定
  WiFi.begin(SSID,PASS);                  // 無線LANアクセス・ポイントへ接続
  while(WiFi.status() != WL_CONNECTED){ ←⑤ // 接続に成功するまで待つ
    delay(500);                           // 待ち時間処理
  }
  server.begin(); ←⑥                      // サーバを起動する
  Serial.println(WiFi.localIP()); ←⑦      // 本機のIPアドレスをシリアル出力
}

void loop(){                              // 繰り返し実行する関数
  WiFiClient client; ←⑧                   // Wi-Fiクライアントの定義
  char c;                                 // 文字変数を定義

  client = server.available(); ←⑨         // 接続されたクライアントを生成
  if(client==0) return;                   // 非接続のときにloop()の先頭に戻る
  Serial.println("Connected");            // 接続されたことをシリアル出力表示
  while(client.connected()){ ←⑩           // 当該クライアントの接続状態を確認
    if(client.available()){               // クライアントからのデータを確認
      c=client.read();                    // データを文字変数cに代入
      Serial.write(c); ←⑪                 // 文字の内容をシリアルに出力(表示)
      if(c=='0'){                         // 文字変数の内容が「0」のとき
        digitalWrite(PIN_LED,LOW);        // LEDを消灯
      }else if(c=='1'){                   // 文字変数の内容が「1」のとき
        digitalWrite(PIN_LED,HIGH);       // LEDを点灯
      }
    }
  }
  client.stop(); ←⑫                       // クライアントの切断
  Serial.println("Disconnected");         // シリアル出力表示
}
```

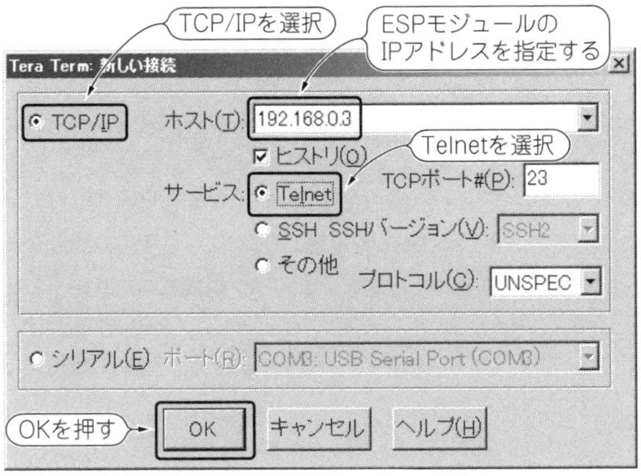

図2　Tera TermのTELNET機能を使ってESPモジュールを制御
Tera Term起動後，［ファイル］-［新しい接続］画面で［TCP/IP］を選択し，［ホスト］の欄にESPモジュールのIPアドレスを入力，［サービス］の［Telnet］を選択して，［OK］をクリックする

に「Connected」が表示されます．この状態で，Tera Termから「1↵」や「0↵」を入力してみましょう．LEDの点灯-消灯を制御できるようになります．

スケッチの内容を見てみます．必要に応じて，スケッチに書かれた解説を合わせて読んでください．

① ESPモジュールのWi-Fi無線LAN機能を使用するためのライブラリを組み込むための処理です．ESPモジュール用のスケッチを作成するときに記述します．
② は，アクセス・ポイントに接続するための情報です．
③ ESPモジュールのTCPサーバを定義します．
④ で無線LANアクセス・ポイントの接続命令を実行して，
⑤ で接続に成功するまで待機します．
⑥ の処理に移り，TCPサーバを起動します．
⑦ ESPモジュールのIPアドレスをシリアルに出力し，その結果をArduino IDEのシリアル・モニタに表示します．この後は，loop関数内の処理を繰り返します．
⑧ はTCPクライアントの定義です．ここではESPモジュールがTCPサーバになります．そのTCPサーバに，パソコンやラズベリー・パイのTCPクライアントが接続します．
⑨ クライアント「client」を生成します．接続がなく，clientが空だった場合は，return命令でloopの先頭に戻ります．
⑩ クライアントからの受信データを確認します．
⑪ 接続状態で，かつ，受信データがあった場合は，受信した文字を文字変数cへ代入する処理をします．以降の処理で変数cの内容に応じてLED制御を行います．
⑫ TCP接続が切断したら，クライアントを開放します．

以上が，**リスト1**　ESPモジュールに接続したLEDをTCPパケットで点滅させるスケッチexample01_ledのおもな内容です．

● もう少し実用的なスケッチ・プログラム example01a_led

このスケッチは，実験用として，ESPモジュールの機能を説明するために作ったものです．実際に運用するには，いくつかの動作上の問題点があります．

1つ目の問題は，TELENTで接続したままにすると，別の機器や端末からアクセスができない点です．対処として，例えば一定の接続時間が経過したときに自動的に切断する機能の追加が考えられます．また，IoTデバイスではネットワークのセキュリティにも留意しなければなりません．この対処としては，プログラム内の手順⑪で受信した変数cのデータは，必要な文字コードだけをシリアルへ出力するようにします．悪意ある攻撃者がTCPサーバを仲介して自由なデータをシリアルに出力できる脆弱性の懸念を低減することができます．

以上の問題点などを改良したスケッチをexample01a_led(数字01の後に「a」)として収録しました．また，少し複雑になりますが，簡易HTTPサーバ機能を追加したexample01b_ledも収録してあります．これらのスケッチの処理内容については，スケッチの各行に書いてある解説をご覧ください．

2 Wi-Fiスイッチャ

● スイッチのONとOFF状態をワイヤレス送信する

ESPモジュールに接続したタクト・スイッチの状態を送信するスケッチです．

子機のハードウェアは第3章のディジタル入力の実験で使った実験用ボードと同じ構成です(**写真2**)．ESPモジュールのIO 4(10番ピン)に接続したタクト・スイッチを押下すると，親機となるパソコンやラズベリー・パイにスイッチの状態変化を通知します．

このプログラムは，UDPを使用します．また，送信先を「192.168.0.255」にすると，「192.168.0.1」～「192.168.0.254」のIPアドレスの機器へブロードキャスト送信します．以下に，**リスト2** example02_swのスケッチの動作の概要を説明します．

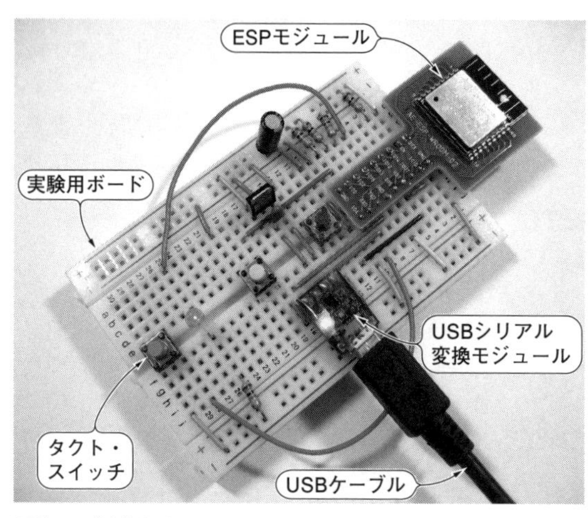

写真2　製作したWi-Fiスイッチャ
タクト・スイッチの状態(ONかOFFか)をWi-Fiで飛ばす．実験用ボードにタクト・スイッチを追加して，ESPモジュールからWi-Fi経由でスイッチの状態を送信する

①「#include」を使って，ESPモジュール用のライブラリ「ESP8266WiFi」と，Arduino標準のUDP通信用ライブラリ「WiFiUdp」を組み込みます．

②「#define」を使って，無線LANの「SSID」とパスワード「PASS」を定義します．手持ちの無線LANアクセス・ポイントに合わせて，「"」(ダブル・クォーテーション)で囲まれた文字列を変更してください．これらの内容は，⑤の部分で使用します．

③ 送信先のIPアドレス「SENDTO」を定義します．送信先となるパソコンやラズベリー・パイのIPアドレスを確認し，「.」(ドット)で区切られた四つの数値のうち，はじめの3つを送信先と同じ値にして，最後の1つを255にします．例えば，送信先のIPアドレスが「192.168.12.3」であれば，「192.168.12.255」に変更してください．

リスト2　スイッチのON/OFF状態をWi-Fi無線でESPモジュールからラズベリー・パイに送信するスケッチ(example02_sw)
ESPモジュールに接続したタクト・スイッチの状態を送信する．親機となるパソコンやラズベリー・パイにスイッチの状態変化を通知する

```
/*********************************************************
Example 2: スイッチ状態を送信する
*********************************************************/

#include <ESP8266WiFi.h>    ←①     // ESP8266用ライブラリ
#include <WiFiUdp.h>                // UDP通信を行うライブラリ
#define PIN_SW 4                    // IO 4(10番ピン) にスイッチを接続
#define SSID "1234ABCD"     ←②     // 無線LANアクセス・ポイントのSSID
#define PASS "password"             // パスワード
                            ※使用する無線LANに合わせる
#define SENDTO "192.168.0.255"  ←③ // 送信先のIPアドレス
#define PORT 1024 ←④               // 送信のポート番号

void setup(){                       // 起動時に一度だけ実行する関数
  pinMode(PIN_SW,INPUT_PULLUP);     // スイッチを接続したポートを入力に
  Serial.begin(9600);               // 動作確認のためのシリアル出力開始
  Serial.println("Example 02 SW");  // 「Example 02」をシリアル出力表示
  WiFi.mode(WIFI_STA);      ←⑤     // 無線LANをSTAモードに設定
  WiFi.begin(SSID,PASS);            // 無線LANアクセス・ポイントへ接続
  while(WiFi.status() != WL_CONNECTED){ ←⑥ // 接続に成功するまで待つ
    delay(500);                     // 待ち時間処理
  }
  Serial.println(WiFi.localIP());   // 本機のIPアドレスをシリアル出力
}

void loop(){                        // 繰り返し実行する関数
  WiFiUDP udp; ←⑦                  // UDP通信用のインスタンスを定義

  while(digitalRead(PIN_SW)){       // Hレベル(スイッチ開放)時に繰り返し
    delay(100);                     // 100msの待ち時間処理を実行
  }
  udp.beginPacket(SENDTO, PORT); ←⑧ // UDP送信先を設定
  udp.println("Ping"); ←⑨          // 「Pong」を送信
  Serial.println("Ping");           // シリアル出力表示
  udp.endPacket(); ←⑩              // UDP送信の終了(実際に送信する)

  while(digitalRead(PIN_SW)==0){    // Lレベル(スイッチ押下)時に繰り返し
    delay(100);                     // 100msの待ち時間処理を実行
  }
  udp.beginPacket(SENDTO, PORT);    // UDP送信先を設定
  udp.println("Pong");              // 「Pong」を送信
  Serial.println("Pong");           // シリアル出力表示
  udp.endPacket();                  // UDP送信の終了(実際に送信する)
}
```

なお本稿ではネットマスクが「255.255.255.0」のLANを想定しています.

④ UDPパケットの送信先のポート番号「PORT」を定義します.

⑤「WiFi.mode(WIFI_STA);」はESPモジュールのWi-FiモードをSTAに設定する命令です. また,「WiFi.begin」は, 無線LANアクセス・ポイントへ接続するためのESPモジュール用のコマンドです. 後に続く第1引き数は, アクセス・ポイントのSSID, 第2引き数のPASSはパスワードです.

⑥「WiFi.status」は, ESPモジュールの無線LAN接続状態を確認するためのコマンドです.「!=」は不一致を示す演算子です. この値がWL_CONNECTEDではない場合に, 待ち時間処理を繰り返します.

⑦ クラス「WiFiUDP」を利用するためのインスタンス名「udp」を定義します. 以降, UDP通信を行う際は, 定義した「udp」を使って各命令(メソッド)を呼び出します.

⑧「udp.beginPacket」は, UDPパケットの送信先を設定する命令です. IPアドレスSENDTOとポート番号PORTをUDPの宛て先として設定します.

⑨「udp.println」はUPDパケットデータを送信する命令です. ただし, 実際の通信は行いません. 送信データをバッファ(メモリ)に蓄える処理を行います. ここでは, 文字列「Ping」を蓄積します.

⑩「udp.endPacket」はパケットデータの終了を示す命令です. ⑧で指定した宛て先へ, ⑨のデータの送信を実行し, UDP送信の処理を完了します.

以上が, **リスト2** スイッチのON-OFF状態を送信するスケッチexample02_swの概要です.

スケッチの内容が理解できたら, ②の部分を(場合によっては③の部分も合わせて)変更し, ESPモジュールへ書き込みます. 親機では, ポート番号1024でUDPパケットを待ち受けます. ラズベリー・パイの場合は, LXTerminalから下記のような「while条件 do~done」の構文を使って, netcat(nc)コマンドを繰り返し実行し, UDPパケット待ち受けます.

```
$ while␣true;␣do␣netcat␣-luw0␣1024;␣done↵
```

終了するには,「Ctrl」キーを押しながら「C」を押下します. 動作のようすを**図3**に示します.

```
pi@raspberrypi:~ $ while true; do netcat -luw0
1024; done
Ping ←(子機のボタンが押された) (待ち受けの実行コマンド)
Pong
Ping ←(子機のボタンが放された)
Pong
^C ←(「Ctrl」+「C」で終了)
pi@raspberrypi:~ $
```

図3 リスト2 スイッチのON/OFF状態を送信するスケッチ(example02_sw)からの情報をラズベリー・パイで待ち受ける
ESPモジュールから送信されるUDPパケットを受信するために, netcatコマンドを使用する

3 Wi-Fiレコーダ

● ESPモジュール内蔵のA-Dコンバータを使ってアナログ変換&Wi-Fi送信

アナログ入力値を送信する方法について説明します.

センサなどで得られたアナログの電圧をWi-Fiで送信するには, ディジタル・データに変換する必要があります. ESPモジュールにはA-Dコンバータが内蔵されており, TOUT端子に入力した電圧に応じたディジタル値に変換し, ESPモジュールのマイコンに値を渡すことができます.

ESPモジュール内のA-Dコンバータは, 0.0~1.0Vの入力電圧に対応しており, 電圧に応じて0~1023までの値が得られます. 可変抵抗器を使ったA-Dコンバータの動作を**図4**に示します.

ESPモジュールの内部で基準電圧を生成します. A-Dコンバータは, その基準電圧を分圧し, 分圧した値と入力電圧とを比較することにより, A-D変換を

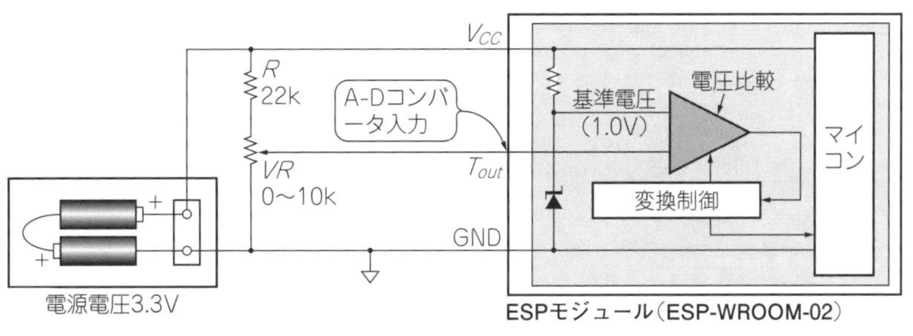

図4 Wi-FiマイコンESPモジュールのA-D変換動作のテスト回路
ESPモジュールの内部では, A-D変換のための基準電圧を生成する. A-Dコンバータは, その基準電圧を分圧し, 分圧した値と入力電圧とを比較することにより, A-D変換を行う

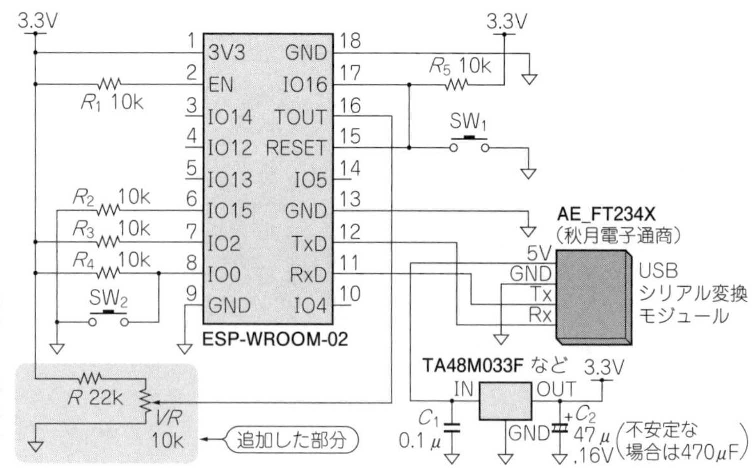

図5　10 kΩの可変抵抗器と22 kΩの抵抗器を追加したWi-Fiレコーダ実験用ボードの回路図
0～10 kΩの範囲で抵抗値が変化する可変抵抗器を使用．直列に接続した22 kΩの抵抗器は，ESPマイコンに内蔵されたA-Dコンバータの入力電圧範囲を0～1 Vに制限する

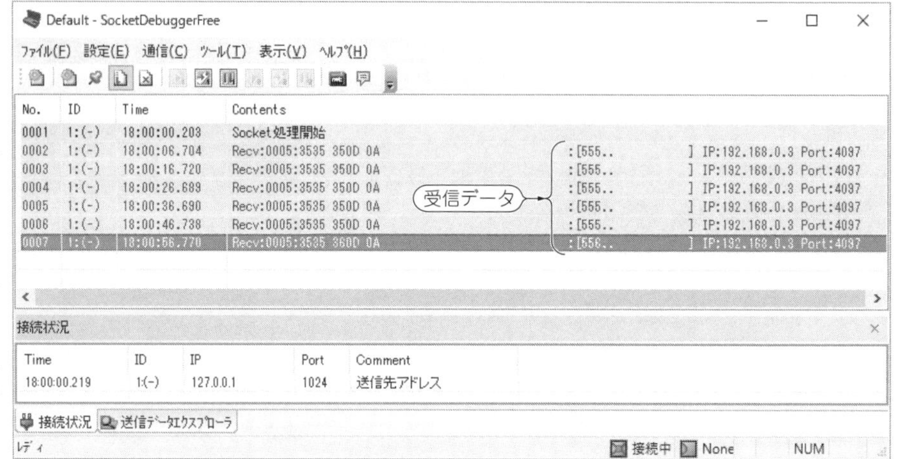

図6　SocketDebugger Freeで受信したときのようす
アナログ入力状態をワイヤレス送信するスケッチexample03_adcで送信したUDPパケットをWi-Fi経由でWindowsパソコン上のSocketDebugger Freeで受信した．ラズベリー・パイでは，「netcat」コマンドで受信できる

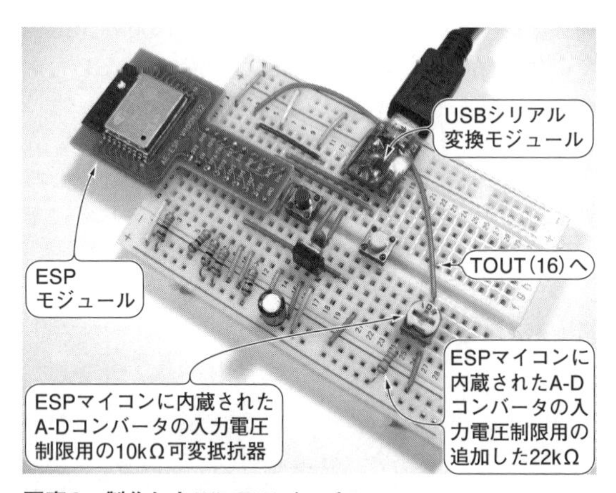

写真3　製作したWi-Fiスイッチャ
アナログ入力状態のワイヤレス送信の実験のために半固定・可変抵抗器を実装する．10 kΩの可変抵抗器と22 kΩの抵抗器を実験用ボードに追加したようす

行います．しかし，基準電圧(1.0 V)以上の電圧をA-Dコンバータへ入力すると誤作動する恐れがあります．

●ハードウェアの製作

図5は，0～10 kΩ の範囲で抵抗値が変化する可変抵抗器を追加した回路図です．直列に接続した22 kΩの抵抗器は，A-Dコンバータの入力電圧を0～1 Vの範囲に制限するために必要です．**写真3**のようにブレッドボードへ実装し，可変抵抗器の中央の出力端子をESPモジュールのTOUT端子(16番ピン)へ接続してください．

ESPモジュールへ書き込むスケッチ**リスト3**は，前に紹介した**リスト2**　スイッチのON-OFF状態を送信するスケッチexample02_swに似ています．手順①のESPモジュール用の拡張IFライブラリを組み込む部分と，手順③のA-Dコンバータからアナログ値を取得し，変数adcに代入する部分，手順④の変数

リスト3 アナログ入力状態をワイヤレス送信するスケッチ(example03_adc)
ESPモジュール内のA-Dコンバータで，0.0～1.0 Vのアナログ入力電圧を0～1023までの値に変換しWi-Fiで送信するスケッチ

```
/**************************************************************
Example 3: アナログ入力値を送信する
**************************************************************/

#include <ESP8266WiFi.h>                  // ESP8266用ライブラリ
extern "C" {
#include "user_interface.h"   ←①         // ESP8266用の拡張IFライブラリ
}
#include <WiFiUdp.h>                       // UDP通信を行うライブラリ
#define SSID "1234ABCD"   ←② ※使用する無線LANに合わせる  // 無線LANアクセス・ポイントのSSID
#define PASS "password"                    // パスワード
#define SENDTO "192.168.0.255"             // 送信先のIPアドレス
#define PORT 1024                          // 送信のポート番号

void setup(){                              // 起動時に一度だけ実行する関数
  Serial.begin(9600);                      // 動作確認のためのシリアル出力開始
  Serial.println("Example 03 ADC");        // 「Example 03」をシリアル出力表示
  WiFi.mode(WIFI_STA);                     // 無線LANをSTAモードに設定
  WiFi.begin(SSID,PASS);                   // 無線LANアクセス・ポイントへ接続
  while(WiFi.status() != WL_CONNECTED){    // 接続に成功するまで待つ
    delay(500);                            // 待ち時間処理
  }
  Serial.println(WiFi.localIP());          // 本機のIPアドレスをシリアル出力
}

void loop(){                               // 繰り返し実行する関数
  WiFiUDP udp;                             // UDP通信用のインスタンスを定義
  int adc,i;                               // 整数型変数adcとiを定義

  adc=system_adc_read();  ←③              // A-Dコンバータから値を取得
  udp.beginPacket(SENDTO, PORT);           // UDP送信先を設定
  udp.println(adc);  ←④                    // 変数adcの値を送信
  Serial.println(adc);                     // シリアル出力表示
  udp.endPacket();                         // UDP送信の終了(実際に送信する)
  for(i=0;i<30;i++){                       // 30回の繰り返し処理
    delay(100);                            // 100msの待ち時間処理
  }
}
```

adcの値を送信する部分などに違いがあります．これらの相違点を確認したら，②の無線LANアクセス・ポイントの情報を修正し，スケッチをESPモジュールへ書き込みます．

書き込み後，ESPモジュールはブロードキャストのUDPパケットを送信しはじめます．パケットを受信する親機の構成は，前節と同じです．SocketDebuggerFreeで受信した結果を，**図6**に示します．ラズベリー・パイで受け取る場合も前節と同様です．「netcat」コマンドを実行してください．

4 Wi-Fi LCD

● UDPパケットのテキスト・データを受信する

最後にワイヤレス・センサが送信したデータを表示することが可能な，LCD表示装置を作成します(**写真4**, **図7**)．I²C接続のLCD表示モジュール(8×2行)ピッチ変換キット(AE-AQM0802，秋月電子通商)をESPモジュールへ接続し，ワイヤレスで送信されてきたテキスト文字を受信し，LCD表示器へ表示する実験を行います．

新たに実験用ボードを追加で製作すると，他のセンサの実験時に使用することができるので便利です．電源部は，第1章のレギュレータTA48M033Fを使った回路を使用し，USBシリアル変換アダプタから電源を供給します．

LCD表示モジュールをESPモジュールへ接続するには，SDA信号をESPモジュールのIO 4へ，SCL信号をIO 5へ接続します．また電源やGNDの接続も必要です．コンデンサやプルアップ抵抗などの回路は，LCD表示モジュール側に実装済みです．I²C接続小型LCD表示モジュール(8×2行)ピッチ変換キット(AE-AQM0802，秋月電子通商)の場合は，基板裏面に「PU」と書かれたはんだジャンパ部にはんだを盛ると，プルアップが有効になります．

インストールしたサンプルには，LCD表示器用ドライバのスケッチが含まれています．スケッチ「example05_lcd」を開くと，タブ「i2c_lcd」が表示されるので，タブをクリックして切り換えると，LCD表示器用ドライバのソースコードを見ることができます．このドライバの主要なコマンドを**表1**に示します．

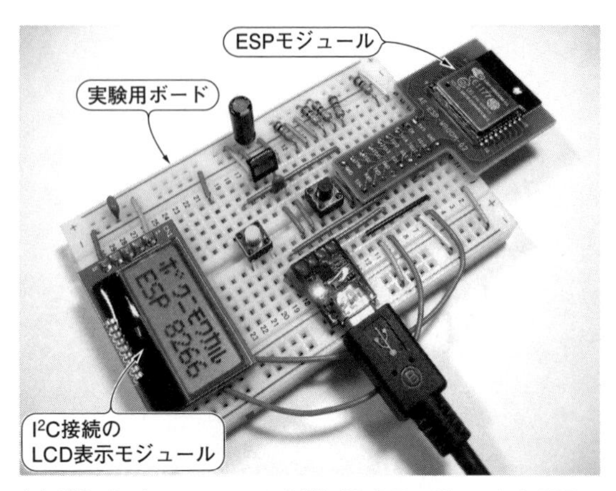

(a) I²Cインターフェースの小型LCD表示モジュールをESPモジュールに接続し，Wi-Fiで送信されてきたテキスト文字をESPモジュールで受信し表示しているようす

他のI²CインターフェースのLCD表示器やセンサなどをESPモジュールに接続する場合は，それぞれのデバイス用ドライバが必要です．Arduino用のライブラリやドライバを使うことができるので，デバイスの型番と「Arduino」の文字をキーワードにしてインターネット検索すると見つかるでしょう．筆者も，いくつかのデバイスのArduino用ライブラリをWebサイトで公開しています．「ボクにもわかる」のキーワードで検索してみてください．

以下に**リスト4** `example05_lcd`の手順①～⑩の動作概要を説明します．

①UDPパケットを受信するために必要なインスタンス`udp`を定義します．この定義によって，手

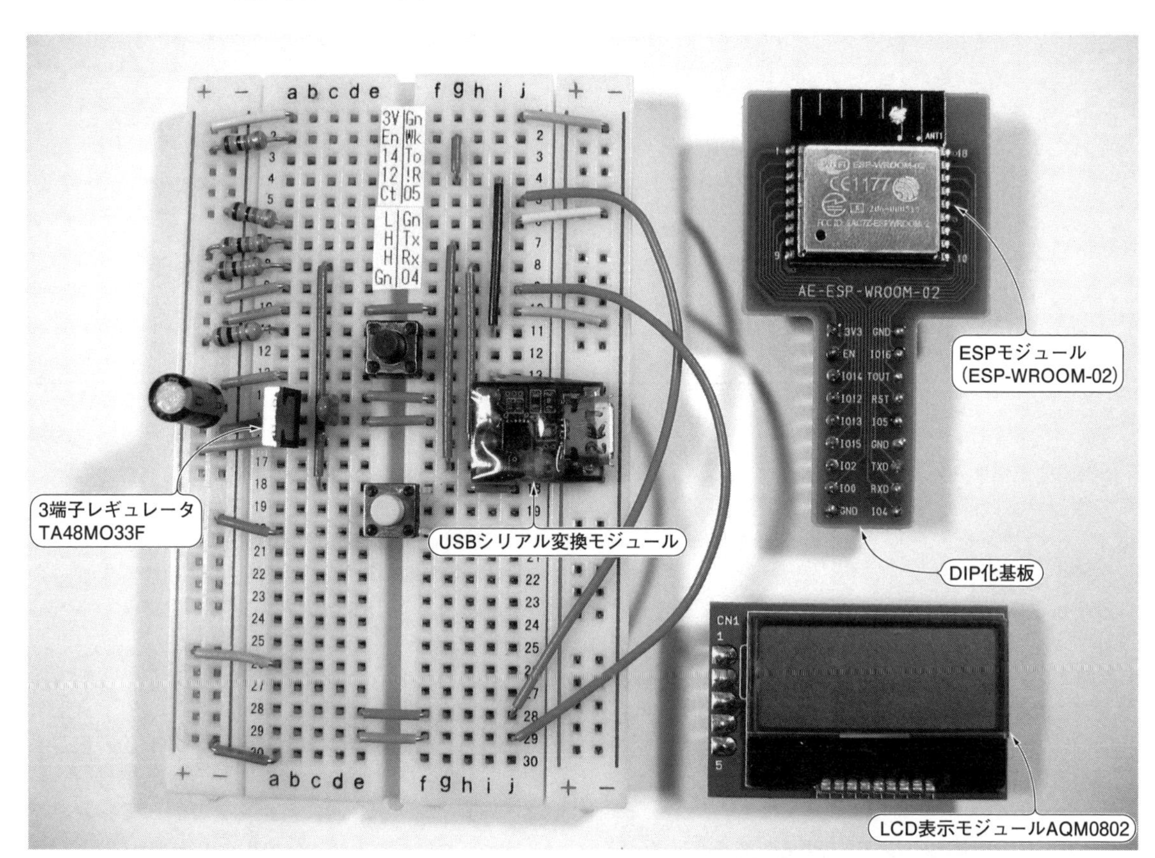

(b) ブレッドボードの配線と必要なパーツ．LCD表示モジュールをESPモジュールへ接続するには，SDA信号をESPモジュールのIO 4へ，SCL信号をIO 5へ接続する．プルアップ抵抗などの回路は，小型LCD表示モジュール側に実装済み

写真4 ブレッドボードで製作したWi-Fi LCD

表1 LCD用ドライバ`i2c_lcd`の主要コマンド

定　義	役割	使用例	備　考
`lcdSetup()`	LCDの初期設定	`lcdSetup();`	始めに実行してLCDを初期化する
`lcdPrint(char *)`	テキストを表示	`lcdPrint("abc");`	「abc」をLCDに表示する
`lcdPrintIp(uint32_t)`	IPアドレスを表示	`lcdPrintIp(WiFi.localIP());`	本機のIPアドレスをLCDに表示する

順④や⑦, ⑨のような命令が使用できるようになります. ここでは,「setup」と「loop」の両方で使用するので, 関数の外で定義します.

②「lcdSetup」はLCD表示器用ドライバで定義された命令です. LCD表示器を初期化します.

③「lcdPrintIp」はLCD表示器にIPアドレスを

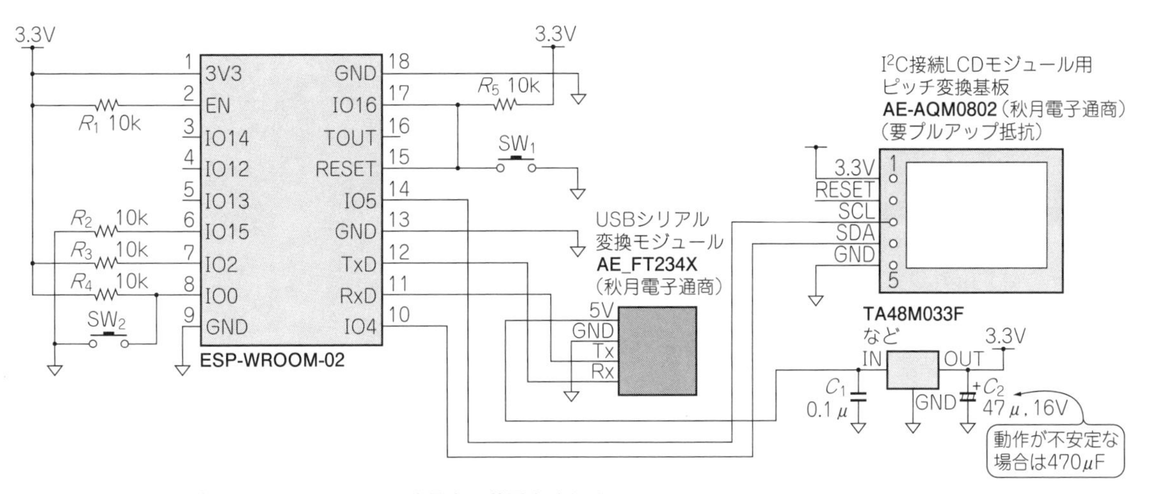

図7 実験ボードにI^2Cインターフェースの液晶表示装置を追加する

I^2CインターフェースのLCD表示モジュールを追加し, ESPモジュールで受信したテキストをLCD表示器で表示する. 電源部はTA48M033Fを使用し, USBシリアル変換アダプタから電源を供給した

リスト4 Wi-Fi LCDのスケッチ(example05_lcd)

I^2CインターフェースのLCD表示モジュールをESPモジュールに接続し, 無線LANのUDPで送信されてきたテキスト文字をESPモジュールで受信し表示するスケッチ

```
/*************************************************************
Example 5: LCDへ表示する
*************************************************************/

#include <ESP8266WiFi.h>                    // Wi-Fi機能を利用するために必要
extern "C" {
#include "user_interface.h"                 // ESP8266用の拡張IFライブラリ
}
#include <WiFiUdp.h>                        // UDP通信を行うライブラリ
#define SSID "1234ABCD"   ※使用する         // 無線LANアクセス・ポイントのSSID
#define PASS "password"   無線LANに合わせる  // パスワード
#define PORT 1024                           // 受信ポート番号
WiFiUDP udp; ←①                             // UDP通信用のインスタンスを定義

void setup(){                               // 起動時に一度だけ実行する関数
  lcdSetup(); ←②                           // 液晶の初期化
  lcdPrint("Example 05 LCD");               // 「Example 05」をLCDに表示する
  wifi_set_sleep_type(LIGHT_SLEEP_T);       // 省電力モード設定
  WiFi.mode(WIFI_STA);                      // 無線LANをSTAモードに設定
  WiFi.begin(SSID,PASS);                    // 無線LANアクセス・ポイントへ接続
  while(WiFi.status() != WL_CONNECTED){     // 接続に成功するまで待つ
    delay(500);                             // 待ち時間処理
  }
  lcdPrintIp(WiFi.localIP()); ←③           // 本機のIPアドレスを液晶に表示
  udp.begin(PORT); ←④                      // UDP通信御開始
}

void loop(){                                // 繰り返し実行する関数
  char c;                                   // 文字変数cを定義
  char lcd [49] ; ←⑤                       // 表示用変数を定義(49バイト48文字)
  int len;                                  // 文字列長を示す整数型変数を定義

  memset(lcd, 0, 49); ←⑥                   // 文字列変数lcdの初期化(49バイト)
  len = udp.parsePacket(); ←⑦              // 受信パケット長を変数lenに代入
  if(len==0)return; ←⑧                     // 未受信のときはloop()の先頭に戻る
  udp.read(lcd, 48); ←⑨                    // 受信データを文字列変数lcdへ代入
  lcdPrint(lcd); ←⑩                        // 液晶に表示する
}
```

表示するための命令です．本機のアドレスをLCD表示器に表示します．

④「udp.begin」はUDPの受信を開始するための命令です．引き数は受信を待ち受けるポート番号です．

⑤ LCD表示器用の表示データを格納するための文字列変数lcdを定義します．最大48文字までを保持できるように，49バイトを確保します．ここで使用する液晶には16文字までしか表示することができませんが，文字コードUTF-8のカタカナを考慮して，多めに確保しました．

⑥「memset」はメモリに連続した同一データを書き込むC言語の命令です．ここでは，文字列変数lcdへ，第2引き数の0値を書き込みます．第3引き数はデータ数です．文字列変数lcdの49バイトすべてに0値を書き込みます．

⑦「udp.parsePacket」は受信したUDPパケットのデータ長を得る関数です．ここではデータ長を変数lenに代入します．

⑧ データ長lenが0だった場合は，未受信なので，loop関数の先頭に戻ります．

⑨「udp.read」は受信したデータを取得するための命令です．ここでは，受信データを文字列変数lcdへ代入します．第2引き数は最大データ長です．最大48文字まで代入します．

⑩「lcdPrint」は文字列をLCDに表示する命令です．文字列変数lcdの内容を表示します．

それでは，**リスト4** Wi-Fi LCD用スケッチexample05_lcdをESPモジュールに書き込んで実験してみます．ESPモジュール起動後，無線LANアクセス・ポイントに接続すると，液晶にIPアドレスが表示されます．パソコンやラズベリー・パイ，example02～04などを書き込んだESPモジュールなどから，本機のIPアドレスのポート1024宛てUDPパケットを送信すると，受信したテキスト文字がLCD表示器に表示されます．

例えば，ラズベリー・パイのLX Terminalから送信してみましょう(IPアドレスは，ESPモジュールに合わる)．

```
$ echo␣"ESP8266"␣>/dev/
udp/192.168.0.3/1024↵
```

TCPを使ったサンプル「example05a_lcd_tcp」も収録しています．TCPの場合は，Tera Termなどを使ってESPモジュールへTELNET接続し，表示したい文字を入力してから「Enter」を押すと，LCDに文字が表示されます．あるいは，ラズベリー・パイのLX Terminalから以下のコマンドを使って送信することもできます．

```
$ echo␣"ESP8266"␣>/dev/
tcp/192.168.0.3/23↵
```

Column Arduino IDEで! ESPモジュールのIPアドレス設定法

製作したWi-Fi LCDのように，データを待ち受ける機器は，自身のIPアドレスをほかの機器(ルータやパソコン)に知らせる必要があります．表示データをほかの機器から表示装置へ送信する際に，宛て先となるIPアドレスが必要だからです．

リスト5 example05_lcdでは，割り当てられたIPアドレスをLCDに表示して確認できるようにしました．

簡単で確実なのは，IPアドレスを固定することです．IPアドレスで個々の機器を特定できるメリットもあります．ESPモジュールのIPアドレスを設定するには，スケッチのsetup内にある「WiFi.mode」と「WiFi.begin」の間に「WiFi.config」命令を追加します(**リストA**)．IPアドレスは重複しないようにしてください．

リストA ESPモジュールのIPアドレスを設定するスケッチ

```
void setup(){
～省略～
WiFi.mode(WIFI_STA);
            // 無線LANをSTAモードに設定
WiFi.config(IPAddress(192.168.0.3),
            // 本機のIPアドレス
IPAddress(192,168,0,1),
            // ゲートウェイのIPアドレス
IPAddress(255,255,255,0));
            // ネットマスク
WiFi.begin(SSID,PASS);
            // 無線LANアクセスポイントへ接続
～省略～
}
```

Appendix 2 いつまでも動く無人IoTを作る！ ESPマイコンのケチケチ運転術

スタンバイ電流の小さい電源ICで間欠運転！ 6か月連続動作

● 超低消費電力のケチケチ運転術で長期間動作！

IoT機器を設置する場所には，必ずしも電源が確保できるとは限りません．センサ機器の設置場所は、測定したい場所に近い場所になり，そこで電源を確保できるかどうかは重要です．

電源が確保できな場所で、長期間ESP-WROOM-02を動作させるアイデアを紹介します．

例えばアルカリ乾電池を使った場合，ESP-WROOM-02の消費電力は比較的大きいので，丸一日くらいしか動作させられませんが，ケチケチ運転術を用いることで，6か月以上の動作を実現することができるようになります．

● 乾電池で長〜く動くWi-Fiセンサを作りたい…

消費電力の長期間平均値は，バッテリ持続時間に影響します．平均電力を下げるには，スリープ時間を長くして，動作時間の割り合いを下げます．つまり，電気の節電と同じように，使用時以外はこまめに電源を切って，電源がOFFの時間を長くします．

センサ値を1回だけ送信した場合のESPモジュールの消費電流のようすを図2に示します．縦軸の一番下の目盛から5区間までは，1区間あたり約50 mAです．200 mA以上の部分は波形が飽和しているので，正確な測定ではありません．サンプル数も不十分なので，針のような波形の尖端の値も不正確です．それでも，動作中に大きな瞬時電流が流れているようすがわかります．

ESPモジュールの瞬時の消費電流は実測で250 mAほどあります．それを安定して供給するために，アルカリ乾電池を使用します．

横軸は，1区間あたり0.5秒，全区間で5秒です．この例では，無線LANアクセス・ポイントへの接続と，センサ値の送信の処理に，約4秒の時間を要していたことがわかります．この動作時間の長さは，環境や無線LANアクセス・ポイントの設定や機種などによって変化します．また，この区間の消費電力を下げたり短くしたりするのは容易ではありません．無線LANのプロトコルやESPモジュールのデバイスの特性，ライブラリなどに依存しているからです．

一方，消費電力が下がってから次に動作するまでのスリープ時間を長くするのは容易です．通信処理を行う頻度を，例えば，1分ごとや10分ごとなどにすれば，動作時間の割り合いを下げることができ，平均消費電力が下がります．

● もっと低消費電力化する

見過ごしがちなのは，待機時の消費電流です．スリープ・モード時の消費電流はとても低そうに見えますが，レギュレータTA48M033F（東芝）のスタンバイ電流が0.8 mAほどあります．この僅かな電流がバッテリ持続時間に対して支配的になってきます．

そこで，レギュレータをXC6202P332（トレックス・セミコンダクター）に置き換えてスタンバイ電流を下げ，バッテリ持続期間を伸ばしてみました（図3）．端子の配列がTA48M033Fと逆になるので注意してください．

このレギュレータXC6202P332は，低消費タイプですが，150 mAまでしか流せません．瞬時電流300 m

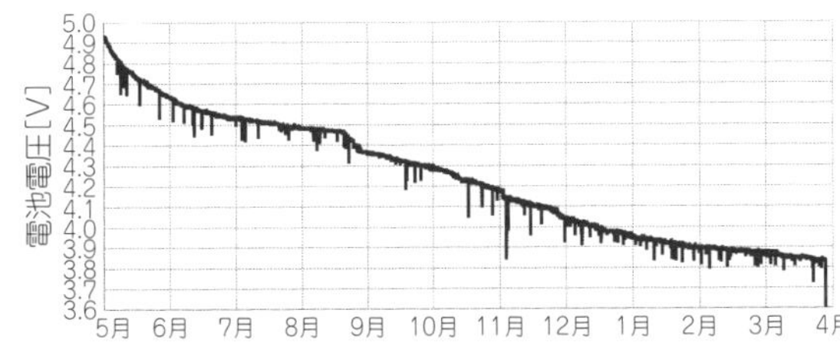

図1 Wi-Fi温湿度計に電圧測定機能を追加し，約30分毎にデータを送信させデータをロギングした（単3型アルカリ乾電池3本で動作）
この例では，約11か月間，動作し続けた

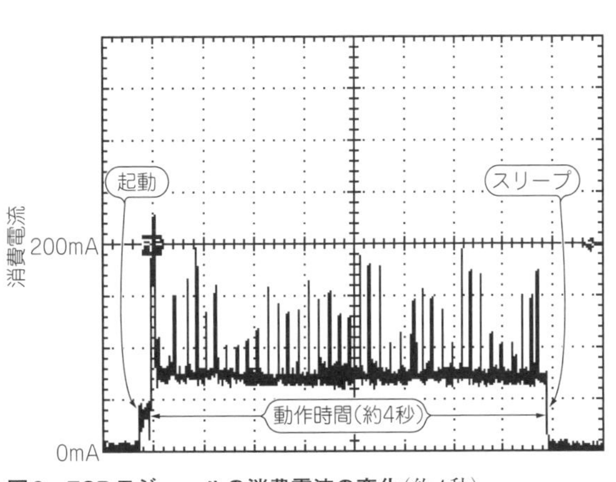

図2 ESPモジュールの消費電流の変化（約4秒）
センサの値を1回送信したときの，ESPモジュールに流れる電流のようす．動作中に大きな瞬時電流が流れているようすがわかる

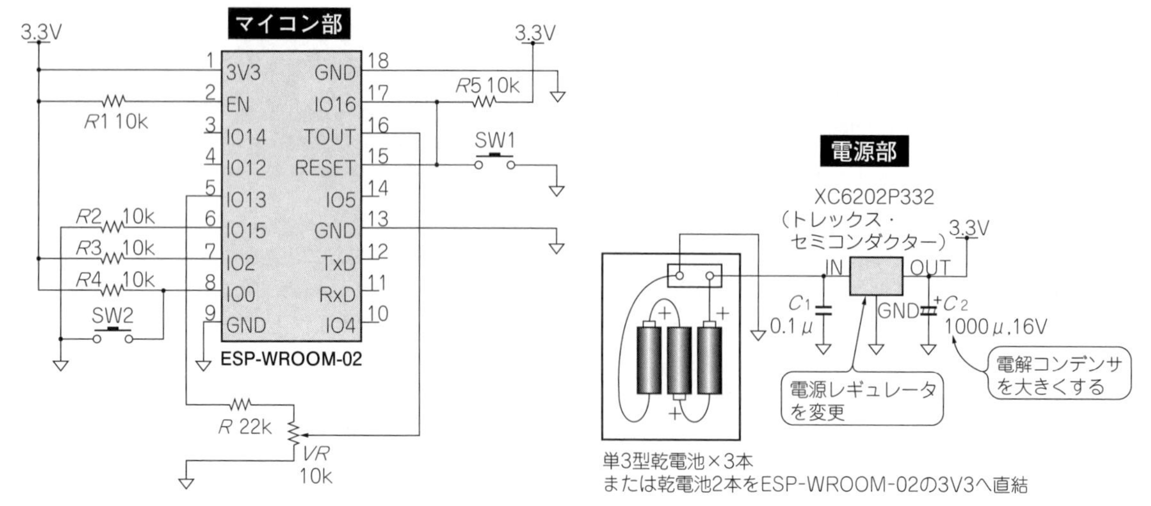

図3 単3乾電池×3本で6カ月以上連続動作! 待機時消費電流10μAの電源レギュレータXC6202P332(トレックス・セミコンダクター)**に置き換える**

リスト1 乾電池駆動向け低消費電力動作用のスケッチ(example04_le)

スリープ時間を長くして，動作時間の割り合いを下げた．ESPモジュールがセンサ値を送信するとき以外はこまめに電源を切って，乾電池の消費を抑えた

```
/*********************************************************
Example 4: 乾電池駆動可能な低消費電力動作のサンプル
*********************************************************/

#include <ESP8266WiFi.h>                      // ESP8266用ライブラリ
extern "C" {
#include "user_interface.h"                   // ESP8266用の拡張IFライブラリ
}
#include <WiFiUdp.h>                          // UDP通信を行うライブラリ
#define PIN_EN 13           ※使用する          // IO 13(5番ピン)をセンサ用の電源に
#define SSID "1234ABCD"  }  無線LANに          // 無線LANアクセス・ポイントのSSID
#define PASS "password"  }  合わせる           // パスワード
#define SENDTO "192.168.0.255"                // 送信先のIPアドレス
#define PORT 1024                             // 送信のポート番号
#define SLEEP_P 50*1000000 ←①                // スリープ時間 50秒(uint32_t)

void setup(){                                 // 起動時に一度だけ実行する関数
  pinMode(PIN_EN,OUTPUT);                     // センサ用の電源を出力に
  Serial.begin(9600);                         // 動作確認のためのシリアル出力開始
  Serial.println("Example 04 LE");            // 「Example 04」をシリアル出力表示
  WiFi.mode(WIFI_STA);                        // 無線LANをSTAモードに設定
  WiFi.begin(SSID,PASS);                      // 無線LANアクセス・ポイントへ接続
  while(WiFi.status() != WL_CONNECTED){       // 接続に成功するまで待つ
    delay(100);                               // 待ち時間処理
  }
  Serial.println(WiFi.localIP());             // 本機のIPアドレスをシリアル出力
}

void loop() {
  WiFiUDP udp;                                // UDP通信用のインスタンスを定義
  int adc;                                    // 整数型変数adcとiを定義

  digitalWrite(PIN_EN,HIGH);  }               // センサ用の電源をONに
  delay(5);                   }               // 起動待ち時間
  adc=system_adc_read();      } ←②           // A-Dコンバータから値を取得
  digitalWrite(PIN_EN,LOW);   }               // センサ用の電源をOFFに
  udp.beginPacket(SENDTO, PORT);              // UDP送信先を設定
  udp.println(adc);                           // 変数adcの値を送信
  Serial.println(adc);                        // シリアル出力表示
  udp.endPacket();                            // UDP送信の終了(実際に送信する)
  delay(200); ←③                              // 送信待ち時間
  ESP.deepSleep(SLEEP_P,WAKE_RF_DEFAULT); ←④  // スリープ・モードへ移行する
  while(1){      }                            // 繰り返し処理
    delay(100);  } ←⑤                         // 100msの待ち時間処理
  }              }                            // 繰り返し中にスリープへ移行
}
```

～500 mAを供給するために，1000 μFの電解コンデンサを追加しました．

さらに調べたら，可変抵抗器にも約0.15 mAの電流が流れています．そこで，可変抵抗器の電源をESPモジュールのIO 13から供給するようにし，測定時のみに電流を流すようにしました．センサなどを接続する場合も同様の方法を用いることで，消費電力を抑えることができます．

レギュレータXC6202P332が手に入らない場合は，例えば，新日本無線のNJU7223F33のように待機電力の小さいLDOタイプのものを使用します．ただし，ピン配列が異なるので，レギュレータに合わせて配線を変更する必要があります．あるいは，単3乾電池を2本に変更して，ESPモジュールへ電源を直結する方法もあります．

● ESPモジュールを低消費電力動作させるスケッチ・プログラム

以下に**リスト1** example04_leのスリープに関する手順を説明します．

① スリープ時間の定数SLEEP_Pを定義します．ここでは動作確認を考慮して50秒にしました．より確認しやすいように10秒くらいに設定しても良いでしょう．実用的に使用する場合は，290秒（約5分間隔）や590秒（約10分間隔）など，スリープ時間を長くして，動作頻度を下げます．

②「digitalWrite」命令を使ってIO 13を制御し，可変抵抗器へ電源を供給してから，A-D変換を行う「system_adc_read」を実行します．また，A-D変換後，可変抵抗器への電源供給を停止します．

③「delay」命令を使用して，送信処理が終わるまでの待ち時間処理を行います．経験的に100 m～200 msの待ち時間が必要です．

④ スリープ・モードへの移行コマンドです．第1引き数は，スリープ時間で，単位はμsです．①で定義した定数SLEEP_Pの時間を渡します．第2引き数では，スリープから復帰後のWi-Fi状態を指定します．WAKE_RF_DEFAULTを指定すると，スリープ復帰時にワイヤレス通信が可能な状態になります．

⑤ スリープに入るまでに，本loop関数の先頭から処理が再開されてしまうことを防止するための処理です．もし，再開されてしまうと，スリープへの移行処理が実行されない場合があるからです．

定数SLEEP_Pで設定したスリープ時間が経過すると，ESPモジュールのIO 16からLレベルが出力され，自動的にリセット操作が行われます．リセット処理によって，ESPモジュールが起動し，プログラムの先頭から同じ処理を再実行します．このとき，無線LANアクセス・ポイントへの接続処理などを行うので，3～5秒ほどの時間を要します．

このプログラムの場合，無線LANアクセス・ポイントの電源が切れた場合や，認証できなかった場合に，setup関数内で接続を待ち続けて電池を消耗してしまいます．タイムアウト処理などを付与した実用的なサンプル「example04a_le」も収録してあります．

この電源回路は，アルカリ電池やニッケル水素電池による間欠動作を前提にしています．電源投入時やファーム書き換え時にUSBで電力を供給するとき，通信の持続時間が長いときなどに，レギュレータの能力が不足する場合があります．そのような場合は，一度，SW_1を押してリセットしてください．それでも動作しない場合は，レギュレータをTA48M033Fに戻すなど，使い方に合わせた電源回路の選択を行います．新日本無線のレギュレータNJU7223F33を使用する場合は，ピンの並びが異なる点に注意します．1番ピンが3.3V出力，2番ピンが5V入力，3番ピンがGNDです．ブレッドボードへ接続するときは，下記を参考にしてください．代替品情報…https://bokunimo.net/esp/replaced_ldo.pdf

Column　ESP-WROOM-02モジュールへのアナログ入力時の注意点

A-D変換器に抵抗などで分圧した電圧を入力すると変換値が不安定になる場合があります．このような問題を避けるために，一般的にはOPアンプによるボルテージ・フォロワ回路やエミッタ・フォロワ回路などを挿入し，インピーダンスを下げてA-D変換器に入力します．回路を追加したくない場合は，分圧する抵抗値を下げたり，入力端子にコンデンサを追加したり，複数回の読み取りを行って異常値を排除する，などの方法で対策が可能な場合もあります．

本稿で紹介している回路は，実際に製作して動作確認済みですが，さまざまな電圧や温度などの環境下での動作試験は行っていません．確実な安定動作が必要な場合は，別途回路を十分に検証してください．

私は何でも知っている…センサをばらまいてスマホでチェック

第5章 さまざまなWi-Fiセンサ(照度・温度・湿度・気圧・ドア・人感・加速度・時刻・赤外線・カメラ)

国野 亘 Wataru Kunino

温度や圧力，速度などを測定するIoTセンサ機器は，IoTシステムの中でさまざまな物理量データを集める役割を担っています．本章ではESP-WROOM-02にさまざまなセンサを接続してWi-Fiで送信することができる計10種類のIoTセンサ機器と，その他の通信方式2種類のIoTセンサ機器を製作します．

No	演習内容	ESP-WROOM-02用	ESP-WROOM-32用(参考)
1	Wi-Fi 照度計	example06_lum.ino	example38_lum.ino
2	Wi-Fi 温度計	example07_temp.ino	example39_temp.ino
3	Wi-Fi ドア開閉モニタ	example08_sw.ino	example40_sw.ino
4	Wi-Fi 温湿度計	example09_hum.ino	example41_hum.ino
5	Wi-Fi 気圧計	example10_hpa.ino	example42_hpa.ino
6	Wi-Fi 人感センサ	example11_pir.ino	example43_pir.ino
7	Wi-Fi 3軸加速度センサ	example12_acm.ino	example44_acm.ino
8	NTP時刻データ転送機	example13_ntp.ino	example45_ntp.ino
9	Wi-Fi リモコン赤外線レシーバ	example14_ir_in.ino	example46_ir_in.ino
10	Wi-Fi カメラ	example15_camG.ino	example47_camG.ino

IoT実験ボードにセンサデバイスを接続し，10種類のWi-Fi搭載IoTセンサ機器を製作します．また，ソーラ発電トランスミッタEnOceanや，USBスティック型モバイル端末を使ったセンサについても説明します．

1 Wi-Fi照度計

1つ目に紹介するIoTセンサは，照度センサにWi-Fi機能を組み合わせた，「Wi-Fi照度計」です．照度値は，時刻や照明機器，人影などによって変化するので，いろいろな応用が考えられます．

このWi-Fi照度計は，照度センサの近くに手をかざすだけで測定値が変化するので，動作確認が行いやすいでしょう．

動作

- 照度を測定し，Wi-Fiで送信します
- 送信後，スリープ状態に移行し，消費電流を抑えます
- 50秒後にスリープを解除し，以上の動作を繰り返します

● ESPモジュールのA-Dコンバータにセンサをつなぐ

写真1に示すのは，Wi-FiマイコンESPモジュールを搭載したIoT照度計です．

回路図を**図1**に示します．第4章で製作した乾電池で動作する実験回路(Appendix2 **図3**)に照度センサNJL7502L(新日本無線製)を追加しました．

Wi-Fi照度計用の部品リストを**表1**に示します．ユニバーサル基板にはんだ付けを行って製作する場合の部品代は，約1,000円(アルカリ乾電池除く)です．ブレッドボードと同じ配線がプリントされたユニバーサル基板(EIC-801パターン品)を使用すれば，ブレッドボードの製作例からの移行が比較的容易です．

● キーパーツ① 照度センサ

照度センサNJL7502Lを**写真2**に，配線図を**写真3**

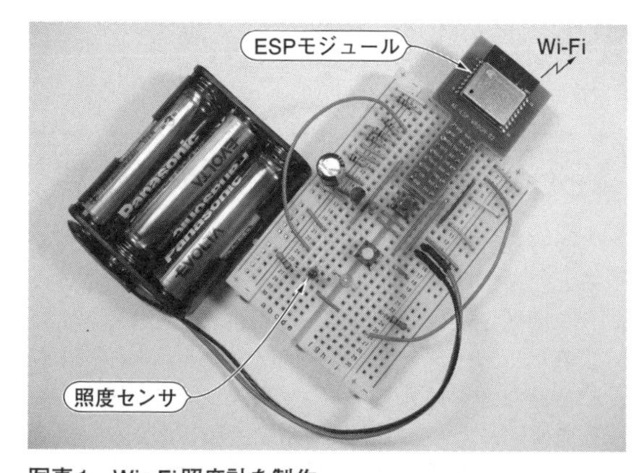

写真1 Wi-Fi照度計を製作
アナログ出力の照度センサNJL7502L(新日本無線)をESPモジュールに接続する

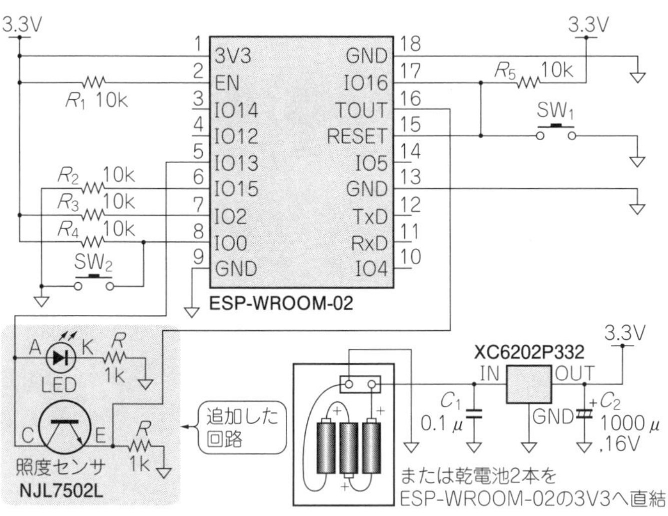

図1　Wi-Fi照度計の回路
(代替品情報：https://bokunimo.net/esp/replaced_ldo.pdf)

表1　Wi-Fi照度計の部品リスト
照度センサに新日本無線NJL7502Lを使用する.電源レギュレータには,待機時消費電力の小さなものを使用する.ピン配列はさまざまなので注意する.乾電池を2本にして,直接供給する方法もある

部　品	数量
ESP-WROOM-02 DIP化キット	1式
照度センサ　NJL7502L(新日本無線)	1個
LDOタイプ電源レギュレータ 3.3 V 150 mA以上 (XC6202P332)	1個
コンデンサ　1000 μF以上	1個
セラミック・コンデンサ 0.1 μF	1個
高輝度LED(OSDR3133A)	1個
タクト・スイッチ(基板取付用)	2個
炭素皮膜抵抗器(1/4 W), 10 kΩ	5個
炭素皮膜抵抗器(1/4 W), 1 kΩ	2個
電池ボックス 単3型×3本 Bスナップ	1個
単3型アルカリ乾電池	3個

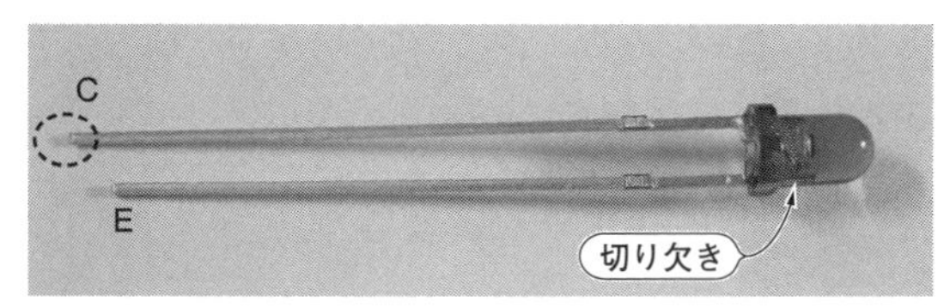

写真2　製作したWi-Fi照度計のキーパーツ照度センサNJL7502L(新日本無線)
照度センサNJL7502Lのリード線の長いほうがコレクタ(C)側,センサ本体に切り欠きがあるほうがエミッタ(E)側.照度に応じた電流がコレクタからエミッタに流れる

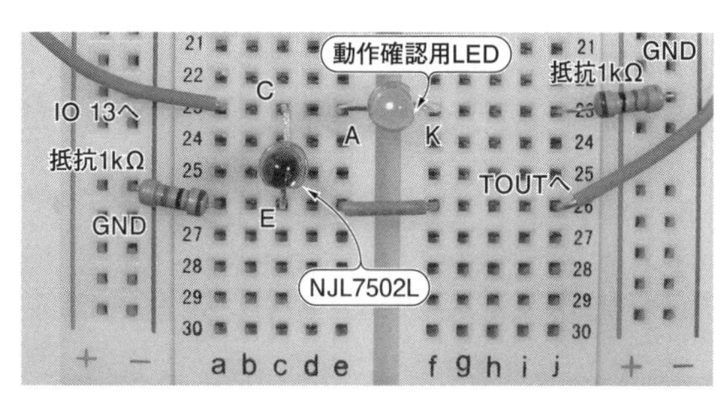

写真3　照度センサを挿入する位置
照度センサのエミッタ(E)側を,負荷抵抗経由でGNDへ接続するとともに,ESPモジュールのTOUT(アナログ入力ポート)にも接続する.照度に応じた電流を負荷抵抗で電圧に変換する

に示します.リード線の長いほうがコレクタ(C)側,センサ本体に切り欠きがあるほうがエミッタ(E)側です.写真の位置と向きに合せて挿入してください.コレクタ(C)側は,ESPモジュールのIO 13(5番ピン)に接続します.エミッタ(E)側は,1 kΩの抵抗を経由してGND(－ライン)に接続し,また,ESPモジュールのTOUT(16番ピン)にも接続してください.

● キーパーツ②

LEDについては,リードの長いアノード(A)側をIO 13へ,切り欠きのあるカソード(K)側を1 kΩの抵抗へ,また,抵抗の反対側(図の右側)をGNDへ接続します.

*

その他の回路については,第4章などを参照してください.

● スケッチの書き込み

スケッチを書き込むときは,第1章で製作したESPモジュールの実験用ボード(p.19**写真2**)を使います.スケッチの冒頭にあるSSIDとPASSを使用する無線LANに合わせて書き換えてから,ESPモジュールに書き込んでください.ここで製作した照度センサにUSBシリアル変換アダプタを接続して書き込むこともできますが,若干,電源が不安定になっているので,書き込みを失敗する恐れがあります.

製作後,スイッチSW_1を押すと,およそ50秒ごとに照度センサの値を送信します.UDPパケットを受信するには,第4章で製作したIoT LCD表示装置が便利です.センサ値を含むUDPパケットを受信すると,**写真4**のように測定結果がLCD表示器に表示されます.この方法を用いれば,他のIoTセンサについても,手軽に動作確認することができます.

リスト1　example06_lumの手順①～⑤は,照度を測定する処理部です.

手順①照度センサに電流を流します.
手順②少し待ちます.
手順③アナログ値を取得します.
手順④照度センサへの電流を止めます.

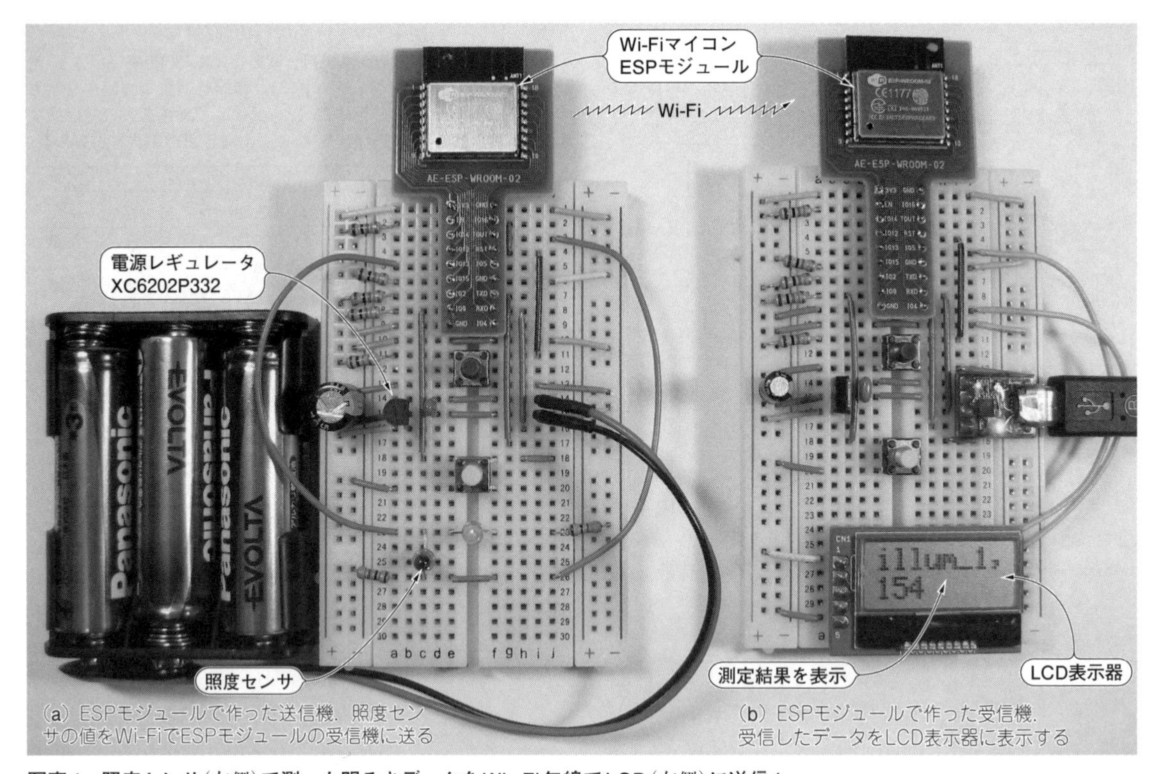

写真4　照度センサ(左側)で測った明るさデータをWi-Fi無線でLCD(右側)に送信！
製作したセンサ(左側)から送信した照度値を，第4章で製作したワイヤレスLCD表示装置で受信したときのようす．照度に応じた測定結果が表示された

手順⑤ A-D変換器から得られた値を，照度に変換します．

ESPモジュールには10ビットのA-D変換器が内蔵されており，1.0Vが入力されたときに1023の値が得られます．この照度センサNJL7502Lは100 lxにつき約33μAの電流を流すので，1kΩの負荷抵抗で受けたときの照度値は次のようになります．

$$照度(\text{lux}) = \frac{1000\text{mV} \times \text{A-D変換値}}{1023/33\ \text{mV}} \times 100\ \text{lx}$$

手順⑥では，手順⑦の関数sleepを呼び出します．関数sleepは，ESPモジュールをスリープに移行する処理部です．「setup」関数内にも同じ処理が必要だったので，重複を避けるために1つの関数に集約しました．

このような機器で測定した結果は，正確な値ではありません．環境の変化によって変動もします．

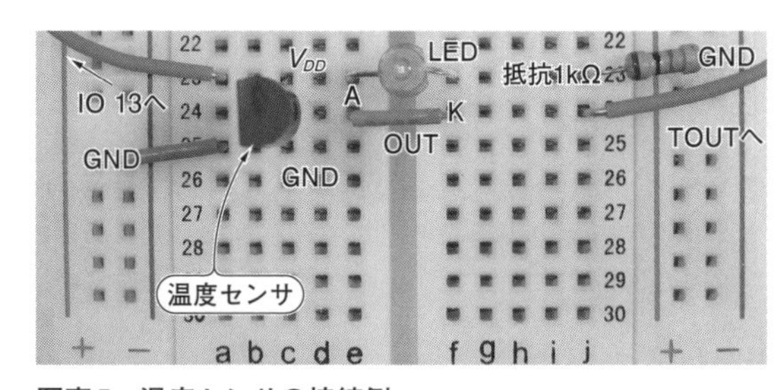

写真5　温度センサの接続例
アナログ出力の温度センサをESPモジュールに接続する．温度センサには，MCP9700(マイクロチップ)またはLM61CIZ(テキサスインスツルメンツ)を使用する．温度センサの出力ピンOUTをESPモジュールのTOUT(アナログ入力ポート)へ接続する．電源V_{DD}はIO 13へ

2 Wi-Fi温度計

温度のデータをワイヤレスで収集するWi-Fi温度計を製作します．温度センサとWi-Fi機能を組み合わせます．同じ建物でも，部屋によって室温が異なる場合も，このWi-Fi温度計で，家じゅうのさまざまな場所の温度を簡単に集めることができます．

動作

- 温度を測定し，Wi-Fiで送信します
- 消費電力を抑えるために約5分間隔で動作を繰り返します

リスト1　Wi-Fi照度計用のスケッチ(example06_lum)
SSIDとパスワードの設定が必要．SLEEP_Pの送信間隔を長くすることで3か月以上の連続動作が可能

```
/*******************************************************
Example 6: 照度センサ NJL7502L
*******************************************************/

#include <ESP8266WiFi.h>                     // ESP8266用ライブラリ
extern "C" {
#include "user_interface.h"                  // ESP8266用の拡張IFライブラリ
}
#include <WiFiUdp.h>                         // UDP通信を行うライブラリ
#define PIN_EN 13                            // IO 13(5番ピン)をセンサ用の電源に
#define SSID "1234ABCD"      ※使用する      // 無線LANアクセス・ポイントのSSID
#define PASS "password"      無線LANに      // パスワード
#define SENDTO "192.168.0.255" 合わせる     // 送信先のIPアドレス
#define PORT 1024                            // 送信のポート番号
#define SLEEP_P 50*1000000                   // スリープ時間 50秒(uint32_t)
#define DEVICE "illum_1,"  ←送信パケットに付与するデバイス名を定義(機器識別用)
                                             // デバイス名(5文字+"_"+番号+",")
void setup(){                                // 起動時に一度だけ実行する関数
    int waiting=0;                           // アクセス・ポイント接続待ち用
    pinMode(PIN_EN,OUTPUT);                  // センサ用の電源を出力に
    Serial.begin(9600);                      // 動作確認のためのシリアル出力開始
    Serial.println("Example 06 LUM");        // 「Example 06」をシリアル出力表示
    WiFi.mode(WIFI_STA);                     // 無線LANをSTAモードに設定
    WiFi.begin(SSID,PASS);                   // 無線LANアクセス・ポイントへ接続
    while(WiFi.status() != WL_CONNECTED){    // 接続に成功するまで待つ
        delay(100);                          // 待ち時間処理
        waiting++;                           // 待ち時間カウンタを1加算する
        digitalWrite(PIN_EN,waiting%2);      // LED(EN信号)の点滅
        if(waiting%10==0)Serial.print('.');  // 進捗表示
        if(waiting > 300) sleep();           // 300回(30秒)を過ぎたらスリープ
    }
    Serial.println(WiFi.localIP());          // 本機のIPアドレスをシリアル出力
}

void loop() {
    WiFiUDP udp;                             // UDP通信用のインスタンスを定義
    float lux;                               // 照度値用の変数

    digitalWrite(PIN_EN,HIGH);  ←手順①      // センサ用の電源をONに        ┐
    delay(10);  ←手順②                      // 起動待ち時間                │
    lux=(float)system_adc_read();  ←手順③   // A-D変換器から値を取得       │照度測定部
    digitalWrite(PIN_EN,LOW);  ←手順④       // センサ用の電源をOFFに       │
    lux *= 1000. / 1023. / 33. * 100.;       // 照度(lux)へ変換             ┘
    udp.beginPacket(SENDTO, PORT);  ←手順⑤   // UDP送信先を設定
    udp.print(DEVICE);                       // デバイス名を送信
    udp.println(lux,0);                      // 照度値を送信
    Serial.println(lux,0);                   // シリアル出力表示
    udp.endPacket();                         // UDP送信の終了(実際に送信する)
    sleep();  ←手順⑥
}

void sleep(){  ←手順⑦
    delay(200);                              // 送信待ち時間
    ESP.deepSleep(SLEEP_P,WAKE_RF_DEFAULT);  // スリープモードへ移行する
    while(1){                                // 繰り返し処理
        delay(100);                          // 100msの待ち時間処理
    }                                        // 繰り返し中にスリープへ移行
}
```

●ESPモジュールのA-Dコンバータに温度センサをつなぐ

先ほどの回路から照度センサと周囲の配線を取り外し，温度センサMCP9700またはLM61CIZに置き換えます．回路図を**図2**に，実験ボード上のセンサ周辺の配線のようすを**写真5**に示します．センサの実装方向は，型名の表示面が写真の左側を向くようにします(**写真6**)．

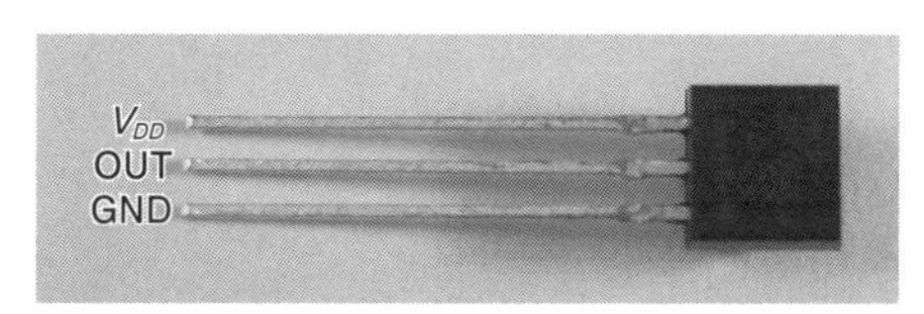

写真6　温度センサMCP9700(マイクロチップ・テクノロジー製)
温度センサMCP9700とLM61CIZのピン配列は，V_{DD}，OUT，GNDの順．ブレッドボードへの接続時は，向きを間違えないように注意する

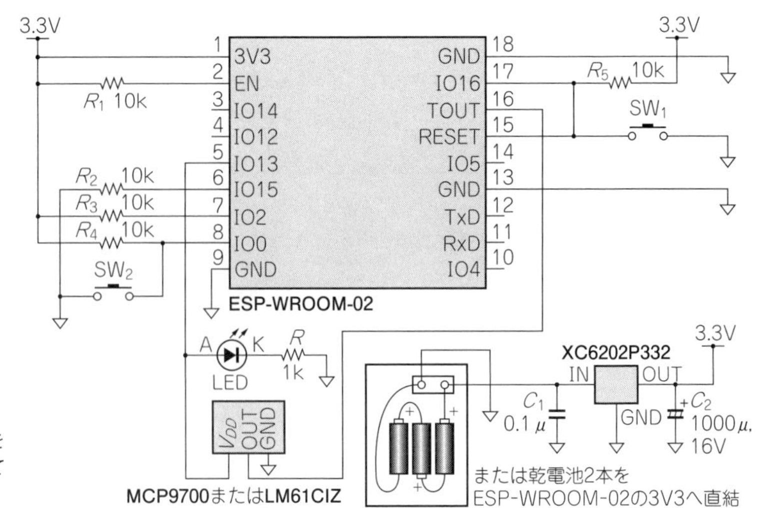

図2　Wi-Fi温度計の回路図
温度センサMCP9700(LM61CIZも使用可)を使った．どちらも型名の表示面を正面に見て左がV_{DD}，中央がOUT，右がGND

リスト2　Web温度計用のスケッチ
(example07_temp)
SSIDとパスワードの設定が必要．SLEEP_Pの送信間隔を長くすることで3か月以上の連続動作が可能

```
/**********************************************************
Example 7: 温度センサ MCP9700 or LM61CIZ
**********************************************************/
                        ~~~ 省略 ~~~

#define SSID "1234ABCD"          // 無線LANアクセス・ポイントのSSID
#define PASS "password"          // パスワード
#define SENDTO "192.168.0.255"   // 送信先のIPアドレス
#define PORT 1024                // 送信のポート番号
#define SLEEP_P 290*1000000      // スリープ時間 290秒(約5分)
#define DEVICE "temp._1,"        // デバイス名(5文字+"_"+番号+",")
#define TEMP_OFFSET -50.0        // LM61CIZの場合は-60.0に変更する

~~~ 省略 ~~~
void loop() {
    WiFiUDP udp;                              // UDP通信用のインスタンスを定義
    float temp;                               // 温度値用の変数

    digitalWrite(PIN_EN,HIGH);                // センサ用の電源をONに
    delay(100);                               // 起動待ち時間
    temp=(float)system_adc_read();            // A-D変換器から値を取得
    digitalWrite(PIN_EN,LOW);                 // センサ用の電源をOFFに
    temp *= 1000. / 1023. / 10.;              // 温度(相対値)へ変換
    temp += TEMP_OFFSET;                      // オフセットにより絶対値へ変換
    udp.beginPacket(SENDTO, PORT);            // UDP送信先を設定
    udp.print(DEVICE);                        // デバイス名を送信
    udp.println(temp,1);                      // 温度値を送信
    Serial.println(temp,1);                   // シリアル出力表示
    udp.endPacket();                          // UDP送信の終了(実際に送信する)
    sleep();
}
                        ~~~ 省略 ~~~
```

注記：※使用する無線LANに合わせる(SSID, PASS)／送信パケットに付与するデバイス名を定義(機器識別用)(DEVICE)／手順①(TEMP_OFFSET)／手順②(temp *= …)／手順③(temp += …)／温度測定部(digitalWrite(PIN_EN,HIGH)～temp += TEMP_OFFSET)

書き込むスケッチも照度センサの場合と似ています．重複部分の一部を省略したスケッチをリスト2 example07_tempに示します．手順①では，定数TEMP_OFFSETを定義します．これは温度センサから読み取った値をシフトするための定数です．MCP9700の場合は－50℃，LM61CIZの場合は－60℃です．手順②でA-D変換した値を温度の次元に変換し，手順③で定数を加算して摂氏に変換します．

3 Wi-Fiドア開閉モニタ

住宅と屋外との間で人の移動を検出するにはドア・センサが便利です．ドアや窓に取り付けることで防犯センサとして活用することも可能です．ここでは，ドアが開いたとき，もしくは閉じたときのドアの状態変化を検出することができる「Wi-Fiドア・モニタ」を製作します．

動作

- ドアの開閉状態を検出します.
- ドアが開いたとき(または閉じたとき)に開閉状態をWi-Fiで送信します
- 一定間隔(60分)ごとに開閉状態をWi-Fiで送信します

●ディジタル値をESPモジュールで処理する

ここでは，**写真7**のリード・スイッチMC-14AGまたは，SPS-320を使用して，アルカリ乾電池で駆動可能なWi-Fiドア・モニタの製作と実験を行います.

リード・スイッチ(ノーマル・オープン型)に磁石を近づけると，内部のスイッチがONになり2本の線が接続状態になります．また，磁石を遠ざけると開放になります．ドアに取り付けることで，ドアが閉まったときにタクト・スイッチを押すのと同じ作用をもたらします.

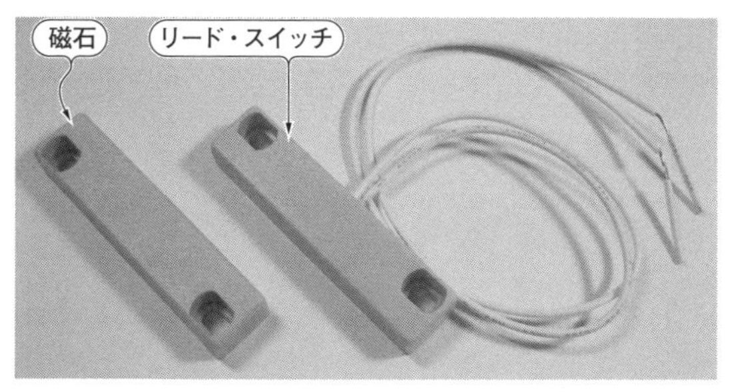

写真7　ケース入りリード・スイッチMC-14AG
ノーマル・オープン型．磁石を近づけると，リード・スイッチ内部の接点が接続状態に，磁石を遠ざけると開放状態になる

図3にリード・スイッチを使ったWi-Fiドア開閉モニタの回路図を，**写真8**に実験ボードでの配線例を示します．基本構成回路をベースにセンサ部を追加しました．追加部品のリストを**表2**に，ブレッドボード上のセンサ部の回路を**写真9**に示します．照度センサや温度センサの実験で追加した動作確認用LEDは残しておいたほうが良いでしょう.

リード・スイッチはタクト・スイッチと並列に接続します．スイッチ信号はESPモジュールのIO 4(9番ピン)へ接続します．また，0.1 μFのコンデンサを経由して，ESPモジュールのEN端子にも接続します．さらに，スリープ中にもスイッチの検出が行えるように，100 kΩのプルアップ抵抗を追加します.

表2　Wi-Fiドア開閉モニタ用の追加部品リスト
ケース入りリード・スイッチMC-14AGを使用した場合，ドアが閉まるのを検出するにはON検出タイプ回路に使った部品

部　品	数量
リード・スイッチ MC-14AG or SPS-320	1式
磁石	1個
セラミック・コンデンサ 0.1 μF	1個
高輝度LED	1個
タクト・スイッチ(基板取付用)	1個
炭素皮膜抵抗器(1/4 W) 1 kΩ(ON検出用)	1個
炭素皮膜抵抗器(1/4 W) 100 kΩ(OFF検出用)	1個
炭素皮膜抵抗器(1/4 W) 470 kΩ(OFF検出用)	2個
MOSFET 2SK4150TZ-E	1個
ダイオード1SS178	1個
追加ジャンパ線	―

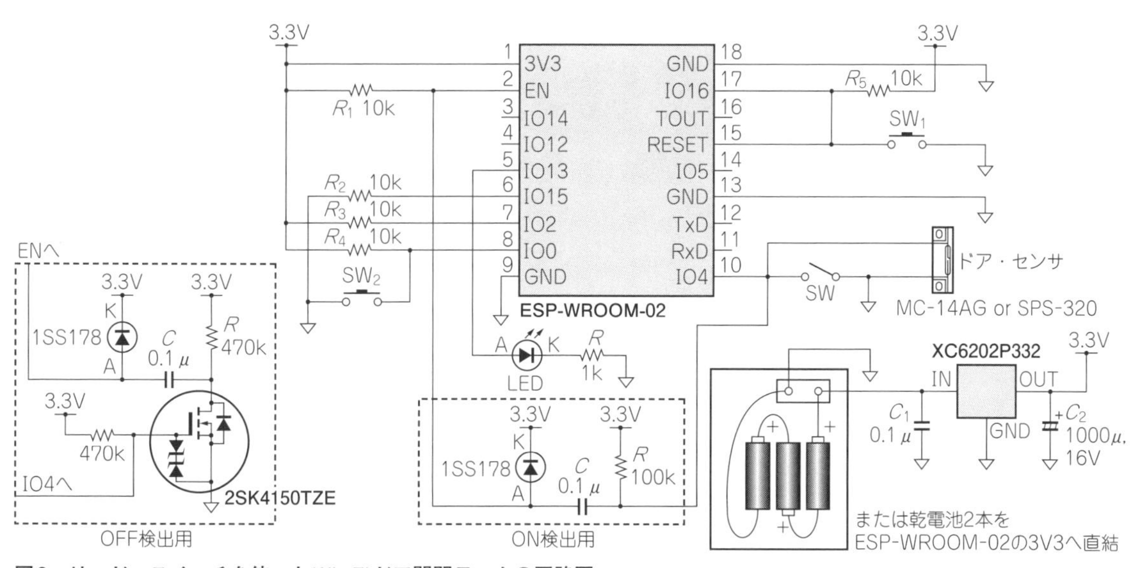

図3　リード・スイッチを使ったWi-Fiドア開閉モニタの回路図
磁石を近づけると内部スイッチが接続状態に，磁石を遠ざけると開放状態になるノーマル・オープン型のリード・スイッチMC-14AGを使用した

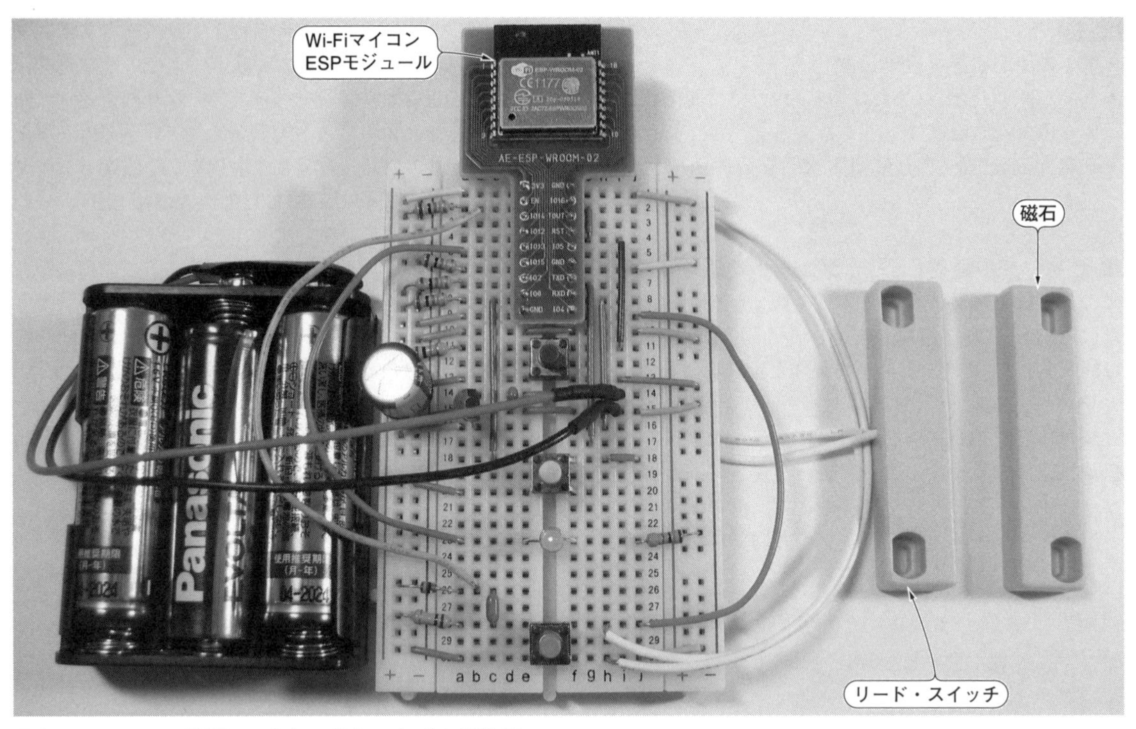

写真8　Wi-Fiドア開閉モニタ(ON検出タイプ)の製作例

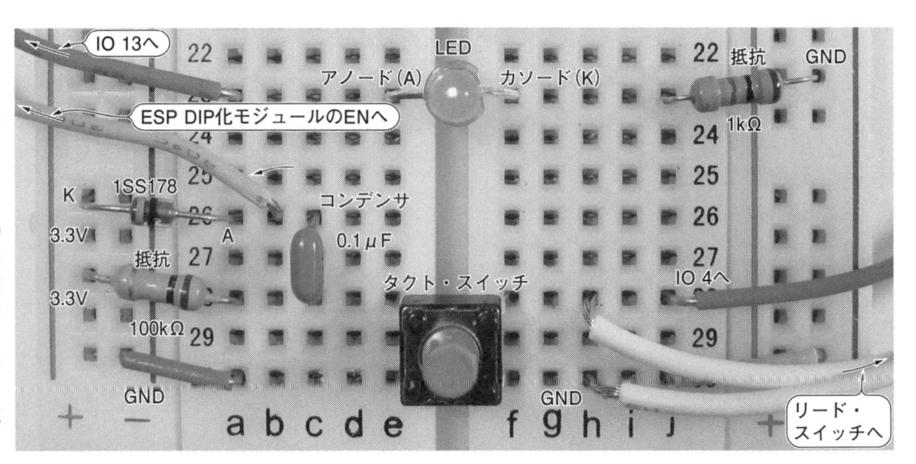

写真9　Wi-Fiドア開閉モニタ(ON検出タイプ)の配線例
リード・スイッチの片側をESPモジュールのIO 4(9番ピン)へ接続し，また0.1μFのコンデンサを経由して，ESPモジュールのEN端子にも接続する．スリープ中にもスイッチの検出が行えるように，100kΩのプルアップ抵抗を追加する

●スケッチの処理の流れ

example08_sw(**リスト3**)の手順①では変数reedを定義し，②で起動直後のスイッチ状態を変数reedに保存します．手順③で起動時のスイッチ状態を送信バッファに保存し，④で現在のスイッチ状態を取得してから手順⑤で保存し，手順⑥で送信します．

次の3つのイベントが発生したときにスイッチ状態を送信します．

① 電源を投入したとき
② スイッチを押下(接続)したとき
③ 定期的なスリープ解除時

それではスケッチを見ながら実験を行って処理内容を確認してみましょう．もし既に磁石がリード・スイッチに接近していた場合は，遠ざけておいてください．電源を投入後，ネットワークへ接続し，スイッチ状態を送信してから，スリープ状態に入ります．これらの処理時間は約5秒です．

スリープ状態を解除するには，タクト・スイッチを押下する，またはリード・スイッチに磁石を接近させます(ON検出の配線時)．スリープから復帰すると，スイッチ状態を送信し，再びスリープ状態に戻ります．

定期的なスリープ解除とは，約1時間に1回，スイッチに変化がなかったとしても定期的にスリープから

リスト3　Wi-Fiドア開閉モニタ用のスケッチ (example08_sw)
SSIDとパスワードの設定が必要．3か月～半年くらいの連続動作が可能(ドアの開閉回数による)

```
/*******************************************************************
Example 8: リード・スイッチ・ドア・スイッチ・呼鈴
*******************************************************************/

#include <ESP8266WiFi.h>                    // ESP8266用ライブラリ
extern "C" {
#include "user_interface.h"                 // ESP8266用の拡張IFライブラリ
}
#include <WiFiUdp.h>                        // UDP通信を行うライブラリ
#define PIN_SW 4                            // IO 4(10番ピン) にスイッチを接続
#define PIN_LED 13                          // IO 13(5番ピン)にLEDを接続する
#define SSID "1234ABCD"                     // 無線LANアクセス・ポイントのSSID
#define PASS "password"                     // パスワード
#define SENDTO "192.168.0.255"              // 送信先のIPアドレス
#define PORT 1024                           // 送信のポート番号
#define SLEEP_P 3550*1000000                // スリープ時間 3550秒(約60分)
#define DEVICE "rd_sw_1,"                   // デバイス名(5文字+"_"+番号+",")

int reed;                                   // リード・スイッチの状態用

void setup(){                               // 起動時に一度だけ実行する関数
   int waiting=0;                           // アクセス・ポイント接続待ち用
   pinMode(PIN_SW,INPUT_PULLUP);            // スイッチを接続したポートを入力に
   pinMode(PIN_LED,OUTPUT);                 // LEDを接続したポートを出力に
   reed=digitalRead(PIN_SW);                // スイッチの状態を取得
   Serial.begin(9600);                      // 動作確認のためのシリアル出力開始
   Serial.println("Example 08 REED SW");    // 「Example 08」をシリアル出力表示
   WiFi.mode(WIFI_STA);                     // 無線LANをSTAモードに設定
   WiFi.begin(SSID,PASS);                   // 無線LANアクセス・ポイントへ接続
   while(WiFi.status() != WL_CONNECTED){    // 接続に成功するまで待つ
       delay(100);                          // 待ち時間処理
       waiting++;                           // 待ち時間カウンタを1加算する
       digitalWrite(PIN_LED,waiting%2);     // LED(EN信号)の点滅
       if(waiting%10==0)Serial.print('.');  // 進捗表示
       if(waiting > 300) sleep();           // 300回(30秒)を過ぎたらスリープ
   }
   Serial.println(WiFi.localIP());          // 本機のIPアドレスをシリアル出力
   Serial.print(reed);                      // 起動直後のスイッチ状態を出力表示
   Serial.print(", ");                      // 「,」カンマと「?」を出力表示
}

void loop(){
   WiFiUDP udp;                             // UDP通信用のインスタンスを定義

   udp.beginPacket(SENDTO, PORT);           // UDP送信先を設定
   udp.print(DEVICE);                       // デバイス名を送信
   udp.print(reed);                         // 起動直後のスイッチ状態を送信
   udp.print(", ");                         // 「,」カンマと「?」を送信
   reed=digitalRead(PIN_SW);                // スイッチの状態を取得
   udp.println(reed);                       // 現在のスイッチの状態を送信
   Serial.println(reed);                    // シリアル出力表示
   udp.endPacket();                         // UDP送信の終了(実際に送信する)
   sleep();
}
                    ～～～ 以下，省略 ～～～
```

(注釈: SSID/PASSの行に「※使用する無線LANに合わせる」，DEVICEの行に「送信パケットに付与するデバイス名を定義(機器識別用)」，int reed; に「手順①」，reed=digitalRead(PIN_SW); (setup内)に「手順②」，udp.print(reed); に「手順③」，reed=digitalRead(PIN_SW); (loop内)に「手順④」，udp.println(reed); に「手順⑤」，udp.endPacket(); に「手順⑥」)

復帰することです．復帰すると，スイッチ状態を送信し，再びスリープ状態に移行します．

スイッチが押下された状態のときは，手順②の部分で変数reedに0が代入されます．開放状態では1になります．したがって，手順②の部分で0を出力したときは，タクト・スイッチが押されたかリード・スイッチに磁石が接近したために起動したということがわかります．

起動後にネットワーク接続を行うのに4～5秒を要するので，その間にスイッチ状態が変わるかもしれません．そこで，手順③の部分で送信直前の状態を読み取り，送信するようにしました．

磁石を遠ざけたときに送信を行いたい場合は，**写真10**のOFF検出の回路構成に変更します．FETを用い，スリープ解除用トリガ信号の論理を反転させることにより，OFFを検出します．この構成を利用する場合，普段のスイッチ状態がONになります．そこで，リード・スイッチ用のプルアップ抵抗の値を470 kΩして，待機電力を押さえました．ただし，スイッチの配線を延長する場合は，100 kΩに戻してください．

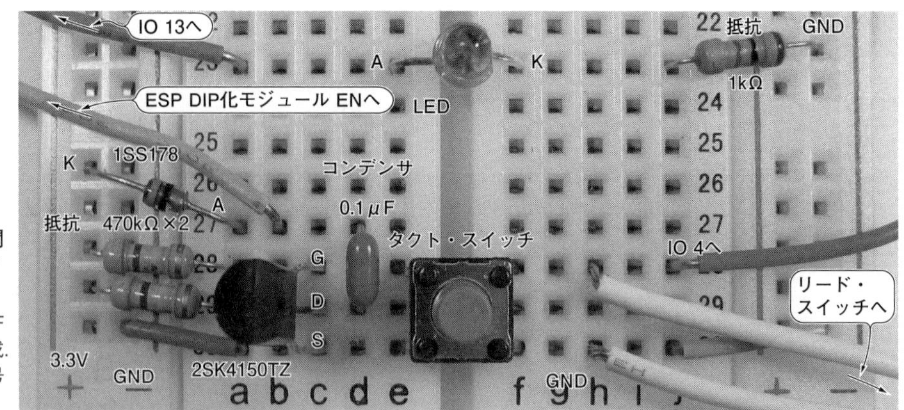

写真10　Wi-Fiドア開閉モニタ(OFF検出タイプ)の配線例
リード・スイッチのOFF検出を行う場合の回路構成. FETを使ってトリガ信号の論理を反転させる

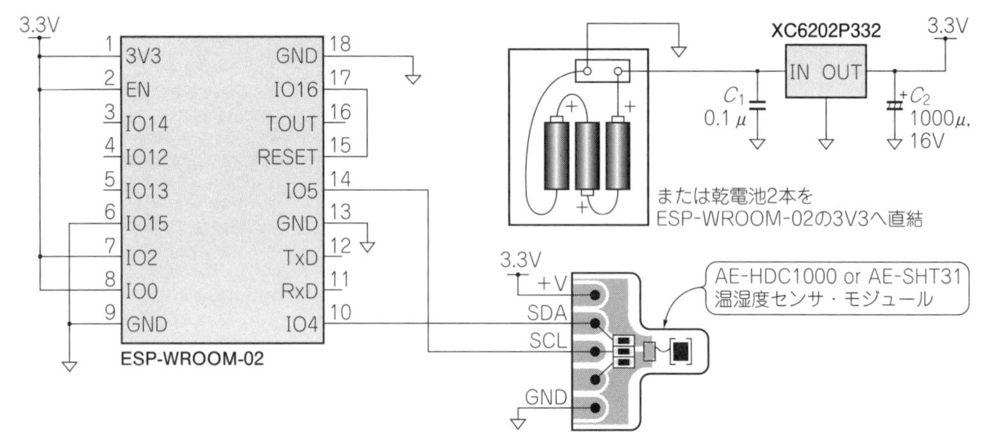

図4　Wi-Fi温湿度計の回路
内部に演算機能をもった温湿度センサHDC1000(テキサス・インスツルメンツ社)を搭載した温湿度センサ・モジュールAE-HDC1000を使用した(またはAE-SHT31を使用)

4 Wi-Fi温湿度計

温湿度センサとWi-Fi機能を組み合わせてワイヤレス温湿度センサ「Wi-Fi温湿度計」を製作します.

私たちは, 温度に対しては敏感ですが, 湿度に対しては温度ほど敏感ではありません. このWi-Fi温湿度計を使うことで, 例えば室内の温湿度の変化を記録することができます.

● I²C出力のセンサを使う

湿度を精度よく測定するのは意外と難しいです. 精度の高い安価な湿度センサも売られていますが, 補正のための演算が複雑になりがちです.

そういった背景から内部に演算機能をもった温湿度センサに人気が集まっています. 演算機能をもったセンサは非常に高価でしたが, 近年, 普及にともなって安価になってきました.

ここでは, HDC1000(テキサス・インスツルメンツ)またはSHT31(SENSIRION社)を搭載した秋月電子通商製温湿度センサ・モジュールを使用して, 実験を行います.

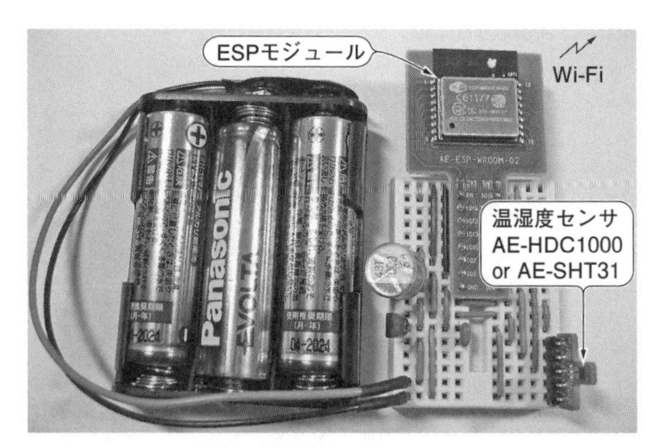

写真11　Wi-Fi温湿度計の製作例
I²C接続の温湿度センサHDC1000(テキサス・インスツルメンツ)をESPモジュールに接続する

回路図を**図4**に, 製作例を**写真11**に示します.

ミニブレッドボードBB-601を使用し, 抵抗やタクト・スイッチなどの部品を省略し, より小型に仕上げ

リスト4　Wi-Fi温湿度計用のスケッチ
(HDC1000用：example09_hum，SHT31用：example09_hum_sht31)
SSIDとパスワードの設定が必要．3か月以上の連続動作が可能

```
/**************************************************
Example 9: 湿度センサ HDC1000
**************************************************/

#include <ESP8266WiFi.h>                       // ESP8266用ライブラリ
#include <WiFiUdp.h>                           // UDP通信を行うライブラリ
#define SSID "1234ABCD"                        // 無線LANアクセス・ポイントのSSID
#define PASS "password"                        // パスワード
#define SENDTO "192.168.0.255"                 // 送信先のIPアドレス
#define PORT 1024                              // 送信のポート番号
#define SLEEP_P 29*60*1000000                  // スリープ時間 29分(uint32_t)
#define DEVICE "humid_1,"                      // デバイス名(5文字+"_"+番号+",")

void setup(){                                  // 起動時に一度だけ実行する関数
    int waiting=0;                             // アクセス・ポイント接続待ち用
    hdcSetup();                                // 湿度センサの初期化
    Serial.begin(9600);                        // 動作確認のためのシリアル出力開始
    Serial.println("Example 09 HUM");          // 「Example 09」をシリアル出力表示
    WiFi.mode(WIFI_STA);                       // 無線LANをSTAモードに設定
    WiFi.begin(SSID,PASS);                     // 無線LANアクセス・ポイントへ接続
    while(WiFi.status() != WL_CONNECTED){      // 接続に成功するまで待つ
        delay(100);                            // 待ち時間処理
        waiting++;                             // 待ち時間カウンタを1加算する
        if(waiting%10==0)Serial.print('.');    // 進捗表示
        if(waiting > 300) sleep();             // 300回(30秒)を過ぎたらスリープ
    }
    Serial.println(WiFi.localIP());            // 本機のIPアドレスをシリアル出力
}

void loop(){
    WiFiUDP udp;                               // UDP通信用のインスタンスを定義
    float temp,hum;                            // センサ用の浮動小数点数型変数

    temp=getTemp();                            // 温度を取得して変数tempに代入
    hum =getHum();                             // 湿度を取得して変数humに代入
    if( temp>-100. && hum>=0.){                // 適切な値のとき
        udp.beginPacket(SENDTO, PORT);         // UDP送信先を設定
        udp.print(DEVICE);                     // デバイス名を送信
        udp.print(temp,1);                     // 変数tempの値を送信
        Serial.print(temp,2);                  // シリアル出力表示
        udp.print(", ");                       // 「,」カンマを送信
        Serial.print(", ");                    // シリアル出力表示
        udp.println(hum,1);                    // 変数humの値を送信
        Serial.println(hum,2);                 // シリアル出力表示
        udp.endPacket();                       // UDP送信の終了(実際に送信する)
    }
    sleep();
}
                  ～～～　以下，省略　～～～
```


ました．ESPモジュールへのスケッチの書き込みには実験用ボードを使用し，書き込み後にミニブレッドボードへ移設してください．リセット・ボタンはありません．不具合が生じたときは電源を入れ直してください．ESPモジュールのGPIOポートIO 0，IO 2，IO 15，IO 16を出力に設定すると故障の原因になるので，スケッチを変更するときは注意してください．

ブレッドボード上で温湿度センサをつないだ周辺のようすを**写真12**に示します．撮影用にいくつかの部品を斜めに取り付けてありますが，製作時は垂直に取り付けてください．

ESPモジュールとHDC1000との接続には，I²Cインターフェースを使用します．ドライバは「example08_hum」内の「i2c_hdc」です．**表3**にコマンド・リストを示します．

リスト4　example09_humの処理の流れは，

手順①センサの初期設定を行う．
手順②温度を測定する．
手順③湿度を測定する．
手順④と手順⑤でそれぞれの取得値を送信します．

5 Wi-Fi気圧計

気圧は気象条件によって左右されます．気圧が高いと晴れ，低いと天気が崩れる傾向があります．海水面からの高さによっても変化するので，住宅の1階と2

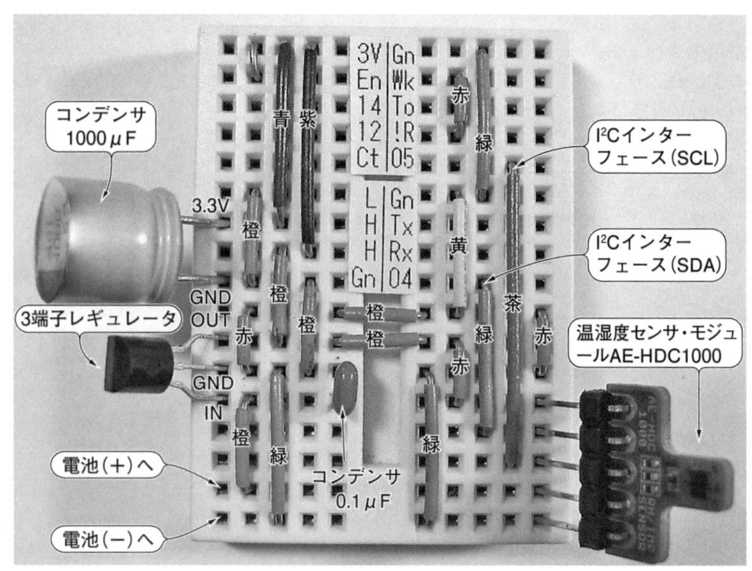

写真12　写真11のブレッドボードを拡大したところ
抵抗やスイッチなどの部品を省略し，ミニブレッドボードBB-601へ実装する．右下の部品は，秋月電子通商などで販売されている温湿度センサ・モジュールAE-HDC1000（秋月電子通商）

表3　HDC1000用ドライバ(`i2c_hdc`)の主要コマンド
リスト4 `example09_hum`で使用するHDC1000用ドライバ`i2c_hdc.ino`の主要コマンド．`hdcSetup()`でセンサの初期設定を行い，`getTemp()`で温度を，`getHum()`で湿度を取得する

定　義	役　割	使用例	備　考
hdcSetup()	センサの初期設定	hdcSetup();	始めに実行してセンサを初期化する
getTemp()	温度を取得	float temp=getTemp();	温度を取得して変数tempに代入する
getHum()	湿度を取得	float hum =getHum();	湿度を取得して変数humに代入する

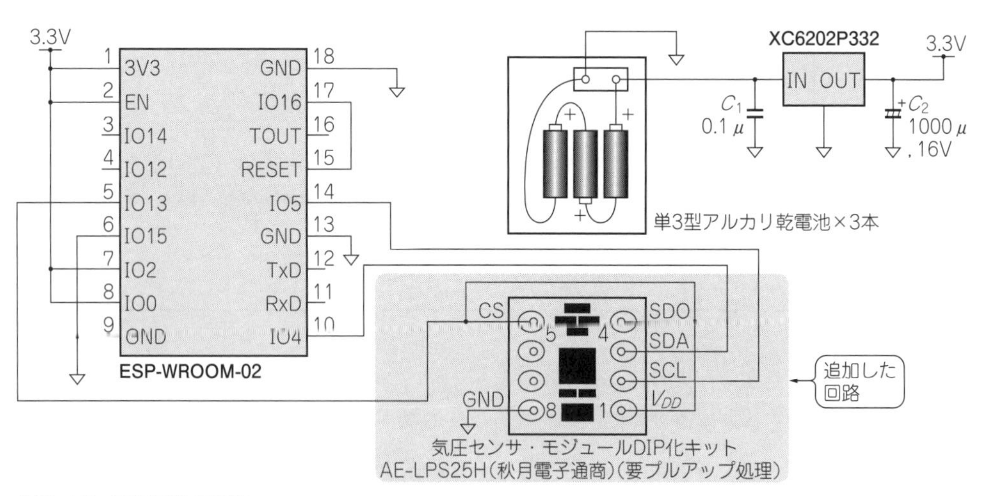

図5　Wi-Fi気圧計の回路
ESPモジュールに気圧センサLPS25H（STマイクロエレクトロニクス）を接続，温湿度センサと同じようにESPモジュールにつなぐことができる

階では異なる気圧値を示します．

住居内で換気扇を使用すると室内の気圧が下がりますが，室内の吸気口や窓の開閉によって気圧の下がり方が異なります．換気扇を付けたときに，各部屋の温度や気圧を確認し，適切に吸気口や窓の開閉を行うことで，より快適な住環境になるよう調節することも可能でしょう．ここでは，前節に引き続き，ディジタル演算機能によって手軽に高精度測定が可能なセンサをブレッドボード上に実装して製作します．

動作

- 温度と気圧を測定し，温度値と気圧値をWi-Fiで送信します
- 約30分間隔で動作を繰り返します

● I²CならESPモジュールとの接続はスムーズ

LPS25H(STマイクロエレクトロニクス)を搭載した気圧センサ・モジュールDIP化キットAE-LPS25H(秋月電子通商)を使用します.

回路図を**図5**に，ブレッドボードで配線した例を**写真13**に示します．スケッチともに温湿度センサを使った場合とほとんど同じであり，ドライバについても**表4**のように，これまでと似たようなコマンドを準備しましたので，それぞれの詳しい説明は省略します．Wi-Fi温湿度計のスケッチexample10_hpaを**リスト5**に示します.

写真14を見ながらミニブレッドボードの配線を行ってください．気圧センサの電源はESPモジュールのIO 13から供給します．センサそのものの消費電流は微小ですが，モジュールに実装されているLEDの消費電力が大きいので，電源をコントロールする必要があります．また，動作中だけ点灯するようになるので，動作確認が容易になります．気圧センサ・モジュール基板の裏面のはんだ・ジャンパはI²Cインターフェース用のプルアップ抵抗です．必ずショートしてください.

なお，LPS25Hが手に入らない場合は，BME280またはBMP280(ボッシュ社)を接続し，スケッチexample10_hpa_bme280を書き込んでください.

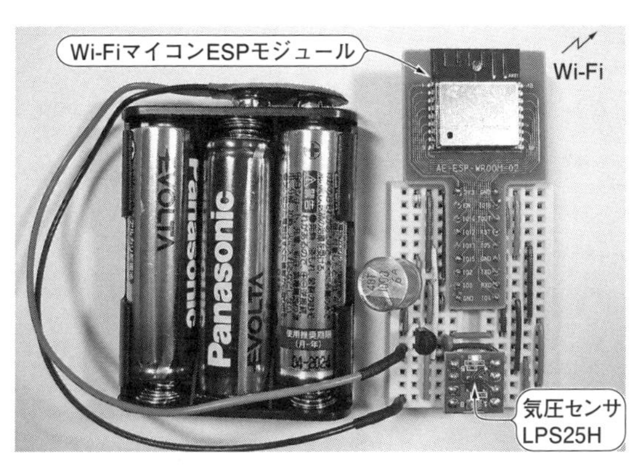

写真13　製作したWi-Fi気圧計
ディジタルの通信インタフェースであるI²C接続の気圧センサをESPモジュールに接続する．LPS25H(STマイクロエレクトロニクス)を搭載した秋月電子通商の気圧センサ・モジュールDIP化キットAE-LPS25Hを使用した

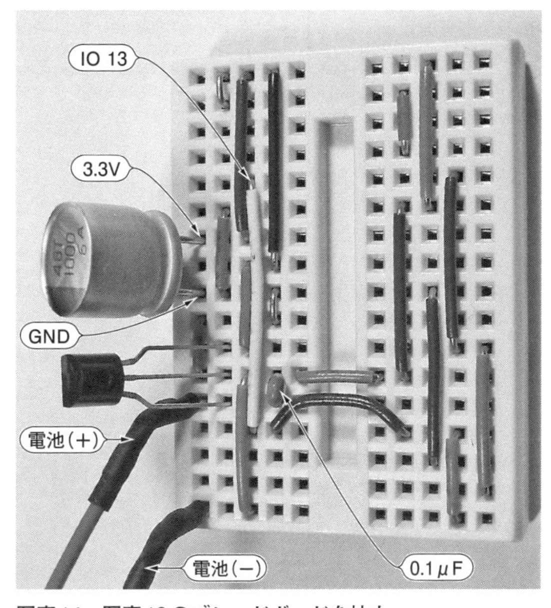

写真14　写真13のブレッドボードを拡大
温湿度センサと同様の回路だが，気圧センサ・モジュール上に実装されたLEDの消費電流が大きいので，電源をESPモジュールのIO 13から供給する

表4　LPS25H用ドライバi2c_lpsの主要コマンド
リスト5 example10_hpaで使用するLPS25H用ドライバ i2c_lpsの主要コマンド．lpsSetup()でセンサの初期設定を行い，getTemp()で温度を，getPress()で気圧を取得する

定義	役割	使用例	備考
lpsSetup()	センサの初期設定	lpsSetup();	始めに実行してセンサを初期化する
getTemp()	温度を取得	float temp=getTemp();	温度を取得して変数tempに代入する
getPress()	気圧を取得	float press =getPress();	気圧を取得して変数pressに代入する
lpsEnd()	センサの使用を終了	lpsEnd();	使用を終了してセンサの電源を切る

Column 「\」マークと「¥」マーク

Windowsの日本語システムでは，フォルダのパスを「¥」マークで示します．また，キーボードの「\」を押しても「¥」マークが表示される場合があります.

これは，「\」マークのASCII文字コード(0x5C)を，日本語システムでは「¥」に割り当てているためです.

これらの違いの対策方法がまったくないわけではありませんが，少なくともプログラム開発においては，両方の表示に見慣れるのが一番です．文字コードは同じなので，内部処理も同じだからです.

リスト5　Wi-Fi気圧計用のスケッチ
(example10_hpa)
SSIDとパスワードの設定が必要．3か月以上の連続動作が可能

```
/**********************************************************
 Example 10: 気圧センサ LPS25H
**********************************************************/

#include <ESP8266WiFi.h>                    // ESP8266用ライブラリ
#include <WiFiUdp.h>                        // UDP通信を行うライブラリ
#define PIN_EN 13                           // IO 13(5番ピン)をセンサ用の電源に
#define SSID "1234ABCD"                     // 無線LANアクセス・ポイントのSSID
#define PASS "password"                     // パスワード
#define SENDTO "192.168.0.255"              // 送信先のIPアドレス
#define PORT 1024                           // 送信のポート番号
#define SLEEP_P 29*60*1000000               // スリープ時間 29分(uint32_t)
#define DEVICE "press_1,"                   // デバイス名(5文字+"_"+番号+",")

void setup(){                               // 起動時に一度だけ実行する関数
    int waiting=0;                          // アクセス・ポイント接続待ち用
    pinMode(PIN_EN,OUTPUT);                 // センサ用の電源を出力に
    digitalWrite(PIN_EN,HIGH);              // センサ用の電源をONに
    lpsSetup();                             // 気圧センサの初期化
    Serial.begin(9600);                     // 動作確認のためのシリアル出力開始
    Serial.println("Example 10 hPa");       // 「Example 10」をシリアル出力表示
    WiFi.mode(WIFI_STA);                    // 無線LANをSTAモードに設定
    WiFi.begin(SSID,PASS);                  // 無線LANアクセス・ポイントへ接続
    while(WiFi.status() != WL_CONNECTED){   // 接続に成功するまで待つ
        delay(100);                         // 待ち時間処理
        waiting++;                          // 待ち時間カウンタを1加算する
        if(waiting%10==0)Serial.print('.'); // 進捗表示
        if(waiting > 300) sleep();          // 300回(30秒)を過ぎたらスリープ
    }
    Serial.println(WiFi.localIP());         // 本機のIPアドレスをシリアル出力
}

void loop(){
    WiFiUDP udp;                            // UDP通信用のインスタンスを定義
    float temp,press;                       // センサ用の浮動小数点数型変数

    temp=getTemp();                         // 温度を取得して変数tempに代入
    press=getPress();                       // 気圧を取得して変数pressに代入
    lpsEnd();                               // 気圧センサの停止
    if( temp>-100. && press>=0.){           // 適切な値のとき
        udp.beginPacket(SENDTO, PORT);      // UDP送信先を設定
        udp.print(DEVICE);                  // デバイス名を送信
        udp.print(temp,0);                  // 変数tempの値を送信
        Serial.print(temp,2);               // シリアル出力表示
        udp.print(", ");                    // 「,」カンマを送信
        Serial.print(", ");                 // シリアル出力表示
        udp.println(press,0);               // 変数pressの値を送信
        Serial.println(press,2);            // シリアル出力表示
        udp.endPacket();                    // UDP送信の終了(実際に送信する)
    }
    sleep();
}
                    ～～～ 以下，省略 ～～～
```

※使用する無線LANに合わせる

送信パケットに付与するデバイス名を定義(機器識別用)

手順①　lpsSetup();
手順②　temp=getTemp();
手順③　press=getPress();
手順④　udp.print(temp,0);
手順⑤　udp.println(press,0);

Column　Arduino IDEで用いる文字コードUTF-8

日本語を混在したテキストには「UTF-8」「シフトJIS」「JIS」「EUC」などさまざまな文字コードがあります．インターネットでWebやメールが文字化けすることがあるのも，こういった文字コードの相違による問題です．

システム間での互換性の高いのは「UTF-8」です．

WindowsでUTF-8の文字コードでテキスト・ファイルを保存する場合は，保存形式の選択が必要です．メモ帳であれば「名前を付けて保存」を選択し，文字コードのプルダウン・メニューから「UTF-8」を選びます．秀丸エディタであればファイル・メニューの「エンコードの種類」から文字コードと改行コードを変更することが可能です．

6 Wi-Fi人感センサ

動作

▶電源を入れるとLEDを点滅させ，シリアルに起動メッセージを出力します

▶Wi-Fiのアクセス・ポイントに接続するとLEDの点滅を停止します

▶Wi-Fi人感センサのIPアドレスをシリアルに出力後，自動的にスリープ状態になります

▶人感センサが反応すると，Wi-Fi人感センサが起動し，人感センサが反応した通知をWi-Fiで送信します

※Wi-Fiコンシェルジェ掲示板担当と組み合わせると，人感センサの通知を離れたところで表示できます

応用

室内や玄関，庭などに人が存在するかどうかを確認し，その状態に応じて他の機器を制御します．例えば，玄関先に設置し，センサが反応したら防犯カメラで撮影，音声出力器から「いらっしゃいませ」と音声を出力します

※具体的な方法は応用製作「千客万来メッセンジャ」や「24時間防犯カメラマン」も参照してください

Wi-Fi人感センサは，人体の動きなどを検出したときに検知内容をWi-Fiを使ってUDPで送信するIoTセンサ機器です．ここでは，ESPモジュールと人感センサを組み合わせて，人の動きをリモートで監視できる装置を作ります．

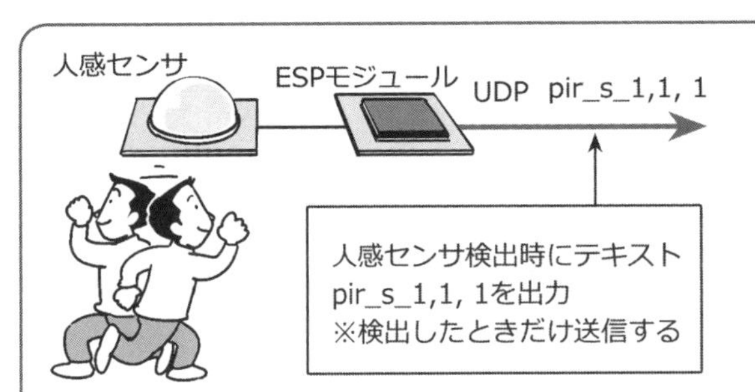

V_{out}
V_{DD}
センサ部分
GND
人感センサ・モジュール SB412A
電源電圧 3.3～12V 最大検知距離 3～5m
待機電流 12μA 検知角度 100°

人感センサが反応したときにWi-Fiで送信されたデータのようすを**図6**に示します．センサが変化を検出すると，センサ状態データを送信します(初回起動時は，センサの状態を送信しません)

UDPで送信する文字列
pir_s_1,1, 1
人感センサからの状態データを送信

図6 Wi-Fi人感センサの実行例
人感センサが反応すると，人感センサの機器ID「pir_s_1」と，起動時のセンサ状態と，送信直前のセンサ状態をWi-Fi(UDP)で送信する

● 赤外線量の変化から人体の動きを検出するキー・パーツ 人感センサ・モジュールSB412A

人感センサ・モジュールSB412Aは，例えば，玄関先に設置し訪問者が来たことを検出する用途に使われます．

ここでは，タイトル写真のようなコンパレータを組み込んだ人感センサ・モジュールSB412Aを使用します．モジュールの3つの端子は，電源V_{DD}，人感出力V_{out}，GNDです．人感出力V_{out}は，検知時に"H"レベルを出力します．検知しない状態のまま一定時間が経過すると"L"レベルに戻ります．

● 人感センサのケチケチ運転術！ Wi-FiマイコンESP8266を待機状態にして，バッテリでの稼働時間をかせぐ

バッテリで長時間駆動させるために，人がいない間はWi-FiマイコンESP8266をディープ・スリープ・モードにして消費電力を抑えます．待機状態に入ったWi-FiマイコンESP8266の消費電流は60μAまで下がります．人感センサが赤外線の変化を検知したときだけ，**Wi-FiマイコンESP8266をディープ・スリープ・モードから復帰させる回路を製作しました**．

Wi-Fi人感センサの製作例を**写真15**ブレッドボード

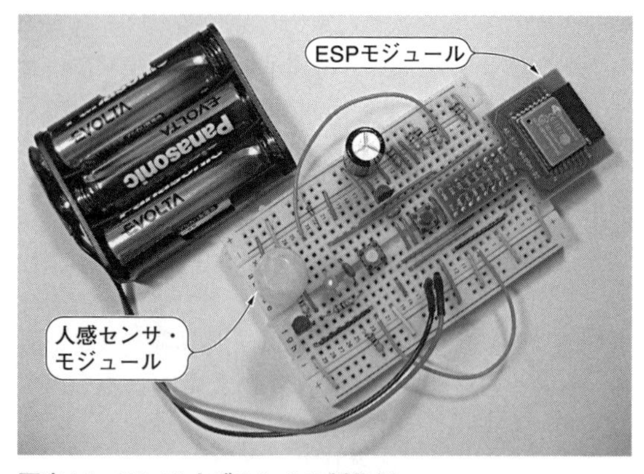

写真15　Wi-Fi人感センサの製作例
人感センサ・モジュールSB412Aの出力でWi-FiマイコンESP8266を復帰させ，人感センサが反応したことをWi-Fi(UDP)で通知する

表5　Wi-Fi人感センサ用の部品リスト

部　品	数量
ESP-WROOM-02 DIP化キット	1式
人感センサ・モジュール　SB412A (Nanyang Senba Optical&Electronic Co.,Ltd)	1個
LDOタイプ電源レギュレータ 3.3 V 150 mA以上(XC6202P332)	1個
トランジスタ 2SC1815GR	1個
ダイオード 1SS178	1個
コンデンサ 1000 μF(別表参照)	1個
セラミック・コンデンサ 0.1 μF	2個
高輝度LED(OSDR3133A)	1個
タクト・スイッチ(基板取り付け用)	2個
抵抗器(1/4W)10 kΩ	7個
抵抗器(1/4W)1 kΩ	1個
電池ボックス 単3型乾電池×3本 Bスナップ	1個
単3型アルカリ乾電池	3個

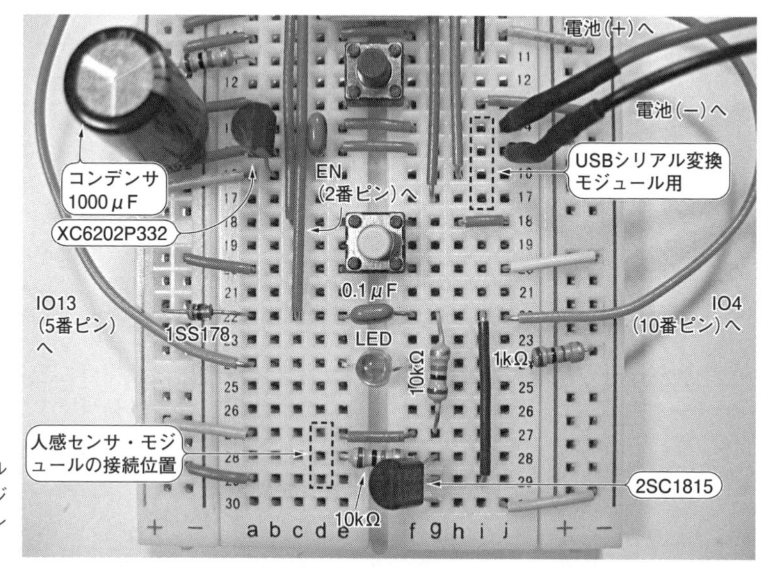

写真16　Wi-Fi人感センサの接続例
ブレッドボード上に人感センサ・モジュールと，論理反転用のトランジスタ，ESPモジュールのスリープを解除するためのコンデンサ，ダイオード等を実装する

での接続例を**写真2**に，部品リストを**表5**に，回路図を**図7**に示します．注意点として，回路図中のコンデンサC_2は，低消費電力のために，低リーク電流で低*ESR*(Equivalent Series Resistance)のものを選ぶようにしましょう．**表6**に実績のあるコンデンサを示します．

● Wi-FiマイコンESP8266をディープ・スリープ・モードから復帰させる方法

EN入力端子(2番ピン)は，一度“L”レベルにした後“H”レベルに戻す必要があります．人感センサ・モジュールSB412Aは，赤外線の変化を検出したときは，V_{out}に“H”レベルを出力します．そこで，トランジスタで論理を反転し，直列のコンデンサを経由してからESPモジュールのEN端子(2番ピン)に入力しました．

普段，EN端子はプルアップ抵抗によって“H”レベルが入力されていますが，検知出力V_{out}が“L”レベルから“H”レベルに変化すると，EN端子は“L”レベルに引きつけられます．その後，時間とともにコンデンサ

表6　おすすめのコンデンサ
回路図中のコンデンサC_2(1000 μF)は，電池を長持ちさせるために低リーク電流・低*ESR*のコンデンサを使用したい

型　番	メーカ	種別	容量	耐圧
ESMG160ELL102MJ	日本ケミコン	電解	1000 μF	16 V
6SEPC1000MD	Panasonic	OS-CON	1000 μF	6.3 V
6HEA1000M	サン電子	HEA	1000 μF	6.3 V
10WXA1000MEFC10X9	ルビコン	WXA	1000 μF	10 V

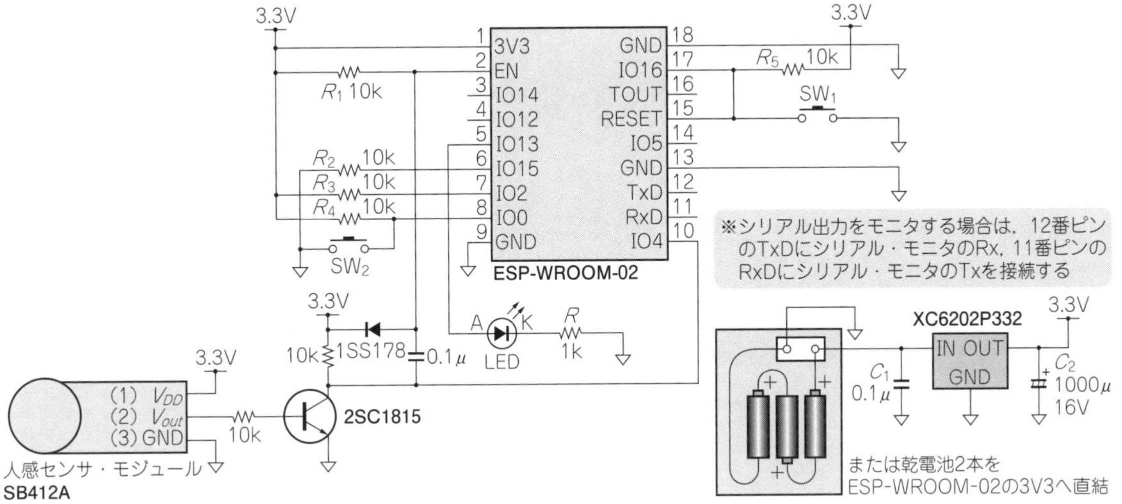

図7　Wi-Fi人感センサの回路図
人感センサの出力をトランジスタによる論理反転回路を経由して，ESPモジュールのEN(2番ピン)へ入力する．検知時に，V_{out}が“L”レベルから“H”レベルに変化すると，プルアップされた“H”レベルのEN端子が“L”レベルに引きつけられる．その後，R_1からの電流でコンデンサが充電されると“H”レベルに戻り，ESPモジュールのスリープを解除する

が充電され，EN端子が“H”レベルに復帰し，ESPモジュールのスリープが解除されます．

人感センサが検知出力を保持する時間(検知出力保持時間)は，人感センサ・モジュールの可変抵抗器で調整できます．**保持時間は10秒以上に設定しておく**と良いでしょう(可変抵抗を56 k～75 kΩ程度に設定)．

保持時間が過ぎると，V_{out}は“L”レベルに戻ります．このとき，コンデンサのセンサ側の端子が“L”レベルから“H”レベルに変化するので，EN端子には“H”レベルよりも高い電圧が入力される恐れがあります．こういった**過電圧を保護するためにダイオード1SS178を追加しました**．以上の構成により，V_{out}信号が“L”レベルから“H”レベルに変化したときにESPモジュールを起動し，ESPモジュールがスリープになったころを見計らって，V_{out}信号を“L”レベルに戻し，次の検知に備えます．

動作確認済みWi-Fi人感センサのサンプル・プログラムを書き込む

● Arduino IDEで書き込む

使用したサンプル・プログラムを**リスト6**に示します．

筆者のサポートページからダウンロードしてコピーしたESPモジュール用のサンプル・プログラム(バージョン2.00以降)を開くには，Arduino IDEの[ファイル]メニューの[スケッチブック]から[cqpub_esp]→[2_example]と進み，[example11_pir]を開いてください．

サンプル・プログラムをESPモジュールへ書き込む前に，Wi-Fiアクセス・ポイントのSSIDとパスワードをサンプル・プログラムへ記述しておきます．SSIDを「1234ABCD」の部分へ，パスワードを「password」の部分に上書きしてください．

ESPモジュールへサンプル・プログラムを書き込むときは，一旦，人感センサを取り外します．書き込み中に人感センサが反応すると中断されてしまうからです．もし，何度も書き込みに失敗する場合は，電源レギュレータをTA48M033Fに差し替え，サンプル・プログラムを書き込んでからXC6202P332に戻します．

● Wi-Fi人感センサのプログラム

このプログラムの処理の流れは次の①～⑥のようになります．

① 人感センサの状態を保持するための変数pirを定義します．

② 起動時に人感センサの状態を変数pirに代入します．人感センサが反応して起動した場合は，“L”レベルになります．

③ 変数pirが“H”レベル，すなわち人感センサに反応が無かった場合は，すぐにスリープへ移行します(データの送信は行わない)．

④ 変数pirの値を論理反転して送信します．「!」は論理を反転する演算子です．人感センサ検知時に1を，非検知時に0を送信します．ただし，手順③の処理で“H”レベルのときは既にスリープしているので，ここでは常に1を送信します．

⑤ Wi-Fiアクセス・ポイントへの接続には時間を要するため，起動してから手順⑤を処理するまでに

リスト6　Wi-Fi人感センサのサンプル・プログラムexample11_pir

```
/*******************************************************************************
Example 11: ワイヤレス人感センサ
*******************************************************************************/
#include <ESP8266WiFi.h>                          // ESP8266用ライブラリ
extern "C" {
#include "user_interface.h"                       // ESP8266用の拡張IFライブラリ
}
#include <WiFiUdp.h>                              // UDP通信を行うライブラリ
#define PIN_SW 4                                  // IO 4(10番ピン) にセンサを接続
#define PIN_LED 13                                // IO 13(5番ピン)にLEDを接続する
#define SSID "1234ABCD"   ┐←使用する無線          // Wi-Fiアクセス・ポイントのSSID
#define PASS "password"   ┘  LANに合わせる        // パスワード
#define SENDTO "192.168.0.255"                    // 送信先のIPアドレス
#define PORT 1024                                 // 送信のポート番号
#define SLEEP_P 3550*1000000                      // スリープ時間 3550秒(約60分)
#define DEVICE "pir_s_1,"                         // デバイス名(5文字+"_"+番号+",")

int pir; ←①                                      // 人感センサ値

void setup(){                                     // 起動時に一度だけ実行する関数
    int waiting=0;                                // アクセス・ポイント接続待ち用
    pinMode(PIN_SW,INPUT_PULLUP);                 // センサを接続したポートを入力に
    pinMode(PIN_LED,OUTPUT);                      // LEDを接続したポートを出力に
    pir=digitalRead(PIN_SW); ←②                  // 人感センサの状態を取得
    Serial.begin(9600);                           // 動作確認のためのシリアル出力開始
    Serial.println("Example 11 PIR SW");          // 「Example 11」をシリアル出力表示
    WiFi.mode(WIFI_STA);                          // Wi-FiをSTAモードに設定
    WiFi.begin(SSID,PASS);                        // Wi-Fiアクセス・ポイントへ接続
    while(WiFi.status() != WL_CONNECTED){         // 接続に成功するまで待つ
        delay(100);                               // 待ち時間処理
        waiting++;                                // 待ち時間カウンタを1加算する
        digitalWrite(PIN_LED,waiting%2);          // LEDの点滅
        if(waiting%10==0)Serial.print('.');       // 進捗表示
        if(waiting > 300) sleep();                // 300回(30秒)を過ぎたらスリープ
    }
    Serial.println(WiFi.localIP());               // 本機のIPアドレスをシリアル出力
    if(pir==HIGH) sleep(); ←③                    // センサが無反応だった場合は終了
}

void loop(){
    WiFiUDP udp;                                  // UDP通信用のインスタンスを定義

    udp.beginPacket(SENDTO, PORT);                // UDP送信先を設定
    udp.print(DEVICE);                            // デバイス名を送信
    udp.print(!pir); ←④                          // 起動直後のセンサ状態を送信
    udp.print(", ");                              // 「,」カンマと「□」を送信
    pir=digitalRead(PIN_SW); ←⑤                  // 人感センサの状態を取得
    udp.println(!pir); ←⑥                        // 現在のセンサの状態を送信
    Serial.println(!pir);                         // シリアル出力表示
    udp.endPacket();                              // UDP送信の終了(実際に送信する)
    delay(200);                                   // 送信待ち時間
    sleep();                                      // sleepを実行
}

void sleep(){
    ESP.deepSleep(SLEEP_P,WAKE_RF_DEFAULT);       // スリープモードへ移行する
    while(1){                                     // 繰り返し処理
        delay(100);                               // 100msの待ち時間処理
    }                                             // 繰り返し中にスリープへ移行
}
```

約5秒以上の時間が経過しています．すでに人感センサの検知出力状態が変化しているかもしれないので，状態を再確認します．

⑥ 手順⑤で得た人感センサの検知結果を送信します．

サンプル・プログラムを実行すると，ESPモジュールは，すぐにスリープに移ります．人体などの動きによって赤外線量の変化を人感センサが検出したときに，ESPモジュールが起動し，Wi-Fiアクセス・ポイントへ接続後，人感センサの状態データを送信します．送信の宛て先はブロードキャスト(192.168.0.1～254のIPアドレスの機器)です．UDPのポート番号は1024です．必要に応じて変更してください．

7 Wi-Fi 3軸加速度センサ

動作

▶電源を入れるとシリアルに起動メッセージと「Accem Initialized」を出力します
▶Wi-Fiアクセス・ポイントとの接続処理中にLEDが点滅します
▶Wi-Fiに接続すると点滅が止まり，加速度をWi-Fiで送信します
▶それ以降，Wi-Fi 3軸加速度センサに変化があった場合，自動的にESPモジュールの電源が入り，加速度をWi-Fiで送信します

応用

▶ドアや窓の開閉を検出し，検知メールを送信する防犯システムや，住居内での生活のようすを検出するセンサとして応用できます．制御方法は後述する応用製作「千客万来メッセンジャ」や「24時間防犯カメラマン」で説明します
▶重力を検出することで，回転式のテレビ画面の向きを検出することもできます．重力を検出したい場合は，ダウンロードしたスケッチに含まれるドライバ「adxl345.ino」内の「重力値を減算する」と書かれた部分(3行)や「割り込み用の軸の設定」と書かれた割り込み処理などを削除して使ってください

ESP-WROOM-02に接続した加速度センサが変化を検知したとき、Wi-Fiで加速値を送信するIoTセンサ機器です．ドアや窓に設置して，開閉変化を監視することができます．

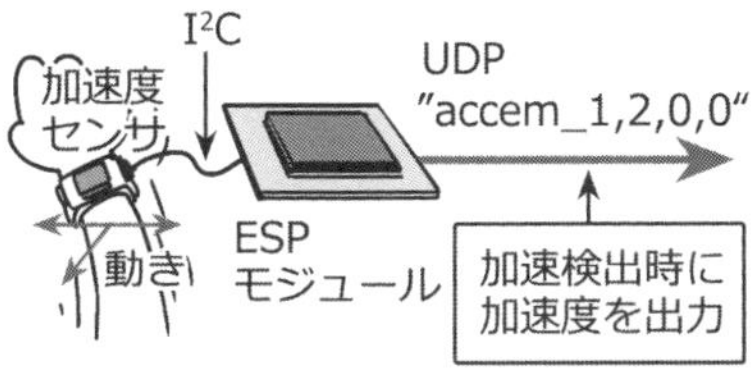


```
pi@raspberrypi:~/esp/tools $ ./udp_logger.sh 1024
Listening UDP port 1024...
2016/12/09 19:27, accem_1,-2,0,0
2016/12/09 19:28, accem_1,2,0,0
```

(プログラムの実行)　Wi-Fi加速度センサから加速度データを受信

X軸の加速度2m/s²，Y軸0m/s²，Z軸0m/s²の加速度値が得られた

図8　Wi-Fi 3軸加速度センサからのデータを受信したときのようす
udp_logger(インストール方法はp.227参照)を使って動作確認を行った

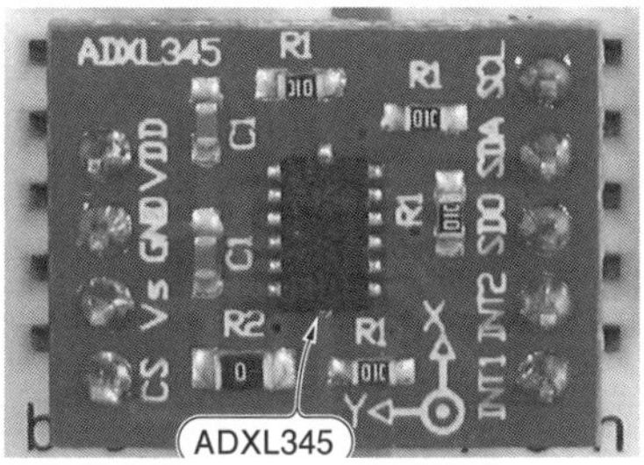

写真17　加速度センサADXL345(アナログ・デバイセズ)

Wi-Fi 3軸加速度センサからのデータを受信したときのようすを図8に示します．データのフォーマットは，Wi-Fi 3軸加速度センサを表す「accem_1」に続いて，X軸，Y軸，Z軸の加速度を示しています．X軸とY軸の方向はセンサ本体に印刷されています．Z軸は基板面に垂直な軸の表側方向です．図8の例では，X軸方向に加速度2m/s²が得られました

● スマホにも入っている超定番！加速度センサADXL345

身近な例では，加速度センサはスマートフォン本体の向きや本体の移動方向，移動距離を計測するためにも用いられています．本体の向きは，重力の加わる方向から検出し，おもに画面の縦横表示切り替えなどに利用されたり，加速度と時間から移動方向と移動距離を算出し，地図アプリなどで現在地を補正する目的で利用されることもあります．

ここでは，加速度センサADXL345(アナログ・デバイセズ)を搭載した3軸加速度センサ・モジュール(**写真17**)を使用し，ドアの開閉や窓の開閉時の加速や衝撃などを検出したときに，各軸の加速度を送信するWi-Fi加速度センサを製作します(**写真18**)．

今回は，秋月電子通商で販売されている加速度センサ・モジュールを使用しました．スマートフォンの普及とともに価格も下がってきており，執筆時点で450円と手ごろになりました．

Wi-Fi 3軸加速度センサの回路

● 省電力モードで回路を長時間動作を可能に

加速度センサADXL345は，省電力モードにすると

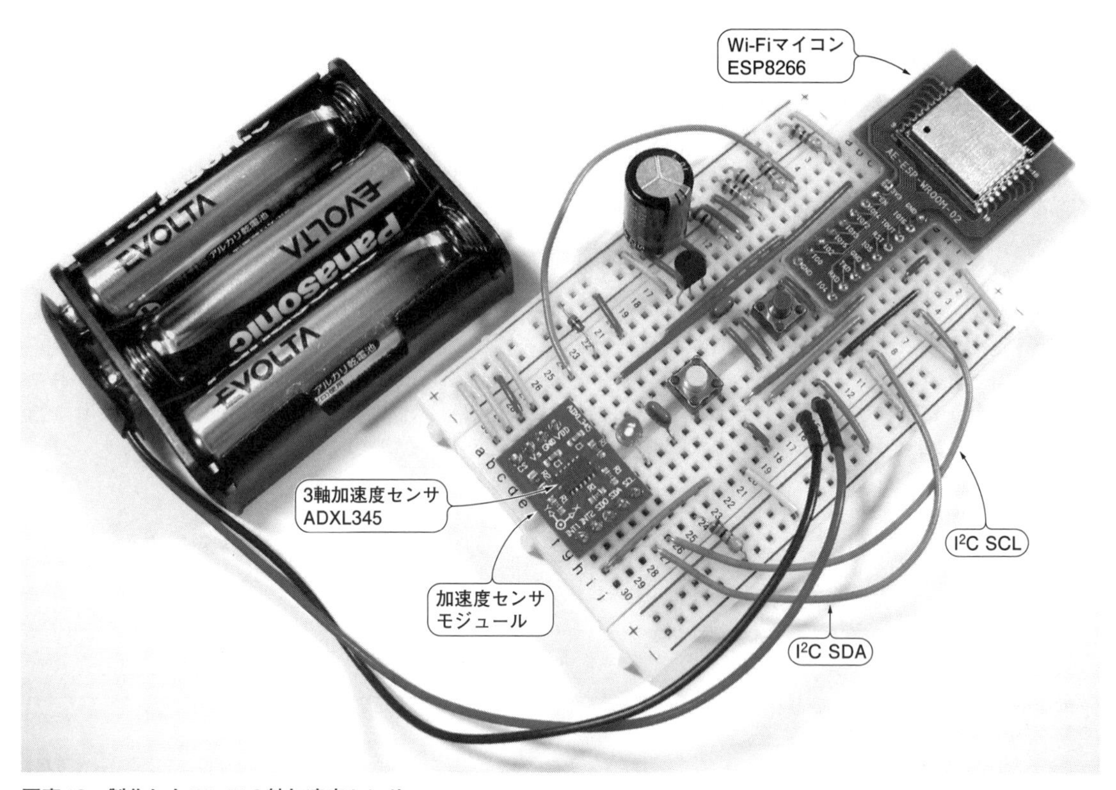

写真18　製作したWi-Fi 3軸加速度センサ
加速度センサADXL345搭載モジュールを，ESPモジュールとI²Cで接続する．加速や衝撃を検出したときに，3軸の加速度値を送信する

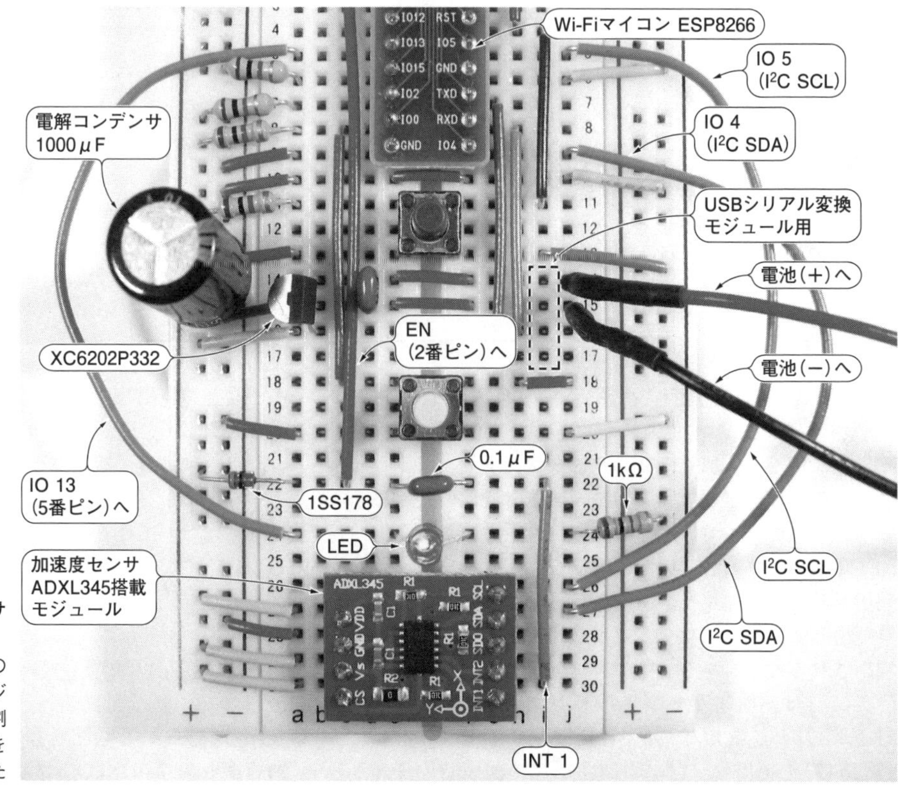

写真19　加速度センサの接続例
ブレッドボードの最下列の端子に加速度センサ・モジュールを実装し，I²Cと割り込み用のINT1信号をESPモジュールへ接続した

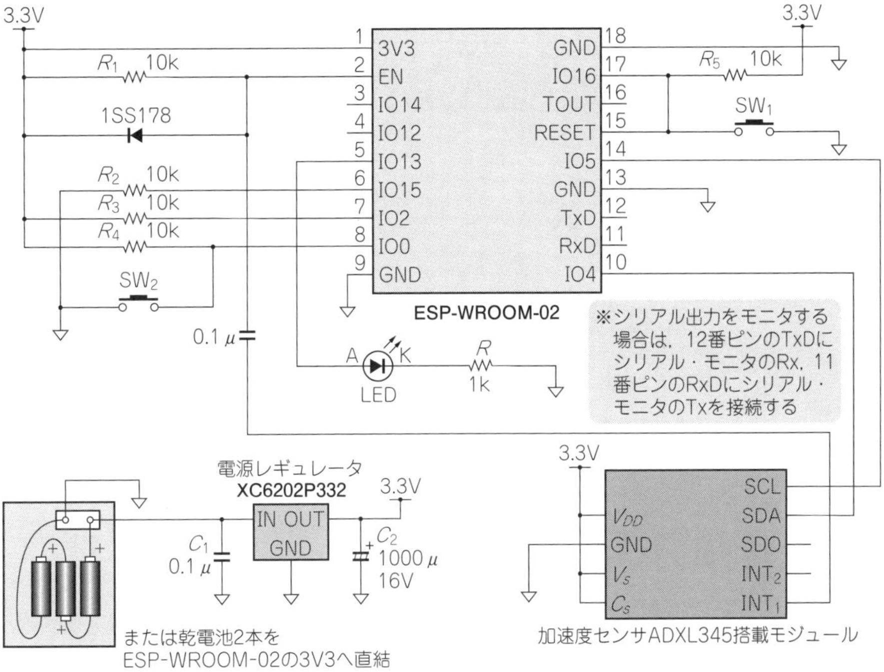

図9　Wi-Fi 3軸加速度センサの回路図
ESPモジュールとはI²Cインターフェースで接続する．加速や衝撃を検出すると，ESPモジュールをスリープから復帰させるために，加速度センサのINT1出力の変化をESPモジュールのEN端子へ入力する

約90 μAで動作させることができます．そこで，待機時は省電力モードで動作させ，加速や衝撃を検出したときに，ディープ・スリープ・モードで待機しているESPモジュールを起動させます．

加速度センサADXL345の割り込み出力INT1を，コンデンサを経由して，ESPモジュールのEN端子へ接続しています．

接続例を**写真19**に，回路図を**図9**に示します．ESPモジュールとはI²Cインターフェースで接続します．

Wi-Fi 3軸加速度センサ用のサンプル・プログラム

● プログラムの処理の流れ

Wi-Fi 3軸加速度センサ用の動作確認済みサンプル・プログラムを**リスト7**　example12_acmに示します．

① 加速度の測定結果を保存する浮動小数点数型変数acmを定義します．得られる加速度はx軸，y軸，x軸の3値です．これら3つの値を保持できるように配列数3の配列変数としました．

②「adxlSetup」は加速度センサの初期化を行う命令です．筆者が作成したドライバ用の命令です．Arduino IDEのタブ[adxl345]をクリックするとドライバの内容を表示することができます．

③「getAcm」は加速度を得るための命令です．引き数は軸です．0のときにx軸，1がy軸，2がz軸です．それぞれ，acm[0]，acm[1]，acm[2]に保持されます．この命令も，タブ[adxl345]で見ることができます．

④ 起動直後に保持した加速度を，UDPで送信します．

⑤ 現在の加速度を測定し，UDPで送信します．

⑥ 加速度センサを省電力動作モードに設定するとともに，割り込み信号用の出力設定を行います．

リスト7　Wi-Fi 3軸加速度センサのサンプル・プログラムexample12_acm

```
/*******************************************************************************
Example 12: 加速度センサ ADXL345
*******************************************************************************/

#include <ESP8266WiFi.h>                        // ESP8266用ライブラリ
#include <WiFiUdp.h>                            // UDP通信を行うライブラリ
#define PIN_LED 13                              // IO 13(5番ピン)にLEDを接続する
#define SSID "1234ABCD"   ※使用する             // Wi-Fiアクセス・ポイントのSSID
#define PASS "password"   無線LANに合わせる      // パスワード
```

リスト7　Wi-Fi 3軸加速度センサのサンプル・プログラムexample12_acm（つづき）

```
#define SENDTO "192.168.0.255"                    // 送信先のIPアドレス
#define PORT 1024                                 // 送信のポート番号
#define SLEEP_P 29*60*1000000                     // スリープ時間 29分(uint32_t)
#define DEVICE "accem_1,"                         // デバイス名(5文字+"_"+番号+",")

float acm[3]; ←①                                 // センサ用の浮動小数点数型変数

void setup(){                                     // 起動時に一度だけ実行する関数
    int waiting=0;                                // アクセス・ポイント接続待ち用
    int start,i;

    pinMode(PIN_LED,OUTPUT);                      // LEDを接続したポートを出力に
    start=adxlSetup(0); ←②                       // 加速度センサの初期化と結果取得
    for(i=0;i<3;i++) acm[i]=getAcm(i); ←③        // 3軸の加速度を取得し変数acmへ代入
    Serial.begin(9600);                           // 動作確認のためのシリアル出力開始
    Serial.println("Example 12 acm");             // 「Example 12」をシリアル出力表示
    switch(start){                                // 初期化時の結果に応じた表示を実行
        case 0:  Serial.println("Accem Started");        break;
        case 1:  Serial.println("Accem Initialized");    break;
        default: Serial.println("Accem ERROR"); sleep(); break;
    }
    WiFi.mode(WIFI_STA);                          // Wi-FiをSTAモードに設定
    WiFi.begin(SSID,PASS);                        // Wi-Fiアクセス・ポイントへ接続
    while(WiFi.status() != WL_CONNECTED){         // 接続に成功するまで待つ
        delay(100);                               // 待ち時間処理
        waiting++;                                // 待ち時間カウンタを1加算する
        digitalWrite(PIN_LED,waiting%2);          // LEDの点滅
        if(waiting%10==0)Serial.print('.');       // 進捗表示
        if(waiting > 300) sleep();                // 300回(30秒)を過ぎたらスリープ
    }
    Serial.println(WiFi.localIP());               // 本機のIPアドレスをシリアル出力
}

void loop(){
    WiFiUDP udp;                                  // UDP通信用のインスタンスを定義
    int i;

    udp.beginPacket(SENDTO, PORT);                // UDP送信先を設定
    udp.print(DEVICE);                            // デバイス名を送信
    for(i=0;i<3;i++){                             // X,Y,Zの計3軸分の繰り返し処理
        udp.print(acm[i],0); ←④                  // 起動時の加速度値を送信
        Serial.print(acm[i],1);                   // シリアル出力表示
        udp.print(",");                           // 「,」カンマを送信
        Serial.print(",");                        // シリアル出力表示
    }
    udp.print(" ");                               // スペースを送信
    Serial.print(" ");                            // シリアル出力表示
    for(i=0;i<3;i++){                             // X,Y,Zの計3軸分の繰り返し処理
        udp.print(getAcm(i),0); ←⑤               // 現在の加速度値を送信
        Serial.print(getAcm(i),1);                // シリアル出力表示
        if(i<2){
            udp.print(",");                       // 「,」カンマを送信
            Serial.print(",");                    // シリアル出力表示
        }else{
            udp.println();                        // 改行を送信
            Serial.println();                     // シリアル出力表示
        }
    }
    udp.endPacket();                              // UDP送信の終了(実際に送信する)
    adxlINT(); ←⑥                                // 加速度センサの割り込みを有効にする
    sleep();
}

void sleep(){
    delay(200);                                   // 送信待ち時間
    ESP.deepSleep(SLEEP_P,WAKE_RF_DEFAULT);       // スリープモードへ移行する
    while(1){                                     // 繰り返し処理
        delay(100);                               // 100msの待ち時間処理
    }                                             // 繰り返し中にスリープへ移行
}
```

8 NTP時刻データ転送機

動作

▶インターネットから時刻情報を取得し，取得した時刻を他のIoT機器へ転送します

▶乾電池で動作させることができるので，停電時でも，モバイルWi-Fiルータなどを経由して，時刻情報の配信が可能です

▶ここでは，時計機能付きWi-Fi液晶表示器とともにNTP受信の実験を行います(Wi-Fiコンシェルジェ掲示板担当を参照)

応用

▶時計機能付きのWi-Fi音声出力器の時刻補正を行うことができます

▶時刻情報を扱う機器が多い場合に，LAN内で同じ時刻基準を保有することができるようになります

例えば室温のデータと外気温のデータを比べたいときに，時刻情報のずれによって生じる誤差を抑えることができるようになります

▶毎正時を音声で通知するような応用も可能です

各種センサ情報を記録するにあたり，時刻は重要な付加情報の1つです．ここでは，インターネットから時刻を取得するプロトコルNTPを利用したNTP時刻データ転送機を製作します．取得した時刻情報をセンサからの取得値のようにUDP送信します．センサ・ネットワークを使ったシステムではセンサから得られたデータを時刻情報と関連付けて利用することも多いので，NTPを使ったサンプルプログラム・プログラムを理解しておくと役立つでしょう．

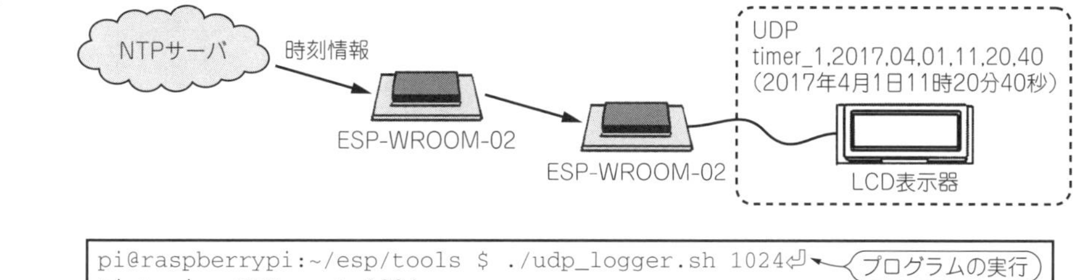


```
pi@raspberrypi:~/esp/tools $ ./udp_logger.sh 1024
Listening UDP port 1024...
2016/08/26 10:51, timer_1,2016,08,26,10,51,36
2016/08/26 11:49, timer_1,2016,08,26,11,49,29
2016/08/26 12:47, timer_1,2016,08,26,12,47,21
```

(プログラムの実行)

約1時間ごとに正確な時刻が転送されてくる

図10　NTP時刻データ転送機の実験例

- NTP受信機の電源を入れると，自動的にインターネットに接続し，時刻を取得します
- 取得した時刻をUDPで送信し，送信後に，スリープ状態に移行します
- 情報を受信した時計機能付きWi-Fi 液晶表示器に時刻を表示します(すでに表示されていた場合は，表示時刻が補正される)
- 約1時間ごとに，上記を繰り返します

●単4型アルカリ乾電池で小型化に挑戦

ハードウェアは，ほぼESP-WROOM-02単体の回路構成です．電源レギュレータと2つのコンデンサ，リセット・スイッチをミニブレッドボード上に実装した製作例を**写真20**に示します．ここでは，電源に単4型アルカリ乾電池3本を使用し，小型化を図りました．

アルカリ乾電池を単4型に変更することによる影響は，電池容量が約半分になるだけではありません．内部抵抗も高くなり，ESP-WROOM-02モジュールの瞬時電流による電池電圧の降下が発生し，電池寿命を縮めます．筆者は**図11**の回路で実験を行い，約3.3か月間の動作を確認しました．より長く動かしたい場合は，C1を100 μF以上，C2を1000 μF以上の導電性高分子コンデンサにします．ただし，容量が増大するにつれてコンデンサの漏れ電流も増加する傾向があるので，逆効果となる場合もあります．

なお，部品点数を減らすためにESP-WROOM-02のIO 0，2，15，16ポートを，直接，電源やGND，RESETへ接続しました．プログラムを変更する際は，これらのポートを出力に設定しないように注意してください．

●NTPを利用するスケッチ

本スケッチには，NTPクライアント機能を使って時刻情報を取得する機能，取得した時刻情報をLAN内へUDPで送信する機能が含まれています．送信後は

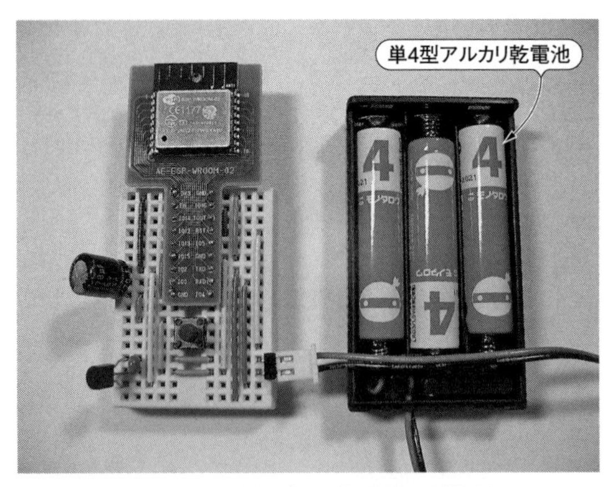

写真20　Wi-Fi NTP時刻データ転送機の製作例
小型化をはかるため，単4電池を使用した．容量と最大電流が単3に比べて約半分になるので，動作可能期間も半分以下になる

スリープへ移行し，約59分後に自動起動します．以下は，スケッチの主要な処理部の説明です．NTPの通信にもUDPを使用するので，LAN内へのUDP送信用と合わせて，2つのUDP通信を行います(**リスト8**)．

① NTP用とUDP送信用の2つのUDP通信用インスタンスを定義します．

② NTPサーバへ時刻情報の取得命令を送信します．タブ「sendNTPpacket」をクリックするとスケッチの内容が表示されます．引き数はNTPサーバのURLです．ここではNICT(国立研究開発法人・情報通信研究機構)が公開しているNTPサーバ(ntp.nict.jp)を使用します．

③ NTPサーバからのUDP応答を受信します．

④ NTPサーバからの時刻情報は，1900年1月1日の0時を0とした秒数です．一方，PCのシステムでは

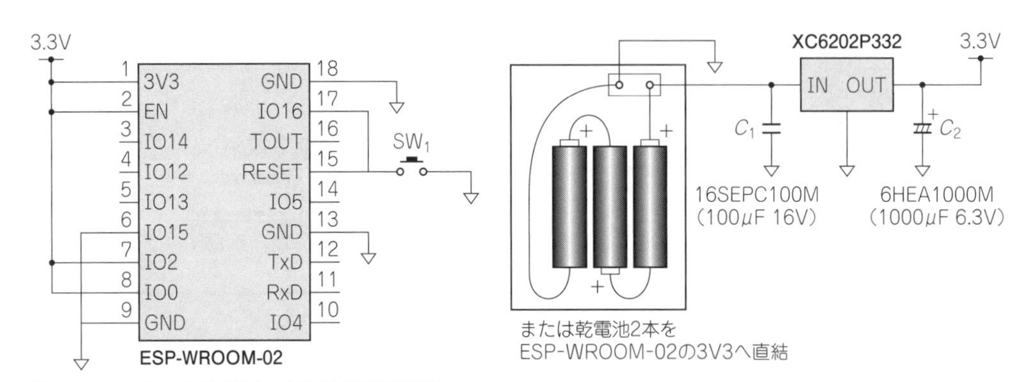

図11　Wi-Fi NTP時刻データ転送機の回路図
ほぼESP-WROOM-02モジュール単体だけの回路構成でNTP受信機を作成した．電池の内部インピーダンスの影響を緩和するには，C_1やC_2の容量を大きくする

リスト8　example13_ntp

```
/*******************************************************************
Example 13: NTPクライアント
*******************************************************************/

#include <ESP8266WiFi.h>                        // ESP8266用ライブラリ
#include <WiFiUdp.h>                            // udp通信を行うライブラリ
#define SSID "1234ABCD"   } ※使用する無線      // 無線LANアクセスポイントのSSID
#define PASS "password"   }  LANに合わせる     // パスワード
#define SENDTO "192.168.0.255"                  // 送信先のIPアドレス
#define PORT 1024                               // 送信のポート番号
#define SLEEP_P 59*60*1000000                   // スリープ時間 59分(uint32_t)
#define DEVICE "timer_1,"                       // デバイス名(5文字+"_"+番号+",")
#define NTP_SERVER "ntp.nict.jp"                // NTPサーバのURL
#define NTP_PORT 8888                           // NTP待ち受けポート
#define NTP_PACKET_SIZE 48                      // NTP時刻長48バイト

byte packetBuffer[NTP_PACKET_SIZE];             // 送受信用バッファ
WiFiUDP udp;    }①                              // NTP通信用のインスタンスを定義
WiFiUDP udpTx;  }                               // UDP送信用のインスタンスを定義
```

```
void setup(){
    int waiting=0;                                  // アクセスポイント接続待ち用
    Serial.begin(9600);                             // 動作確認のためのシリアル出力開始
    Serial.println("Example 13 NTP");               // 「Example 13」をシリアル出力表示
    WiFi.mode(WIFI_STA);                            // 無線LANをSTAモードに設定
    WiFi.begin(SSID,PASS);                          // 無線LANアクセスポイントへ接続
    while(WiFi.status() != WL_CONNECTED){           // 接続に成功するまで待つ
        delay(100);                                 // 待ち時間処理
        waiting++;                                  // 待ち時間カウンタを1加算する
        if(waiting%10==0)Serial.print('.');         // 進捗表示
        if(waiting > 300) sleep();                  // 300回(30秒)を過ぎたらスリープ
    }
    udp.begin(NTP_PORT);                            // NTP待ち受け開始
    Serial.println(WiFi.localIP());                 // 本機のIPアドレスをシリアル出力
}

void loop(){
    unsigned long highWord;                         // 時刻情報の上位2バイト用
    unsigned long lowWord;                          // 時刻情報の下位2バイト用
    unsigned long time;                             // 1970年1月1日からの経過秒数
    int waiting=0;                                  // 待ち時間カウント用
    char s[20];                                     // 表示用

    sendNTPpacket(NTP_SERVER); ←── ②               // NTP取得パケットをサーバへ送信する
    while(udp.parsePacket()<44){                    // 受信待ち
        delay(100);                                 // 待ち時間カウンタを1加算する
        waiting++;                                  // 進捗表示
        if(waiting%10==0)Serial.print('.');         // 100回(10秒)を過ぎたらスリープ
        if(waiting > 100) sleep();
    }
    udp.read(packetBuffer,NTP_PACKET_SIZE); ←── ③   // 受信パケットを変数packetBufferへ
    highWord=word(packetBuffer[40],packetBuffer[41]); // 時刻情報の上位2バイト
    lowWord =word(packetBuffer[42],packetBuffer[43]); // 時刻情報の下位2バイト

    Serial.print("UTC time = ");
    time = highWord<<16 | lowWord;                  // 時刻(1900年1月からの秒数)を代入
    time -= 2208988800UL;  ┐                        // 1970年と1900年の差分を減算
    time2txt(s,time);      ├④                       // 時刻をテキスト文字に変換
    Serial.println(s);     ┘                        // テキスト文字を表示

    Serial.print("JST time = ");                    // 日本時刻
    time += 32400UL;       ┐                        // +9時間を加算
    time2txt(s,time);      ├⑤                       // 時刻をテキスト文字に変換
    Serial.println(s);     ┘                        // テキスト文字を表示

    udpTx.beginPacket(SENDTO, PORT);                // UDP送信先を設定
    udpTx.print(DEVICE);                            // デバイス名を送信
    s[4]=s[7]=s[13]=s[16]=',';                      // 「/」と「:」をカンマに置き換える
    udpTx.println(s); ←── ⑥                         // データを送信
    udpTx.endPacket();                              // UDP送信の終了(実際に送信する)
    sleep();
}

void sleep(){
    delay(200);                                     // 送信待ち時間
    ESP.deepSleep(SLEEP_P,WAKE_RF_DEFAULT);         // スリープモードへ移行する
    while(1){                                       // 繰り返し処理
        delay(100);                                 // 100msの待ち時間処理
    }                                               // 繰り返し中にスリープへ移行
}
```

図12　Wi-Fi NTP受信機の実行例
世界標準のUTC時刻と，日本のJST時刻が表示される．JST時刻をCSV形式に変換してからUDPで送信する

```
Example 13 NTP
...192.168.0.3
UTC time = 2016/08/26,03:47:21
JST time = 2016/08/26,12:47:21
```

この文字列をCSV形式でUDP送信する
→timer_1,2016,08,26,12,47,21

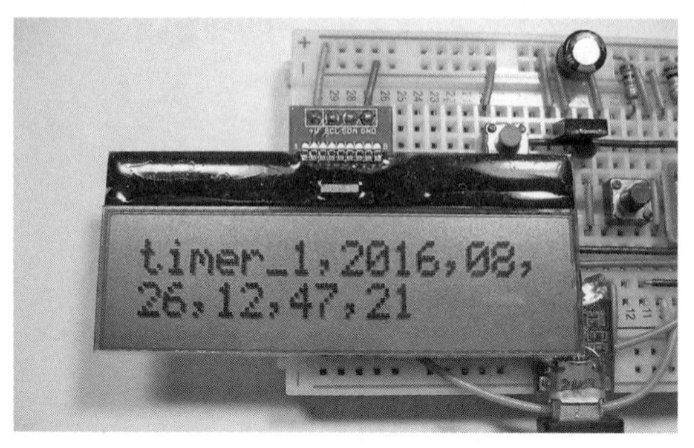

写真21　転送されたデータの受信例
Wi-Fi液晶表示器(example18_lcd)で，インターネットからの時刻を取得したときのようす．上段にデバイス名「timer_1」に続き，年，月が表示され，下段に日，時，分，秒が表示される．ここでは，2016年8月26日，12時47分21秒(日本時間)が表示された

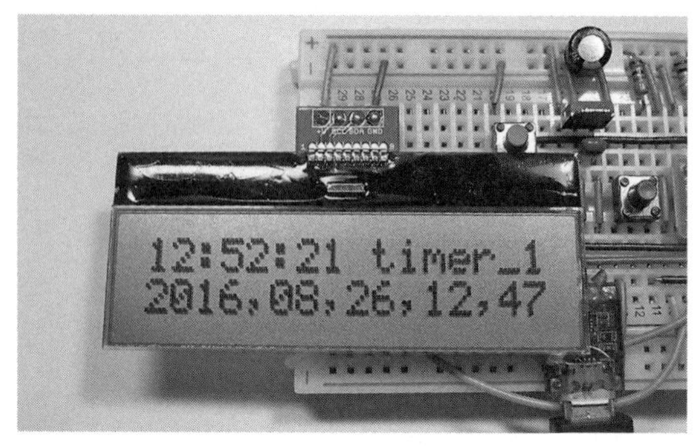

写真22　転送されたデータの応用例
時計機能付きWi-Fi液晶表示器(example18t_lcd)が時刻情報を受信したときのようす．Wi-Fi NTP受信機がインターネットから時刻情報を受信すると，時計機能付きWi-Fi液晶表示器の画面左上に表示されている時刻が補正される

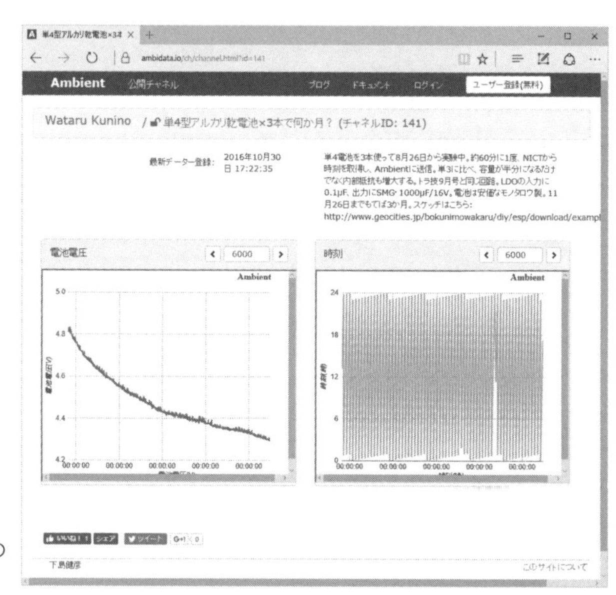

写真23
Wi-Fi NTP時刻データ転送機の実験例
電池電圧の測定機能とIoT用クラウド・サービスAmbientへの送信機能を追加したWi-Fi NTP受信機の動作結果の一例

1970年を基準とするので，その差分を減算します．また，time2txt関数を使ってテキスト形式に変換し，シリアル出力表示します．ここで出力する時刻は世界標準のUTC時刻です．

⑤ UTC時刻を日本時間JSTに変換するために9時間を加算し，シリアル出力します．
⑥ テキスト形式の時刻情報をUDPで送信します．

● 動作のようす

スケッチを実行すると，**図12**のように，世界標準のUTC時刻と，日本のJST時刻がシリアル・モニタに表示されます．また，JST時刻をCSV形式に変換した時刻データを，他のIoT機器へUDPで転送します．

UDPで転送された時刻データをudp_logger.shで受信したときのようすを**図10**に，Wi-Fi液晶表示器で受信したときのようすを**写真21**に示します．デバイス名「timer_1」に続き，時刻データが転送されます．また，時計機能付きWi-Fi液晶表示器で受信すると，**写真22**のように時計の時刻が設定もしくは補正されます．

このWi-Fi NTP時刻データ転送機に，電池電圧の測定機能とIoT 用クラウド・サービスAmbientへの送信機能を追加したものを動作させたようすを**写真23**に示します．スケッチについては「example13c_ntp」として収録しました．

9 Wi-Fiリモコン赤外線レシーバ

動作

▶電源を入れると起動メッセージを出力し，Wi-Fiアクセス・ポイントに接続します
▶接続すると，赤外線リモコン信号を待ち受けます
▶赤外線リモコン信号を受信すると，受信したリモコン信号をWi-Fiで送信します

応用

▶テレビやエアコンの操作を検出し，日々の生活のようすを遠隔で見守るシステム
▶操作ログを集計することで，よく見るテレビのチャンネルやエアコンの使用時間を集計できます
▶リモコン信号コードを解読して学習リモコンとして機能します

リビングに設置し，テレビやエアコンなど，家電の赤外線リモコンの信号を受信することで，家電の操作ログを収集することができる赤外線リモコン信号受信機(**写真24**)です．受信した赤外線リモコンの信号をWi-Fi(UDP)で送信します．これをラズベリー・パイで受信して記録し，家電の赤外線リモコンの操作ログを集計することで，よく見るテレビのチャンネルやエアコンの使用時間を知ることにより，節電計画に役立てることができたり，いままで気づかなかったことが見えてくるかもしれません．

赤外線リモコンの信号コードを取得する目的として使用することもできます．Wi-Fiコンシェルジェ・リモコン担当で作る赤外線リモコン信号を使った制御を行うときに，リモコンの信号コードが必要になります．

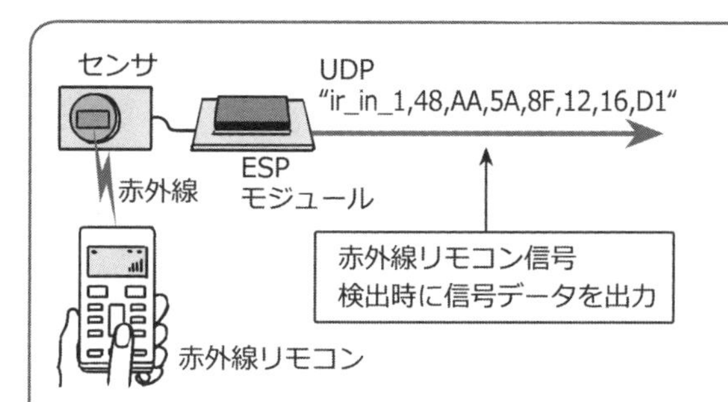

ラズベリー・パイ上で動作するudp_loggerを使ってWi-Fi赤外線リモコン信号受信機からの信号を受信したときのようすです．赤外線リモコンを操作すると，UDPで転送されてきたリモコン信号コードが表示されます(**図13**)

```
pi@raspberrypi:~/esp/tools $ ./udp_logger.sh 1024↵ ←(プログラムの実行)
Listening UDP port 1024...
2016/12/09 22:58, ir_in_1,48,AA,5A,8F,12,16,D1
2016/12/09 22:58, ir_in_1,48,AA,5A,8F,12,15,E1
2016/12/09 22:58, ir_in_1,48,AA,5A,8F,12,14,F1
```
(Wi-Fiリモコン赤外線レシーバが送信したコードを受信)

図13 Wi-Fiリモコン赤外線レシーバの実行例

赤外線リモコン信号受信モジュール GP1UXC41QS

●家製協AEHA方式とNEC方式に対応

受信センサには，赤外線リモコン信号受信モジュールを使用します．

モジュール内には，赤外線を検知するフォト・ダイオードや増幅器，フィルタ，復調器(38kHz副搬送波用)などが内蔵されており，妨害波や外来ノイズを抑えつつ，離れた距離から到達した弱い信号をディジタル出力します．プラスチック製で絶縁物のように見えますが，導電性の樹脂パッケージが使用されています．モジュール本体に電流が流れる場合があるので，他の端子やジャンパ線などに接触しないように注意してください．

国内で使用されている赤外線リモコンのフォーマットには，**家製協AEHA方式**，**NEC方式**，**SIRC方式**の3種類があり，PanasonicやSharpが家製協AEHA方式，SONYがSIRC方式を採用しています．ここでは家製協AEHA方式とNEC方式に対応したシャープ製GP1UXC41QSモジュールを使用します．SIRC方式のリモコンの信号を受信することも可能ですが，通信範囲が狭くなる場合があります．

同じピン配列のOSRB38C9AA(OptoSupply社)を使用することもできます．

回路

●Wi-FiマイコンESP8266との接続

本器はWi-Fiリモコン赤外線レシーバですが，リモコン信号の送信と受信の両方が可能なハードウェア

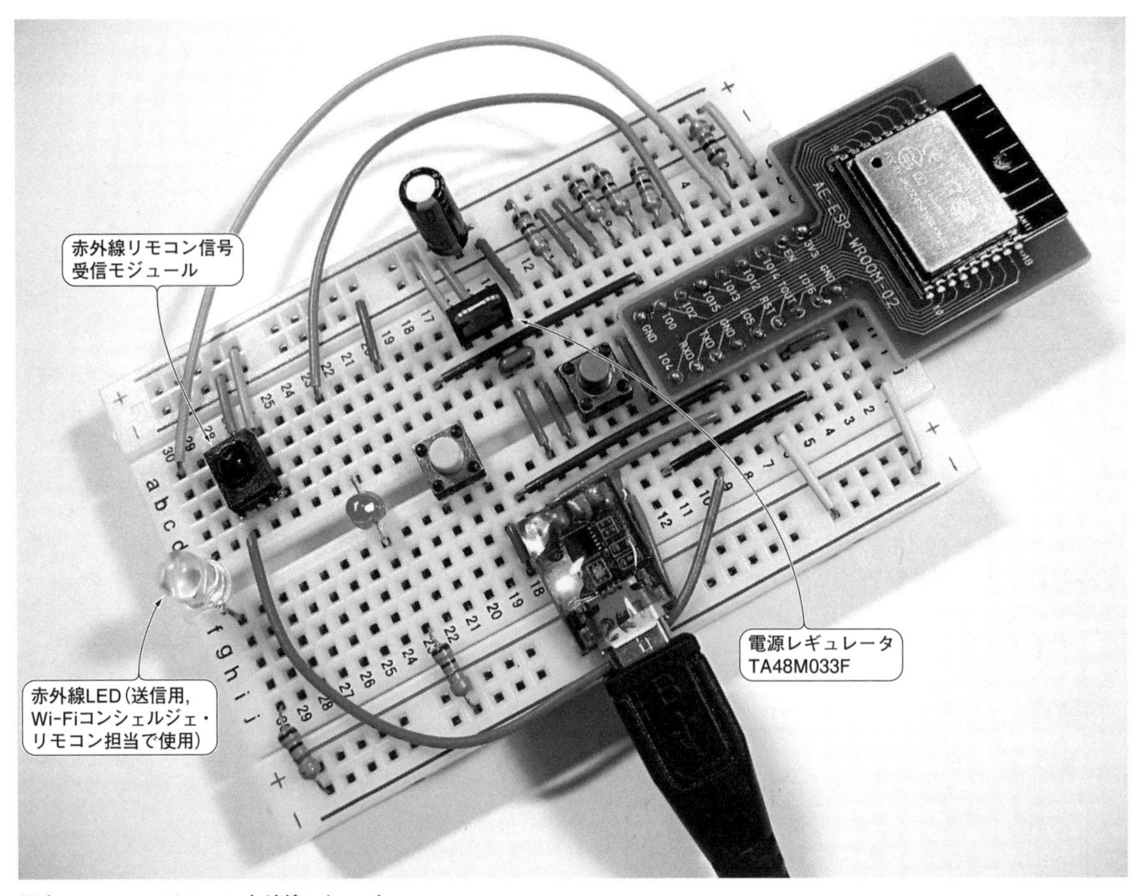

写真24　Wi-Fiリモコン赤外線レシーバ
赤外線リモコン信号受信モジュールを実装する．電源用のレギュレータにはTA48M033Fを使用した．スピード実習10で説明する送信用の赤外線LEDも実装した

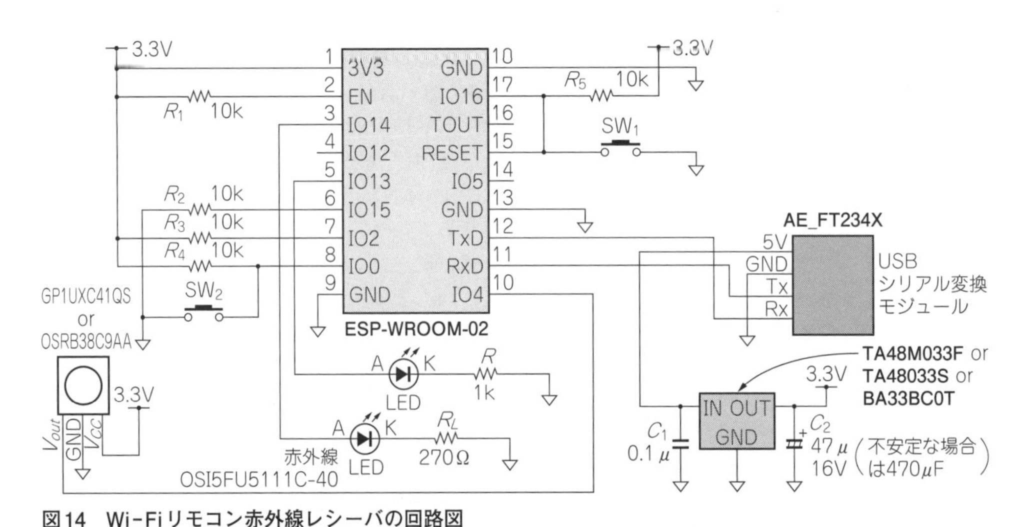

図14　Wi-Fiリモコン赤外線レシーバの回路図
AEHA方式とNEC方式に対応したシャープ製GP1UXC41QSモジュールを使用した．赤外線LEDについてはスピード実習10で使用する

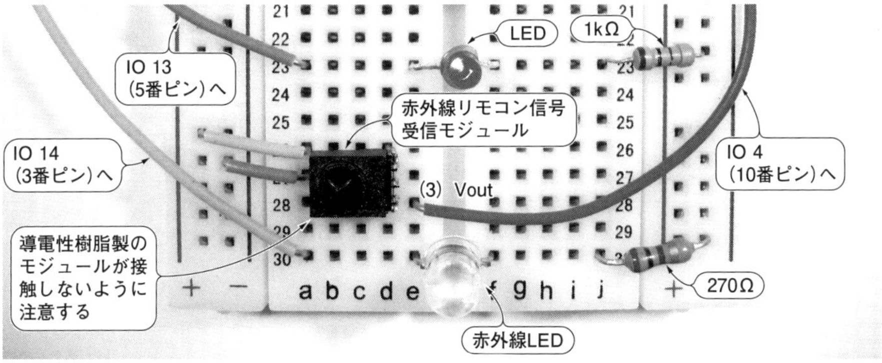

写真25　Wi-Fiリモコン赤外線レシーバの接続例
赤外線リモコン信号受信モジュールの3番ピンをESPモジュールのIO4(10番ピン)へ，赤外線LEDのアノード側をESPモジュールのIO14(3番ピン)へ接続する．カソード側は270Ωの電流制限抵抗を経由してGNDへ接続する．導電性樹脂製の赤外線リモコン信号受信モジュールがジャンパ・ワイヤに接近する部分については，ポリイミド・テープなどで絶縁する

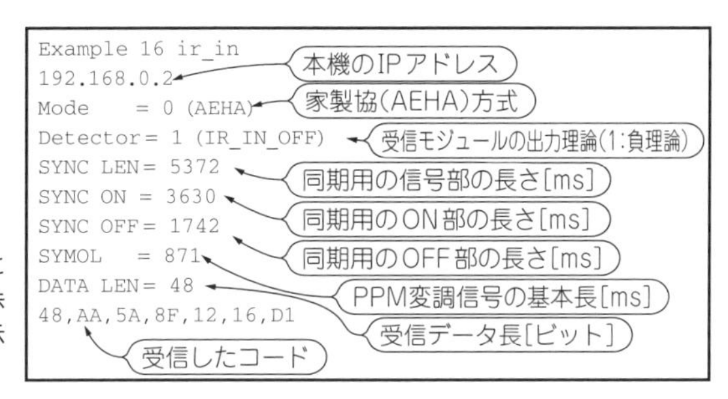

図15
赤外線リモコン信号を受信したときのようす
スケッチを実行し，Wi-Fiアクセス・ポイントに接続されると本機のIPアドレスが表示される．赤外線リモコン信号を受信すると，詳細情報が表示される

を製作します．送信機能は実習⑩で説明します．

赤外線リモコン信号受信モジュールのV_{out}をESPモジュールのIO4(10番ピン)へ，赤外線LEDのアノード側をESPモジュールのIO14(3番ピン)へ接続します．もう1つのLEDは，赤外線信号の受信確認用です．ESPモジュールのIO13(5番ピン)へ接続してください．

電源はUSBから供給します．パソコンのUSB端子または，5V500mA出力のACアダプタに接続します．

回路図を**図14**に，ブレッドボード上に実装した例を**写真25**に示します．

動作確認済みのWi-Fiリモコン赤外線レシーバのサンプル・プログラム

● Wi-Fiリモコン赤外線レシーバのプログラムの処理の流れ

Arduinoの開発環境ArduinoIDEからWi-Fi赤外線リモコン信号受信機のサンプル・プログラムexample14_ir_in(**リスト9**)を開き，**使用しているWi-FiのアクセスSSIDとPASSに書き換えてから**，Wi-FiマイコンESP8266に書き込みます．

以下に赤外線リモコン信号受信を行う主要部について説明します．

① ir_readは赤外線リモコン信号を読み取るコマンドです．戻り値はリモコン信号長(ビット)です．データは第1引き数で指定した配列変数dataに代入されます．第2引き数は変数dataのサイズ(バイト)です．第3引き数はリモコン方式で，255は自動選択です．この第3引き数を0にすると家製協AEHA方式に，1にするとNEC方式，2にするとSIRC方式になります．適切な方式が自動で判定できない場合は，0～2の値に設定してください．リモコン信号を受信したデータの処理ドライバir_readのスケッチは，Arduino IDE上のタブ[ir_read]をクリックすると閲覧することができます．

② 赤外線リモコン信号のデータ・サイズ(ビット)から配列変数のデータ・サイズ(バイト)を計算します．データ・サイズを8で除算し，余りを切り上げ，変数len8に格納します．

③ 配列変数dataに代入した赤外線リモコン信号をシリアル表示出力し，UDPで送信します．配列変数dataのデータ・サイズ(バイト)len8の回数だけ，for命令で繰り返し実行します．

サンプル・プログラムを書き込み後，本器を起動し，赤外線リモコン信号を受信すると，**図15**のような内容がシリアル出力されます．コードの先頭(本例の48)は10進数で，コードのビット長を示します．

このコードがUDPでブロードキャスト送信されるので，udp_logger.shなどを使って受信することもできます．

リスト9　Wi-Fiリモコン赤外線レシーバのexample14_ir_in

```
/*******************************************************************************
Example 14: 赤外線リモコン受信機
*******************************************************************************/
#include <ESP8266WiFi.h>                                      // ESP8266用ライブラリ
#include <WiFiUdp.h>                                          // UDP通信を行うライブラリ
#define DATA_LEN_MAX 16                                       // リモコンコードのデータ長(byte)
#define PIN_IR_IN 4                                           // IO 4(10番ピン) にIRセンサを接続
#define PIN_LED 13                                            // IO 13(5番ピン)にLEDを接続する
#define SSID "1234ABCD"     ※使用する無線                     // Wi-Fiアクセス・ポイントのSSID
#define PASS "password"     LANに合わせる                     // パスワード
#define SENDTO "192.168.0.255"                                // 送信先のIPアドレス
#define PORT 1024                                             // 送信のポート番号
#define DEVICE "ir_in_1,"                                     // デバイス名(5文字+"_"+番号+",")

void setup() {                                                // 起動時に一度だけ実行する関数
    pinMode(PIN_IR_IN, INPUT);                                // IRセンサの入力ポートの設定
    pinMode(PIN_LED,OUTPUT);                                  // LEDを接続したポートを出力に
    Serial.begin(9600);                                       // 動作確認のためのシリアル出力開始
    Serial.println("Example 14 ir_in");                       // 「Example 14」をシリアル出力表示
    WiFi.mode(WIFI_STA);                                      // Wi-FiをSTAモードに設定
    WiFi.begin(SSID,PASS);                                    // Wi-Fiアクセス・ポイントへ接続
    while(WiFi.status() != WL_CONNECTED){                     // 接続に成功するまで待つ
        delay(500);                                           // 待ち時間処理
        digitalWrite(PIN_LED, ! digitalRead(PIN_LED));        // LEDの点滅
    }
    Serial.println(WiFi.localIP());                           // 本機のIPアドレスをシリアル表示
}

void loop(){
    WiFiUDP udp;                                              // UDP通信用のインスタンスを定義
    byte data [DATA_LEN_MAX] ;                                // リモコン信号データ用
    int len,len8;                                             // 信号長 len(bits),len8(bytes)
    byte i;

    digitalWrite(PIN_LED,LOW);                                // LEDを消灯状態に
    len = ir_read(data, DATA_LEN_MAX, 255);  ←①               // 赤外線信号を読み取る
    len8 = len / 8;          ⎫                                // ビット長を8で割った値をlen8へ代入
    if(len%8) len8++;        ⎭②                               // 余りがあった場合に1バイトを加算
    if(len8>=2){                                              // 2バイト以上のときに以下を実行
        digitalWrite(PIN_LED,HIGH);                           // LEDを点灯状態に
        udp.beginPacket(SENDTO, PORT);                        // UDP送信先を設定
        udp.print(DEVICE);                                    // デバイス名を送信
        udp.print(len);                                       // 信号長を送信
        Serial.print(len);                                    // 信号長をシリアル出力表示
        for(i=0;i<len8;i++){                   ⎫              // 信号長(バイト)の回数の繰り返し
            udp.print(",");                    ⎪              // 「,」カンマを送信
            Serial.print(",");                 ⎪              // 「,」カンマを表示
            udp.print(data [i] >>4,HEX);       ⎪              // dataを16進で送信(上位4ビット)
            Serial.print(data [i] >>4,HEX);    ⎬③             // dataを16進で表示(上位4ビット)
            udp.print(data [i] &15,HEX);       ⎪              // dataを16進で送信(下位4ビット)
            Serial.print(data [i] &15,HEX);    ⎪              // dataを16進で表示(下位4ビット)
        }                                      ⎭
        Serial.println();                                     // 改行をシリアル出力表示
        udp.println();                                        // 改行をUDP送信
        udp.endPacket();                                      // UDP送信の終了(実際に送信する)
    }
}
```

⑩ Wi-Fiカメラ

動作

▶電源を入れると液晶に「Cam Init(カメラを初期化)」と表示し，自動的にWi-Fiアクセス・ポイントに接続します

▶接続すると，液晶に「Cam Capt(カメラ撮影)」と表示し，写真撮影します

▶写真撮影が完了すると，ラズベリー・パイへ画像を送信します

▶送信が完了すると「Sleeping」と表示し，指定時間だけ待機します

▶サンプル・プログラムでは，約1時間に1回の間隔で，撮影します

▶アルカリ乾電池で約1か月間の動作可能なので，容易に部屋中を見渡せるような場所へカメラを設置できます

▶撮影タイミングを制御したい場合には⑪Wi-Fi防犯カメラの使用がお勧めです

※スリープ間隔は，サンプル・プログラム前半の#define文のSLEEP_P値で変更することができます．例えば，撮影間隔を10分間隔にしたい場合は「59」の部分を「10」に書き換えてから，サンプル・プログラムを書き込みます．**60分を大きく超えると，スリープ用のカウンタがオーバフローする場合がある**ので，おおむね60分以下にして使ってください

応用

▶植物の成長などの変化をワイヤレスで記録できます

▶撮影のたびにスマートフォンなどに画像を送信し，自宅のペットのようすを確認できます

▶HTTPまたはFTPで写真を転送することも可能です

ここではESP-WROOM-02にシリアルJPEGカメラを接続し，撮影した画像を送信します．画像データ送信プロトコルには，ブロードキャストとHTTPを組み合わせて使用する例と，FTPを使用する例を紹介します(**写真26**)．

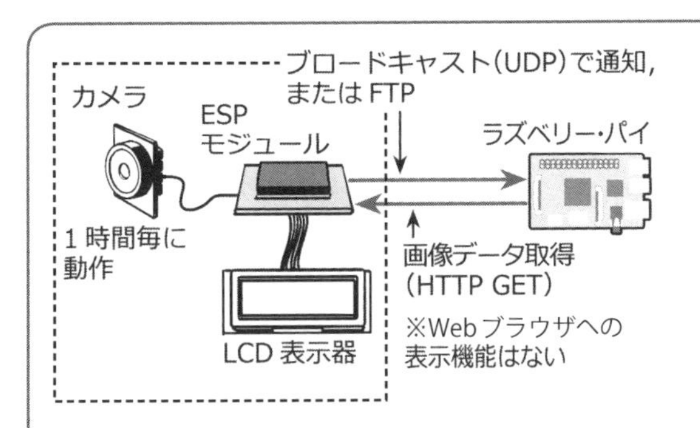

Wi-Fiカメラは1時間ごとに写真を撮影し，撮影完了通知をブロードキャストで送信します．この通知を受信したラズベリー・パイは，Wi-Fi経由で画像データを自動的に取得します．撮影完了通知にはUDPを，画像データの転送にはHTTPプロトコルを使用します(**図16**)

```
pi@raspberrypi:~/esp/tools $ ./get_photo.sh
UDP Logger (usage: ./get_photo.sh port)
Listening UDP port 1024...
2016/08/17 21:30, cam_a_1,12132, http://192.168.0.3/cam.jpg  ←(撮影完了通知)
wget http://192.168.0.3/cam.jpg Done  ←(画像取得完了)
2016/08/17 22:31, cam_a_1,12136, http://192.168.0.3/cam.jpg
wget http://192.168.0.3/cam.jpg Done
2016/08/17 23:32, cam_a_1,12172, http://192.168.0.3/cam.jpg
wget http://192.168.0.3/cam.jpg Done
```

図16　ラズベリー・パイ用のESPモジュール内の画像データ取得用サンプル・スクリプトget_photo.shの実行結果例

Wi-Fiカメラで使えるカメラの選択

● シリアル接続のJPEGカメラ

カメラを選定するにあたり，入手できた3種類のシリアル接続JPEGカメラです(**写真27**)．それぞれの仕様を比較した結果を**表1**に示します．

写真27の(**a**)はSeeed Studio社のGroveシリーズのカメラです．ESPモジュールに接続して使用するIoT向けのカメラとしては，この3台の中で最も価格，性能，機能のバランスが良いと思います．さらに超広角レンズが付属している点も，防犯・監視カメラとして使い

やすいでしょう.

写真27(b)は，SparkFun社が販売する**LynkSpriteシリーズ**のカメラです．カメラの左右に赤外線LEDが搭載されており，**暗視カメラとして使用することができます**．夜間の撮影が必要な場合に使用します．レンズ交換が可能なので，交換レンズが手に入れば，用途が広まります.

写真27(c)のカメラは，**Adafruit製**です．携帯電話用の超小型カメラを搭載しています．小型化が必要な場合に便利でしょう.

● シリアル接続のJPEGカメラ３種の画質の違い

カメラの比較の際に欠かせない画質についても確認しました．**写真28**に撮影イメージを示します．左側のカメラ①が良好であると感じました．カメラ②は，夜間などの暗所撮影に対応していますが，レンズ内に赤外線フィルタが装着されておらず，他のカメラよりも画質が劣化しやすいように見えました．カメラ③は，他のカメラに比べて，ややノイズが多いように感じられます.

● 暗視カメラ機能

通常のカメラだと，暗い場所で撮影を行っても真っ黒な画面しか得られません．しかし，暗所でカメラ②を使うと，自動的に赤外線を照射し，赤外線の届く範囲のモノクロ撮影が可能になります．**写真4**は，室内が明るいときと，暗いときの比較です．どちらも鮮明な画像が得られることがわかります．ただし，**暗所では画面の縁に近づくほど，赤外線の光量が不足気味になり，暗くなる傾向がみられます**.

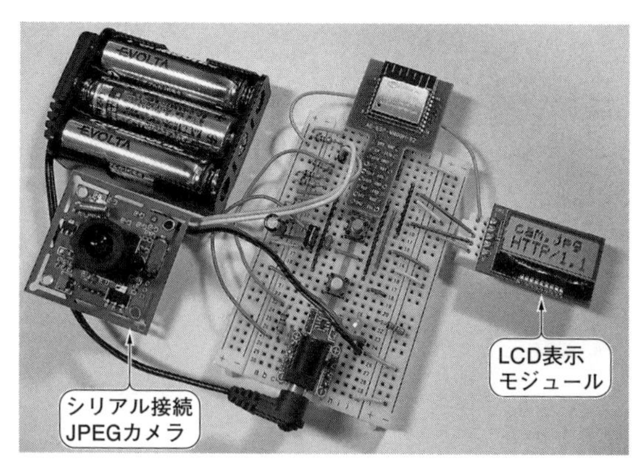

写真26　Wi-Fiカメラの製作例
シリアル接続JPEGカメラをEPSモジュールへ接続し，定期的に画像を送信する．ここでは入手できた3種類のJPEGカメラでテストした

Wi-Fiカメラの製作

● Wi-FiマイコンESP8266にシリアルでカメラを接続

シリアル接続(UART)のJPEGカメラ①～③には，それぞれ電源，GND，シリアルTxD，シリアルRxDの4つの端子があります．表1の「ピン配列」に記載のとおり，カメラによってピンの並びが異なります.

カメラ①を接続する場合の回路図を**図2**に示します．このカメラのケーブルは，他のGroveシリーズの製品と合わせるために，基板側の端子とケーブル端側の端子で異なるピン配列になっています．ピン配列の入れ替えのようすについても回路図へ記しました.

LCD表示モジュールは，Wi-FiマイコンESP8266

(a) Grove

(b) LynkSprite

(c) Adafruit

写真27　シリアル接続JPEGカメラ
左から①Seeed Studio社のGrove Serial Camera Kit，②SparkFun社が販売しているLynkSprite JPEG Color Camera TTL Interface-Infrared，③Adafruit製Miniature TTL Serial JPEG Camera with NTSC Video．いずれも画像処理LSIを搭載し，シリアル通信でJPEG画像ファイルをマイコンへ転送することができる

表7　シリアル接続JPEGカメラの比較

	① Grove Serial Camera Kit	② LynkSprite JPEG Color Camera TTL Interface-Infrared	③ Miniature TTL Serial JPEG Camera with NTSC Video
製造元	Seeed Studio	SparkFun	Adafruit
型番	SKU 101020000	SEN-11610(LS-Y201)	1386
暗視カメラ機能	−	○	−
アナログ・ビデオ出力	−	○	△(VGA時のみ)
カメラ部	30万画素	CMOS 1/4 30万画素	CMOS 1/4 30万画素
レンズ部	約40°/100°・交換可能	約55°・交換可能	60°・固定
撮影解像度	VGA / QVGA / QQVGA	VGA / QVGA / QQVGA	VGA / QVGA / QQVGA
処理LSI	MTEKVISION製 MV3018	Vimicro製VC0706PREB	Vimicro製VC0706PREB
シリアル転送速度(初期値)	115,200 bps	38,400 bps	38,400 bps
シリアル転送速度(最大)	115,200 bps	115,200 bps	115,200 bps
JPEGファイル・サイズ	約15〜30 KB(VGA) 約7〜10 KB(QVGA) 約1〜2 KB(QQVGA)	約40〜50 KB(VGA) 約10〜15 KB(QVGA) 約3 KB(QQVGA)	約40〜50 KB(VGA) 約10〜15 KB(QVGA) 約3 KB(QQVGA)
ピン配列	Tx, Rx, 5V, GND(ケーブル)	RxD, TxD, GND, 5 V	GND, Rx, Tx, 3.3 V, CVBS
電源電圧	5 V	5 Vまたは3.3 V	5 V
シリアル電圧	3 V TTL	3.3 V TTL	3.3 V TTL
消費電流(測定結果)	60〜70 mA	75 mA(IR使用時120 mA)	90 〜 110 mA
サイズ	38.6×38.6×35 mm	45.6×30×28 mm	28×22×10 mm
国内取扱店	秋月電子通商	スイッチサイエンス・マルツエレック	秋月電子通商
価格	3,880円($29.90)	5,230円($49.95)	3,850円($35.95)
動作確認済みのサンプル・プログラム	example18_camG	example18_camL	example18_camL
備考	望遠と広角の2種のレンズが付属	夜間撮影が可能な暗視カメラ機能付	携帯電話用の超小型カメラ搭載．消費電流は100〜110 mA程度

① Grove Serial Camera Kit

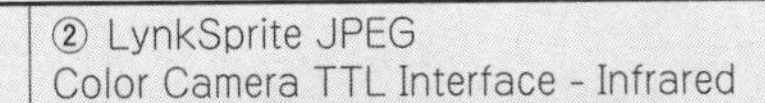
② LynkSprite JPEG Color Camera TTL Interface - Infrared

③ Miniature TTL Serial JPEG Camera with NTSC Video

解像度や色の再現が良好．ややブロック・ノイズが見えるが，細かなノイズは見えない．付属の広角レンズを使えば，広視野角撮影も可能．防犯・監視用カメラとして使いやすい

撮影条件などで赤外線による影響を受けると，全体的にコントラストや彩度が低くなる．暗所での撮影が不要な場合は，選択肢から外したほうが良い

細かなノイズが目立つが，全体的に彩度が高く鮮明に見える．誇張し過ぎて，違和感がでる場合もある．レンズの大きさを考慮すれば，とても高性能だと思われる

写真28　シリアル接続JPEGカメラの画質比較
カメラの比較の際に欠かせない画質比較の確認例

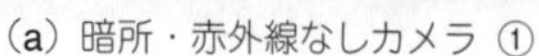

(a) 暗所・赤外線なしカメラ ①

(b) 照明あり・暗視カメラ ②

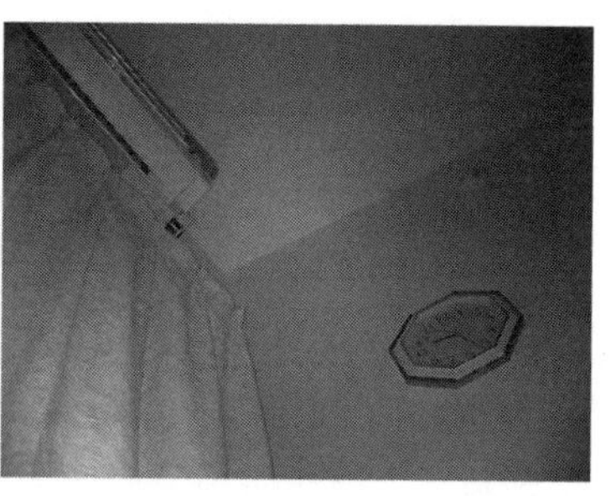

(c) 暗所・暗視カメラ ②

写真29　暗視カメラの画質
赤外線を使った暗視カメラ機能の動作を確認するため，室内の照明を消灯したところ，**写真29**(a)カメラ①では何も写らなくなった．**写真29**(c)カメラ②は，赤外線LEDが自動的に点灯し，暗所でも鮮明な画質で撮影が行えることが確認できた

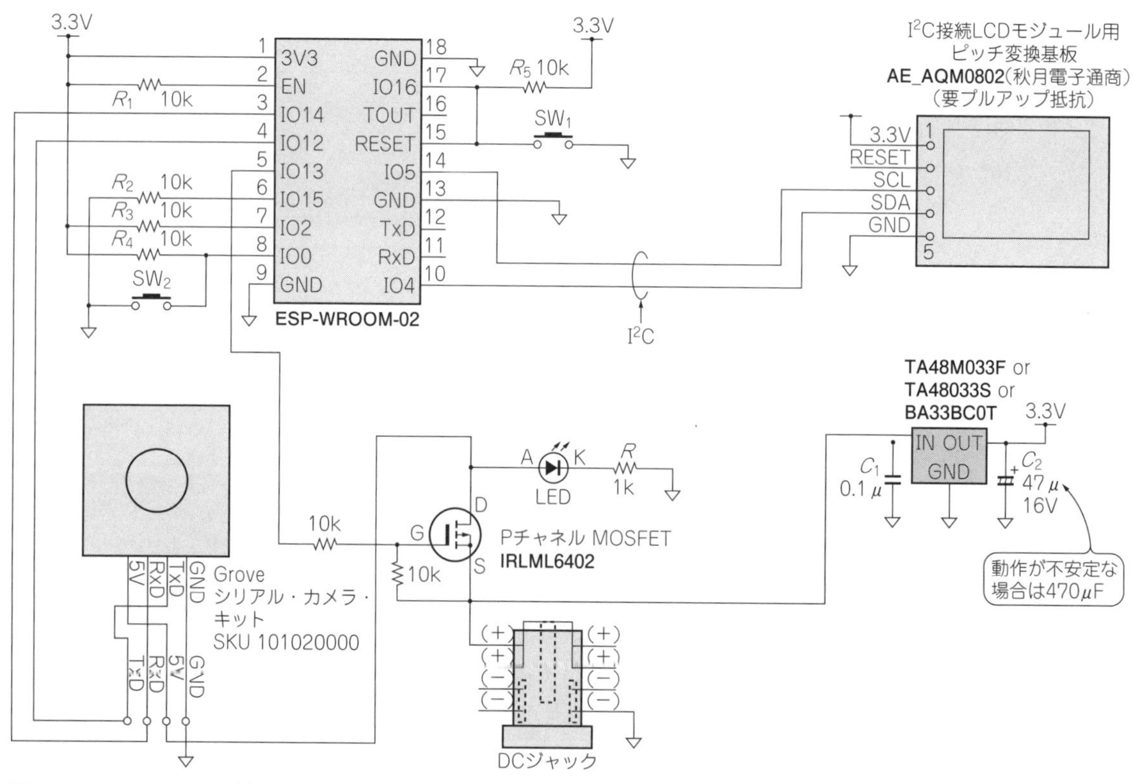

図17　Wi-Fi カメラの回路図
ESPモジュールのIO14(3番ピン)をカメラのRxDへ，ESPモジュールのIO12(4番ピン)をカメラのTxDへ接続する．IO5(14番ピン)をI²C接続のLCD表示モジュールのSCLへ，IO4(10番ピン)をSDAへ接続する

にI²Cで接続します．

電源は，DCジャックを用い，DC4.5～5.0 Vの電圧を供給します．シリアル接続のJPEGカメラを撮影時だけ電源をONにするため，電源制御用にMOSFETを経由して供給します．電源は乾電池3本を想定しています．シリアル接続JPEGカメラ電源部ようすを**写真30**にシリアル接続JPEGカメラ通信回路周辺部分を**写真31**に示します．

● 撮影間隔の変更方法

本Wi-Fiカメラは，乾電池で動作させることを想定して，**消費電力を抑えるためにESPモジュールがスリープするときにJPEGカメラの電源をOFFにしています**．OFFの間隔は，サンプル・プログラム前半の#define文のSLEEP_P値で変更することができます．例えば，撮影間隔を10分間隔にしたい場合は「59」の部分を「10」に書き換えてから，サンプル・プログラ

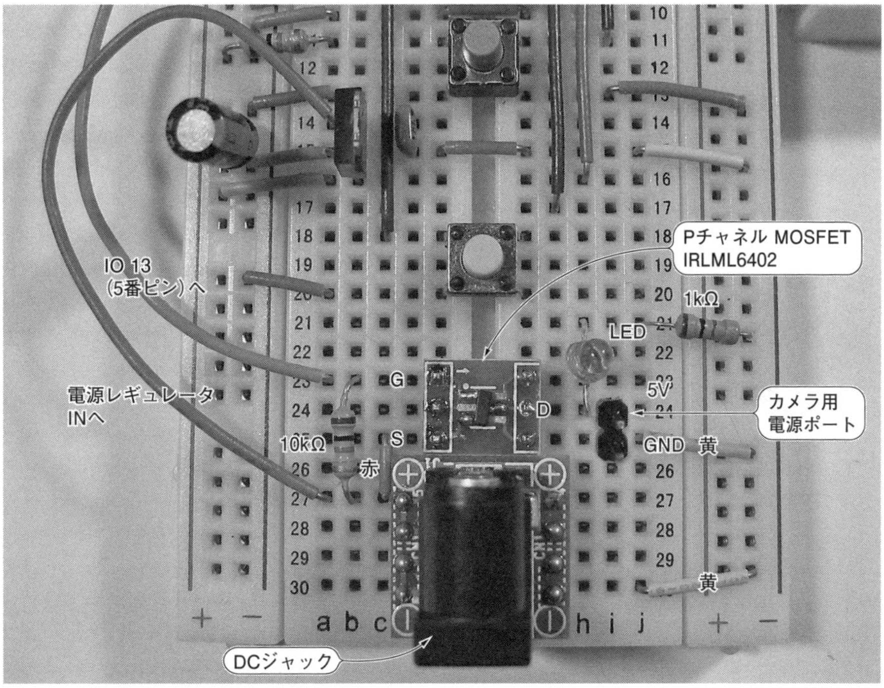

写真30
シリアル接続JPEGカメラ電源部
電源用のDCジャックの電源(+)出力をPチャネルMOSFET(IRLML6402)のソースへ入力し，ドレイン出力をカメラ用の電源に使用した．MOSFETのゲートは，ESPモジュールのIO13に10kΩの抵抗を経由して接続するとともに，別の10kΩの抵抗で乾電池に接続する．DCジャックの電源(+)出力は，ESPモジュール用のレギュレータのIN端子にも接続した

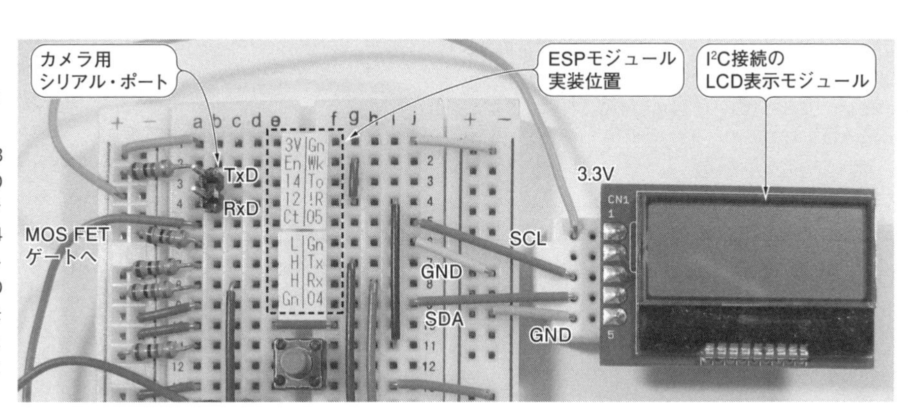

写真31
シリアル接続JPEGカメラ通信部
ESPモジュールのIO14(3番ピン)は，シリアルTxD端子として使用し，カメラのRxDへ接続する．IO12(4番ピン)は，RxD端子として使用し，カメラのTxDへ接続する．LCD表示モジュールを，ESPモジュールのI2CポートIO4とIO5へ接続した

ムを書き込みます．なお，60分を大きく超えるとスリープ用のカウンタがオーバフローする場合があります．おおむね60分以下にしてください．

HTTPで撮影データを転送するWi-Fiカメラ用のサンプル・プログラム

● プログラムの処理の流れ

ESPモジュールに書き込むプログラム(**リスト10**，p.94)は，このWi-Fiカメラを使って，定期的に写真撮影を行うソフトウェアです．撮影した画像は，いったん，ESPモジュール内のファイル・システムに保存し，撮影完了通知をUDPのブロード・キャストでLAN内へ送信します．画像の受信にはラズベリー・パイなどを使用します．Wi-Fiカメラとラズベリー・パイとの通信内容を**図18**に示します．

自動撮影通知サンプル・プログラム(カメラ①専用)を**リスト10**(p.96)example15_camGに，ラズベリー・パイ用ESPモジュール内画像データ取得用スクリプトを**リスト11**　get_photo.shに示します．カメラ②および③を使った場合の自動撮影通知サンプル・プログラムは，example15_camLとして収録しました．組み合わせるラズベリー・パイ用ESPモジュール内画像データ取得用スクリプトはカメラ①用と同じです．

● カメラ撮影の手順

サンプル・プログラム内のカメラ撮影部の処理手順①～⑪について説明します．

※プログラム後半のHTTPサーバ部についてはWi-Fiコンシェルジュ照明担当などを参照．

① シリアル通信用のライブラリSoftwareSerialを組み込みます．本ライブラリはArduino用の標準ライブラリです．任意のディジタルIOポートでシリアル通信が行えるようになります．
② ESPモジュール内のファイル・システムSPIFFSを使用するためのライブラリを組み込みます．
③ カメラとのシリアル通信の設定を行います．ESPモジュールのIO12(4番ピン)をシリアルのRXDに，IO14(3番ピン)をTXDに設定します．
④ ファイル・システムSPIFFSの使用を開始します．
⑤ カメラとのシリアル通信を開始します．Groveのカメラ用のドライバ部についてはArduino IDEのタブ[grove_cam]に収録しました．LinkSpriteのカメラ用はlinkSprite_cam_IRです．
⑥ カメラの設定を初期化するコマンドを送信します．
⑦ 撮影時の画像サイズを設定します．引き数を0にするとVGAに，1でQVGA，2でQQVGAになります．
⑧ データを書き込むためにファイルを開きます．引き数のFILENAMEはファイル名，「w」は書き込みを示します．
⑨ カメラへ撮影コマンドを送信します．
⑩ 撮影した画像をファイルに書き込みます．
⑪ ファイルを閉じます
⑫ 撮影完了通知をブロード・キャストのUDPで送信します．

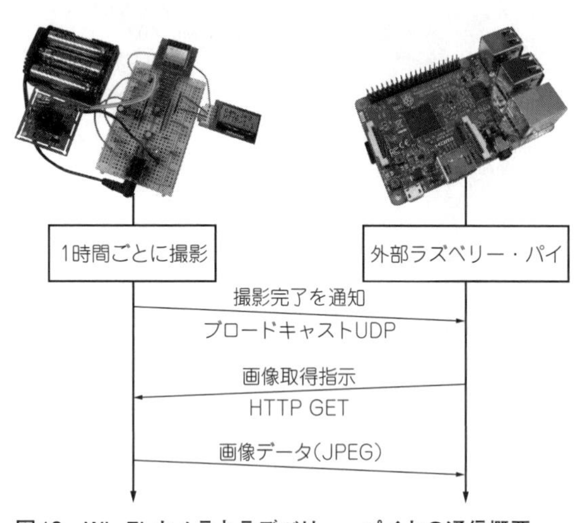

図18　Wi-Fi カメラとラズベリー・パイとの通信概要
Wi-Fiカメラは，撮影完了後に「撮影完了通知」をUDPのブロード・キャストで送信する．撮影完了通知を受信したラズベリー・パイは，ESPモジュール内の画像を，HTTPのプロトコルを使って取得する

リスト11　ラズベリー・パイ用ESPモジュール内画像データ取得用スクリプトget_photo.sh(toolsフォルダ内)

```
#!/bin/bash
# カメラからの配信画像を取得する

DEVICE="cam_a_1" ←── ①                                   # 配信デバイス名(必須)
PORT=1024                                                # UDPポート番号を1024に

echo "UDP Logger (usage: ${0} port)"                     # タイトル表示
if [ ${#} = 1 ]; then                                    # 入力パラメータ数が1つ
    if [ ${1} -ge 1 ] && [ ${1} -le 65535 ]; then        # ポート番号の範囲確認
        PORT=${1}                                        # ポート番号を設定
    fi                                                   # ifの終了
fi                                                       # ifの終了
echo "Listening UDP port "${PORT}"..."                   # ポート番号表示
mkdir photo >& /dev/null                                 # 写真保存用フォルダ作成
while true                                               # 永遠に
do                                                       # 繰り返し
    UDP=`sudo netcat -luw0 ${PORT}|tr -d [:cntrl:]|\ ←── ②
    tr -d "\!\"\$\%\&\'\(\)\*\+\-\;\<\=\>\?\[\\\]\^\{\|\}\~"`
                                                         # UDPパケットを取得
    DATE=`date "+%Y/%m/%d %R"`                           # 日時を取得
    DEV=${UDP#,*}                                        # デバイス名を取得(前方)
    DEV=${DEV%%,*}                                       # デバイス名を取得(後方)
    echo -E $DATE, $UDP|tee -a log_${DEV}.csv            # 取得日時とデータを保存
    if [ ${DEVICE} = ${DEV} ]; then ←── ③                # カメラからの配信画像時
        DATE=`date "+%Y%m%d-%H%M"`                       # 日時を取得
        URL=`echo -E $UDP|cut -d' ' -f2`                 # スペース区切りの2番目
        echo -n "Get "${URL}                             # 画像取得と実行表示
        wget -qT10 ${URL} -Ophoto/${DEVICE}"_"${DATE}.jpg   # wget実行 ←── ④
        echo " Done"                                     # 終了表示
    fi
done                                                     # 繰り返し範囲:ここまで
```

● ラズパイでESPモジュール内の画像データを取得する

ラズベリー・パイ側では，UDPパケットをポート1024で待ち受け，撮影完了通知を受け取ってからHTTPプロトコルで画像データを受信します．一連のこれらの処理を行うESPモジュール内の画像データ取得用サンプル・スクリプトget_photo.shの主要な動作について説明します．

① 待ち受け対象のデバイス名を変数DEVICEへ代入します．ESPモジュール側のサンプル・プログラム内の#define DEVICEで登録したデバイス名(cam_a_1など)と同じ名前にします．
② netcatコマンドを使用して，ポート1024のUDPパケットを待ち受けます．Cygwinを使用する場合は，「sudo netcat」の部分を「nc」に書き換えてください．
③ 受信したパケットの先頭の文字列が，変数DEVICEと一致しているかどうかを確認します．一致していた場合，Wi-Fiカメラからの撮影完了通知であると判断します．
④ wgetコマンドを使用して，Wi-Fiカメラが撮影した画像データを取得し，デバイス名，取得日時，拡張子を付与し，[photo]フォルダ内にファイル保存します．

FTPで撮影データを転送するWi-Fiカメラ用のサンプル・プログラム

● Webカメラでよく使われるFTPでの撮影データ転送

ESPモジュールからFTPサーバへ写真を転送する方法もあります．FTPサーバは，ネットワーク対応のHDDドライブ(NASなど)に搭載されているほか，ラズベリー・パイ上で動かすこともできます．FTPサーバをセットアップするには，ダウンロードしたtoolsフォルダ内のスクリプト「ftp_setup.sh」を実行してください．以下を実行するとFTPサーバのセットアップが実行されます(インストール方法はp.227を参照)．

```
$ cd ␣ ~/esp/tools↵
$ ./ftp_setup.sh↵
```

セットアップが完了すると，ラズベリー・パイ上でFTPサーバが実行された状態となり，外部からファイルを書き込める状態になります．

次にWi-Fiカメラ側のサンプル・プログラムを作成します．FTPに対応したカメラ①用のサンプル・サンプル・プログラムはexample15f_camGです．番号の後ろの「f」を確認してからArduino IDEで開いてください．カメラ②と③には「example15f_camL」を使用してください．

本サンプル・プログラムの冒頭には，従来のSSIDとPASSに加え，FTP_TO，FTP_PASSなどの定義文があります．ラズベリー・パイのIPアドレスを「FTP_TO」に，ラズベリー・パイのpiユーザのパスワードを「FTP_PASS」に記入してください．

編集したサンプル・プログラムをESPモジュールへ書き込み，Wi-Fiカメラとして動作させると，撮影のたびに，ファイル名「cam.jpg」の写真が，ラズベリー・パイへ転送され，piユーザのhomeフォルダ(/home/pi)に保存されます．

このFTPでは，ユーザ名やパスワード，データが暗号化せずに平文で送信さるので，プライベート・ネットワーク内での利用にとどめてください．それと他人に推測されにくいパスワードを設定することはもちろんですが，もしパスワードが漏れても被害が拡大しないように，本FTP専用のパスワードを設定するなどの考慮も必要です．

● FTPサーバの反応が遅いとき

ESPモジュールへ書き込んだFTPクライアントのソフトウェア部は，同じLAN内のNASやラズベリー・パイで動作を確認しました．しかし，インターネット上のFTPサーバなどについては，遅延時間などの違いによって，適切に転送できない場合があると思います．

FTPクライアントのサンプル・プログラムの内容は，(example15f _camGまたは_camLを開いた状態で)Arduino IDE上のタブ「ftp」をクリックすると表示されます．本サンプル・プログラムには，FTP上のコマンドのやりとりやエラー箇所(数値)を，シリアル出力するデバッグ用ログ出力機能が含まれています．

各FTPコマンドに対してサーバ側からの応答の有無やエラー応答の内容などがわかるので，FTP転送がうまく動作しない場合は，コマンドの内容やコマンドの送信タイミングなどを調整してください．サンプル・プログラム冒頭の「FTP_WAIT」の値を10や100などに変更することで，各命令の応答待ち時間を変更できます．

リスト10　Wi-Fiカメラ用ESPモジュール自動撮影通知サンプル・プログラム(カメラ①専用)example15_camG

```
/*******************************************************************************
Example 15: 監視カメラ for SeeedStudio Grove Serial Camera Kit
*******************************************************************************/

#include <SoftwareSerial.h> ←――① 
#include <FS.h> ←――②
#include <ESP8266WiFi.h>                    // ESP8266用ライブラリ
#include <WiFiUdp.h>                        // UDP通信を行うライブラリ
#define PIN_CAM 13                          // IO 13(5番ピン)にPch-FETを接続する
#define TIMEOUT 20000                       // タイムアウト 20秒
#include <WiFiUdp.h>                        // udp通信を行うライブラリ
#define SSID "1234ABCD"      ┐              // Wi-Fiアクセス・ポイントのSSID
#define PASS "password"      ├← ※使用する無線LANに合わせる  // パスワード
#define SENDTO "192.168.0.255" ┘            // 送信先のIPアドレス
#define PORT 1024                           // 送信のポート番号
#define SLEEP_P 59*60*1000000               // スリープ時間 59分(uint32_t)
#define DEVICE "cam_a_1,"                   // デバイス名(5文字+"_"+番号+",")
#define FILENAME "/cam.jpg"                 // 画像ファイル名(ダウンロード用)

File file;
SoftwareSerial softwareSerial(12,14); ←③   // IO12(4)をRX,IO14(3)をTXに設定
WiFiUDP udp;                                // UDP通信用のインスタンスを定義
WiFiServer server(80);                      // Wi-Fiサーバ(ポート80=HTTP)定義
int size=0;                                 // 画像データの大きさ(バイト)
unsigned long TIME;                         // 写真公開時刻(起動後の経過時間)

void setup(){
    lcdSetup(8,2);                          // 液晶の初期化(8桁×2行)
    pinMode(PIN_CAM,OUTPUT);                // FETを接続したポートを出力に
    digitalWrite(PIN_CAM,LOW);              // FETをLOW(ON)にする
    Serial.begin(9600);                     // 動作確認のためのシリアル出力開始
    Serial.println("Example 15 Cam");       // 「Example 15」をシリアル出力表示
    lcdPrint("Example 15 Cam");             // 「Example 15」を液晶に表示
    WiFi.mode(WIFI_STA);                    // Wi-FiをSTAモードに設定
    WiFi.begin(SSID,PASS);                  // Wi-Fiアクセス・ポイントへ接続
    while(!SPIFFS.begin()) delay(100); ←④  // ファイル・システムの開始
    Dir dir = SPIFFS.openDir("/");          // ファイル・システムの確認
    if(dir.next()==0) SPIFFS.format();      // ディレクトリが無いときに初期化
    delay(100);                             // カメラの起動待ち
    softwareSerial.begin(115200); ←⑤       // カメラとのシリアル通信を開始する
    lcdPrint("Cam Init");                   // 「Cam Init」を液晶に表示
    CamInitialize(); ←――⑥                  // カメラの初期化コマンド
    CamSizeCmd(1); ←――⑦                    // 撮影サイズをQVGAに設定(0でVGA)
    delay(4000);                            // 完了待ち(開始直後の撮影防止対策)
    while(WiFi.status() != WL_CONNECTED){   // 接続に成功するまで待つ
        delay(500);                         // 待ち時間処理
    }
    server.begin();                         // サーバを起動する
    file = SPIFFS.open(FILENAME,"w"); ←⑧   // 保存のためにファイルを開く
    if(file==0) sleep();                    // ファイルを開けれなければ戻る
    lcdPrint("Cam Capt");                   // 「Cam Capt」を液晶に表示
    CamCapture(); ←――⑨                     // カメラで写真を撮影する
    size=CamGetData(file); ←――⑩             // 撮影した画像をファイルに保存
    file.close(); ←――⑪                     // ファイルを閉じる
    udp.beginPacket(SENDTO, PORT);  ┐       // UDP送信先を設定
    udp.print(DEVICE);              │       // デバイス名を送信
    udp.print(size);                │       // ファイル・サイズを送信
    udp.print(", http://");         ├←⑫    // デバイス名を送信
    udp.print(WiFi.localIP());      │       // 本機のIPアドレスを送信
    udp.println(FILENAME);          │       // ファイル名を送信
    udp.endPacket();                ┘       // UDP送信の終了(実際に送信する)
    Serial.print("http://");                // デバイス名を送信
    Serial.print(WiFi.localIP());           // 本機のIPアドレスを送信
    Serial.println(FILENAME);               // ファイル名を送信
    lcdPrintIp(WiFi.localIP());             // 本機のIPアドレスを液晶に表示
    TIME=millis()+TIMEOUT;                  // 終了時刻を保存(現時刻+TIMEOUT)
}


void loop(){
    WiFiClient client;                      // Wi-Fiクライアントの定義
```

```
        char c;                             // 文字変数を定義
        char s[65];                         // 文字列変数を定義 65バイト64文字
        int len=0;                          // 文字列等の長さカウント用の変数
        int t=0;                            // 待ち受け時間のカウント用の変数

        if(millis() > TIME) sleep();        // 終了時刻になったらsleep()を実行
        client = server.available();        // 接続されたクライアントを生成
        if(client==0)return;                // loop()の先頭に戻る
        Serial.println("Connected");        // シリアル出力表示
        while(client.connected()){          // 当該クライアントの接続状態を確認
            if(client.available()){         // クライアントからのデータを確認
                t=0;                        // 待ち時間変数をリセット
                c=client.read();            // データを文字変数cに代入
                if(c=='\n'){                // 改行を検出したとき
                    if(len>5 && strncmp(s,"GET /",5)==0) break;
                    len=0;                  // 文字列長を0に
                }else if(c!='\r' && c!='\0'){
                    s[len]=c;               // 文字列変数に文字cを追加
                    len++;                  // 変数lenに1を加算
                    s[len]='\0';            // 文字列を終端
                    if(len>=64) len=63;     // 文字列変数の上限
                }
            }
            if(t>TIMEOUT){                  // TIMEOUTに到達したら終了
                client.stop();              // セッションを閉じる
                sleep();                    // sleep()へ
            }
            delay(1); t++;                  // 変数tの値を1だけ増加させる
        }
        if(!client.connected()) return;     // 切断されていた場合はloopの先頭へ
        Serial.println(s);                  // 受信した命令をシリアル出力表示
        lcdPrint(&s[5]);                    // 受信した命令を液晶に表示
        file = SPIFFS.open(FILENAME,"r");   // 読み込みのためにファイルを開く
        if(file){                           // ファイルを開けることができた時.
            client.println("HTTP/1.0 200 OK");                        // HTTP OKを応答
            client.println("Content-Type: image/jpeg");               // JPEGコンテンツ
            client.println("Content-Length: " + String(size));        // ファイルサイズ
            client.println("Connection: close");                      // 応答後に閉じる
            client.println();                                         // ヘッダの終了
            while( t<3 ){                   // エラー3回以内で繰り返し処理実行
               if(!file.available()){       // ファイルの有無を確認
                  t++; delay(100);          // ファイルがないときに100msの待ち時間
                  continue;                 // whileループに戻ってリトライ
               }
               i=file.read((byte *)s,64);   // ファイル64バイトを読み取り
               if(i>0){
                  client.write((byte *)s,i); // ファイルの書き込み
                  len+=i; t=0;              // ファイル長lenを加算
                  if(len>=size) break;      // ファイルサイズに達したら終了
               }
            }
            file.close();                   // ファイルを閉じる
        }
        client.stop();                      // クライアントの切断
        Serial.print(size);                 // ファイル・サイズをシリアル出力表示
        Serial.println(" Bytes");           // シリアル出力表示
        sleep();                            // sleep()へ
}

void sleep(){
        lcdPrint("Sleepingzzz...");         // 「Sleeping」を液晶に表示
        Serial.println("Done");             // 終了表示
        pinMode(PIN_CAM,INPUT);             // FETを接続したポートをオープンに
        delay(200);                         // 送信待ち時間
        ESP.deepSleep(SLEEP_P,WAKE_RF_DEFAULT); // スリープモードへ移行する
        while(1){                           // 繰り返し処理
            delay(100);                     // 100msの待ち時間処理
        }                                   // 繰り返し中にスリープへ移行
}
```

11 ソーラ発電トランスミッタ

動作

太陽光/室内照明光で発電する太陽電池を備えたEnOcean温度センサ送信モジュールSTM431Jを離れたところに設置します．受信器のEnOcean USBゲートウェイUSB400Jは単体では動作できないため小型のワンボードPCラズベリー・パイのUSB端子に挿して，STM431Jが送信したデータを受信し，室温データをロギングします

応用

室内照明光でも発電して定期的にデータを送信できるので，電源の取れない場所のデータの取得に適しています

これまで，紹介してきたワイヤレス・センサは，乾電池やACアダプタによる電源の供給が必要でした．ここで紹介するEnOceanは，太陽光や室内照明光などの微小な環境エネルギを利用したワイヤレス・センサ技術を開発しているドイツの企業が開発したものです．日本国内向けとして928MHzを使った送受信機の販売しています．

ここでは光エネルギーを利用した送信機から測定した室温データを送信し，ラズパイに装着したEnOcean受信機で受信して，データを取り込み，IoT向けクラウド・サービスAmbientにWi-Fi経由でデータを転送します．Ambientが室温データをグラフ化し，PCやスマホから閲覧できるようになります．

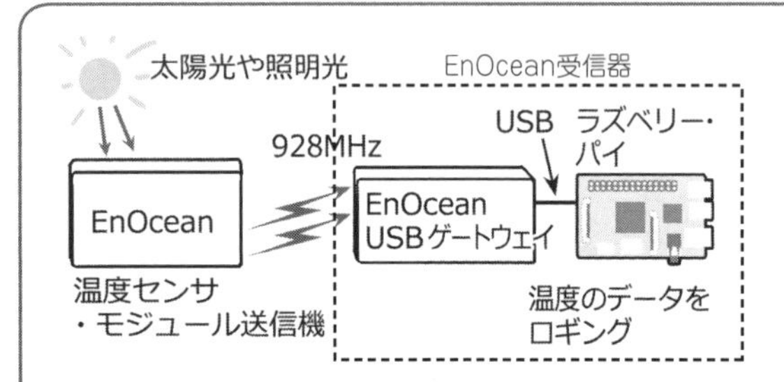

図19のグラフ左側は温度変化のグラフです．冬季に向けて温度が下がっていくようすがわかります．

図19右側のグラフは横軸に測定間隔，縦軸に前回の測定値との差をプロットした散布図です．温度変化が0.4 ℃以上のときは約100秒～12分以内の測定間隔なのに対し，温度変化が0.4 ℃未満のときは12分以上の測定間隔に伸ばし，節電を行っていることがわかります

測定した温度データをクラウド・サービスAmbientにアップロードすることにより，外出先から温度推移のグラフを観覧することができます．データを送信するプログラムはフォルダ「3_misc」内のファイル「enoc_stm431j_amb.sh」として収録してあります．冒頭のAmbientChannelIdとAmbientWriteKeyは，それぞれAmbient(https://ambidata.io/)へユーザ登録することで発行される，チャネルIDとライトキーです

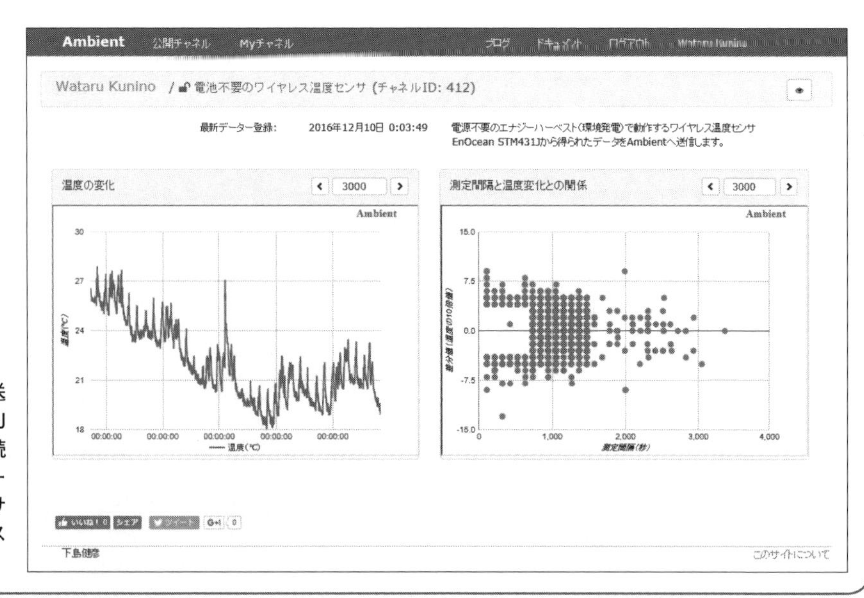

図19 EnOcean温度センサ送信モジュールSTM431Jを約1か月間動作させ続けたときの測定例．データの記録にはIoTセンサ用クラウド・サービスAmbientを利用

ソーラ発電&温度センサ付き送信機とUSBレシーバ

● 微弱な室内光や太陽光の発電電力で電波を飛ばす

EnOceanの無線部には**900MHz帯**が使用されています．Wi-Fiなどで利用する2.4 GHz帯に比べて，**障害物などの影響を受けにくい**特徴がありますが，アンテナのサイズが少し大きくなります．

送信機となるEnOcean温度センサ送信モジュールSTM431Jを**写真32**に，受信機となるEnOcean温度センサの受信機EnOcean USBゲートウェイUSB400Jを**写真33**に示します．

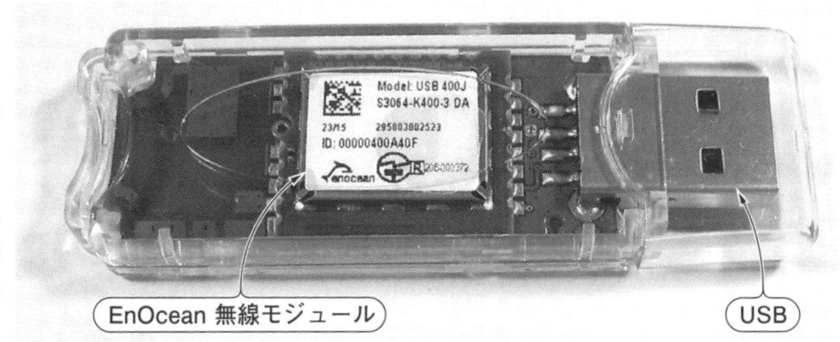

写真33　EnOcean温度センサの受信機EnOcean USBゲートウェイUSB400J
USBコネクタを装備し，マイコンやPCにつないで　EnOcean温度センサ送信モジュールSTM431Jのデータを受信する

(a) 太陽電池装着面

(b) 部品実装面

写真32　EnOcean温度センサ送信モジュールSTM431J
全長約65 mmの環境発電型ワイヤレス温度センサで，928 MHzでデータを定期的に送信する．太陽光や室内照明で発電し，内蔵の小型充電池に充電して回路の電力をまかなう

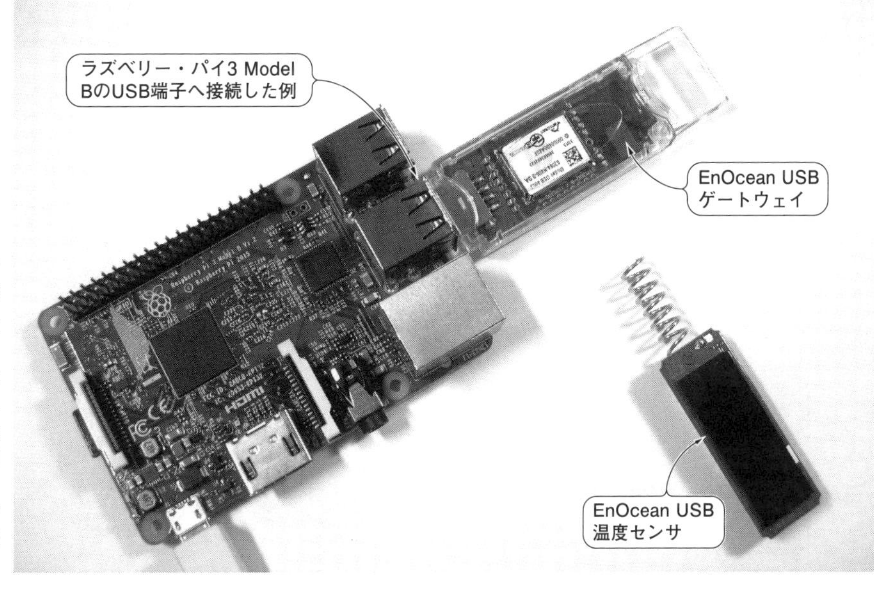

写真34
EnOcean USBゲートウェイUSB400Jをラズベリー・パイに接続したようす
EnOcean受信器をラズベリー・パイのUSB端子へ接続．USBシリアル変換ICはFTDI製FT232が用いられており，ラズベリー・パイに接続するだけでRaspbianが認識し，使用できるようになる

送信部は**太陽電池で発電した電力を2次電池に充電して電力をまかないます**．受信部は，USB端子を備えており，ここでは，ラズベリー・パイにつないで利用しました(**写真34**)．

受信データはクラウド・サービスにWi-Fi転送する

● 受信器はラズベリー・パイで動かす

受信器のEnOcean USBゲートウェイUSB400Jは，USB端子を備えており，WindowsPCなどでも動作しますが，ここでは，設置場所を選ばないサイズのワンボードPCラズベリー・パイで動作させてみます．この受信器で，EnOcean温度センサ送信モジュールSTM431Jが送信する温度データを受信する実験を行います．ラズベリー・パイには，EnOcean USBゲートウェイUSB400JをUSB端子へ接続し，EnOcean USBゲートウェイUSB400Jのシリアル出力をログ表示し，ファイルに保存するサンプル・プログラムenoc_logger.sh(**リスト12**)を実行します(ダウンロードしたファイルの「~/esp/3_misc/」に収録)．

● プログラムの説明

リスト1のenoc_logger.shは，EnOcean USBゲートウェイのシリアル出力をログ表示し，ファイルに保存するサンプル・プログラムです．EnOcean温度センサ送信モジュールSTM431J以外にも利用できるので，EnOceanを使ったシステム開発時に活用できます．以下におもな処理について説明します．

▶enoc_logger.sh(**リスト12**)

リスト1の概要を①～⑤に，**リスト13**の処理はプログラム後半の処理として⑥～⑩として説明します．

① デバイス名を定義します．他のWi-Fiセンサと同様に，5文字＋アンダー・バー記号「_」＋1桁の数字の規則に従います．

② シリアル設定を行います．複数のシリアル機器をUSB端子へ接続している場合は，「ttyUSB0」の部分を「ttyUSB1」や「ttyUSB2」などに変更する必要が生じる場合があります．

③ EnOcean USBゲートウェイのシリアル出力をcat命令で取得し，変数dataに保持します．「timeout 1」は，1秒間，データが得られなかったときに処理を中断するための命令です．この命令を使用することで，データ内容を解析せずに，データの終了を簡易的に検出することができます．「od」はバイナリ・データを16進数のテキスト文字に変換する命令です．Bashスクリプトではバイナリ・データ中の特殊文字の処理が難しいので，od命令で16進数のテキスト文字へ変換します．

④ 取得したデータをCSV形式に変換します．「tr」命令は文字の置き換えを行うコマンドです．ここではスペース文字をカンマに置換します．

⑤ 取得したデータに取得日時を付与し，ファイルに保存します．「tee」命令はデータをファイルに保存する命令です．リダイレクト「>」との違いは，表示しつつ保存する「T分岐」機能がある点です．

▶enoc_stm431j.sh(**リスト13**)

リスト13のEnOcean温度センサ送信モジュールSTM431Jの温度値を抽出するサンプル・プログラムenoc_stm431j.shは，**リスト12**のサンプル・プログラムに温度値を抽出する機能を追加したスクリプトです．

動作例を**図20**に示します．

以下に**リスト12**からのおもな変更点について説明します．

⑥ 取得したデータの先頭5バイトが「55 00 0a 02

リスト12　EnOcean USBゲートウェイUSB400Jのシリアル出力をログ表示し，ファイルに保存するサンプル・プログラムenoc_logger.sh(3_miscフォルダ内)

```
#!/bin/bash
#
# EnOcean 用 データ・ロガー

DEV="ocean_0" ←①                                                # デバイス名を定義
stty -F /dev/ttyUSB0 57600 -icanon ←②                           # シリアル設定
while true; do                                                   # 永久ループの開始
    data=`timeout 1 cat /dev/ttyUSB0|od -An -v -tx1 -w1` ←③      # データ取得
    data=`echo $data|tr " " ","` ←④                              # カンマ区切りに変換
    if [ -n"$data" ] ; then                                      # データがあった場合
        DATE=`date "+%Y/%m/%d %R"`                               # 日時を取得
        echo -E $DATE, $data|tee -a log_${DEV}.csv ←⑤            # 日時の表示と保存
    fi                                                           # ifの終了
done                                                             # 永久に繰り返す
exit                                                             # 終了
```

リスト13　EnOcean USBゲートウェイのシリアル出力をログ表示し，ファイルに保存し，EnOcean温度センサ送信モジュールSTM431Jの温度値を抽出するサンプル・プログラムenoc_stm431j.sh

```
#!/bin/bash
#
# EnOcean STM431J用 データ・ロガー

DEV="ocean_1"                                          # デバイス名を定義
stty -F /dev/ttyUSB0 57600 -icanon                     # シリアル設定
while true; do                                         # 永久ループの開始
    data=`timeout 1 cat /dev/ttyUSB0|od -An -v -tx1 -w1`  # データ取得
    if [ -n "$data" ] ; then                           # データがあった場合
        head=`echo $data|cut -d' ' -f1-5` ←⑥           # 先頭5バイトを抽出
        if [ "$head" == "55 00 0a 02 0a" ] ; then      # データがあった場合
            DATE=`date "+%Y/%m/%d %R"`                 # 日時を取得
            TEMP=$(( 0x`echo $data|cut -d' ' -f14`)) ←⑦  # 14バイト目(温度)を抽出
            RSSI=$(( 0x`echo $data|cut -d' ' -f18`)) ←⑧  # 18バイト目(RSSI)を抽出
            TEMP=$(( (255 - $TEMP) * 400 / 255)) ┐     # 温たびに変換(10倍値)
            DEC=$(( $TEMP / 10))                 ├⑨    # 整数部
            FRAC=$(( $TEMP - $DEC * 10))         ┘     # 小数部
            echo -E $DATE, $DEC.$FRAC, -$RSSI|tee -a log_${DEV}.csv ←⑩
        fi                                             # 日時，温度の表示と保存
    fi
done                                                   # 永久に繰り返す
exit                                                   # 終了
```

```
pi@raspberrypi ~/esp/3_misc $ ./enoc_stm431j.sh   ← 実行コマンド
2016/09/11 19:34, 28.8, -57
2016/09/11 19:36, 28.3, -58
2016/09/11 19:37, 29.4, -61
2016/09/11 19:39, 31.0, -61
2016/09/11 19:40, 31.5, -58
2016/09/11 19:42, 32.1, -55
2016/09/11 19:46, 32.9, -49
2016/09/11 19:47, 33.4, -57
```

実行コマンド
電波強度(dBm)
室温(℃)

図20　ラズベリー・パイ用のスクリプトenoc_stm431j.shを実行したときのようす
受信日時と，室温と電界強度を表示しつつ，CSV形式でファイル保存できる

0a」と一致するかどうかを確認します．データの55は同期用，00 0aはデータ長，02はオプション・データ長，0aはパケットの形式を示します．

⑦ 温度データを取得データから抽出します．取得データの14バイト目のデータを取り出し，数値に変換してから，変数TEMPへ代入します．

⑧ 受信強度データを抽出します．取得データの18バイト目を数値に変換し，変数RSSIへ代入します．

⑨ 温度データを「℃」に変換します．Bashの演算機能は整数が中心です．このため，温度の10倍値を求め，後に整数部と小数第1桁目を，それぞれ変数DECとFRACに代入します．ラズベリー・パイで整数演算にこだわる必要はほとんどありません．「bc」コマンドをインストール(sudo apt-get install bc)すれば，小数演算も可能です．手順⑨と手順⑨を以下のように書き換えます．

手順⑨：TEMP=`echo "scale=1;(255-$TEMP) * 40/255"|bc`

手順⑩：echo -E $DATE, $TEMP, -$RSSI|tee -a log_${DEV}.csv

⑩ 日時，温度の整数部，小数点，小数部，マイナス，RSSIを出力します．

⑫ LTE電報メーラ

動作

▶低消費電力で動作するIchigoJamが人感センサの信号を待ち受けます

▶人体などの動きを検知するとIchigoJamがラズベリー・パイを起動します

▶ラズベリー・パイはLTE/3G通信回線を使ってメールを送信し，送信後に，シャットダウンします

応用

▶バッテリで動作させることにより，どんな場所に設置してもデータの取得と制御が可能です

▶普段は使わない場所などに設置し，不審者などの侵入を検知する遠隔地の見守り

▶Webカメラを接続し，撮影した画像をメールへ添付して送信

例えば，遠隔地にある駐車場の愛車を監視するために，LTEや3Gといった携帯電話網に簡単なセンサを接続したいということもあるでしょう．ラズベリー・パイにABiT社のUSBスティック型3G通信端末AK-020を接続すれば，IoTセンサとして使用することができます．

こういった機器を電源のない場所に設置して，バッテリで動作させようとすると，消費電力が大きな課題になります．そこで，ラズベリー・パイとLTE通信端末（**写真2**右）の電源を，低消費電力で動作するマイコンIchigoJamで管理し，必要なときだけ，USBスティック型3G通信端末AK-020とラズベリー・パイを動作させ，できるだけバッテリの電力を消費しないような工夫をしました．センサのデータを送信し終わったらラズベリー・パイをシャットダウンさせます．

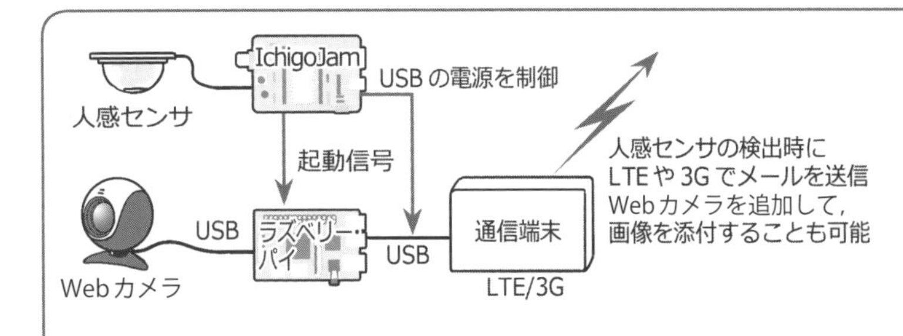

人感センサが反応するとラズベリー・パイが起動し，自動起動通知メールを送信する．USB接続のWebカメラをラズベリー・パイに接続すれば，起動時に写真撮影した画像をメールに添付することができます（**写真35**）

本製作により，ほぼラズベリー・パイZEROの待機電力（0.1 W）での待ち受けが可能になります（AK-020，USBカメラ，USBの電源を制御した場合）

写真35 自動起動通知メールの一例

低消費電力マイコンIchigoJamでラズベリー・パイの電源のON/OFFを行う

● 必要なときだけ，ラズパイと携帯電話網通信端末を動かしてバッテリを長持ちさせる

ラズベリー・パイの消費電力は約1～2 Wです．それに対して**IchigoJamは0.001 W程度で動作させることができ，最大でも0.1 W**です．そこで，**普段はIchigoJamでセンサの変化を監視し，センサが反応したときだけラズベリー・パイを動作**させて消費電力を低く抑えます．

具体的には，人感センサが人体の動きを検知すると，低消費電力のマイコンIchigoJamがラズベリー・パイを起動し，携帯電話網に接続し，センサが反応したことをインターネット経由でメールします．メール送信後は，ラズベリー・パイをシャットダウンさせます．

人感センサは，① Wi-Fi人感センサで使用した人感センサ・モジュールSB412Aを使用します．人感セ

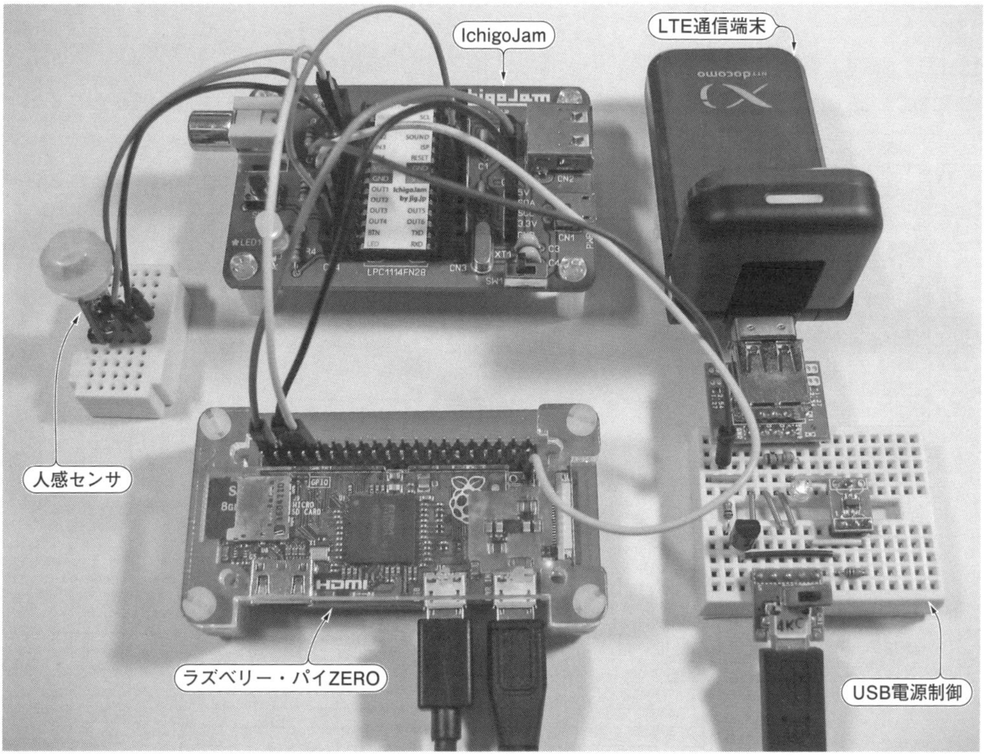

写真36　ラズベリー・パイにLTE通信端末L-02Cを接続した例
写真上側のマイコン・ボード(IchigoJam)は，人感センサと，ラズベリー・パイへ接続されている．人感センサが人体などの動きを検知すると，ラズベリー・パイの電源を投入し，LTE通信端末を使って検知情報を送信する

ンサのV_{DD}端子をIchigoJamのV_{CC}へ，V_{out}端子をIN1入力端子へ接続してください．IchigoJamのBTN端子は，ジャンパ線などでGNDに接続しておきます．ラズベリー・パイのTxD端子をIchigoJamのIN2へ，RUN端子をOUT4に接続します(**写真36**，**図21**)．

● 電源管理をIchigoJamに任せる場合の，ラズベリー・パイ側の準備

ラズベリー・パイのUARTと起動に関する設定を変更します．まず，ラズベリー・パイが動作中かどうかを出力するために，UARTシリアル接続によるコンソールの利用を有効に設定します．ラズベリー・パイの画面左上の[Menu]内にある[設定]から[Raspberry Piの設定]を選択し，**図22**のシリアルを有効にしてください．

図23のように，[ブート]を[CLI]に，[自動ログイン]と[ネットワーク・ブート]にチェック・マークを入れます．設定後に再起動を行うと，Xウィンドウ・システム(GUI)は立ち上がらずに，テキストだけのCLIの画面となります．もし，Xウィンドウ・システムを使用したい場合は，startxコマンドを実行します．

● 低消費電力マイコンIchigoJamの消費電力をさらに削る

IchigoJamには，3つの低消費電力駆動方法があります(**表8**)．この3種類の方法の中から，ここでは②「Cyclic Sleep駆動」を採用します．

● 低省電力マイコンIchigoJamのCyclic Sleep駆動

リスト14に低消費電力マイコンIchigoJamでCyclic Sleepを使用して低消費電力で動作させ，ラズベリー・パイの電源を管理するIchigoJam用サンプル・プログラムを示します．

IchigoJamにキーボードとモニタを接続してプログラムを入力します．パソコンとは，USBシリアル変換モジュールAE_FT234Xを用いて接続し，シリアル通信でプログラムの編集，保存，ファームの書き換え，モニタ表示などができるソフト**IJUtilities**か，同様の**IJKB**を使ってプログラムの転送やIchigoJamの操作を行うことも可能です．プログラム実行中はテレビへ出力できないので，デバッグを行う場合はUSBシリアルを経由して使用したほうが効率的でしょう．

以下にCyclic Sleep駆動させるためのプログラムの

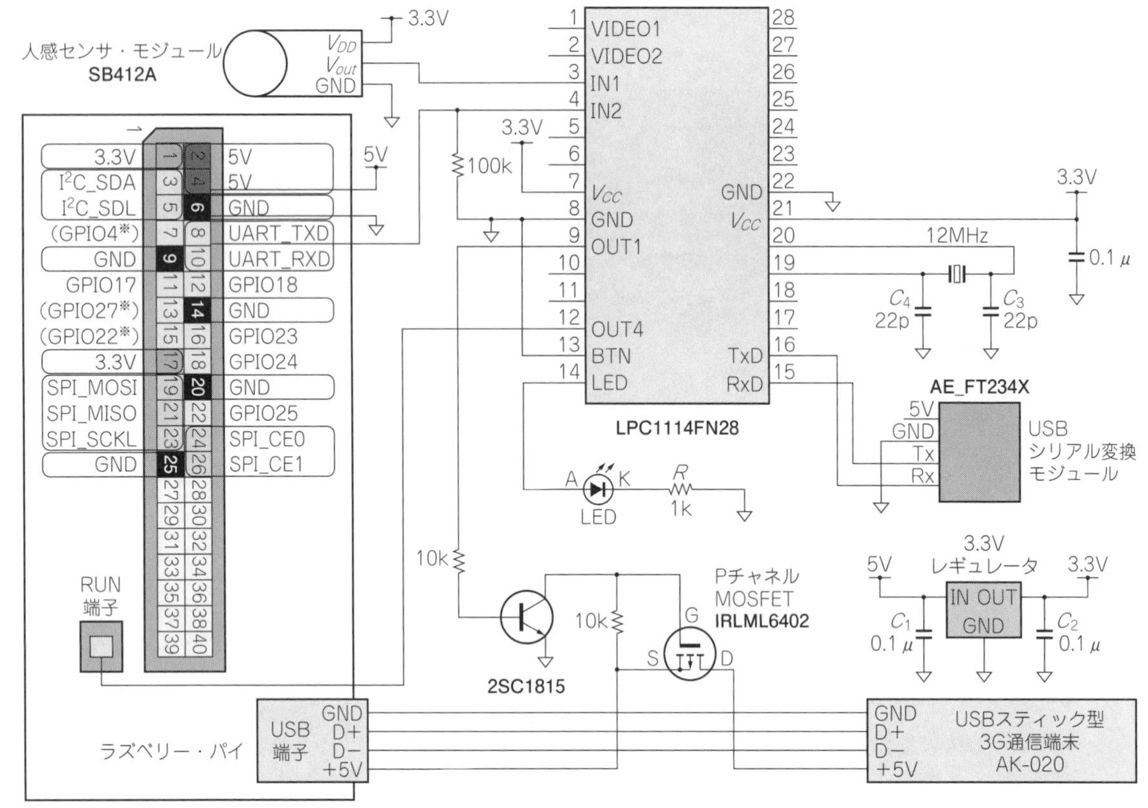

図21　携帯電話網にアクセスするIoT端末の回路図
ラズベリー・パイ上の拡張用IO端子，RUN端子，USB端子を使用する．USBスティック型3G通信端末AK-020の待機電力を抑えるために，USBの電源をFETで制御するようにした

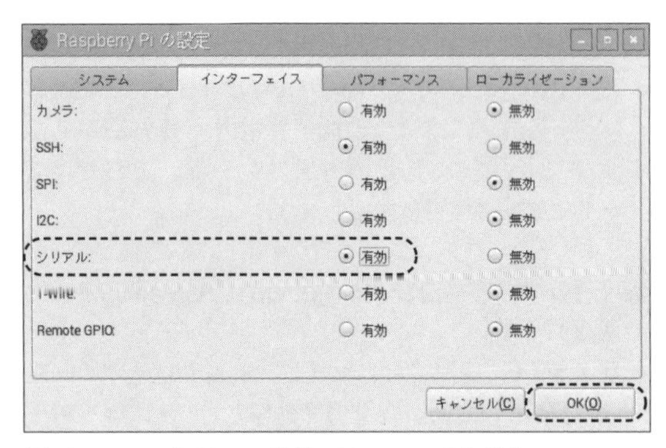

図22　UARTシリアル接続コンソールの有効化
ラズベリー・パイの設定画面内の[インターフェース]タブをクリックし，画面内の[シリアル]を[有効]に設定し，[OK]ボタンをクリックする

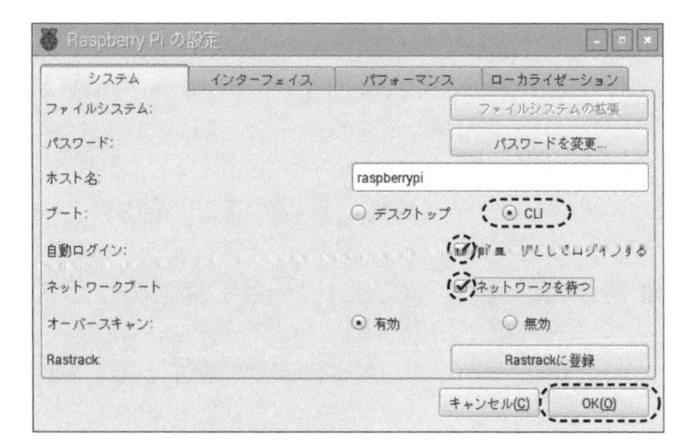

図23　システム起動設定の変更
ラズベリー・パイの設定画面内の[システム]タブをクリックし，画面内の[ブート]を[CLI]に，[自動ログイン]と[ネットワーク・ブート]にチェック・マークを入れ，[OK]ボタンをクリックする

表8　IchigoJamを低消費電力で動かす方法(IchigoJamのファームウェアVersion 1.2以降)
①マイコンのクロックを下げる方法，②プログラム中にスリープに移行し，指定時間後に実行を再開する方法，③プログラム末にSLEEPコマンドでスリープ・モードに移行し，必要なときにBTN入力でファイル0に保存したプログラムを起動する方法の3種類がある

低消費電力方法	コマンド(例)	駆動方法
① 低クロック駆動	VIDEO 0,8	ビデオ出力をOFFにし，マイコンのクロック周波数を下げて駆動
② Cyclic Sleep駆動	WAIT 300,0	プログラム中のWAITコマンドでスリープへ移行し，指定時間後に実行を再開
③ Single Shot起動	SLEEP	SLEEPコマンドでスリープへ移行し，BTN入力でファイル0のプログラムを起動

主要な処理部について説明します．

①プログラムの行番号1～8は初期設定処理です．変数Lはセンサ用のIN1ポート入力の信号論理，変数Rはラズベリー・パイの起動状態，変数TはCyclic Sleep駆動の起動周期です．

②行番号9はキーボード入力の割り込みを防止するための対策処理です．IchigoJam BASICのVersion 1.2.1では，この処理がないと適切なスリープ処理が行えない場合がありましたが，1.2.2以降ではなくても動作します．

③センサ入力の処理部です．他のセンサを使用する場合は，この部分を編集します．例えば，温度センサを使用して，一定の温度を超過したときに起動させるような処理に変更することも可能でしょう．行番号120において，変数Iの値が変数Lの値と一致したときに，行番号600の手順⑧に記述されているラズベリー・パイの電源を入れるサブルーチン処理を実行します．サブルーチン処理の中でラズベリー・パイの電源状態を示す変数Rを1にセットします．

④行番号500のサブルーチン処理を行ってから手順③の行番号100に戻ります．サブルーチン内では，手順⑤に記述されているスリープを行います．

⑤Cyclic Sleep駆動を実現するためのサブルーチンです．WAITコマンドを使用し，Cyclic Sleep駆動を行います．第1引き数のTは1/60秒単位の時間です．変数Tには60が代入されているので，1秒間を示します．第2引き数の0はマイコンへのスリープ指示です．スリープを実行し，第1引き数の1秒後にスリープから自動復帰します．WAITコマンドの前後のLEDコマンドは，LEDの制御用です．

⑥ラズベリー・パイの電源状態を示す変数Rを確認し，電源が入っている(R＝1の)ときにマイコンのタイマをリセットし手順⑦へ移ります．電源が入っていない(R＝0の)場合は手順③に戻ります．

⑦IchigoJamのIN2ポートの状態を確認し，ラズベリー・パイの電源が入っていた場合は手順③に戻ります．IN2ポートを5秒間，確認し，ラズベリー・パイのUART_TXが一度も"H"レベルにならなかった場合は，ラズベリー・パイの電源が切れていると判断し，変数Rを0にします．

⑧IchigoJamのOUT4端子を制御してラズベリー・パイの電源を入れる処理です．ラズベリー・パイのRUN端子を"L"レベルに設定し，約170 ms後に"H"レベルに戻します．OUT1端子を制御して，USBに接続された通信端末の電源の投入も実行します．

●ラズベリー・パイの起動通知をメールで送信する

リスト15は，起動通知メールを送信し，ラズベリー・パイをシャットダウンするスクリプトです．このスクリプトを実行するコマンドをシステム内の「/etc/rc.local」に記述することで，ラズベリー・パイを起動するたびに自動実行させることができます．メールを送信するには，SMTPプロトコルのみに対応した，軽量・シンプルなMTA(Mail Transfer Agent)ソフトのsSMTPと，テキスト・ベースのUNIX向け電子メールクライアント・ソフトMuttのインストールが必要です．インストールを行うには，Gmailのアカウン

リスト14　低消費電力マイコンIchigoJamでCyclic Sleepを使用して低消費電力で動作させ，ラズベリー・パイの電源を管理するIchigoJam用サンプル・プログラム(「3_misc」フォルダ内の「IchigoJam_RaspPi_trigC.txt」)

```
1 cls:?"RasPi Trigger -Cyclic
2 ?" for IchigoJam v1.2 ｲｺｳ
3 ?" IN1 ﾎﾟｰﾄ <- ｾﾝｻ High ACT
4 ?" IN2 ﾎﾟｰﾄ <- Pi TX
5 ?" OUT1 ﾎﾟｰﾄ -> USB EN
6 ?" OUT4 ﾎﾟｰﾄ -> Pi RUN
7 L=1:?" ｷﾄﾞｳ =";L;" RUN =";R
8 T=60:?" ｼｭｳｷ =";T/60;" ﾋﾞｮｳ"
9 if INKEY()goto 9 else wait60    ← ②

100 '== Sensor Main ==
110 I=IN(1):?"in=";I
120 if I=L gsb 600
499 gsb 500:goto 100    ← ④
```

(行1～8：① 初期設定と接続方法表示，行100～120：③)

```
500 '== Cyclic Sleep ==
510 led 0:wait T,0:led 1    ← ⑤
520 ?"Wake!
530 if !BTN() end
540 if R clt else rtn    ← ⑥
550 if in(2) rtn
560 if TICK()<300 goto 550
570 ?"== Stop USB ==
580 out 1,0:R=0
590 rtn
600 '== Pow ON Pi ==
610 clt
620 if IN(2) ?"Running":rtn
630 if TICK()<180 goto 620
640 ?"== Run Pi ==
650 out 4,0:wait 10:out 4,1
660 out 1,1:R=1
670 rtn
```

(行550～580：⑦，行600～670：⑧ ラズベリー・パイの電源を入れる処理)

リスト15　起動通知メールを送信し，ラズベリー・パイをシャットダウンするサンプル・スクリプトautomail(_cam).txt

```
#!/bin/bash
 IP=$(hostname -I) || true
 if [ "$IP" ]; then
   printf "My IP address is %\n" "$IP"
 else
   IP="127.0.0.1"
 fi

 MAILTO=""
 date > /home/pi/start.log
 /usr/bin/fswebcam /home/pi/cam.jpg >> /home/pi/start.log 2>&1
 /home/pi/esp/tools/soracom start >> /home/pi/start.log 2>&1
 NTP=`ntpq -p|grep \*` >> /home/pi/start.log 2>&1
 if [ "$NTP" = "" ]; then
   DATE="数分前"
 else
   sleep 1
   DATE=`date "+%Y/%m/%d %R"`
 fi
 echo $DATE >> /home/pi/start.log
 IP_G=`cat /home/pi/start.log |grep "local  IP address"|cut -d' ' -f6|tail -1`
 echo -e "`hostname` が $DATE に起動しました. \n$IP\n$IP_G"\
 | mutt -s "自動起動通知" -a /home/pi/cam.jpg -- $MAILTO >> /home/pi/start.log 2>&1
 /home/pi/esp/tools/soracom stop >> /home/pi/start.log 2>&1
 wall "The system is going down for power-off (シャットダウンを開始)"
 sleep 10
 sudo shutdown -h # now オプションを付与することですぐにシャットダウンする
 exit 0
```

LANのIPアドレスを変数_IPへ代入
①自動通知メールの送信先
⑥カメラ撮影
②通信接続
③メール送信
④通信の切断
⑤シャットダウン実行部

トを取得してから，以下を実行します．Gmailのセキュリティの設定変更(安定性の低いアプリの許可設定の有効化)も必要です．

```
$ cd ␣ ~/esp/tools
$ ./automail_setup.sh
```

実行すると，fswebcam のインストール要否を問われます．USB接続のWebカメラを使用する場合は，[yes]を入力してください．セットアップ後に**リスト15**のスクリプトを編集する場合は，「automail.sh」を開きます．リスト中のアンダーライン部はWebカメラ用の処理です．

① 変数MAILTOへメールの送信先を代入します．
② 通信端末AK-020を使用し，携帯電話網へ接続します．
③ メール送信ソフトMuttを使用して，自動起動通知メールを送信します．メール本文には，ラズベリー・パイのホスト名，起動時刻，LANおよびPPPのIPアドレスが含まれます．
④ 通信端末AK-020による携帯電話網との接続を切断します．
⑤ ラズベリー・パイのシャットダウンを実行します．実際に実行されるのは1分後です．シャットダウンを止めたい場合は，1分以内に「sudo shutdown -c」を実行してください．

写真37　USB接続のWebカメラ
一般的に市販されているUSB接続のWebカメラを使用する．型番の入ったメーカ品であれば，1,000円以上するが，型番のないノーブランド品であれば，500円以下で販売されていることも多い．夜間に撮影が可能な赤外線カメラも販売されている

●ラズベリー・パイで撮影した画像を添付する方法

リスト15の⑥では，fswebcamコマンドを使って，撮影した画像をファイル名「cam.jpg」で保存します．③のメール送信時に撮影したファイルをメールに添付します．USB接続のWebカメラとして販売されているUSB Video Class(UVC)に対応したカメラであれば，機種にかかわらず動作するものが多いでしょう．**写真37**に一般的に市販されているUSB接続のWebカメラの例を示します．

Appendix 3 長期間の動作実験を行うには ユニバーサル基板で製作する

簡単な実験や試作にはブレッドボードが適していますが，長期間にわたる動作確認を行う場合は，ユニバーサル基板へはんだ付けを行い，ケースに入れ，安全性に配慮しながら実験したほうが良いでしょう．

ユニバーサル基板の中には**写真1**のようなブレッドボードと同じパターンがプリントされたものがあるので，ブレッドボードで製作した回路をはんだ付けするときに便利です．

Wi-Fiドアセンサ(OFF検出)を，ミニブレッドボードで製作した場合の例を**写真2**に，ユニバーサル基板で製作した場合の例を**写真3**に示します．ミニブレッドボード上で多くの面積を占有していたのは，電源やGNDのジャンパ線です．ユニバーサル基板では，基板の裏面中央の電源ラインを使用することで，表面のジャンパ線数が減ります．LEDを実装するスペースを確保することもできました．

はんだ付けした電線は，はんだ付け部が固くなっているので，屈曲によって切れてしまうことがあります．このため，少なくとも基板との接続点をハックルーやホットメルトなどで接着しておきます．切れにくくなるだけでなく，切れた場合に他のパターンとショートさせないための対策です．

完成した基板は，保存容器に収容しました．使用した容器は電子レンジで使用可能なタイプです．若干の耐熱性はあるものの，ポリプロピレンなどの燃えやすい素材でできています．回路から火花が出て出火した

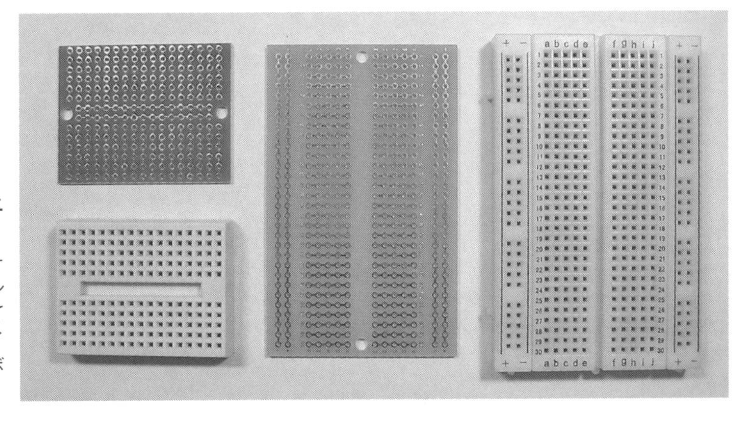

写真1　ブレッドボードとユニバーサル基板
ブレッドボードと同じ配線パターンがプリントされたユニバーサル基板．秋月電子通商で販売されているAE-DB1は，中央に電源ラインが入っているので，ブレッドボードよりも実装効率を高められる

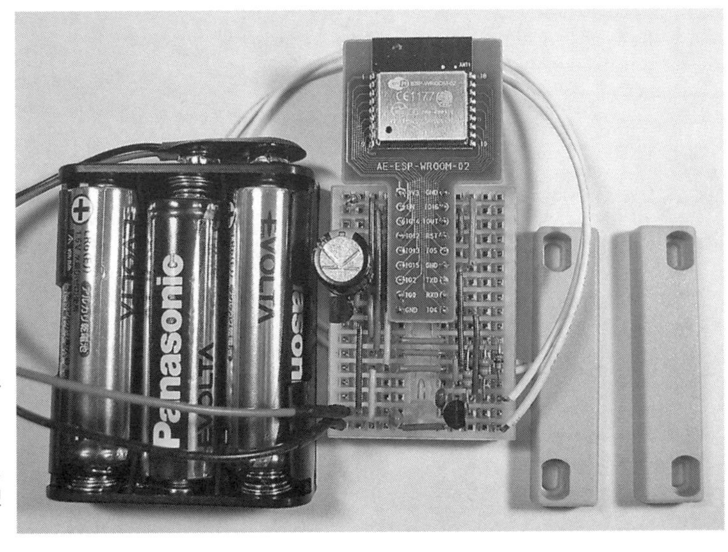

写真2　ミニブレッドボードで製作したドア・センサ
Wi-Fiドア・センサ(OFF検出)を，ケースへ収容できるように，ミニブレッドボード上に実装し，小型化を図った

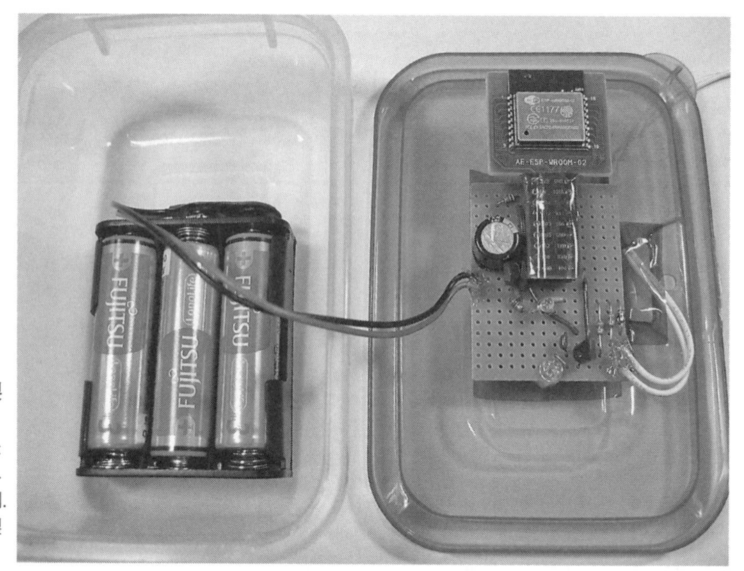

写真3　ユニバーサル基板で製作したドアセンサ
ミニブレッドボード上で製作した例を参考に，ユニバーサル基板へ部品を移し，配線を行った製作例．表面の配線がブレッドボードで製作したときよりも少ない

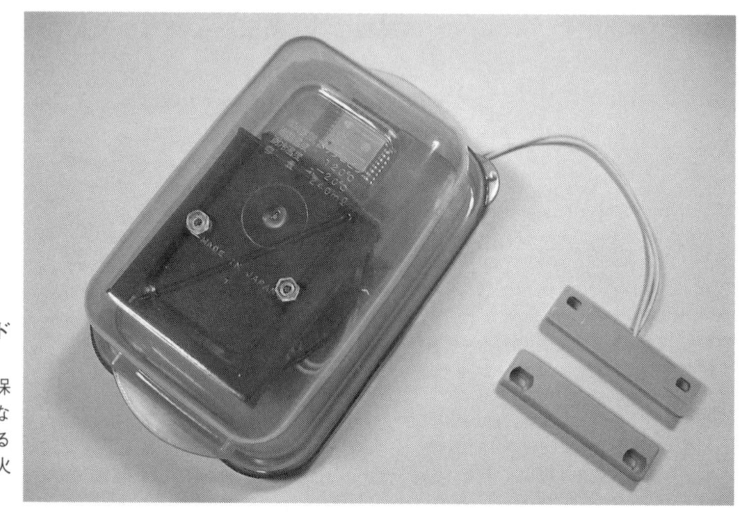

写真4　保存容器へ収納したドアセンサの完成例
製作した回路を電子レンジ用の保存容器へ収容．ポリプロピレンなどの燃えやすい素材でできているので，ポリイミド・テープで耐火性を向上させる

写真5　ドアセンサの実験のようす
実際のドアに取り付けたときのようす．ケースに収容することで，金属品やほこりなどの接触による事故や故障を低減することができる

場合，人命にかかわる事故に至る場合も考えられるので，少なくとも，回路と容器との間や，電池ボックスなどに耐熱性のポリイミド・テープを貼って耐熱性や耐火性を向上させておきます．

基板や電池ボックスの固定にはポリカーボネートなどの樹脂製のネジ(ビス)とナットを使用すると良いでしょう．ネジが外れたときに回路ショートを防止できるからです．また，寸法が合わない場合に加工しやすい利点もあります．

基板にはM3規格(ミリネジ)の鍋ネジを用いるのが一般的です．秋月電子通商などの電子パーツ店やPCパーツ店などで売られています．

一方，電池ボックスの固定に用いられるのは，M2.6の皿ネジなどです．鍋ネジを使うと電池に干渉してしまうことがあります．電池ボックスの仕様にあったものを，西川電子(秋葉原)やナニワネジ(日本橋)のようなネジ専門店や，モノタロウ(通信販売)などから入手します．

なお，自作による製作品や試作品が事故を起こす可能性は，市販品に比べて高くなります．安全性に十分に注意したうえで実験を行い，使用後には必ず電源や電池を外しておきましょう．

Appendix 4　ESP-WROOM-02のインターフェース

● ディジタル通信インターフェース

センサの多くはアナログ量を扱うアナログICです．しかし，そのアナログ値を高精度なセンサ値として扱うにはさまざまな補正が必要です．そのような補正をセンサIC内のディジタル回路による演算処理が担うことで，測定精度の向上，小型化，低消費電力化が図れます．

このようなセンサICのインターフェースに多く用いられているのがI^2C，SPI，UART(シリアル)といったディジタル通信インターフェースです．ESP-WROOM-02モジュールには，**図1**のように各種のディジタル通信インターフェースが搭載されており，それぞれに割り当てられたピンを使用することで，さまざまなセンサ・デバイスとの接続が可能です．

● I^2Cインターフェース

I^2Cインターフェースには，2本の信号線で構成されるI^2Cバスに複数のI^2Cデバイスを接続することができます．デバイスを特定するにはあらかじめデバイスに割り当てられているI^2Cアドレスを使用します．このアドレスの違いにより，最大112個までのデバイスを2本の信号線で特定することができます．

2本の信号線は，クロック信号SCLとデータ信号SDAです．各デバイスはオープン・ドレイン出力でデータやクロックを出力するので，必ずプルアップ抵抗が必要です．ただし，モジュール内などにプルアップ抵抗が入っていることあり，その場合は新たにプルアップ抵抗を追加する必要はありません．プルアップ抵抗の値は数k～10 kΩ程度です．ブレッドボード内であれば10 kΩを使用し，通信時の消費電力を下げます．I^2Cバスの配線が長い場合や信号速度が速い場合は，低めのプルアップ抵抗を使用します．

I^2Cアドレスは，インターフェース規格上は7ビットで表され，16進数の0x08～0x77までの範囲です．ただし，最下位ビットに0または1を挿入して，8ビットで表記する場合もあります．一例として，8ビッ

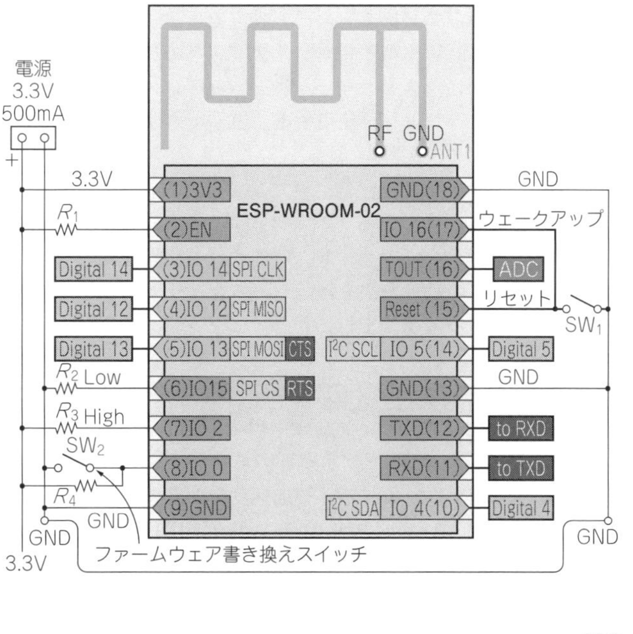

図1　ESP-WROOM-02モジュールのピン配列図と基本回路構成図
ESP-WROOM-02には計18ピンの端子があり，IO 5(14番ピン・I^2C SCL)とIO 4(10番ピン・I^2C SDA)にI^2Cインターフェースが割り当てられている．また，IO 12～15にSPIが割り当てられている．計9本の汎用IO端子があるが，一部は共用となる．アナログ入力にはOUT(16番ピンのADC)を使用する

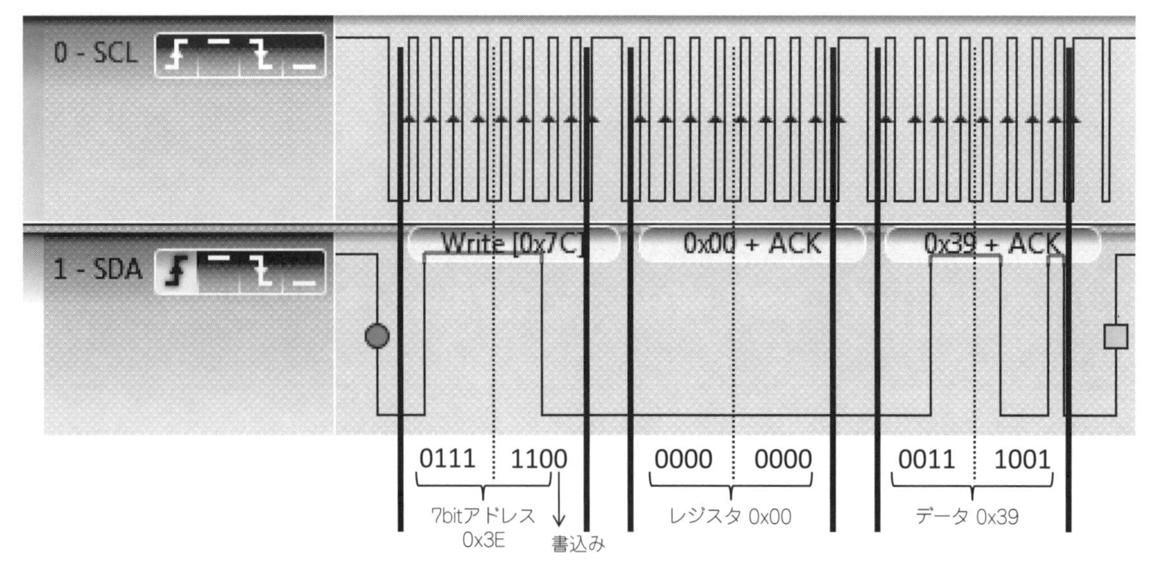

図2　I²Cインターフェースの通信例
I²Cアドレス0x3Eのデバイスのレジスタ0x00にデータ0x39を書き込んだときのI²Cインターフェース信号の通信例．マスタとなる機器がI²CでクロックSCLとデータSDAを送信する

ト表記で0x7Cのデバイスの場合，最下位ビットの0は「マスタからの書き込み」を示しています．このデバイスのI²Cアドレスは，0x7C を1ビットだけ右シフトした0x3Eになります．8ビット表記の最下位ビットが1の場合は「マスタからの読み取り」を示します．**図2**にI²Cアドレス0x3Eのデバイスのレジスタ0x00にデータ0x39を書き込んだときのI²Cインターフェース信号の測定結果の一例を示します．

同じI²Cバス上に複数の同じアドレスのデバイスが存在すると，通信が干渉し正しく使用することができません．このため，多くのI²Cデバイスでは，複数のアドレスの中からアドレスを選択・設定できるようになっています．同じデバイスや同じアドレスのデバイスがあった場合は，スケッチとデバイスのI²Cアドレスを変更することにより，使用することができるようになります．

ただし，スケッチ内で設定されているI²Cアドレスと，通信しようとしているデバイスのI²Cアドレスに相違があると動作しません．I²Cデバイスを使用する際は，アドレスの設定方法を確認し，スケッチと一致しているかどうか確認しましょう．

● I²Cインターフェース用のドライバ部のスケッチ

Wi-Fi温湿度センサや，気圧センサ，3軸加速度センサのスケッチにはI²Cドライバ部のスケッチが含まれています．例えば，Wi-Fi 3軸加速度センサのスケッチの「example12_acm」の場合，Arduino IDE上のタブ[adxl345]をクリックするとドライバ部のスケッチを確認することができます．

スケッチの冒頭を見ると，I²Cアドレスは0x1Dであることがわかります．以下の5つの関数が含まれており，①～③は本ドライバ内で使用する内部関数です．④と⑤はメインのスケッチexample12_acmから呼び出されるアプリケーション用の関数です．

①センサ内のレジスタを読み取る_getReg関数
②センサ内のレジスタへ書き込む_setReg関数
③センサ内のデータを読み取る_getData関数
④センサから加速度を取得するgetAcm関数
⑤センサの初期化を行うadxlSetup関数

スケッチexample12_acmからは，⑤の初期化を行った後に，④の加速度を取得する関数を実行します．各関数内の詳しい動作については，リスト内のコメントを参照してください．

● 汎用ディジタルIOポート

ESP-WROOM-02モジュールには，計9本の汎用ディジタルIOポートがあります．このうちIO 0, IO 2, IO 15は，起動時の設定に，IO16はスリープ復帰信号に用いられます．これらを考慮して，SPIのCS信号のように起動後に出力するなど共用することも可能ですが，起動時には**図1**と同じ状態にしておく必要があります．したがって常に汎用的に使用可能なディジタルIOポートは，I²C用の2ポートと，SPI用の3ポートの計5ポートしかありません．

このようにポート数が限られた機器では，I²Cイン

Column　システムによる改行コードの違い

改行文字にはシステムによって「\n」「\r」「\r\n」の3種類があり，これらが混在することがあります．

Raspberianなどの LinuxやUNIX系のシステムでは改行コードに「\n」を使用します．文字コードは「LF」です．しかし，ESP-WROOM-02モジュールやWindowsでは「\r」と「\n」の2つで1つの改行とみなします．

このため，ラズベリー・パイで作業しているときに「\r」を示す「^M」の表示が現れることが多くあります．

この場合の対策方法には，いくつかあります．もっとも簡単な対策方法は，見慣れることです．そのうち気にならなくなります．その次の対策は，どのような改行コードでも表示するテキスト・エディタを使用することです．例えばLeaf Padを使用すれば気になりません．改行コードを変換して統一する方法もありますが，あまりこだわりすぎると，めんどうです．

ファイルの改行部に「^M」が表示され，実際に改行されていない場合のファイルの改行コードには「CR」が使われています．この場合は，以下のように入力してファイルを変換します．

```
$ tr␣'\r'␣'\n'␣<␣入力ファイル␣>␣出力ファイル⏎
```

Windowsで作成したファイルなど，改行部に「^M」が表示される場合は，「CR+LF」が使われています．この場合は，以下のようにファイルを変換します．

```
$ tr␣-d␣'\r'␣<␣入力ファイル␣>␣出力ファイル⏎
```

本来，改行コードを適切に変換しておくことは重要です．想定していなかった改行コードがプログラムの不具合の原因になることも多いからです．しかし，適切な改行コードとは，一体，どのコードなのでしょうか．通信プログラムは他のシステムとのやりとりを行うプログラムです．ラズベリー・パイを使っているからといって，必ずしも「LF」が適切とは限りません．システム間のやり取りの中で，その都度，対応する必要があります．

表A　改行コードの違い

改行	文字コード	表示	使用しているシステム
\n	LF　(0x0A)	^J	Raspberry Pi, Linux, Mac OS X, IchigoJam
\r	CR　(0x0D)	^M	XBee ZB, Mac OS (Max OS Xを除く)
\r\n	CR+LF (0x0D,0x0A)	^M^J	ESP-WROOM-02モジュール，Windows

表1　ESP-WROOM-02の汎用ディジタルIOポート
汎用的に使用可能なディジタルIOポート(起動時の設定用のピン等を除く)．入出力やプルアップ状態をArduino IDEのスケッチから変更することも可能

ピン番号	ピン名	I^2C使用時	SPI使用時	IO使用例	備　考
3	IO 14	Digital 14	SPI CLK	汎用出力	
4	IO 12	Digital 12	SPI MISO	汎用入力	
5	IO 13	Digital 13	SPI CTS	汎用出力	UARTフロー制御時はCTS
10	IO 4	I^2C SDA	Digital 4	汎用入力	
14	IO 5	I^2C SCL	Digital 5	汎用入力	

タフェースがとくに有用です．I^2C を使った場合，2本の信号線で最大112個までのデバイスを接続することができます．また，I^2C用の2ポートを除くIO12, 13, 14の3ポートが汎用ディジタルIOとして使用可能です．Arduino IDE上のスケッチでは，それぞれ，Digital 12, Digital 13, Digital 14のディジタル入力および出力ピンとして使用できます．

SPIを使用した場合，汎用ディジタルIOが2ポートしか残らないうえ，複数のSPIデバイスを接続するには台数分のCS(チップ・セレクト)信号が必要です．接続するデバイスにI^2CとSPIの両方のインターフェースがある場合は，I^2Cを優先して使用すると良いでしょう．

第6章 各種Wi-Fiコンシェルジェが担うIoT遠隔制御

1照明担当 2チャイム担当 3掲示板担当 4リモコン担当 5カメラ担当 6アナウンス担当 7マイコン担当 8コンピュータ担当 9電源設備担当 10情報担当

国野 亘 Wataru Kunino

これまではセンサから得られた数値を送信するIoTセンサ機器を製作しました．IoTシステムにおいては，これらIoTセンサ機器から受け取った情報に基づいて，モノを制御するIoT制御も重要です．ここでは，指示を受信し，その指示に従った動作を行うIoT制御機器の製作を行います．

最初に製作する機器は，ワイヤレスLED表示器「Wi-Fi コンシェルジェ照明担当」です．回路はWi-Fiインジケータと同じ構成ですが，ソフトウェアはIoT制御機器の基本となるサンプルです．Webブラウザから制御を行ったり，ラズベリー・パイなどのIoT機器管理サーバから自動制御を行うことができます．

1 コンシェルジェ[照明担当]

動作

▶電源を入れると，LEDが点滅し，「Hello」とモールス符号を出力します

▶一定間隔で，LEDが点滅し，自動的にWi-Fiアクセスポイントに接続します

▶接続すると，IPアドレスの末尾1バイトをモールス符号で知らせます(IPアドレスはシリアルにも出力される)

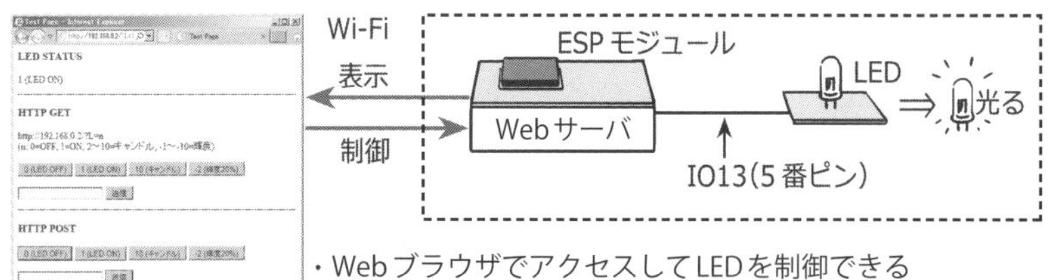

各種Wi-Fiコンシェルジェのサンプル・プログラム一覧

No	Wi-Fiコンシェルジェ	ESP-WROOM-02用	ESP-WROOM-32用(参考)
1	照明担当	example16_led.ino	example48_led.ino
2	チャイム担当	example17_bell.ino	example49_bell.ino
3	掲示板担当	example18_lcd.ino	example50_lcd.ino
4	リモコン担当	example19_ir_rc.ino	example51_ir_rc.ino
5	カメラ担当	example20_camG.ino	example52_camG.ino
6	アナウンス担当	example21_talk.ino	example53_talk.ino
7	マイコン担当	example22_jam.ino	example54_jam.ino
8	コンピュータ担当	example23_raspi.ino	example55_raspi.ino
9	電源設備担当	example24_ac.ino	example56_ac.ino
10	情報担当	example25_fs.ino	example57_fs.ino

図1 Wi-Fiコンシェルジェ[照明担当]はスマホまたはパソコンからブラウザでLEDを制御することができる

ESP-WROOM-02モジュール上で動作する簡易Webサーバへ，スマホなどのWebブラウザからアクセスすると，**図1**のように表示されます．HTTP GETリクエストとHTTP POSTリクエストによるLEDの操作を行うことができます．ボタン操作では，LEDの消灯，点灯，キャンドル状(揺らいだ感じ)の点灯，輝度20％の点灯が選べます．制御値をテキスト・ボックスに入力して，送信ボタンで制御することも可能です．回路はp.41の**写真2**，**図10**と同じものを使います．

▶Webブラウザから下記のようなLED制御ができるようになります
- ▶LED OFF = LEDを消灯します
- ▶LED ON = LEDを点灯します
- ▶キャンドル = ローソクの光のように点滅します
- ▶輝度20 % = LEDを暗めに点灯させます
- ▶テキスト・ボックス = nの値を入力します(−10〜10の指示値送信用)

応用

▶天気予報情報に応じて，LEDの点滅方法を変化させ通知します

▶家庭内の電力消費量に応じてLEDの点滅の輝度を調整して状態を通知します

▶トイレに設置した人感センサが人の動きを検知し経過時間に応じて輝度を変化させ，使用状態や，前に使った人が去ってからの経過時間を通知します

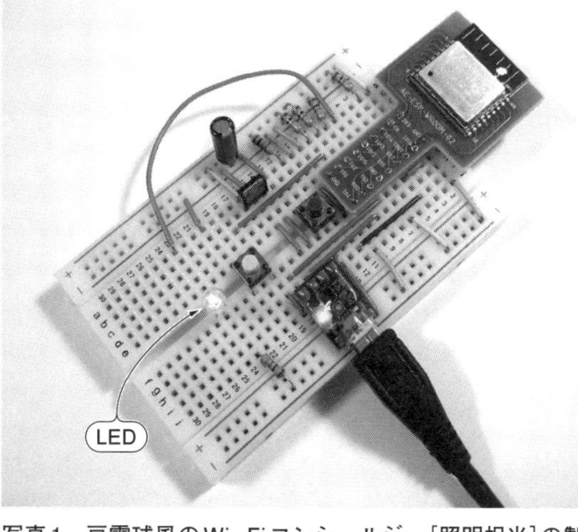

写真1　豆電球風のWi-Fiコンシェルジェ[照明担当]の製作例
キャンドルや電球のようなレトロ感を演出するためにガラス・パッケージのLED(スタンレー製GPL/W/A00002/FA/ST)を使用した．ガラス内が空洞なので，発光部がLEDチップ部の一点に集中する．IO13(5番ピン)にLEDのアノードを接続し，カソード側には1kΩの抵抗を接続し，抵抗の反対側をGNDへ接続する

ブラウザや他のサーバから IoT 制御する簡易 Web サーバ

● 簡易Webサーバのサンプル・プログラム

WebブラウザからWi-Fiコンシェルジェ[照明担当]にアクセスするためには，ESPモジュール内にWebサーバ機能を実装する必要があります．Webサーバ機能を持ったWi-Fiコンシェルジェ[照明担当]のサンプル・プログラムを**リスト1** example16_led(pp.114-115)に示します．

① TCPサーバをポート番号80で使用するための定義です．後の手順③でサーバを起動します．TCPのポート80はWebサーバ用に割り当てられています．ポート80を用いることで，インターネット・ブラウザからアクセスするときにポート番号の指定を省略することができます．

②「morse」命令を使ってモールス符号をLEDへ出力します．Arduino IDEのタブ[morse]をクリックするとmorse命令の内容が確認できます．第1引き数は，出力先のIOポート番号です．第2引き数は，モールス符号の符号の持続時間です．かなり早い速度で点滅します．読み取れない場合は，値を大きくしてください．第3引き数には，文字列を入力します．IPアドレスの末尾の値を出力するmorseIp0コマンドも準備しました．

③ 手順①で定義したTCPサーバを起動します．以降のサンプル・プログラムにより，ESPモジュール上で簡易Webサーバを動作させることができるようになります．

④ このWebサーバへアクセスするインターネット・ブラウザclient用のインスタンスを定義します．

⑤ Webサーバにインターネット・ブラウザからの接続があるかどうかを確認し，接続があった場合に手順④で定義したclientへ接続元を代入します．以降，接続元(インターネット・ブラウザ)に対する命令(メソッド)が利用できるようになります．

⑥ インターネット・ブラウザとの接続状態を確認します．接続されていた場合，このwhileループ内で，ブラウザからのコマンドの受信処理を行います．

⑦ インターネット・ブラウザからのデータの有無を確認します．データがあった場合は次の手順⑧を実行します．

⑧ データを1バイトだけ受信し，変数cに代入します．本コマンドを含む手順⑥のwhileループ内で受信した文字を文字列sに代入していきます．

⑨ 受信した文字列sが「GET /?L =」と一致した場合の処理です．HTTP GETリクエストを使ってLEDの輝度設定を行うコマンド「L =」を受信した場合に，次の行で変数targetへLの値を代入し，whileループを抜けます．

⑩ インターネット・ブラウザへの応答部です．「client.print」などを使用して，HTTP応答データを返信します．

⑪ 変数targetの値に応じてLEDを制御します．「ledCtrl」命令はタブ「ledCtrl」内に収録しました．命令実行直後の輝度を第1引き数に，遷移先の輝度を第2引き数，遷移速度を第3引き数に入力します．

⑫ ブラウザとの通信を切断します.

● ESPモジュールに接続した機器を制御するHTTP GETリクエストとHTTP POSTリクエスト

手順⑨-1はHTTP GETリクエストを使った場合の処理部です. HTTP GETでは以下のようにHTTPリクエストのURLにLEDを制御するコマンド「L」を付与します. 下記は「L = 1」を埋め込んだ場合の一例です.

```
http://192.168.0.2/?L = 1
```

⑨-2にも同じような処理があります. こちらはHTTP POSTリクエストを使った場合の処理です. LEDを制御するコマンドはHTTPの本文に含めます. サンプル・プログラムではフラグ変数postFを使用し, postF = 0のときに, HTTP POSTおよびGETリクエストを待ち受けます. インターネット・ブラウザからHTTP POSTリクエストを受け取るとpostF = 1となり, HTTPヘッダ部の終了を待ちます. HTTPヘッダが終了すると, postF = 2となり, HTTP本文の読み込みに移ります. ⑨-2によるLED制御コマンドの確認は, postF = 2のときだけ実行し, ここで「L = 」を受け取った場合に, Lの値を変数targetに代入します.

● 簡易Webサーバの動作確認

サンプル・プログラムの冒頭のSSIDとPASSを使用するWi-Fiアクセス・ポイントに合わせて修正し, ESPモジュールへ書き込みます. 起動すると, 「HELLO」のメッセージと, 本器のIPアドレスの末尾1バイトの10進数を, モールス符号でLED表示します. 本機のIPアドレスは, ブラウザからアクセスするときに必要な情報です. 同時にシリアルにも出力されるので, Arduino IDEのシリアル・モニタで確認することも可能です.

図1のような操作画面を表示するには, 同じLANに接続されたパソコンやスマートフォンなどのインターネット・ブラウザからアクセスします. 例えば, 本機のIPアドレスが192.168.0.2であった場合, 以下のようなURLをインターネット・ブラウザへ入力してください.

```
http://192.168.0.2/
```

リスト1　動作確認済みのWi-Fiコンシェルジェ[照明担当]のサンプル・プログラムexample16_led

```
/*******************************************************************************
Example 16: キャンドルLEDの製作
*******************************************************************************/

#include <ESP8266WiFi.h>                          // Wi-Fi機能を利用するために必要
extern "C" {
#include "user_interface.h"                       // ESP8266用の拡張IFライブラリ
}
#define PIN_LED 13                                // IO 13(5番ピン)にLEDを接続する
#define TIMEOUT 20000                             // タイムアウト 20秒
#define SSID "1234ABCD"  } ※使用するWi-Fiアクセ  // Wi-Fiアクセス・ポイントのSSID
#define PASS "password"  } ス・ポイントに合わせる  // パスワード
WiFiServer server(80); ←①                        // Wi-Fiサーバ(ポート80=HTTP)定義
int led=0;                                        // 現在のLEDの輝度(0は消灯)
int target=0;                                     // LED設定値(0は消灯)

void setup(){                                     // 起動時に一度だけ実行する関数
    pinMode(PIN_LED,OUTPUT);                      // LEDを接続したポートを出力に
    Serial.begin(9600);                           // 動作確認のためのシリアル出力開始
    Serial.println("Example 16 LED HTTP");        // 「Example 16」をシリアル出力表示
    wifi_set_sleep_type(LIGHT_SLEEP_T);           // 省電力モードに設定する
    WiFi.mode(WIFI_STA);                          // Wi-FiをSTAモードに設定
    WiFi.begin(SSID,PASS);                        // Wi-Fiアクセス・ポイントへ接続
    morse(PIN_LED,50,"HELLO"); ←②                 // 「HELLO」をモールス符号出力
    while(WiFi.status() != WL_CONNECTED){         // 接続に成功するまで待つ
        Serial.print('.');                        // 進捗表示
        digitalWrite(PIN_LED,!digitalRead(PIN_LED)); // LEDの点滅
        delay(500);                               // 待ち時間処理
    }
    server.begin(); ←③                            // サーバを起動する
    Serial.println("\nStarted");                  // 起動したことをシリアル出力表示
    Serial.println(WiFi.localIP());               // 本機のIPアドレスをシリアル出力
    morseIp0(PIN_LED,50,WiFi.localIP());          // IPアドレス終値をモールス符号出力
}

void loop(){                                      // 繰り返し実行する関数
    WiFiClient client; ←④                         // Wi-Fiクライアントの定義
```

```
    char c;                                          // 文字変数を定義
    char s[65];                                      // 文字列変数を定義 65バイト64文字
    int len=0;                                       // 文字列の長さカウント用の変数
    int t=0;                                         // 待ち受け時間のカウント用の変数
    int postF=0;                                     // POSTフラグ(0:未 1:POST 2:BODY)
    int postL=64;                                    // POSTデータ長

    client = server.available(); ←⑤                 // 接続されたクライアントを生成
    if(client==0){
        if(target>1 && target<=10){                  // 1よりも大きく10以下のとき
            led=ledCtrl(led,23+random(0,target*100),20);
        }                                            // LEDの輝度を乱数値23～1023に設定
        return;                                      // 非接続のときにloop()の先頭に戻る
    }
    Serial.println("Connected");                     // 接続されたことをシリアル出力表示
    while(client.connected()){ ←⑥                   // 当該クライアントの接続状態を確認
        if(client.available()){ ←⑦                  // クライアントからのデータを確認
            t=0;                                     // 待ち時間変数をリセット
            c=client.read(); ←⑧                     // データを文字変数cに代入
            if(c=='\n'){                             // 改行を検出した時
                if(postF==0){                        // ヘッダ処理
                    if(len>8 && strncmp(s,"GET /?L=",8)==0){ ←⑨-1
                        target=atoi(&s[8]);          // 変数targetにデータ値を代入
                        break;                       // 解析処理の終了
                    }else if (len>5 && strncmp(s,"GET /",5)==0){
                        break;
                    }else if(len>6 && strncmp(s,"POST /",6)==0){
                        postF=1;                     // POSTのBODY待ち状態へ
                    }
                }else if(postF==1){
                    if(len>16 && strncmp(s,"Content-Length: ",16)==0){
                        postL=atoi(&s[16]);          // 変数postLにデータ値を代入
                    }
                }
                if( len==0 ) postF++;                // ヘッダの終了
                len=0;                               // 文字列長を0に
            }else if(c!='\r' && c!='\0'){
                s[len]=c;                            // 文字列変数に文字cを追加
                len++;                               // 変数lenに1を加算
                s[len]='\0';                         // 文字列を終端
                if(len>=64) len=63;                  // 文字列変数の上限
            }
            if(postF>=2){                            // POSTのBODY処理
                if(postL<=0){                        // 受信完了時
                    if(len>2 && strncmp(s,"L=",2)==0){ ←⑨-2
                        target=atoi(&s[2]); // 変数targetに数字を代入
                    }
                    break;                           // 解析処理の終了
                }
                postL--;                             // 受信済POSTデータ長の減算
            }
        }
        t++;                                         // 変数iの値を1だけ増加させる
        if(t>TIMEOUT) break; else delay(1); // TIMEOUTに到達したらwhileを抜ける
    }
    if(client.connected()){                          // 当該クライアントの接続状態を確認
⑩→     html(client,target,WiFi.localIP());          // HTMLコンテツを出力する
    ⎧   if(target==0) led=ledCtrl(led,0,4);         // ゆっくりと消灯
⑪ ⎨   if(target==1) led=ledCtrl(led,1023,4);      // ゆっくりと点灯
    ⎩   if(target<=0 && target>=-10) led=ledCtrl(led,-100*target,4);// 輝度変更
    }                                                // 負のときは-100を掛けて出力
    client.stop(); ←⑫                               // クライアントの切断
    Serial.println("Disconnected");                  // シリアル出力表示
}
```

2 Wi-Fiコンシェルジェ [チャイム担当]

動作

▶電源を入れると，「Hello」をモールス符号の音で知らせます

▶一定間隔で，鳴音し，自動的にWi-Fiアクセス・ポイントに接続します

▶接続すると，IPアドレスの末尾1バイトをモールス符号の音で知らせます

▶Webブラウザから下記のチャイム音を制御できます

　▶鳴音停止＝ピンポン音を中断します

　▶ピンポン＝ピンポン音を鳴らします(一度の操作で鳴音)

　▶5回連続＝ピンポン音を5回連続して鳴ります

　▶テキスト・ボックス＝回数を指定してピンポン音を鳴らします

応用

▶玄関に設置したWi-Fi人感センサと組み合わせて，来客を知らせます

▶Wi-Fi 3軸加速度センサがドア開閉や窓の開閉を検出したときに，家族の行動変化を知らせます

▶天気予報情報が変化したときに，モールス符号の音で天気を通知します

モノによるIoTシステムであっても，その終点は人間です．しかし，従来のIT機器と異なり，人間が常にシステムの状態を監視しているとは限らないので，何らかのイベント発生時に人間に通知する機器が必要です．ここで製作するWi-Fi コンシェルジェ[チャイム担当]は，もっとも基本的な通知機器です．

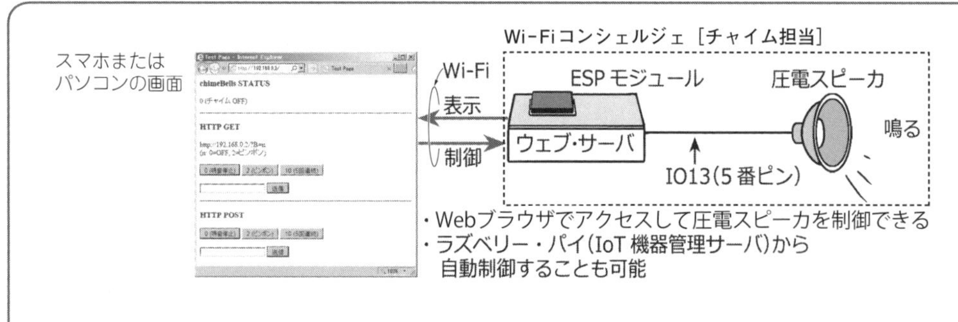

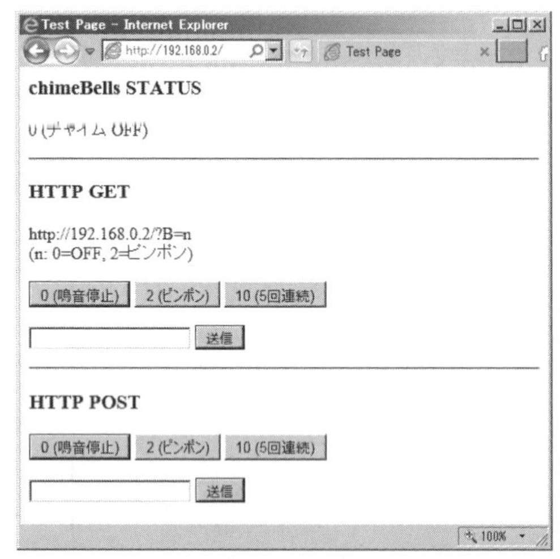

図1　Wi-Fiコンシェルジェ[チャイム担当]はスマホまたはパソコンにこの入力画面を送る画面

インターネット・ブラウザを使って，ESPモジュール上で動作するHTTPサーバへアクセスしたときのようすを図1に示します．HTTP GETリクエストまたはHTTP POSTリクエストを用いて，チャイムを発音させることができます．ボタン操作で，チャイムの停止，ピンポン音，5回連続のピンポン音が選べます．制御値をテキスト・ボックスに入力して，送信ボタンで制御することも可能です．

Wi-Fi制御の基本はESPモジュール＋Webサーバ

● Wi-Fiコンシェルジェ[チャイム担当]の回路

ハードウェアの製作例を**写真1**に，回路図を**図2**に示します．圧電スピーカの片側の端子を，ESPモジュールのIO 13(5番ピン)へ，反対側の端子をGNDへ接続しました．

ユニバーサル基板などにはんだ付けする場合は，ツェナー・ダイオードを圧電スピーカと並列に接続し，ESPモジュールと圧電スピーカとの間に100Ω程度の抵抗を挿入して，圧電スピーカの高電圧からESPモジュールを保護するようにします．

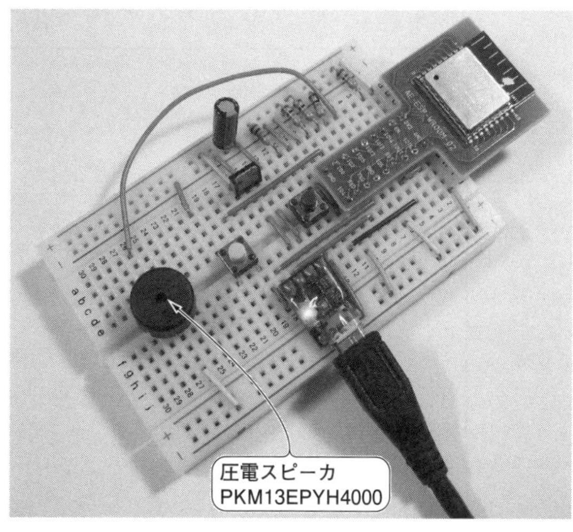

写真1　製作例
圧電スピーカ(PKM13EPYH4000-A0)を搭載したWi-Fiコンシェルジェ[チャイム担当]．ESPモジュールのIO 13とGNDとの間に接続する

● チャイムを鳴らすサンプル・プログラム

リスト1に，Wi-Fiコンシェルジェ[チャイム担当]のサンプル・プログラムを示します．HTTPサーバの動作は前に解説したWi-Fiコンシェルジェ[照明担当]と同じです．ここでは，圧電スピーカの制御部分について説明します．

① 整数型変数chimeを定義します．この変数には残りのチャイム鳴音回数を代入します．初期値のchime = 0は音が鳴らない状態です．
② HTTP GETでチャイム制御用のコマンド「B」を受け取ったときの処理です．チャイムを1回だけ鳴らす場合は，「B = 1」のように鳴音回数を制御値として指定することができます．制御値は次の行で変数chimeに代入されます．
③ Webブラウザへの応答メッセージを出力する命令です．Arduino IDのタブ[html]をクリックすると，この命令の内容が表示されます．
④ 圧電スピーカからチャイム音を鳴らす命令chimeBellsを実行します．

Arduino IDEのタブ[chimeBells]をクリックすると，この命令のスケッチが表示されます．引き数はポート番号と，鳴音回数です．ここでは，1回の命令実行につき1音しか鳴りません．chime値が偶数であるか奇数であるかによって音階を決定し，鳴音後に，chime値を1だけ減算した値を戻り値として返します．戻り値を改めて変数chimeに代入するので，loop処理中の本命令部を繰り返し実行するたびにchime値が減算され，指定の鳴音回数の実行が完了すると，chime値が0となり，鳴り止みます．マルチスレッドを使用しないプログラムでは，よく利用する方法なので，流れを理解しておくと良いでしょう．

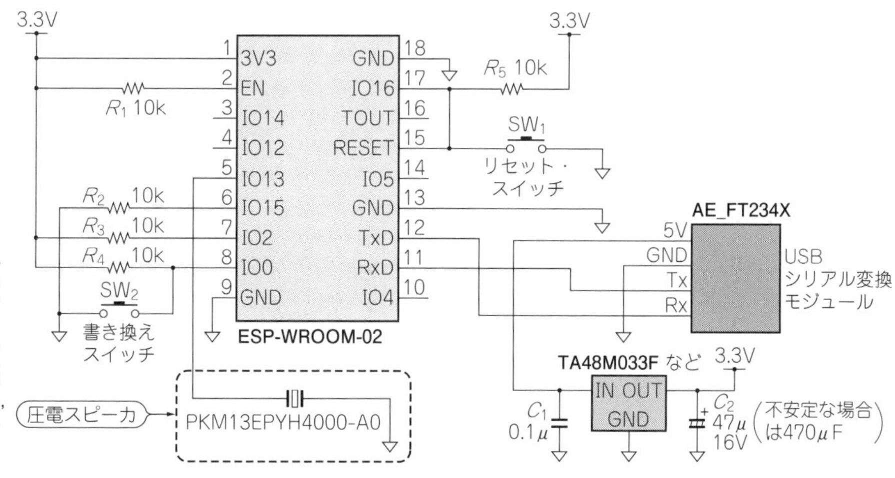

図2　Wi-Fiコンシェルジェ[チャイム担当]の回路図
Wi-Fiコンシェルジェ[チャイム担当]のLEDとLED用の電流制限抵抗を取り外し，その代わりに圧電スピーカとジャンパ線を実装した

リスト1　Wi-Fiコンシェルジェ[チャイム担当]のサンプル・プログラムexample17_bell

```
/*******************************************************************************
Example 17: チャイムの製作
*******************************************************************************/

                                        ～～～ 中略 ～～～

WiFiServer server(80);                          // Wi-Fiサーバ(ポート80=HTTP)定義
int chime=0; ←──①                              // チャイムOFF

void setup(){
                                        ～～～ 中略 ～～～
}

void loop(){
                                        ～～～ 中略 ～～～

    if(chime){                                  // チャイムの有無
        wifi_set_sleep_type(NONE_SLEEP_T);      // スリープ禁止
        chime=chimeBells(PIN_BUZZER,chime);     // チャイム音を鳴らす ←──④
        wifi_set_sleep_type(LIGHT_SLEEP_T);     // 省電力モード
    }
    client = server.available();                // 接続されたクライアントを生成
    if(client==0) return;                       // 非接続のときにloop()の先頭に戻る
    Serial.println("Connected");                // 接続されたことをシリアル出力表示
    while(client.connected()){                  // 当該クライアントの接続状態を確認
        if(client.available()){                 // クライアントからのデータを確認
            t=0;                                // 待ち時間変数をリセット
            c=client.read();                    // データを文字変数cに代入
            if(c=='\n'){                        // 改行を検出した時
                if(postF==0){                   // ヘッダ処理
                    if(len>8 && strncmp(s,"GET /?B=",8)==0){ ←──②
                        chime=atoi(&s[8]);      // 変数chimeにデータ値を代入
                        break;                  // 解析処理の終了
                    }else if (len>5 && strncmp(s,"GET /",5)==0){
                        break;                  // 解析処理の終了
                    }else if(len>6 && strncmp(s,"POST /",6)==0){
                        postF=1;                // POSTのBODY待ち状態へ
                    }
                }else if(postF==1){
                    if(len>16 && strncmp(s,"Content-Length: ",16)==0){
                        postL=atoi(&s[16]);     // 変数postLにデータ値を代入
                    }
                }
                if( len==0 ) postF++;           // ヘッダの終了
                len=0;                          // 文字列長を0に
            }else if(c!='\r' && c!='\0'){
                s[len]=c;                       // 文字列変数に文字cを追加
                len++;                          // 変数lenに1を加算
                s[len]='\0';                    // 文字列を終端
                if(len>=64) len=63;             // 文字列変数の上限
            }
            if(postF>=2){                       // POSTのBODY処理
                if(postL<=0){                   // 受信完了時
                    if(len>2 && strncmp(s,"B=",2)==0){
                        chime=atoi(&s[2]);      // 変数chimeに数字を代入
                    }
                    break;                      // 解析処理の終了
                }
                postL--;                        // 受信済POSTデータ長の減算
            }
        }
        t++;                                    // 変数iの値を1だけ増加させる
        if(t>TIMEOUT) break; else delay(1);     // TIMEOUTに到達したらwhileを抜ける
    }
    if(client.connected()){                     // 当該クライアントの接続状態を確認
        html(client,chime,WiFi.localIP());      // HTMLコンテンツを出力する ←──③
    }
    client.stop();                              // クライアントの切断
    Serial.println("Disconnected");             // シリアル出力表示
}
```

3 Wi-Fiコンシェルジェ［掲示板担当］

動作

▶電源を入れると，「Hello」の文字を表示します
▶Wi-Fiアクセス・ポイントに接続するとIPアドレスを表示します
▶IoTセンサ機器が送信する情報を受信したときに，受信したテキスト文字を表示します
▶Webブラウザから下記のような表示制御が行えます

- ［Hello］ボタン＝Helloの文字をLCDに表示します
- テキスト・ボックス＋送信ボタン＝任意の文字をLCDに表示します

応用

▶さまざまなセンサやインターネットからの情報を基に，任意の情報を表示し続けるディスプレイ端末として使用できます．例えば，1行目に現在時刻を表示し，2行目には情報を横スクロール表示させることで，より実用的に使える表示機器となります

全32文字の表示が可能な16桁2行のI²C接続LCDモジュールを使ったWi-Fi表示器を製作します（**写真1**）．UDPで送られてきた各種Wi-Fiセンサからのデータを表示する機能と，HTTP GETリクエストやHTTP POSTリクエストで送られてきたテキスト文字を表示するWebサーバによる表示機能を実装しました．サンプル・プログラムの改造で8桁2行のLCDにも対応可能です．

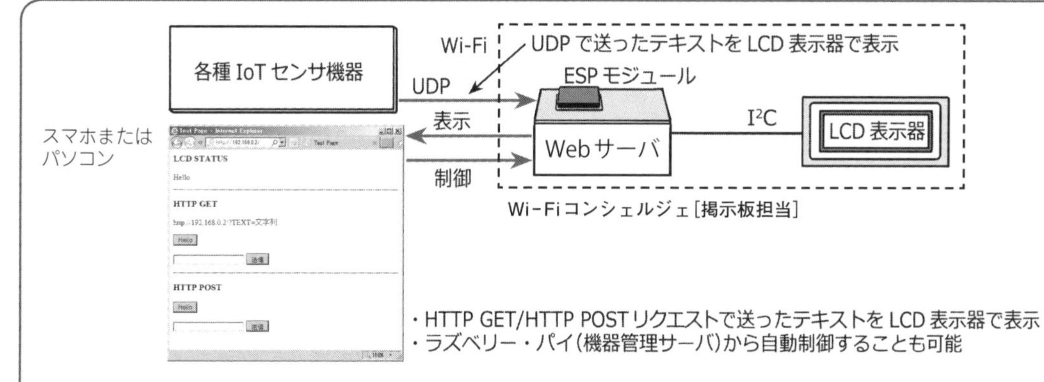

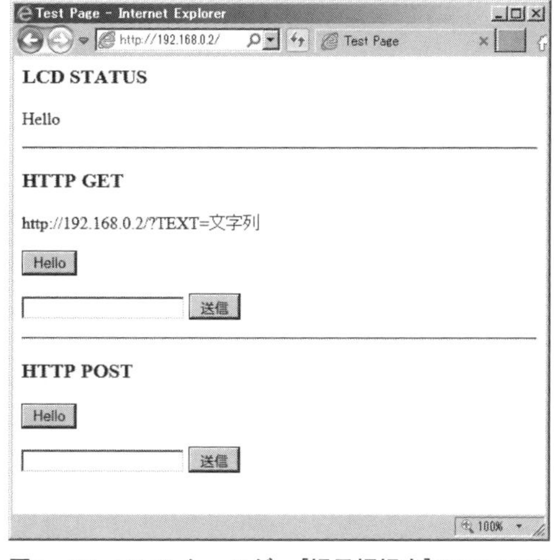

図1　Wi-Fiコンシェルジェ［掲示板担当］のスマホまたはパソコンの画面

Webブラウザを使って，ESPモジュール上で動作するWebサーバへアクセスしたときのようすを**図1**に示します．［Hello］ボタンをクリックするとLCDモジュールに［Hello］が表示されます．テキスト・ボックスに入力した任意の文字を表示することも可能です．

Wi-Fiコンシェルジェ[掲示板担当]の製作

● ESPモジュールにLCD表示器をI^2Cで接続

Wi-Fiコンシェルジェ[掲示板担当]の製作例を**写真1**，回路図を**図2**に示します．LCDモジュールを専用の変換基板にはんだ付けし，変換基板上の4つの端子(+V，SCL，SDA，GND)をブレッドボードに接続し，SCLとSDAをESPモジュールに接続します．

● UDPで送られてきたデータをLCD表示するサンプル・プログラム

以下に**リスト1** UDPで送られてきたデータをLCD表示するサンプル・プログラムexample18_lcd.inoのLCDモジュール表示に関連した内容を説明します．

①「lcdSetup」はLCDモジュールの初期設定を行う命令です．引き数は表示文字サイズです．16文字，2行を渡します．8文字2行のAE-AQM0802を使用する場合は16を8に変更します．Arduino IDE上のタブ[i2c_lcd]をクリックするとLCDモジュール用のドライバ部を表示することができます．
②[lcdPrint]はLCDモジュールに文字を出力する命令です．このドライバのサンプル・プログラムもタブ[i2c_lcd]内に記述しました．

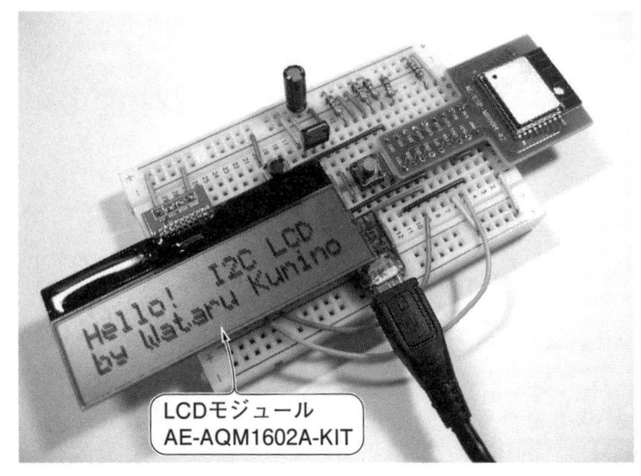

写真1 Wi-Fiコンシェルジェ[掲示板担当]の製作例
16桁2行のI^2C接続LCDモジュール(秋月電子通商・AE-AQM1602A-KIT)を搭載したLCD表示器．LCDモジュールとブレッドボードとの間に小さな変換基板を経由する

③受信したUDPパケットをLCDモジュールへ転送する処理部です．「memset」は変数の値をセットするC言語の命令です．文字列変数sの全領域(65バイト64文字分)に0x00を代入します．その後，「udp.read」で読み取ったデータを文字列変数sへ代入し，lcdPrintでLCDへ出力します．
④WebブラウザからHTTP GETコマンドを使って，制御命令「TEXT」を受け取ったときの処理部で

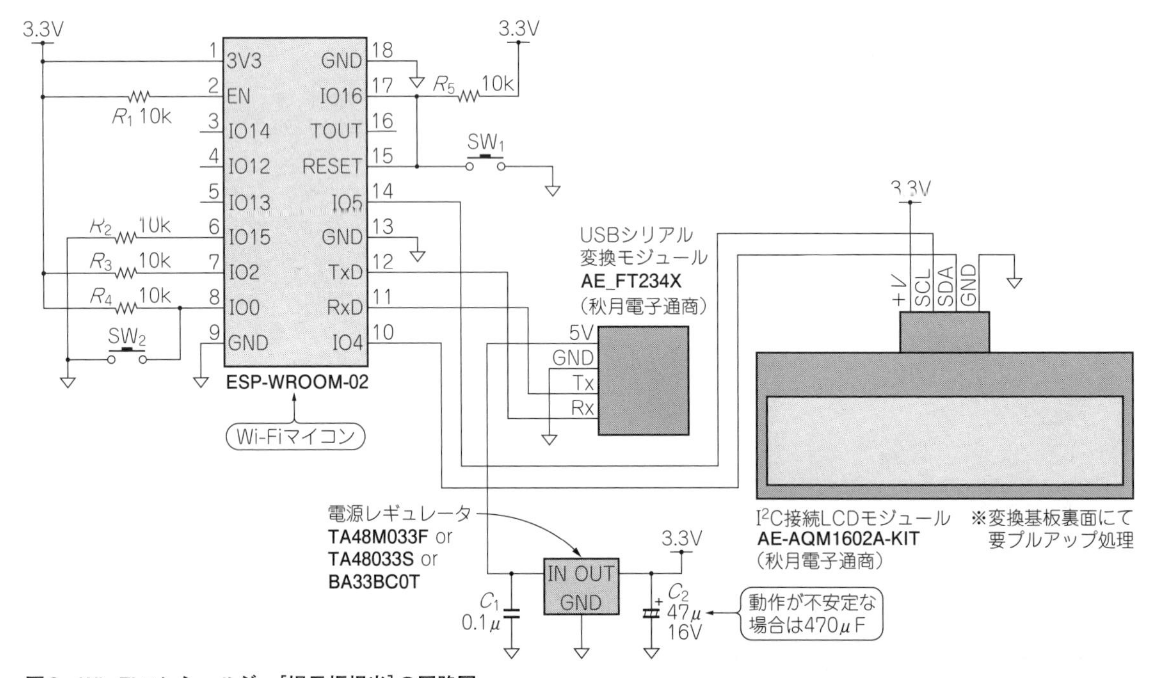

図2 Wi-Fiコンシェルジェ[掲示板担当]の回路図
I^2C接続LCDモジュールAE-AQM1602A-KITをESPモジュールへ接続する．変換基板の裏面でプルアップ処理が必要(プルアップ用ジャンパをはんだ付け)．AE-AQM0802を使用することも可能

リスト1 UDPで送られてきたデータをLCD表示するWi-Fiコンシェルジェ[掲示板担当]のサンプル・プログラムexample18_lcd.ino

```
/*******************************************************************************
Example 18: LCDへ表示する(HTTP版)
*******************************************************************************/

~~~ 中略 ~~~

void setup(){                                          // 起動時に一度だけ実行する関数
    lcdSetup(16,2); ←①                                 // LCDの初期化(16桁×2行)

~~~ 中略 ~~~

    lcdPrint("Example 18 LCD"); ←②                    // 「Example 18」をLCDに表示する
    lcdPrintIp2(WiFi.localIP());                       // IPアドレスをLCDの2行目に表示
}

void loop(){                                           // 繰り返し実行する関数
    WiFiClient client;                                 // Wi-Fiクライアントの定義
    char c;                                            // 文字変数cを定義
    char s[65];                                        // 文字列変数を定義 65バイト64文字
    char lcd[65]="no+data";                            // LCD表示用文字列変数 64文字
    int len=0;                                         // 文字列長を示す整数型変数を定義
    int t=0;                                           // 待ち受け時間のカウント用の変数
    int postF=0;                                       // POSTフラグ(0:未 1:POST 2:BODY)
    int postL=64;                                      // POSTデータ長

    client = server.available();                       // 接続されたTCPクライアントを生成
    if(client==0){                                     // TCPクライアントが無かった場合
        len = udp.parsePacket();                       // UDP受信パケット長を変数lenに代入
        if(len==0)return;                              // TCPとUDPが未受信時にloop()先頭へ
        memset(s, 0, 65);  ┐                           // 文字列変数sの初期化(65バイト)
        udp.read(s, 64);   │③                          // UDP受信データを文字列変数sへ代入
        lcdPrint(s);       │                           // LCDに表示する
        return;            ┘                           // loop()の先頭に戻る
    }
    lcdPrint("TCP Connected");                         // 接続されたことを表示
    while(client.connected()){                         // 当該クライアントの接続状態を確認
        if(client.available()){                        // クライアントからのデータを確認
            t=0;                                       // 待ち時間変数をリセット
            c=client.read();                           // データを文字変数cに代入
            if(c=='\n'){                               // 改行を検出した時
                if(postF==0){                          // ヘッダ処理
                    if(len>11 && strncmp(s,"GET /?TEXT=",11)==0){ ←④
                        strncpy(lcd,&s[11],64);        // 受信文字列をlcdへコピー
                        break;                         // 解析処理の終了
                    }else if (len>5 && strncmp(s,"GET /",5)==0){
                        break;                         // 解析処理の終了
                    }else if(len>6 && strncmp(s,"POST /",6)==0){
                        postF=1;                       // POSTのBODY待ち状態へ
                    }
                }else if(postF==1){
                    if(len>16 && strncmp(s,"Content-Length: ",16)==0){
                        postL=atoi(&s[16]);            // 変数postLにデータ値を代入
                    }
                }
                if( len==0 ) postF++;                  // ヘッダの終了
                len=0;                                 // 文字列長を0に
            }else if(c!='\r' && c!='\0'){
                s[len]=c;                              // 文字列変数に文字cを追加
                len++;                                 // 変数lenに1を加算
                s[len]='\0';                           // 文字列を終端
                if(len>=64) len=63;                    // 文字列変数の上限
            }
            if(postF>=2){                              // POSTのBODY処理
                if(postL<=0){                          // 受信完了時
                    if(len>5 && strncmp(s,"TEXT=",5)==0){
                        strncpy(lcd,&s[5],64);         // 受信文字列をlcdへコピー
                    }
                    break;                             // 解析処理の終了
                }
```

リスト1　UDPで送られてきたデータをLCD表示するWi-Fiコンシェルジェ[掲示板担当]のサンプル・プログラムexample18_lcd.ino(つづき)

```
                postL--;                                    // 受信済POSTデータ長の減算
            }
        }
        t++;                                                // 変数tの値を1だけ増加させる
        if(t>TIMEOUT) break; else delay(1);                 // TIMEOUTに到達したらwhileを抜ける
    }
    delay(1);                                               // クライアント側の応答待ち時間
    trUri2txt(lcd); ←⑤                                      // URLエンコードの変換処理
    lcdPrint(lcd); ←⑥                                       // 受信文字データをLCDへ表示
    if(client.connected()){                                 // 当該クライアントの接続状態を確認
        html(client,lcd,WiFi.localIP());                    // HTMLコンテンツを出力する
    }
    client.stop();                                          // クライアントの切断
}
```

す．次の行のstrncpyを使って，「TEXT＝」以降の文字列を文字列変数lcdへコピーします．

⑤「trUri2txt」はHTTPクエリ内のコードを通常の文字列に変換する命令です．ここではWebブラウザから受け取った変数lcdの文字列をLCDモジュールで表示可能な文字に変換します．詳しくは，Arduino IDE上のタブ「trUri2txt」をクリックして確認してください．

⑥ 文字列変数lcdの内容をLCDモジュールへ転送し，Webブラウザから受信した文字列をLCDに表示します．

● 動作確認方法

サンプル・プログラム内のSSIDとPASSを書き替えてから，サンプル・プログラムをESPモジュールに書き込みます．書き込み後，ESPモジュールを起動させると，アクセス・ポイントに接続し，LCDモジュールに本器のIPアドレスを表示します．

表示されたIPアドレスに，Webブラウザを使って接続すると**図1**のような画面が表示されます．テキスト・ボックスに文字を入力し，送信ボタンをクリックするとLCDモジュールにテキスト文字が表示されます．日本語については，半角のカタカナのみ使用することができます．

Wi-Fiコンシェルジェ[掲示板担当]はUDPで送られてきたデータを表示できる

● センサ＋ESPモジュールからのデータと組み合わせて使う

Wi-Fiコンシェルジェ[掲示板担当]を起動した状態で，各種IoTセンサ機器が送信するデータを受信すると，その内容が液晶画面に表示されます．5章で製作した各種のWi-Fi対応IoTセンサ機器が送信するUDPに対応しているので，センサ機器やシステムの動作確認に重宝するでしょう．

写真2(a)～(e)に各センサから送られてきたデータの表示例を示します．

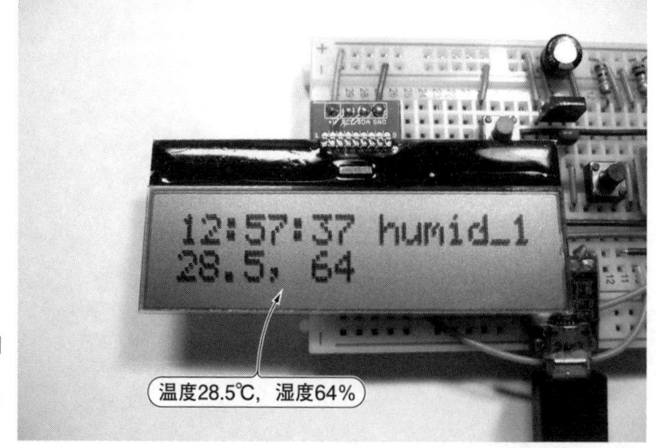

写真3　時計機能付きWi-Fiコンシェルジェ[掲示板担当]
Wi-Fi温湿度センサからの情報を受信したときのようす．時刻が左上に，デバイス名が右上に，測定値が下段に表示される．測定値などの表示データが16文字を超えた場合は，横スクロールして，全文字が表示される

(a) 第5章で製作したWi-Fi温湿度計からのセンサ値を取得したときのようす．デバイス名「humid_1」に続き，温度，湿度が表示される．ここでは，室温28.5 ℃，湿度64 %が表示された

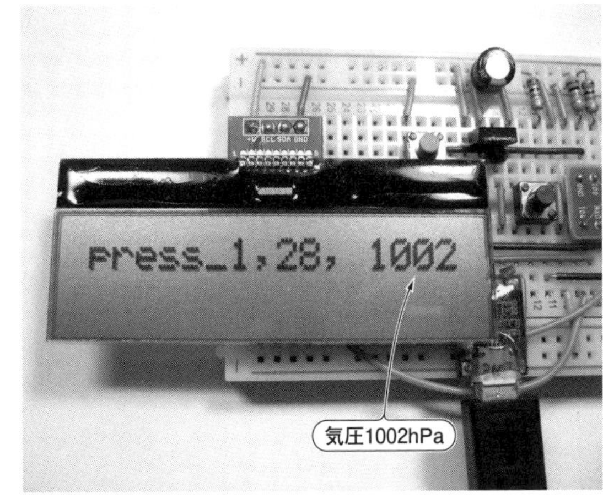

(b) 第5章で製作したWi-Fi気圧計からのセンサ値を取得したときのようす．デバイス名「press_1」に続き，温度，気圧が表示される．ここでは，室温28 ℃，気圧1002 hPaが表示された

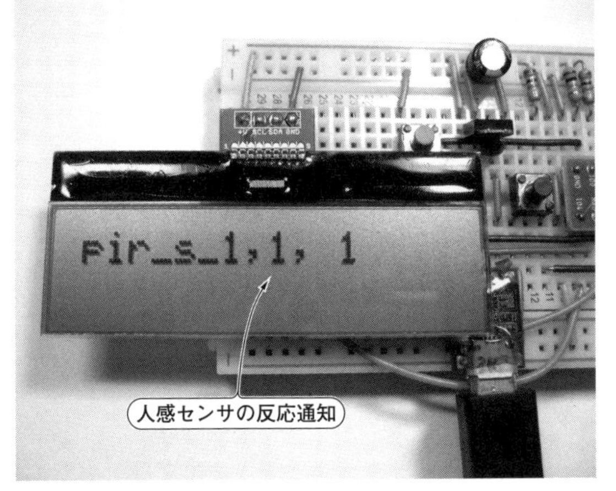

(c) Wi-Fi人感センサから検知情報を受信したときのようす

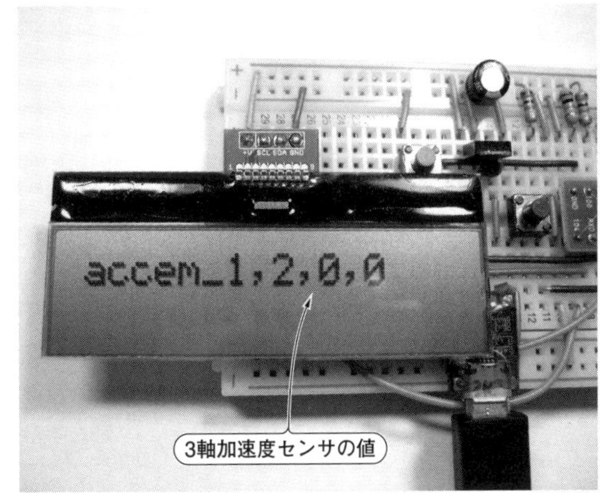

(d) Wi-Fi 3軸加速度センサから検知情報を受信したときのようす

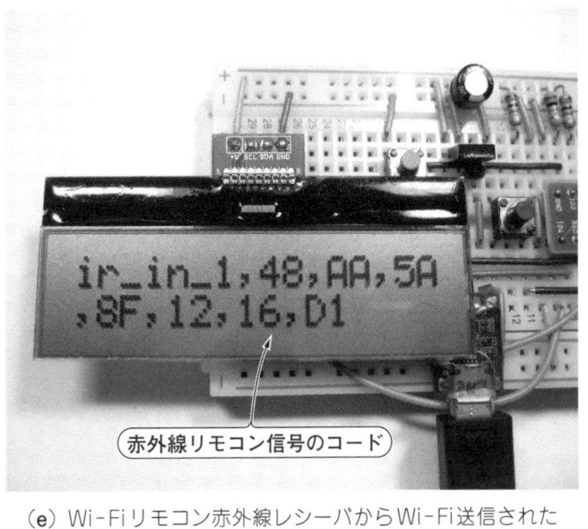

(e) Wi-Fiリモコン赤外線レシーバからWi-Fi送信されたリモコン信号を，本機が受信したときのようす

写真2　Wi-Fiコンシェルジェ［掲示板担当］は，センサから送られてくるデータを受信してLCD表示器に表示する

● 時計機能付きWi-Fi液晶表示器

普段，必要な情報を表示器へ表示しておくと，情報表示器を見る頻度が増大し，習慣的に情報を閲覧するようになります．そこで**写真3**のように，Wi-Fi液晶表示器に時計機能を追加してみました．

液晶の上段の左側には時刻を，右側にはIoTセンサのデバイス名を表示します．液晶の下段には受信したデータを表示します．データが16文字を超えるときは，自動的に横スクロールし，受信したすべてのデータ（最大56文字まで）を表示することができます．

時計機能を追加したサンプル・プログラムを「example18t_lcd_ntp」としてespフォルダへ収録しました．

4 Wi-Fiコンシェルジェ［リモコン担当］

ここでは，テレビやエアコン，オーディオ，照明機器などの赤外線リモコンで制御可能な機器を，Wi-Fi経由で制御するWi-Fiコンシェルジェ［リモコン担当］を製作します．通常の赤外線リモコンの代わりに，ESP-WROOM-02へ接続した赤外線LEDから赤外線リモコン信号を出力することで，遠隔からの家電操作や自動制御ができるようになります．

特徴

テレビやエアコン，オーディオ，照明機器など，赤外線リモコンで制御可能な家電機器をESPモジュールから赤外線リモコン信号を送信することで，IoT制御機器として使用できます．ここでは，第5章のWi-Fiリモコン赤外線レシーバで作成したハードウェアを使用し，赤外線リモコン信号の送受信を行います

動作

［受信データの取得］をクリックすると，本機が受信した信号を表示します

最後に受信した赤外線リモコン信号コードをHTTP GETリクエストで取得し，Webブラウザ上に表示できます

赤外線リモコン信号を送信するには，送信ビット長と16進数のデータをカンマ区切りでテキスト・ボックスに入力し，［リモコン送信］ボタンをクリックします．HTTP POSTリクエストで赤外線リモコン信号のデータがESPモジュールに転送され，本器の赤外線LEDから赤外線リモコン信号を送信します

国内で使用されている赤外線リモコンのフォーマットには，**家製協AEHA方式，NEC方式，SIRC方式**の3種類があり，リモコン送信時は家製協AEHA方式で送信されます．制御したい家電機器がNEC方式や

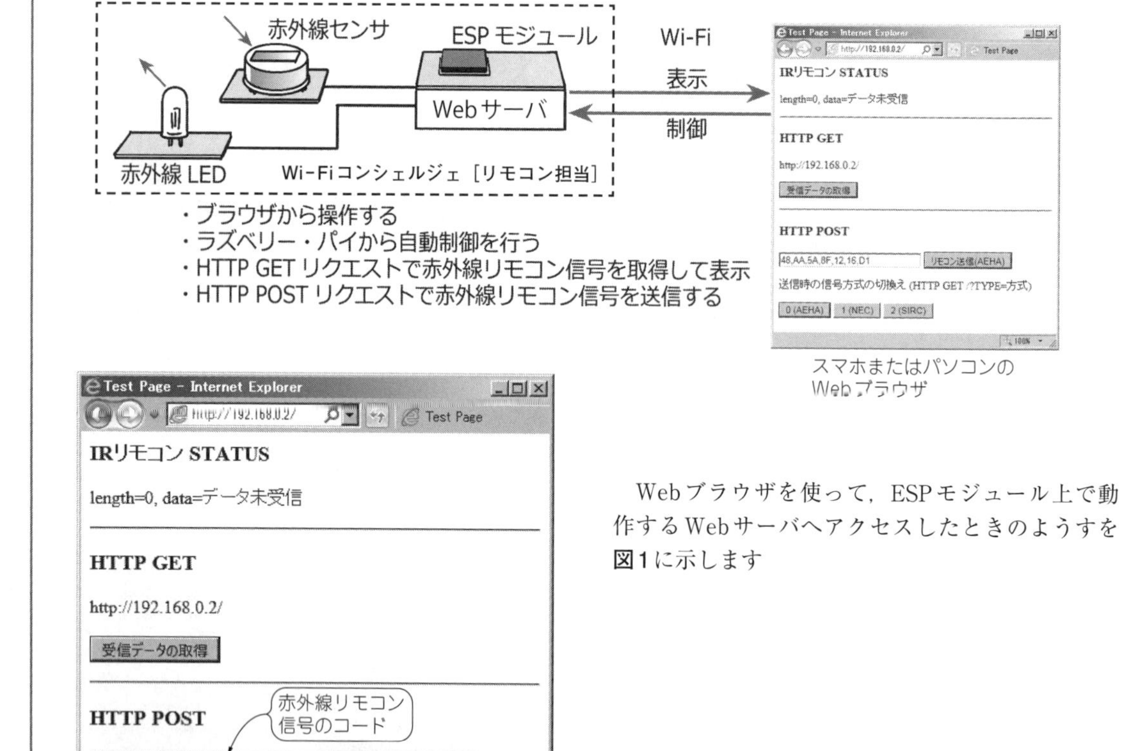

Webブラウザを使って，ESPモジュール上で動作するWebサーバへアクセスしたときのようすを**図1**に示します

図1　Wi-Fiコンシェルジェ［リモコン担当］はWebブラウザから操作する

SIRC方式であった場合は，**図1**の[送信時の信号方式の切換え]のボタンをクリックして方式を切り換えます．[リモコン送信(AEHA)]ボタンの括弧内の文字が「NEC」や「SIRC」に変わったことを確認してから，リモコン送信をクリックすると，NEC方式やSIRC方式で送信することができます．制御する家電機器がどの方式がわからない場合は，それぞれの方式を切り替えて試してみてください

Wi-Fiコンシェルジェ[リモコン担当]のサンプル・プログラム

● HTTP GETリクエストとHTTP POSTリクエストで赤外線リモコン・データをファイル化して送受信

回路は第5章で製作したWi-Fiリモコン赤外線レシーバと同じ，**写真1**の赤外線リモコン受信モジュールを使います．プログラムには赤外線リモコン送信機能を追加します．

ここで製作するWi-Fiコンシェルジェ[リモコン担当]のサンプル・プログラムを実行すると，インターネット・ブラウザから**図1**のような画面を操作できます．

本器が受信した信号を表示するには[受信データの取得]をクリックします．最後に受信した赤外線リモコン信号コードをHTTP GETリクエストで取得し，ブラウザ上に表示できます．

赤外線リモコン信号を送信するには，送信ビット長と16進数のデータをカンマ区切りでテキスト・ボックスへ入力し，[リモコン送信]ボタンをクリックします．HTTP POSTリクエストでデータがESPモジュールに転送され，本器の赤外線LEDから赤外線リモコン信号を送信します．リモコン信号の方式を変更するには，最下部の[AEHA]，[NEC]，[SIRC]のボタンをクリックします．

● Wi-Fiコンシェルジェ[リモコン担当]の設置場所

通常，赤外線リモコンは，離れた場所から機器を制御するために使用します．途中に障害物がある場合は，意識的にリモコンを持った手を伸ばすなりして，障害物を避けるようにして送信します．一方，本器は，固定して使用するので，人が前を遮ってしまったり，放射角度がずれるなどの環境変化によって通信に失敗する懸念が高まります．

Wi-Fiワイヤレス機能を搭載している本器は，わざわざ赤外線を遠くまで飛ばす必要もありません．つまり，本器と制御対象機器の受光部との距離を十分に近づけて使用したほうが合理的かつ確実です．

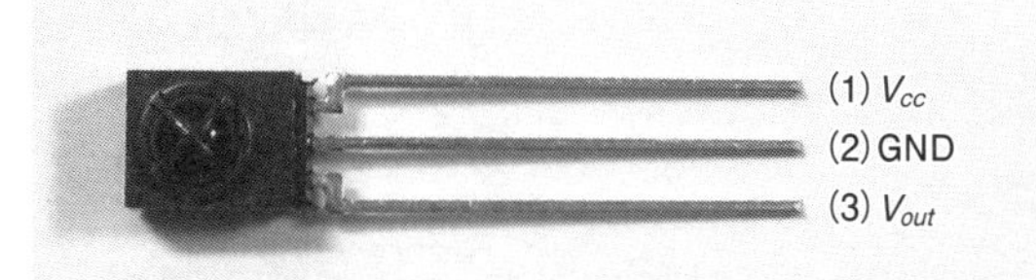

写真1　赤外線リモコン受信モジュール
Wi-Fiリモコン赤外線レシーバと同じGP1UXC41QSを使用する

回路図はWi-Fiリモコン赤外線レシーバと同じです(**図2**)．赤外線LEDのアノード側をESPモジュールのIO14(3番ピン)へ接続し，カソード側を270Ωの電流制限抵抗を経由してGNDへ接続します．ESPモジュールのI/O出力電流が限られているので，少ない電流で発光するようにしました．通常の赤外線リモコンと比較すると低い輝度になりますが，本器を制御対象機器の受光部に近づけて使用するのであれば問題ありません．少しでも出力を高めたい場合は，電流制限抵抗R_Lを小さくします．ただし，**ESPモジュールの最大電流12mAを超えないように**注意してください．12 mAが流れたときのLEDの順方向電圧V_Fがわかれば，以下の式で負荷抵抗を算出することができます．

負荷抵抗$R_{Lmin} = (3.3 - V_F)/0.012$

より安定させるには，赤外線LEDをビニール電線などで延長して，テープで受光部に貼り付けます．

● ブラウザからWi-Fiコンシェルジェ[リモコン担当]を制御する

Wi-Fiコンシェルジェ[リモコン担当]用のサンプル・プログラムexample19_ir_rcを**リスト1**に示します．行数が増えていますが，これまでのサンプル・プログラムを元に機能を拡張しただけです．UDP送信と，UDP受信，そしてWebサーバの3つの機能に大別できます．以下，それぞれの機能を構成する部分について復習します．

① UDP送信・UDP受信を行うためのインスタンスudpを定義します．以降，このUDPポートに対するメソッド(命令)を実行できるようになります．
② Webサーバによる TCP送受信を行うためのインスタンスserverを定義します．引き数の80はポート番号です．
③ Webサーバ用のTCP通信を行うための初期設定を行います．
④ UDP受信を行うための初期設定を行います．引き数は待ち受けるUDP受信ポートの番号です．ここではポート番号1024を使用します．

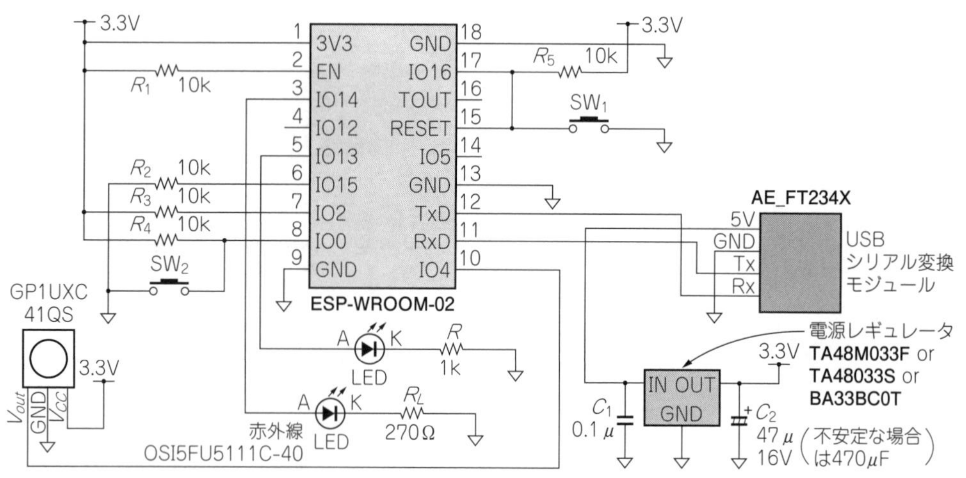

図2　Wi-Fiコンシェルジェ[リモコン担当]の回路図
赤外線リモコン信号の送信を行うための赤外線LEDと，受信を行う赤外線リモコン受信モジュールを，ESPモジュールへ接続した．家製協(AEHA)方式とNEC方式に対応し，実力的にはソニー SIRC方式も扱える

⑤ Webサーバに接続してきたクライアントすなわちWebブラウザを定義します．以降，Webクライアントに対するメソッド(命令)を実行できるようになります．ただし，定義しただけでは使用できません．手順⑨で実体を代入します．
⑥ UDP送信を行うための初期設定を行います．引き数は，宛て先のアドレスとUDP送信先ポート番号です．本例では受信と同じポート番号1024を使用します．
⑦ UDP送信を行うコマンドです．送信用バッファに蓄積するだけで，実際には送信しません．
⑧ 手順⑦のudp.print命令で出力したUDPパケットを実際に送信する命令です．以上の手順⑥～⑧でUDPパケットを送信します．
⑨ WebブラウザからWebサーバに接続があったかどうかを確認し，clientへ代入します．
⑩ UDP受信の有無を確認し受信長を変数d_lenに代入します．
⑪ UDPパケットを受信します．
⑫ Webサーバへ接続してきたHTTPクライアント(Webブラウザ)の接続状態を確認します．接続中は以降の処理を行います．
⑬ HTTPクライアントからのデータの有無を確認します．
⑭ 手順⑬でデータがあった場合にデータを読み取ります．
⑮ HTTPクライアントを切断します．

赤外線リモコンの送信には，ir_send命令を使用します．この命令の内容はArduino IDE上に表示されるタブ[ir_send]をクリックすると確認することができます．引き数は，データ，データのビット長，赤外線リモコン方式です．あらかじめsetup関数内のir_send_init命令でI/Oポートの初期設定を行ってから実行します．

リスト1 ブラウザから赤外線リモコン制御するWi-Fiコンシェルジェ[リモコン担当]のサンプル・プログラムexample19_ir_rc

```
/*******************************************************************************
Example 19: 赤外線リモコン送受信機
*******************************************************************************/

#include <ESP8266WiFi.h>                          // ESP8266用ライブラリ
extern "C" {
#include "user_interface.h"                       // ESP8266用の拡張IFライブラリ
}
#include <WiFiUdp.h>                              // UDP通信を行うライブラリ
#define TIMEOUT 20000                             // タイムアウト 20秒
#define DATA_LEN_MAX 16                           // リモコンコードのデータ長(byte)
#define PIN_IR_IN 4                               // IO 4(10番ピン) にIRセンサを接続
#define PIN_LED 13          ※使用するWi-Fi       // IO 13(5番ピン)にLEDを接続する
#define SSID "1234ABCD"     アクセス・ポイ        // Wi-Fiアクセス・ポイントのSSID
#define PASS "password"     ントに合わせる        // パスワード
#define SENDTO "192.168.0.255"                    // 送信先のIPアドレス
#define PORT 1024                                 // 送信のポート番号
#define DEVICE "ir_rc_1,"                         // デバイス名(5文字+"_"+番号+",")
#define AEHA        0                             // 赤外線送信方式(Panasonic, Sharp)
#define NEC         1                             // 赤外線送信方式 NEC方式
#define SIRC        2                             // 赤外線送信方式 SONY SIRC方式

WiFiUDP udp; ←①                                   // UDP通信用のインスタンスを定義
WiFiServer server(80); ←②                         // Wi-Fiサーバ(ポート80=HTTP)定義
byte D[DATA_LEN_MAX];                             // 保存用・リモコン信号データ
int D_LEN;                                        // 保存用・リモコン信号長(bit)
int IR_TYPE=AEHA;                                 // リモコン方式

void setup(){                                     // 起動時に一度だけ実行する関数
    pinMode(PIN_IR_IN, INPUT);                    // IRセンサの入力ポートの設定
    pinMode(PIN_LED,OUTPUT);                      // LEDを接続したポートを出力に
    ir_send_init();                               // IR出力用LEDの設定(IO 14ポート)
    Serial.begin(9600);                           // 動作確認のためのシリアル出力開始
    Serial.println("Example 19 ir_rc");           // 「Example 19」をシリアル出力表示
    morse(PIN_LED,50,"EX 19");                    // 「EX 19」をモールス符号出力
    wifi_set_sleep_type(LIGHT_SLEEP_T);           // 省電力モードに設定する
    WiFi.mode(WIFI_STA);                          // Wi-FiをSTAモードに設定
    WiFi.begin(SSID,PASS);                        // Wi-Fiアクセス・ポイントへ接続
    while(WiFi.status() != WL_CONNECTED){         // 接続に成功するまで待つ
        delay(500);                               // 待ち時間処理
        digitalWrite(PIN_LED,!digitalRead(PIN_LED));  // LEDの点滅
    }
    server.begin(); ←③                            // サーバを起動する
    udp.begin(PORT); ←④                           // UDP通信御開始
    Serial.println(WiFi.localIP());               // 本機のIPアドレスをシリアル表示
    morseIp0(PIN_LED,100,WiFi.localIP());         // IPアドレス終値をモールス符号出力
}

void loop(){
    WiFiClient client; ←⑤                         // Wi-Fiクライアントの定義
    byte d[DATA_LEN_MAX];                         // リモコン信号データ
    int d_len;                                    // リモコン信号長(bit)
    char c;                                       // 文字変数を定義
    char s[97];                                   // 文字列変数を定義 97バイト96文字
    int len=0;                                    // 文字列等の長さカウント用の変数
    int t=0;                                      // 待ち受け時間のカウント用の変数
    int postF=0;                                  // POSTフラグ(0:未 1:POST 2:BODY)
    int postL=96;                                 // POSTデータ長

    /* 赤外線受信・UDP送信処理 */
    digitalWrite(PIN_LED,LOW);                    // LEDを消灯状態に
    d_len=ir_read(d,DATA_LEN_MAX,255);            // 赤外線信号を読み取る
    if(d_len>=16){                                // 16ビット以上のときに以下を実行
        digitalWrite(PIN_LED,HIGH);               // LEDを点灯状態に
        udp.beginPacket(SENDTO, PORT); ←⑥         // UDP送信先を設定
        udp.print(DEVICE);        ┐               // デバイス名を送信
        udp.print(d_len);         │               // 信号長を送信
        udp.print(",");           │⑦             // カンマ「,」を送信
        ir_data2txt(s,96,d,d_len);│               // 受信データをテキスト文字に変換
        udp.println(s);           │               // 文字をUDP送信
        Serial.println(s);        ┘
        udp.endPacket(); ←⑧                       // UDP送信の終了(実際に送信する)
        memcpy(D,d,DATA_LEN_MAX);                 // データ変数dを変数Dにコピーする
        D_LEN=d_len;                              // データ長d_lenをD_LENにコピーする
    }
```

リスト1　ブラウザから赤外線リモコン制御するWi-Fiコンシェルジュ[リモコン担当]のサンプル・プログラムexample19_ir_rc（つづき）

```
    /* TCPサーバ・UDP受信処理 */
    client = server.available(); ←――― ⑨      // 接続されたクライアントを生成
    if(client==0){                             // TCPクライアントがなかった場合
        d_len=udp.parsePacket(); ←――― ⑩        // UDP受信長を変数d_lenに代入
        if(d_len==0)return;                    // TCPとUDPが未受信時にloop()先頭へ
        memset(s, 0, 97);                      // 文字列変数sの初期化(97バイト)
        udp.read(s, 96); ←――― ⑪               // UDP受信データを文字列変数sへ代入
        if(
            len>6 && (                         // データ長が6バイトより大きくて,
                strncmp(s,"ir_rc_",6)==0 ||    // 受信データが「ir_rc_」
                strncmp(s,"ir_in_",6)==0       // または「ir_in_」で始まる時
            )
        ){
            D_LEN=ir_txt2data(D,DATA_LEN_MAX,&s[6]);
        }                                      // 受信TXTをデータ列に変換
        return;                                // 非接続のときにloop()の先頭に戻る
    }
    Serial.println("Connected");               // 接続されたことをシリアル出力表示
    len=0;
    while(client.connected()){ ←――― ⑫          // 当該クライアントの接続状態を確認
        if(client.available()){ ←――― ⑬         // クライアントからのデータを確認
            t=0;                               // 待ち時間変数をリセット
            c=client.read(); ←――― ⑭             // データを文字変数cに代入
            if(c=='\n'){                       // 改行を検出した時
                if(postF==0){                  // ヘッダ処理
                    if (len>11 && strncmp(s,"GET /?TYPE=",11)==0){
                        IR_TYPE=atoi(&s[11]);
                        break;                 // 解析処理の終了
                    }else if (len>5 && strncmp(s,"GET /",5)==0){
                        break;                 // 解析処理の終了
                    }else if(len>6 && strncmp(s,"POST /",6)==0){
                        postF=1;               // POSTのBODY待ち状態へ
                    }
                }else if(postF==1){
                    if(len>16 && strncmp(s,"Content-Length: ",16)==0){
                        postL=atoi(&s[16]);    // 変数postLにデータ値を代入
                    }
                }
                if( len==0 ) postF++;          // ヘッダの終了
                len=0;                         // 文字列長を0に
            }else if(c!='\r' && c!='\0'){
                s[len]=c;                      // 文字列変数に文字cを追加
                len++;                         // 変数lenに1を加算
                s[len]='\0';                   // 文字列を終端
                if(len>=96) len=95;            // 文字列変数の上限
            }
            if(postF>=2){                      // POSTのBODY処理
                if(postL<=0){                  // 受信完了時
                    if(len>3 && strncmp(s,"IR=",3)==0){
                        trUri2txt(&s[3]);
                        D_LEN=ir_txt2data(D,DATA_LEN_MAX,&s[3]);
                        ir_send(D,D_LEN,IR_TYPE);
                        break;                 // 受信TXTをデータ列に変換
                    }
                }                              // BODYが「IR=」の場合に解析を終了
                postL--;                       // 受信済POSTデータ長の減算
            }
        }
        t++;                                   // 変数tの値を1だけ増加させる
        if(t>TIMEOUT) break; else delay(1);    // TIMEOUTに到達したらwhileを抜ける
    }
    if(client.connected()){                    // 当該クライアントの接続状態を確認
        if(D_LEN==0)strcpy(s,"データ未受信");
        ir_data2txt(s,96,D,D_LEN);
        html(client,s,D_LEN,IR_TYPE,WiFi.localIP());    // HTMLコンテンツを出力
    }                                          // 負のときは-100を掛けて出力
    client.stop(); ←――― ⑮                      // クライアントの切断
    Serial.println("Disconnected");            // シリアル出力表示
}
```

5 Wi-Fiコンシェルジェ［カメラ担当］

動作

▶電源を入れるとWebサーバが起動します

▶Webサーバへの画像取得指示で，撮影を行い，その応答として画像を転送します

▶繰り返し実行にブラウザの自動更新機能を使用します．スクリプトからの撮影も可能です

［画像データの取得］ボタン

写真を撮影し，画像をブラウザに表示します

［自動更新］ボタン

画像の更新間隔を設定します

［リセット］ボタン

Wi-Fiコンシェルジェ［カメラ担当］をリセットします

［速度］ボタン

カメラのシリアル速度を設定します

［画像］ボタン

撮影する画像サイズを設定します

応用

センサと連携した防犯カメラとして使用できます．センサが反応に連動して撮影した写真データは，ESPモジュール内のメモリに保持されます．Webブラウザで ESPモジュールにアクセスすると，過去の撮影写真を一覧表示できます(**写真1**)

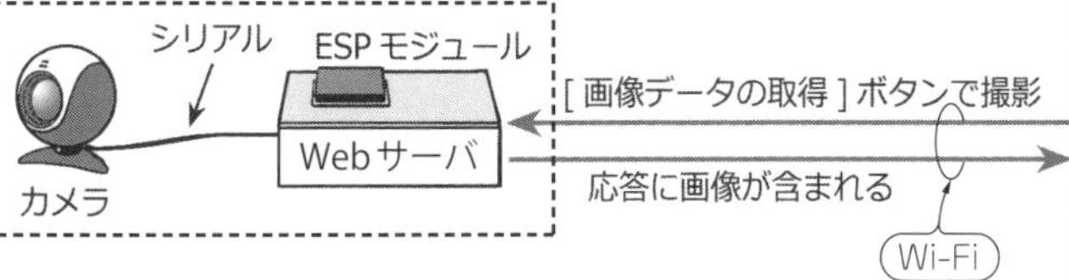

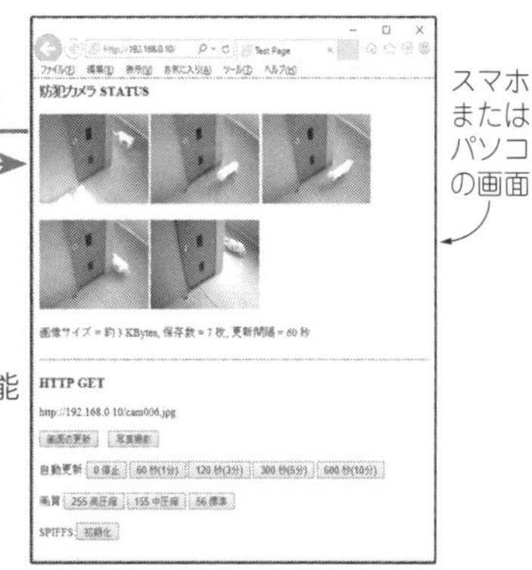

・Webブラウザでアクセスすると撮影が実行される
・アクセス時の(画像取得制御)の応答として写真データが転送される
・Webブラウザの自動更新機能を利用して，一定間隔で撮影を行うことも可能
・ラズベリー・パイ(IoT機器管理サーバ)から自動制御も可能

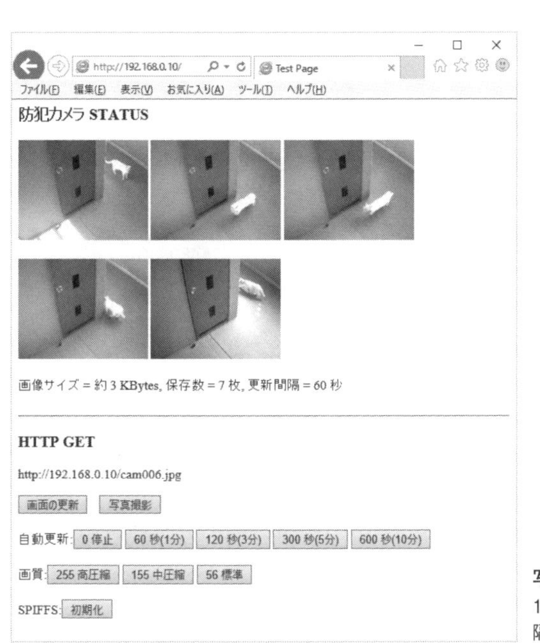

写真1　ESPモジュール内に保持した写真の一覧表示例
1分間に1度自動撮影を行い，写真を一覧表示する．撮影間隔は20秒〜10分

ESPモジュール内に保持した複数の写真を一覧表示することで，撮影した人物などの行動のようすを確認することができます

試作サンプル・プログラムexample20t_camGやexample20t_camLを書き込んだESPモジュールにWebブラウザでアクセスすると，過去に撮影した最大6枚の写真が表示されます

サンプル・プログラムでは撮影間隔が1分で最大6枚の写真を表示することができます．ブラウザ上の自動更新ボタンを操作すると，撮影間隔を変更することができます．1分間隔だと6枚の撮影に5分程度の時間がかかりますが，20秒間隔だと2分程度に短縮することができます．

前章のWi-Fiカメラでは，カメラへESP-WROOM-02を接続し，IoTセンサとして使用する方法について説明しました．ここではWebブラウザなどからカメラのシャッターを制御することが可能なWi-Fiコンシェルジェ[カメラ担当]を製作します．撮影した画像をWebブラウザで閲覧できるようになるほか，Wi-Fi人感センサで検出した人物を撮影するといった防犯システムへ応用することも可能です．

Wi-Fiコンシェルジェ[カメラ担当]の回路図とサンプル・プログラム

● 長期で使う場合は，はんだ付けして，DC5V，600mAのACアダプタを使用

Wi-Fiコンシェルジェ[カメラ担当]の回路図を**図1**に示します．

第5章の「Wi-Fiカメラ」の回路図と同じですが，ACアダプタの使用を前提としています．DCジャックへ，DC5V出力のACアダプタ(GF06-US0512A)を接続してください．出力電流は600 mA以上のものを推奨します．長期間の実験を行う場合は，部品はブレッドボードに挿すのではなく，基板にはんだ付けし，ヒューズを追加して安全面に配慮してください．

対象となるカメラは第5章の「Wi-Fiカメラ」で評価した3種類です．**夜の庭など暗所での撮影を行いたい場合は，カメラ②を使用します．** 電灯などで夜間でも明るい場合は，カメラ①が良いでしょう．カメラ①に付属の広角レンズも役立ちます．

● 動作確認済みのWi-Fiコンシェルジェ[カメラ担当]のサンプル・プログラム

p.91の**表1**のカメラ①を使用した場合はexample20_camGのサンプル・プログラムを，カメラ②および③を使った場合はexample20_camLのサンプル・プログラムをあらかじめESPモジュールに書き込んでおきます．以下にexample20_camLのWebサーバ部の動作について説明します．

① TCPサーバをポート番号80で使用するための定義です．後の手順③でWebサーバを起動します．
② 手順①で定義したTCPサーバを起動します．
③ Webブラウザclient用のインスタンスを定義します．
④ WebサーバにWebブラウザからの接続があるかどうかを確認し，接続があった場合に手順③で定義

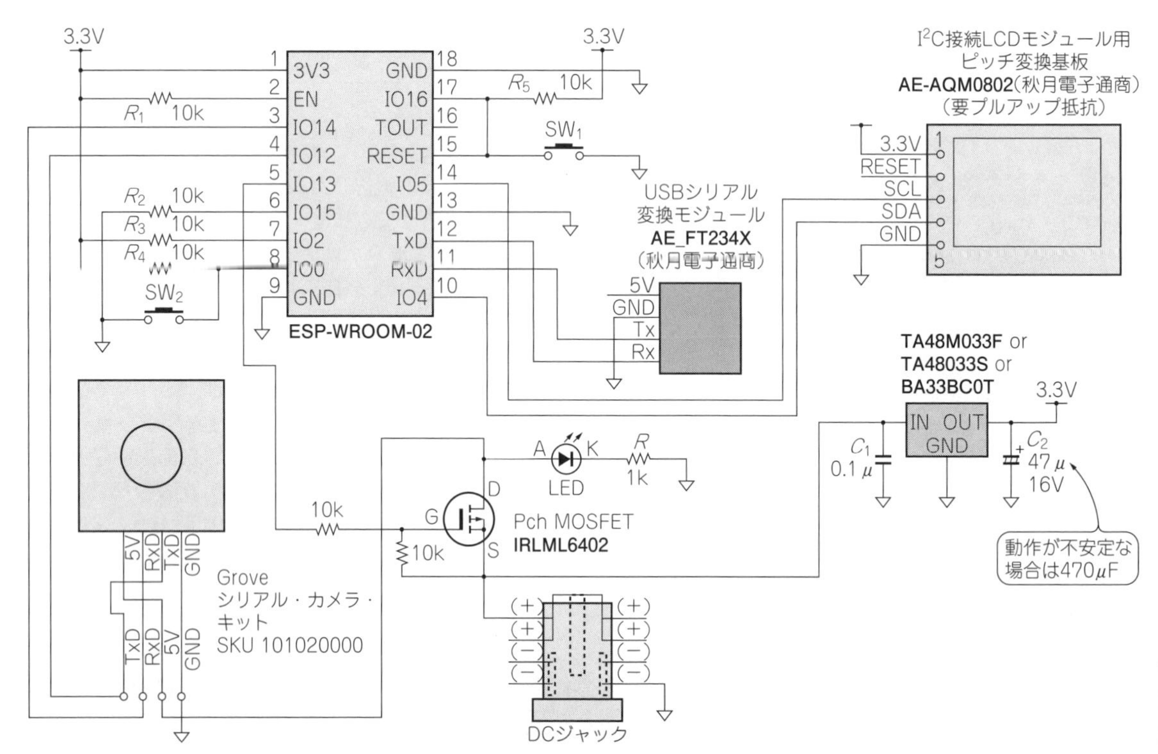

図1　Wi-Fiコンシェルジェ[カメラ担当]の回路図
ESPモジュールにシリアルのカメラ・モジュールとI^2C接続のLCD表示器，USBシリアル変換モジュールをつないでいる

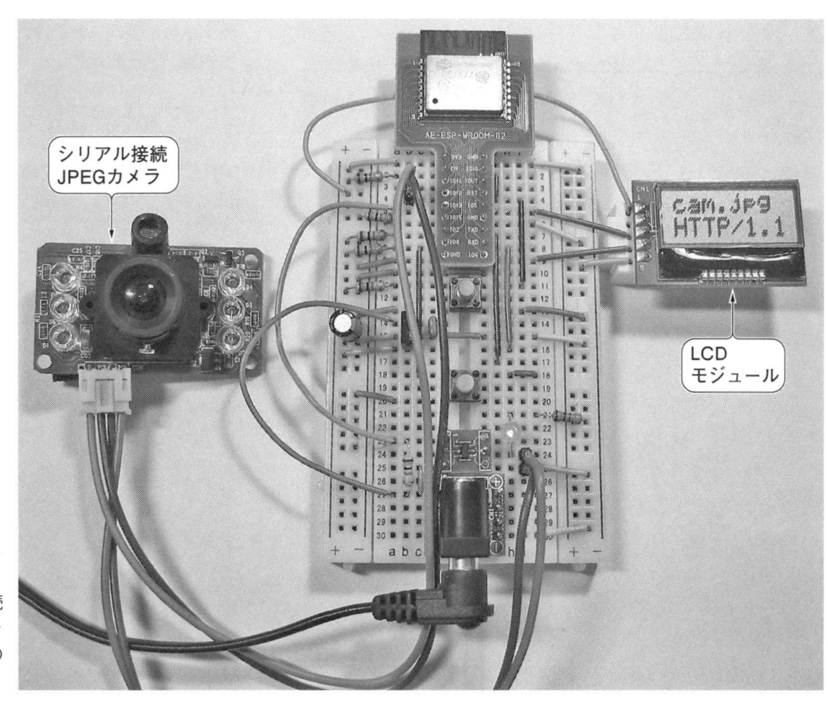

写真2 Wi-Fiコンシェルジェ［カメラ担当］の製作例
ESPモジュールにシリアル接続JPEGカメラとLCDモジュールを接続する．電源にはDC5V出力のACアダプタを使用した

したclientへ接続元を代入します．接続がなかった場合は0が代入されます．

⑤ 手順④のclientの内容が0だった場合に手順③に戻り，Webブラウザからの接続を待ち続けます．

⑥ Webブラウザの接続状態を確認します．接続されていた場合は，このwhileループ内でWebブラウザからのコマンドを受信します．

⑦ Webブラウザからのデータの有無を確認します．データがあった場合は次の手順⑧を実行します．

⑧ データを1バイトだけ受信し，変数cに代入します．本コマンドを含む手順⑥のwhileループ内で受信した文字を文字列sに代入していきます．

⑨ 受信した文字列sが「GET /」と一致した場合，whileループを抜けます．

⑩ Webブラウザから次のコマンドで以下の処理を実行します．

(1) GET / HTML コンテンツを応答します．
(2) GET /cam.jpg 写真を撮影し，画像を応答します．
(3) GET /?INT＝値 自動更新時間を変更します．
(4) GET /?BPS＝値 カメラとの通信速度を変更します．
(5) GET /?SIZE＝値 転送する画像の大きさを変更します．
(6) GET /?RATIO＝値 JPEG画像の圧縮率を変更します．
(7) GET /?RESET＝ カメラへリセット・コマンドを送信します．

● 応用へのヒント

このままWebブラウザで画像を表示し続けることで，監視カメラとして使用できます．撮影のタイミングを制御したり，撮影した画像を記録し一覧表示したりといった機能拡張を行うことで，さらに防犯カメラとしての機能を充実できます．

ESPモジュールのメモリ節約ワザ

● シリアル伝送カメラから撮影データを直接ブラウザに流す

Wi-Fiコンシェルジェ［カメラ担当］のサンプル・プログラムは，Webブラウザからのアクセスをきっかけに写真を撮影し，応答データとして画像データを送信します．このときの撮影と更新の仕組みについて説明します．

WebブラウザへESPモジュールのIPアドレスを入力し，ESPモジュールに直接アクセスすると，ESPモジュール内に実装されたWebサーバ内のHTMLで書かれた表示データがWebブラウザに転送されます．しかし，このHTMLには画像データは含まれておらず，画像のファイル名だけが記されています．

Webブラウザは，画像データを取得するために再び，ESPモジュールへ自動的にアクセスして，画像ファイルを取得しようとします.

画像ファイルの取得指示を受け取ったESPモジュールは,ここでようやく写真撮影を実行します.撮影を実行すると,シリアル接続JPEGカメラから画像データが送られてきます.ESPモジュールは,この画像データを保持することなく,そのままWebブラウザへ直接転送します.

こうすることにより,画像データの保存処理などによる処理時間を短縮することができ,現在の玄関のようすをWebブラウザで確認することができます.ただし,シリアル転送処理に要する時間が必要で,最短でも数秒の処理遅延が生じます.目安としては1Kバイトにつき1秒程度の処理時間が生じるようです.Webブラウザ上の[画質]ボタンなどを使って転送時間の違いを確認してみてください.

画像データをESPモジュール内に保持するには,「Wi-Fiカメラ」で使用したファイル・システムSPIFFSを組み合わせると良いでしょう.

● 自動撮影の仕組みと撮影間隔の変更方法

本サンプルでは,Webブラウザの自動更新機能を利用して,カメラ画像を更新しています.Webブラウザが定期的にコンテンツを自動更新するときに,画像ファイル「cam.jpg」の再取得指示を発行し,撮影が行われます.このため,Webブラウザ側がキャッシュ(一時ファイル)などを利用して,画像の再取得を実行しない場合は,撮影されません.

Webブラウザの更新間隔を変更するにはHTTPコマンドで「GET /?INT = 値」のように指定してください.値は更新間隔(表示が完了してから次回に自動更新を行うまでの待ち時間)です.WebブラウザやcURLなどから「http://192.168.0.XXX/?INT=180」のように送信すると,ESPモジュール側に180秒間隔であることが伝えられます.その後にWebブラウザがESPモジュールからコンテンツを取得すると,Webブラウザ側に180秒間隔が設定されます.

● IoTによる自動撮影

センサと連携して自動で写真を撮影したり,一定の間隔で撮影を行ったりするには,ラズベリー・パイなどからwgetコマンド(もしくはcURL)で画像「cam.jpg」の取得命令を「http://192.168.0.XXX/cam.jpg」のように実行します.本カメラがcam.jpg取得命令を受けると,写真を撮影してから撮影した画像をファイル「cam.jpg」として応答します.

```
$ wget␣http://192.168.0.10/cam.jpg⏎
```

一定間隔での撮影を行うだけであれば,第5章のWi-Fiカメラを使用したほうが低い消費電力でWebカメラを動かすことができます.Wi-Fiコンシェルジェ[カメラ担当]は,常に撮影を待ち受けるので,Wi-Fiカメラよりも多い待機電力が必要です.この点がIoTセンサ機器として製作したWi-FiカメラとIoT制御機器として製作した本機の違いです(**表1**).

表1　第5章のWi-FiカメラとWi-Fiコンシェルジェ[カメラ担当]の機能比較
Wi-Fi コンシェルジェ[カメラ担当]は,いつでも撮影できるが,常に撮影を待ち受けるので,第5章の Wi-Fiカメラよりも待機電力が多い

カメラ	機器分類	電源	撮影タイミング
Wi-Fiカメラ	IoTセンサ	乾電池駆動可能	一定間隔で撮影
Wi-Fiコンシェルジェ[カメラ担当]	IoT制御機器	ACアダプタ駆動	いつでも撮影可能

● 撮影した写真をESPモジュール内に保持する

通常,撮影した写真は外部の機器へ転送して活用します.ネットワークが一時的に接続できない状態に備え,ESPモジュール内に写真を保持する場合も考えておきます.

第5章のWi-Fiカメラでは,撮影した画像をESPモジュール内のファイル・システムSPIFFSへ保存していました.この機能を組み合わせて,撮影した写真をESPモジュール内に保持するスケッチを試作してみました.各Wi-Fiカメラの写真保持に対応した試作サンプル・プログラムは,それぞれ「example20t_camG」と「example20t_camL」として収録しました.番号の後ろの「t」を確認してからArduino IDEで開いてください.

ファイル・システムを使用する利点は,複数のファイルやデータを保持することにあります.そこで本応用試作では,ファイル名に3桁の数字を「cam000.jpg」のように付与し,撮影のたびに数字を増やすことで,最大200枚の写真を保持します.「cam199.jpg」の次は000に戻ります.保存したファイルは電源を切っても残りますが,再投入したときに「cam000.jpg」から順に上書きされます.保持されているファイルはwgetコマンドで取得することができます.

保持可能な写真の上限枚数は,写真のファイル・サイズやファイル・システムSPIFFSの大きさによって異なります.写真1枚あたり約3KB(160×120ピクセル)とした場合,1MBのSPIFFSへ約300枚の保存ができます.ファイル容量は画像によっても変化します.ここでは余裕をみて200 枚に制限しました.3MBのSPIFFSを使用する場合は,上限を引き上げることで,より多くの写真を保持することができます.

リスト1 動作確認済みのWi-Fiコンシェルジェ[カメラ担当]用のサンプル・プログラムexample20_camL

```
/*******************************************************************************
Example 20: 監視カメラ for SparkFun SEN-11610 (LynkSprite JPEG Color Camera TTL)
*******************************************************************************/
#include <SoftwareSerial.h>
#include <FS.h>
#include <ESP8266WiFi.h>                          // ESP8266用ライブラリ
#include <WiFiUdp.h>                              // UDP通信を行うライブラリ
extern "C" {
#include "user_interface.h"                       // ESP8266用の拡張IFライブラリ
}
#define PIN_CAM 13                                // IO 13(5番ピン)にPch-FETを接続する
#define TIMEOUT 20000    ※使用するWi-Fi           // タイムアウト 20秒
#define SSID "1234ABCD"  }アクセス・ポイ          // Wi-Fiアクセス・ポイントのSSID
#define PASS "password"   ントに合わせる          // パスワード
#define FILENAME "/cam.jpg"                       // 画像ファイル名(ダウンロード用)
SoftwareSerial softwareSerial(12,14);             // IO12(4)をRX,IO14(3)をTXに設定
WiFiServer server(80);  ←──①                    // Wi-Fiサーバ(ポート80=HTTP)定義
int size=0;                                       // 画像データの大きさ(バイト)
int update=60;                                    // Webブラウザのページ更新間隔(秒)

void setup(){
    lcdSetup(8,2);                                // LCDの初期化(8桁×2行)
    pinMode(PIN_CAM,OUTPUT);                      // FETを接続したポートを出力に
    digitalWrite(PIN_CAM,0);                      // FETをLOW(ON)にする
    Serial.begin(9600);                           // 動作確認のためのシリアル出力開始
    Serial.println("Example 20 cam");             // 「Example 20」をシリアル出力表示
    wifi_set_sleep_type(LIGHT_SLEEP_T);           // 省電力モードに設定する
    WiFi.mode(WIFI_STA);                          // Wi-FiをSTAモードに設定
    WiFi.begin(SSID,PASS);                        // Wi-Fiアクセス・ポイントへ接続
    delay(100);                                   // カメラの起動待ち
    softwareSerial.begin(38400);                  // カメラとのシリアル通信を開始する
    CamSendResetCmd();                            // カメラへリセット命令を送信する
    delay(4000);                                  // 完了待ち(開始直後の撮影防止対策)
    while(WiFi.status() != WL_CONNECTED){         // 接続に成功するまで待つ
        delay(500);                               // 待ち時間処理
    }
    server.begin();  ←──②                       // サーバを起動する
    Serial.println(WiFi.localIP());               // 本機のIPアドレスをシリアル表示
    lcdPrintIp(WiFi.localIP());                   // 本機のIPアドレスをLCDに表示
}

void loop() {
    WiFiClient client;  ←──③                    // Wi-Fiクライアントの定義
    char c;                                       // 文字変数を定義
    char s[65];                                   // 文字列変数を定義 65バイト64文字
    byte data[32];                                // 画像転送用の一時保存変数
    int len=0;                                    // 文字列等の長さカウント用の変数
    int t=0;                                      // 待ち受け時間のカウント用の変数
    int i,j;

    client = server.available();  ←──④          // 接続されたクライアントを生成
    if(client==0)return;  ←──⑤                  // loop()の先頭に戻る
    Serial.println("Connected");                  // シリアル出力表示
    while(client.connected()){  ←──⑥            // 当該クライアントの接続状態を確認
        if(client.available()){  ←──⑦           // クライアントからのデータを確認
            t=0;                                  // 待ち時間変数をリセット
            c=client.read();  ←──⑧               // データを文字変数cに代入
            if(c=='\n'){                          // 改行を検出した時
⑨──→          if(len>5 && strncmp(s,"GET /",5)==0) break;
                len=0;                            // 文字列長を0に
            }else if(c!='\r' && c!='\0'){
                s[len]=c;                         // 文字列変数に文字cを追加
                len++;                            // 変数lenに1を加算
                s[len]='\0';                      // 文字列を終端
                if(len>=64) len=63;               // 文字列変数の上限
            }
        }
        t++;                                      // 変数tの値を1だけ増加させる
        if(t>TIMEOUT) break; else delay(1);       // TIMEOUTに到達したらwhileを抜ける
    }
```

リスト1　動作確認済みのWi-Fiコンシェルジェ[カメラ担当]用のサンプル・プログラムexample20_camL（つづき）

```
        if(!client.connected()||len<6) return;          // 切断された場合はloop()の先頭へ
        Serial.println(s);                               // 受信した命令をシリアル出力表示
        lcdPrint(&s[5]);                                 // 受信した命令をLCDに表示
      ┌ if(strncmp(s,"GET / ",6)==0){                    // コンテンツ取得命令時
      │     html(client,size,update,WiFi.localIP()); // コンテンツ表示
⑩-1  │     client.stop();                               // クライアントの切断
      │     return;                                      // 処理の終了・loop()の先頭へ
      └ }
      ┌ if(strncmp(s,"GET /cam.jpg",12)==0){             // 画像取得指示の場合
      │     CamSendTakePhotoCmd();                       // カメラで写真を撮影する
      │     size=CamReadFileSize();                      // ファイルサイズを読み取る
      │     client.println("HTTP/1.0 200 OK");                    // HTTP OKを応答
      │     client.println("Content-Type: image/jpeg");           // JPEGコンテンツ
      │     client.println("Content-Length: " + String(size));    // ファイルサイズ
      │     client.println("Connection: close");                  // 応答後に閉じる
      │     client.println();                                     // ヘッダの終了
      │     j=0;                                         // 変数j(総受信長)を0に設定
      │     while(j<size){                               // 終了フラグが0のときに繰り返す
      │         len = CamRead(data);                     // カメラからデータを取得
⑩-2  │         j += len;                                // データ・サイズの合算
      │         client.write((byte *)data,len);          // データ送信(高速化)
      │     }
      │     CamStopTakePhotoCmd();                       // 撮影の終了(静止画の破棄)の実行
      │     CamReadADR0();                               // 読み出しアドレスのリセット
      │     client.stop();                               // クライアントの切断
      │     Serial.print(j);                             // ファイル・サイズをシリアル出力表示
      │     Serial.println(" Bytes");                    // シリアル出力表示
      │     lcdPrintVal("TX Bytes",size);                // ファイル・サイズをLCDへ表示
      │     return;                                      // 処理の終了・loop()の先頭へ
      └ }
      ┌ if(strncmp(s,"GET /?INT=",10)==0){               // 更新時間の設定命令を受けた時
⑩-3  │     update = atoi(&s[10]);                       // 受信値を変数updateに代入
      └ }
      ┌ if(strncmp(s,"GET /?BPS=",10)==0){               // ビットレート設定命令時
      │     i = atoi(&s[10]);                            // 受信値を変数iに代入
⑩-4  │     CamBaudRateCmd(i);                           // ビットレート設定
      │     delay(100);                                  // 処理完了待ち
      │     softwareSerial.begin(i);                     // ビットレート変更
      └ }
      ┌ if(strncmp(s,"GET /?SIZE=",11)==0){              // JPEGサイズ設定命令時
⑩-5  │     i = atoi(&s[11]);                            // 受信値を変数iに代入
      │     CamSizeCmd(i);                               // JPEGサイズ設定
      └ }
      ┌ if(strncmp(s,"GET /?RATIO=",12)==0){             // 圧縮率設定命令時
⑩-6  │     i = atoi(&s[12]);                            // 受信値を変数iに代入
      │     CamRatioCmd(i);                              // 圧縮率設定コマンド
      └ }
      ┌ if(strncmp(s,"GET /?RESET=",12)==0){             // リセット命令時
      │     CamSendResetCmd();                           // リセット・コマンド
⑩-7  │     softwareSerial.begin(38400);                 // シリアル速度を初期値に戻す
      │     s[11]='\0';                                  // RESET=以降に続く文字を捨てる
      └ }
        for(i=6;i<strlen(s);i++) if(s[i]==' '||s[i]=='+') s[i]='\0';
        htmlMesg(client,&s[6],WiFi.localIP());           // メッセージ表示
      client.stop();                                     // クライアント切断
      Serial.println("Sent HTML");                       // シリアル出力表示
    }
```

6 Wi-Fiコンシェルジェ［アナウンス担当］

動作

電源を入れると，割り当てられたIPアドレスでWebブラウザからのアクセスを待ちます．Webブラウザの操作によって，音声やチャイム音を出力します

応用

玄関に設置したWi-Fi人感センサのセンサが反応したときに「来客です」と音声で伝えたり，時刻情報に応じて「そろそろ起床する時刻です」と音声で伝えたりするシステムが考えられます．外出先からLANへVPN接続すれば，「もうすぐ帰るよ」と音声メッセージを自宅にいる家族へ伝えることもできます

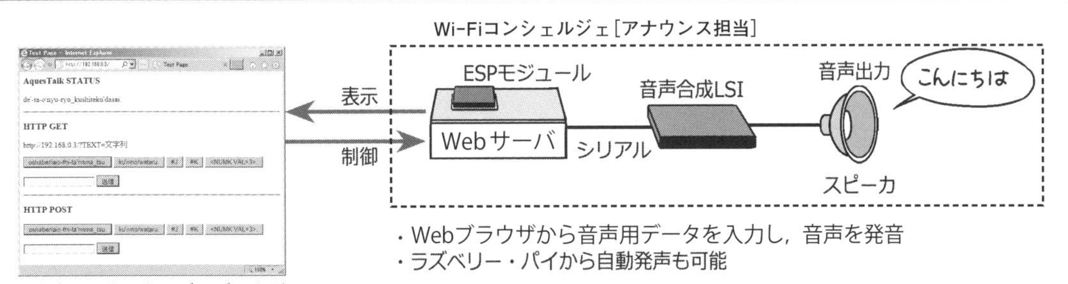

・Webブラウザから音声用データを入力し，音声を発音
・ラズベリー・パイから自動発声も可能

Wi-Fiコンシェルジェ［アナウンス担当］にWebブラウザでアクセスすると，**図1**のような操作画面が表示されます．発話ボタンを押すと，つぎのような発話サンプルとチャイムを出力します．「おしゃべりIoT端末」，「国野亘」，チャイム2種，IPアドレスの末尾の数値を発音します

テキスト・ボックスに入力した音声用データを出力することも可能です

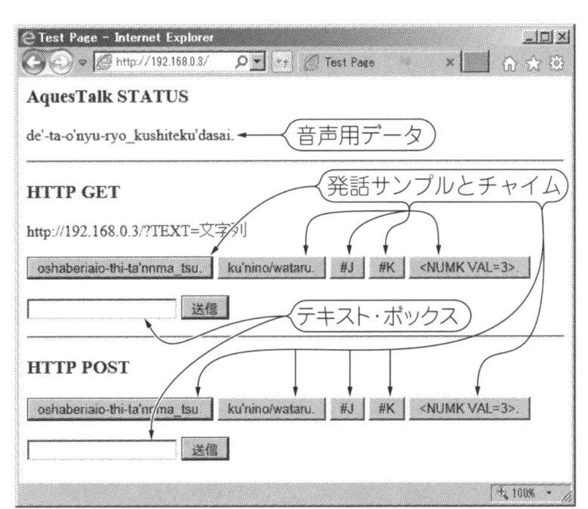

図1　Wi-Fiコンシェルジェ［アナウンス担当］を制御するスマホまたはPCの画面
Webブラウザから音声出力の制御を行う
5つ並んだボタンを押すと，「おしゃべりIoT端末」，「国野亘」，チャイム2種，IPアドレスの末尾の数値を発音する．テキスト・ボックスに入力した音声用データを出力することも可能

ESPモジュールに音声合成ユニットを組み合わせることによって，Wi-Fiで制御できる音声出力器(Wi-Fiコンシェルジェ［アナウンス担当］**写真1**)を紹介します．WebブラウザからHTTP GETやHTTP POSTリクエストを使って音声用データをESP-WROOM-02へ送ると，音声合成ユニットから音声やブザー音などを出力します．プログラミングにより，いろいろな定型文を仕込むことや，Webブラウザのテキスト・ボックスに直接音声データを入力して音声合成ユニットに送ることも可能です．

キー・パーツは音声合成LSI AquesTalk pico ATP3012シリーズ

●ローマ字ベースの音声用データを読み上げてくれる

AQUEST製AquesTalk pico ATP3012シリーズはローマ字をベースとした音声用データを入力することで，音声合成出力を行うLSIです．

写真2の一番上のATP3012R5は，小型スピーカに適した高い声質を出力します．例えばφ24 mmほどの小型スピーカでも聞きやすいので，なるべく小さく

まとめたいIoT機器にピッタリです．中央のATP3012F6はアナウンスに適した明瞭かつ低めの女声です．業務用途には適していると思いますが，やや堅苦しい印象を受けます．ATP3012F5は実在の人の声に近い音声で，ATP3012F6と比べると家庭向けと言えるでしょう．

これらATP3012シリーズにはセラミック発振子を接続する必要があります．発振子を内蔵したATP3011シリーズも発売されていますが，音質がやや低下して聞き取りにくい印象があるので，ATP3012シリーズのほうがおすすめです．

ESPモジュールにシリアル接続

● ESPモジュール＋音声合成LSI＋オーディオ・アンプ

オーディオ・アンプには新日本無線のNJM386BDを3.3 Vで使用しました．AquesTalk picoも同じ3.3 Vの電源レギュレータから電源を供給しました．**図2**にWi-Fiコンシェルジェ[アナウンス担当]の回路図を，**写真3**に実装例を示します．

ESPモジュールとAquesTalk picoとの通信はUARTで行います．ここでは，ESPモジュールのTxD(12番ピン)をAquesTalk picoのRXD(2番ピン)へ接続しました．シリアルをAquesTalk picoとの通信用に使用するので，あらかじめ後述のサンプル・プログラムをESPモジュールへ書き込んでおく必要があります．

● 起動時シリアル出力の課題

ESPモジュールは，起動時に起動メッセージをTxDへ出力します．これが原因となり，UART接続の機器が適切に動作しない場合があります．Wi-Fiコンシェルジェ[カメラ担当]では，これを回避するために，ソフトウェア・シリアルを使用しました．

本サンプル・プログラムでは起動後にブレーク信号を出力することでESPモジュールの起動メッセージに対する対策を行いました．後述のサンプル・プログラムの手順①の処理がその対策です．

サンプル・プログラムの動作概要

● 動作確認済みのサンプル・プログラム

ESPモジュールからAquesTalk picoへ音声データを入力すると，音声を出力します．以下に動作確認済みのWi-Fiコンシェルジェ[アナウンス担当]用サンプル・プログラム(**リスト1**)example21_talkの音声データ出力部について説明します．

① AquesTalkへ改行とブレーク・コマンドを送信し，ESPモジュールが起動したときに送信した起動メッセージを無効化します．
②「こんにちは」の音声データを出力します．先頭の「$」は手順①と同じブレーク・コマンドです．2

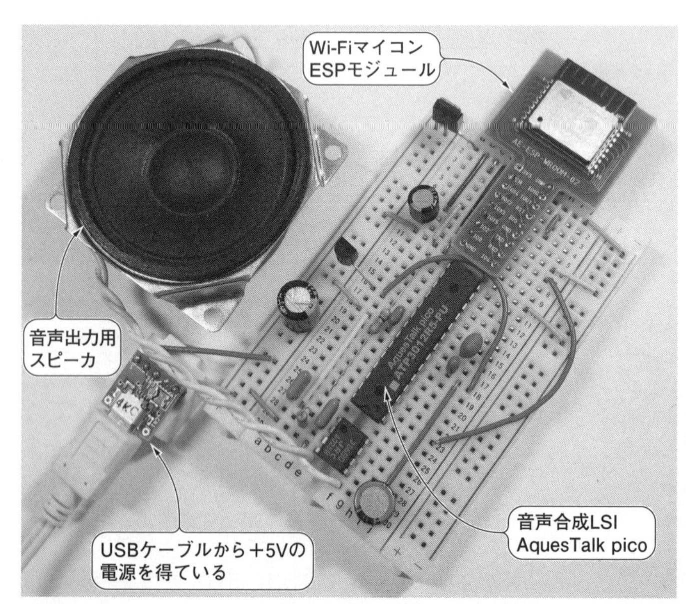

写真1　Wi-Fiコンシェルジェ[アナウンス担当]の製作例
ESPモジュールに音声合成LSI(AquesTalk pico ATP3012R5-PU)を接続する

写真2　音声合成LSI AquesTalk pico
AQUEST製の音声合成LSI AquesTalk pico ATP3012シリーズ．ATP3012R5は小型スピーカに適した高い声質．ATP3012F6はアナウンスに適した明瞭かつ低めの女声．ATP3012F5は実在の人の声に近いイメージ

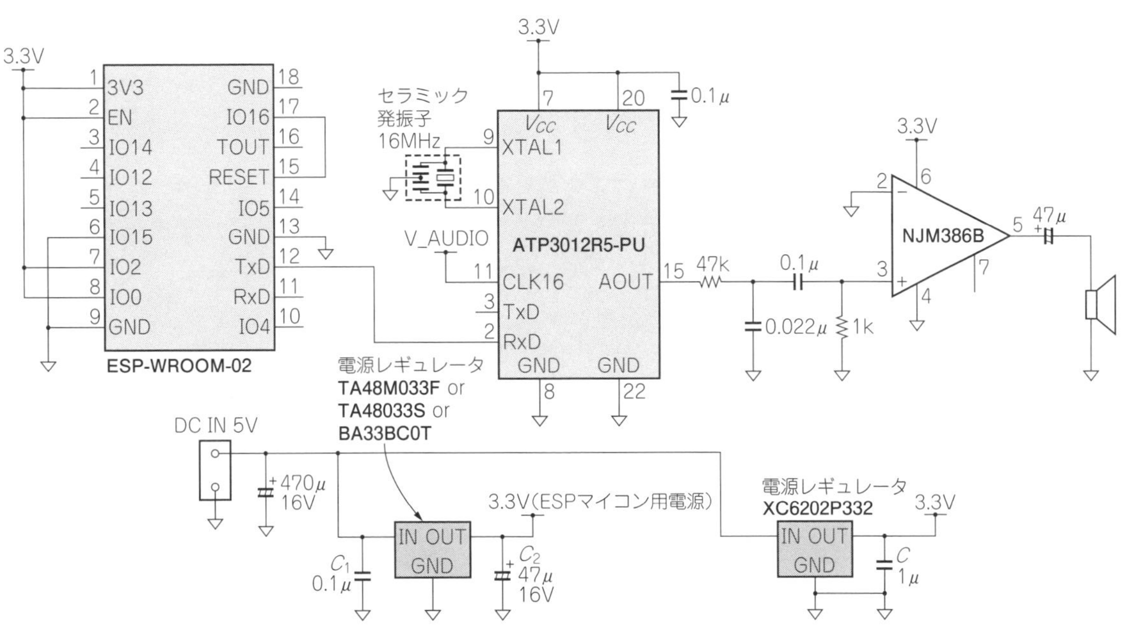

図2 Wi-Fiコンシェルジェ[アナウンス担当]の回路図
ESPモジュールにAquesTalk pico(ATP3012R5-PU)とオーディオ・アンプ(NJM386B)を接続する．ESPモジュール用の電源とオーディオ用の電源を独立で実装した．レギュレータは3.3V出力のXC6202P332を使用した

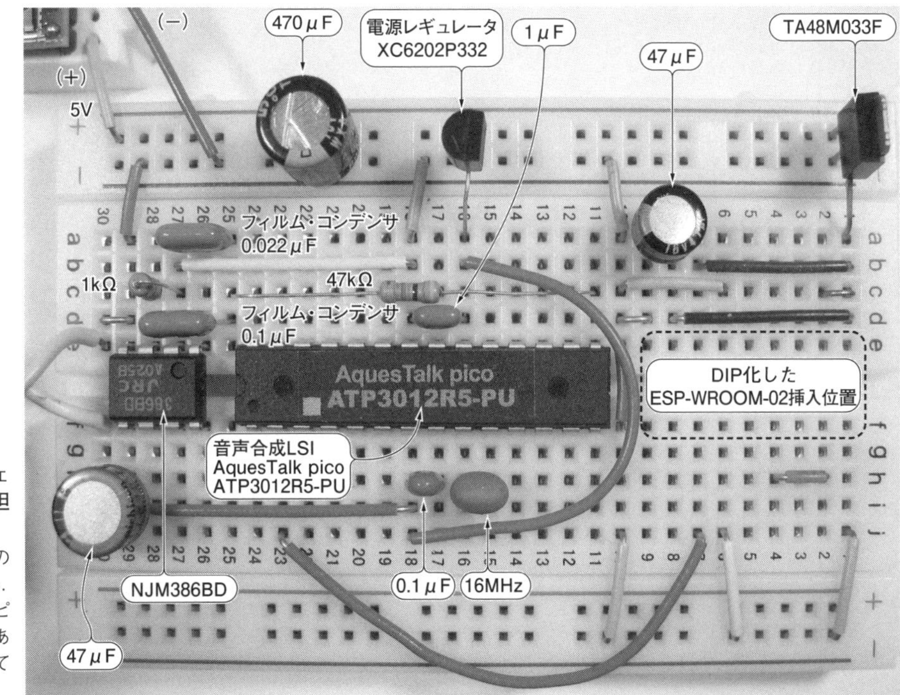

写真3 Wi-Fiコンシェルジェ[アナウンス担当]の接続例
セラミック発振子の中央の端子はGNDに接続する．実験目的であれば両端のピンだけで動作する場合もあるので，省略して動かしてみた

文字目の「？」はATP2311シリーズ用の同期コマンドです．互換性を考えて付与しました．末尾の「¥r」は改行コードです．

③ 受信した文字列を文字列変数talkに代入します．
④ 受信した文字列に含まれるURLエンコード文字を通常のテキスト文字に戻します．

リスト1　動作確認済みのWi-Fiコンシェルジェ[アナウンス担当]用サンプル・プログラムexample21_talk

```
/*******************************************************************************
Example 21: AquosTalkを使った音声出力器(HTTP版)
*******************************************************************************/

#include <ESP8266WiFi.h>                          // Wi-Fi機能を利用するために必要
extern "C" {
#include "user_interface.h"                       // ESP8266用の拡張IFライブラリ
}
#include <WiFiUdp.h>                              // UDP通信を行うライブラリ
#define TIMEOUT 20000      ※使用する               // タイムアウト 20秒
#define SSID "1234ABCD"  }  無線LAN                // Wi-Fiアクセス・ポイントのSSID
#define PASS "password"     に合わせる              // パスワード
#define PORT 1024                                 // 受信ポート番号
WiFiUDP udp;                                      // UDP通信用のインスタンスを定義
WiFiServer server(80);                            // Wi-Fiサーバ(ポート80=HTTP)定義

void setup(){                                     // 起動時に一度だけ実行する関数
    Serial.begin(9600);                           // AquesTalkとの通信ポート
    Serial.print("¥r$"); ←──── ①                // ブレーク・コマンドを出力する
    delay(100);                                   // 待ち時間処理
    Serial.print("$ ? kon'nnichi/wa.¥r"); ←── ②  // 音声「こんにちは」を出力する
    wifi_set_sleep_type(LIGHT_SLEEP_T);           // 省電力モード設定
    WiFi.mode(WIFI_STA);                          // Wi-FiをSTAモードに設定
    WiFi.begin(SSID,PASS);                        // Wi-Fiアクセス・ポイントへ接続
    while(WiFi.status() != WL_CONNECTED){         // 接続に成功するまで待つ
        delay(500);                               // 待ち時間処理
    }
    server.begin();                               // サーバを起動する
    udp.begin(PORT);                              // UDP通信御開始
    Serial.print("<NUM VAL=");                    // 数字読み上げ用タグ出力
    Serial.print(WiFi.localIP());                 // IPアドレスを読み上げる
    Serial.print(">.¥r");                         // タグの終了を出力する
}

void loop(){                                      // 繰り返し実行する関数
    WiFiClient client;                            // Wi-Fiクライアントの定義
    char c;                                       // 文字変数cを定義
    char s[65];                                   // 文字列変数を定義 65バイト64文字
    char talk[65]="";                             // 音声出力用の文字列変数を定義
    int len=0;                                    // 文字列長を示す整数型変数を定義
    int t=0;                                      // 待ち受け時間のカウント用の変数
    int postF=0;                                  // POSTフラグ(0:未 1:POST 2:BODY)
    int postL=64;                                 // POSTデータ長

    client = server.available();                  // 接続されたTCPクライアントを生成
    if(client==0){                                // TCPクライアントが無かった場合
        len = udp.parsePacket();                  // UDP受信パケット長を変数lenに代入
        if(len==0)return;                         // TCPとUDPが未受信時にloop()先頭へ
        memset(s, 0, 49);                         // 文字列変数sの初期化(49バイト)
        udp.read(s, 48);                          // UDP受信データを文字列変数sへ代入
        Serial.print(s);                          // AquesTalkへ出力する
        Serial.print("¥r");                       // 改行コード(CR)を出力する
        return;                                   // loop()の先頭に戻る
    }
    while(client.connected()){                    // 当該クライアントの接続状態を確認
        if(client.available()){                   // クライアントからのデータを確認
            t=0;                                  // 待ち時間変数をリセット
            c=client.read();                      // データを文字変数cに代入
            if(c=='¥n'){                          // 改行を検出した時
                if(postF==0){                     // ヘッダ処理
                    if(len>11 && strncmp(s,"GET /?TEXT=",11)==0){
         ③ ────→ strncpy(talk,&s[11],64);        // 受信文字列をtalkへコピー
                        break;                    // 解析処理の終了
                    }else if (len>5 && strncmp(s,"GET /",5)==0){
                        strcpy(talk,"de'-ta-o'nyu-ryo_kushiteku'dasai.");
```

```
                        break;                  // 解析処理の終了
                    }else if(len>6 && strncmp(s,"POST /",6)==0){
                        postF=1;                // POSTのBODY待ち状態へ
                    }
                }else if(postF==1){
                    if(len>16 && strncmp(s,"Content-Length: ",16)==0){
                        postL=atoi(&s[16]);     // 変数postLにデータ値を代入
                    }
                }
                if( len==0 ) postF++;           // ヘッダの終了
                len=0;                          // 文字列長を0に
            }else if(c!='¥r' && c!='¥0'){
                s[len]=c;                       // 文字列変数に文字cを追加
                len++;                          // 変数lenに1を加算
                s[len]='¥0';                    // 文字列を終端
                if(len>=64) len=63;             // 文字列変数の上限
            }
            if(postF>=2){                       // POSTのBODY処理
                if(postL<=0){                   // 受信完了時
                    if(len>5 && strncmp(s,"TEXT=",5)==0){
                        strncpy(talk,&s[5],64);       // 受信文字列をtalkへコピー
                    }
                    break;                      // 解析処理の終了
                }
                postL--;                        // 受信済POSTデータ長の減算
            }
        }
        t++;                                    // 変数tの値を1だけ増加させる
        if(t>TIMEOUT) break; else delay(1);     // TIMEOUTに到達したらwhileを抜ける
    }
    delay(1);                                   // クライアント側の応答待ち時間
    if(talk[0]){                                // 文字列が代入されていた場合.
        trUri2txt(talk); ←―――― ④              // URLエンコードの変換処理
        Serial.print(talk); ←―――― ⑤            // 受信文字データを音声出力
        Serial.print("¥r"); ←―――― ⑥            // 改行コード(CR)を出力する
    }
   if(client.connected()){                      // 当該クライアントの接続状態を確認
        html(client,talk,WiFi.localIP());       // HTMLコンテンツを出力する
    }
    client.stop();                              // クライアントの切断
}
```

⑤ 文字列変数talkの内容をシリアル出力します.
⑥ 改行コードをシリアル出力します.

● より自然な音声出力を行うために

リスト1の動作確認済みのWi-Fiコンシェルジェ[アナウンス担当]用サンプル・プログラムexample21_talk中の手順②の文字列には, ローマ字の「konnnichiwa」に加えAquesTalk pico用のアクセント記号や区切り記号が付与されています. ローマ字だけでも音声を出力することができますが, これらの記号を含む音声記号列を使うことで, より自然な発音を行うことができます.

「'」はアクセント記号です.「konnnichiwa'」のように末尾にアクセントをつけると, 呼びかけているような音声になります.「?」にすると尋ねるような音声になります.

「/」はアクセント句の区切り記号です.「konnnichi/wa」のように言葉の途中に付与すると,「こんにち」と「は」の2語として発音します. 他にもいくつかの記号があります. 詳しくはAquesTalk picoのデータシートを参照してください.

こういった記号を付与したとしても, 思いどおりの音声が出力されるとは限りません. より自然な音声を発音できるようにするには, 実際に音声を出力しながら記号の種類や挿入位置を調整するとよいでしょう. WebブラウザからESPモジュールへアクセスし, テキスト・ボックスに音声記号列のテキストを入力し, [送信]ボタンを押すと, 音声を確認することができます.

7 Wi-Fiコンシェルジェ［マイコン担当］

動作

第5章で製作したWi-Fi対応IoTセンサ機器が送信するデータを受信し，テレビ画面(NTSCモニタ)へ表示することができます．

また，WebブラウザからBASICマイコンIchigoJamにコマンドを送信することや，IchigoJam用のBASICプログラムを送ることもできます(**図1**)．

第5章で解説したWi-Fiセンサが送信する情報をテレビに表示することが可能なテレビ出力機(**写真1**)を紹介します．

テレビへの出力(NTSC)にはESPモジュールをつないだBASICマイコンIchigoJamを使用し，ESPモジュールがWi-Fiで受信したデータをBASICマイコンIchigoJamに渡すことで，Wi-Fi経由でBASICマイコンIchigoJamを制御します．コマンドの入力にはWebブラウザを使います．

Wi-Fiセンサから送られてきたUDPパケットに含まれるテキスト情報を表示するほか，BASICで作成したプログラムを転送し，実行することも可能です．

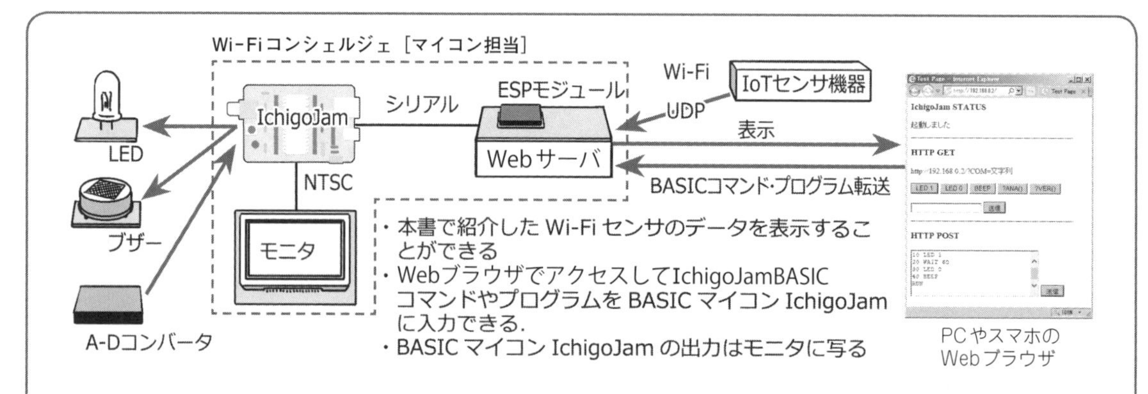

▶LED 1ボタン
IchigoJam上のLEDを点灯します(BASICコマンドを送信する)

▶LED 0ボタン
IchigoJam上のLEDを消灯します

▶BEEPボタン
IchigoJam上の圧電スピーカからブザー音を鳴らします

▶?ANA()ボタン
IchigoJamのBTN端子の入力電圧に応じた値を取得します

▶?VER()ボタン
IchigoJamのファームウェアのバージョンを取得します

これらのコマンドの応答はWebブラウザに「IchigoJam STATUS」として表示します

▶テキスト・ボックス
IchigoJam用BASICプログラムをIchigoJamへ転送します

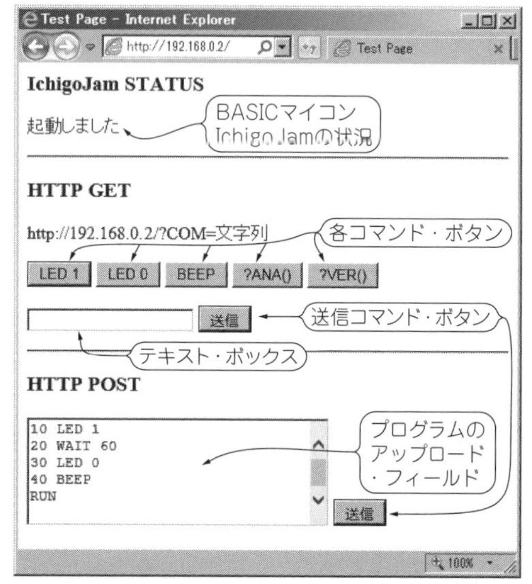

図1　Wi-Fiコンシェルジェ［マイコン担当］を制御するスマホまたはPCの画面
BASICマイコンIchigoJamにESPモジュールをつなぎ，ネット経由でWebブラウザからIchigoJamを操作できる

ハードウェア

● BASICマイコンIchigoJam＋ESPモジュール

ハードウェアのおもな構成は，ESPモジュール，BASICマイコンIchigoJam，ビデオ出力端子です．

BASICマイコンIchigoJamのファームウェアは，バージョン1.2以上を使用してください．古いバージョンだとシリアル・データを取りこぼすことがあります．

BASICマイコンIchigoJamは，秋月電子通商などで販売されています．あるいは，NXPセミコンダクターズのマイコンLPC1114FN28に，IchigoJamの開発元のjig.jp社のIchigoJamページ(http://ichigojam.net/)からファームウェアをダウンロードし，書き込むことで自作することも可能です．

回路図を**図2**に，ブレッドボードを使った製作のようすを**写真2**に，完成例を**写真3**に示します．ESPモジュールとBASICマイコンIchigoJamとはUARTシリアルで接続します．このため，あらかじめ後述のサンプル・プログラムをESPモジュールに書き込んでおく必要があります．

電源はブレッドボードの両端の「＋」ラインと「－」ラインを使用し，DC 5V・500mA以上のACアダプタ，もしくはUSBから供給します．リセットが必要な場合は，電源をOFF/ONしてください．

動作確認済みサンプル・プログラム

● IchigoJamをリモート操作する

Webブラウザからの操作によって，IchigoJam上で動作するBASICコマンドやプログラムを実行することができます．ESPモジュールにはWebサーバ機能を含む動作確認済みWi-Fiコンシェルジェ[マイコン担当]のサンプル・プログラムexample22_jam(**リスト1**)を書き込んでおきます．

例えば，**図1**の画面中の[LED 1]ボタンをクリックすると，IchigoJam BASIC命令「LED 1」が送信され，LEDが点灯します．HTTP POSTを用いてプログラムを転送することもできます(容量や文字種類に制限あり)．

ESPモジュールがUDPパケットを受信すると，先頭に「'」を付与したテキスト文字をテレビに出力します．「'」はIchiogoJam BASICのコメント命令です．

この特集で紹介した各種Wi-Fiセンサからのデータを受信してテレビ画面に表示することもできます．

写真4のように，大きな文字を表示する場合は，当サンプル・フォルダ内のTvOutput.basをあらかじめIchigoJamに転送し，SAVE0コマンドを使って保存しておきます．

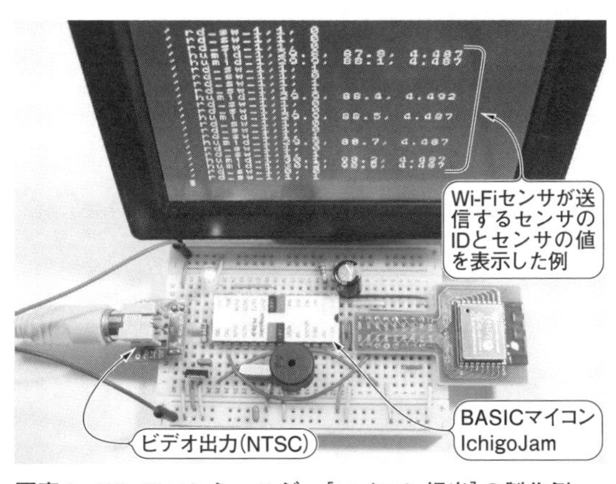

写真1　Wi-Fiコンシェルジェ[マイコン担当]の製作例
各種Wi-Fiセンサが送信するUDPパケットを受信し，小型テレビに表示したときのようす．jig.jp社が開発したIchigoJam BASICのファームウェアを書き込んだLPC1114FN28をESPモジュールに接続し，UDPのモニタとして使用した

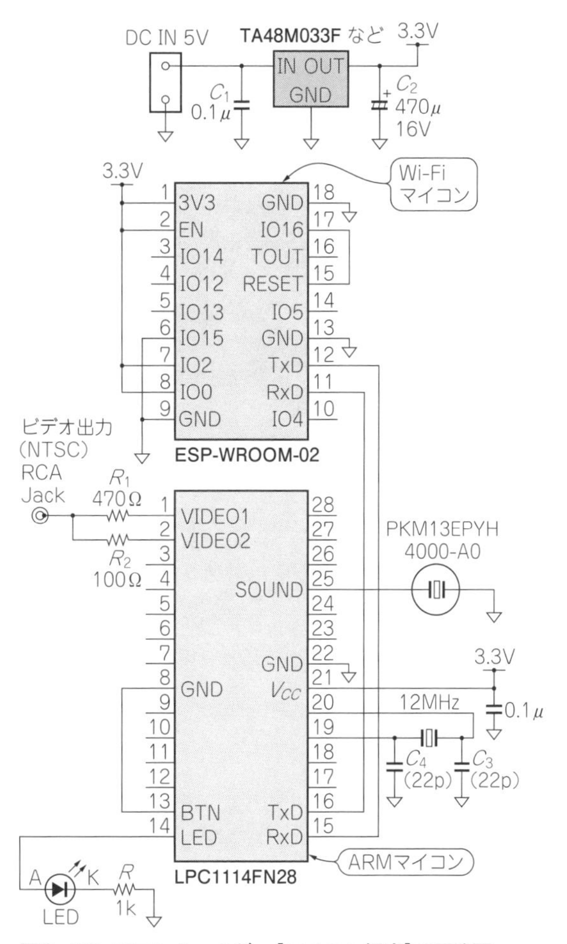

図2　Wi-Fiコンシェルジェ[マイコン担当]の回路図
ESPモジュールのUARTシリアルをBASICマイコンIchigoJamに接続する

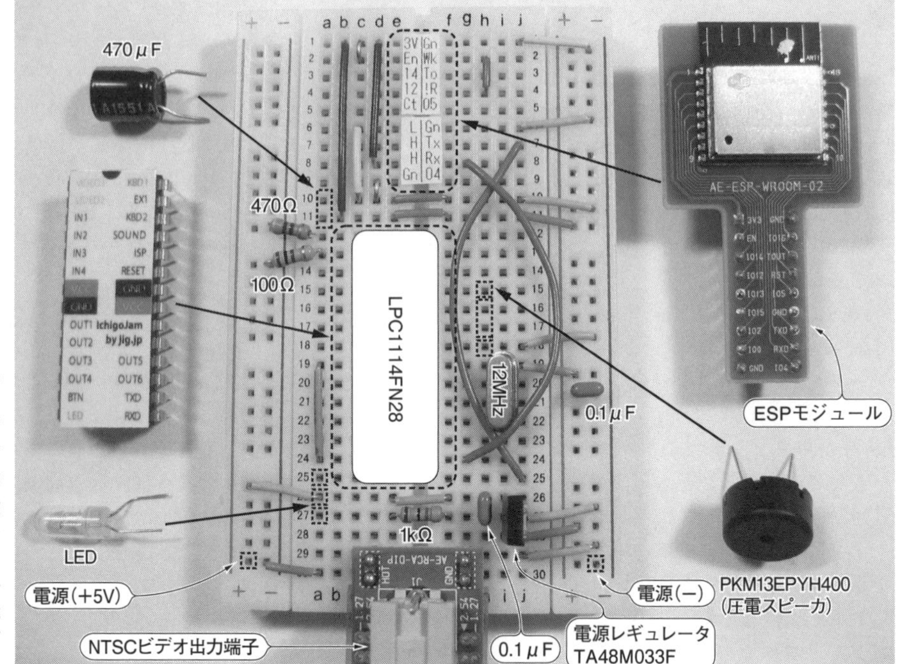

写真2　ブレッドボードで試作したWi-Fiコンシェルジェ[マイコン担当]
水晶振動子(12 MHz)の両端には22 pF程度のコンデンサが必要．なくても動作することもあるので，実験目的として，ここではコンデンサを省略して動かしてみた．ビデオ出力用の端子にはRCAジャックDIP化キットAE-RCA-DIP-Y(秋月電子通商)を使用

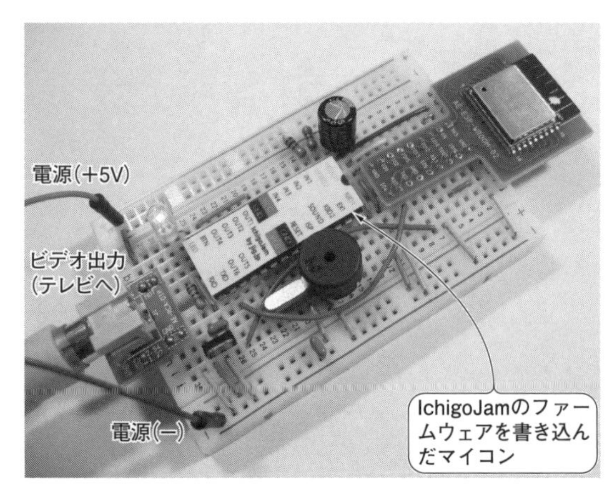

写真3　Wi-Fiコンシェルジェ[マイコン担当]の完成例
サンプル・プログラムを書き込んだESPモジュールと，BASICマイコンIchigoJamをブレッドボードに刺した．電源はブレッドボードの両端の「+」ラインと「−」ラインにDC 5 V 500 mAをACアダプタから供給した

写真4　大きな文字の表示例
第5章で製作したWi-Fi温湿度計で測定した値をUDP経由で取得して表示したようす
デバイス名「humid_1」に続き，温度，湿度が表示される．ここでは，室温17.0℃，湿度100 %が表示された

リスト1 動作確認済みWi-Fiコンシェルジェ[マイコン担当]サンプル・プログラムexample22_jam

```
/*******************************************************************************
Example 22: IchigoJam をつかった情報表示器
*******************************************************************************/

#include <ESP8266WiFi.h>                              // Wi-Fi機能を利用するために必要
#include <WiFiUdp.h>                                  // UDP通信を行うライブラリ
#define TIMEOUT 20000                                 // タイム・アウト 20秒
#define SSID "1234ABCD"    ※使用する                 // Wi-FiアクセスポイントのSSID
#define PASS "password"    無線LANに                  // パスワード
#define PORT 1024          合わせる                   // 受信ポート番号
#define BUF_N 4096                                    // バッファ・サイズ
WiFiUDP udp;                                          // UDP通信用のインスタンスを定義
WiFiServer server(80);                                // Wi-Fiサーバ(ポート80)定義
char tx[BUF_N+1]="¥0";                                // 送信バッファ

void setup(){                                         // 起動時に一度だけ実行する関数
    Serial.begin(115200);                             // IchigoJamとの通信ポート
    delay(5000);                                      // IchigoJamの起動・通信処理待ち
    WiFi.mode(WIFI_STA);                              // Wi-FiをSTAモードに設定
    WiFi.begin(SSID,PASS);                            // Wi-Fiアクセス・ポイントへ接続
    Serial.write(25); Serial.write(16);               // 停止コマンドとDLEコードの送信
    Serial.print("cls:?¥"Connecting to ");            // 「Connecting」を出力する
    Serial.print(SSID);                               // SSIDを出力する
    Serial.println("¥":'");                           // コマンドとして実行する
    while(WiFi.status() != WL_CONNECTED){             // 接続に成功するまで待つ
        delay(500);                                   // 待ち時間処理
        Serial.print("'");                            // 無線APへの接続プログレス表示
    }
    server.begin();                                   // TCPサーバを起動する
    udp.begin(PORT);                                  // UDP通信御開始
    Serial.println();delay(1000);                     // 改行を出力
    Serial.print("' ");                               // コメント命令を送信
    Serial.println(WiFi.localIP());                   // IPアドレスを出力する
}

void loop(){                                          // 繰り返し実行する関数
    WiFiClient client;                                // Wi-Fiクライアントの定義
    char c;                                           // 文字変数cを定義
    char s[65];                                       // 文字列変数を定義
    char com[65]="¥0";                                // IchigoJamへの送信コマンド
    char rx[65]="起動しました";                     // IchigoJamからの応答(表示用)
    int i;
    int len=0;                                        // 文字列長を示す変数を定義
    int rxi=0;                                        // IchigoJamからの応答文字長
    int t=0;                                          // 待ち受け時間カウント用の変数
    int postF=0;                                      // POSTフラグ(0:- 1:POST 2:BODY)
    int postL=0;                                      // POSTデータ長

    client = server.available();                      // TCPクライアントを生成
    if(client==0){                                    // TCPクライアントがなかった場合
        if(tx[0]){                                    // 変数txに代入されていた場合
            c=trUri2c(tx[0]);                         // URIエンコード空白文字の変換
            if(c=='%'){                               // URIエンコード文字の検出
                c=trUri2s(tx);                        // アスキー文字へ変換して変数Cへ
            }
            Serial.write(c); delay(18);               // IchigoJamへ出力
            if(c=='¥n') delay(100);                   // IchigoJamの処理待ち
            trShift(tx,1);                            // FIFOバッファのシフト処理
        }else{
            len = udp.parsePacket();                  // UDP受信パケット長をlenに代入
            if(len){                                  // 受信データがあった場合.
                Serial.print("' ");                   // コメント命令を送信
                memset(s, 0, 65);                     // 文字列変数sの初期化(65バイト)
                udp.read(s, 64);                      // UDP受信データを変数sへ代入
                utf_del_uni(s);                       // UTF8の制御コードの除去
                Serial.println(s);                    // IchigoJamへ出力する
            }
        }
        return;                                       // loop()の先頭に戻る
    }
    while(client.connected()){                        // クライアントの接続状態を確認
        if(client.available()){                       // クライアントからのデータ確認
            t=0;                                      // 待ち時間変数をリセット
            c=client.read();                          // データを文字変数cに代入
            if(c=='¥n'){                              // 改行を検出した時
                if(postF==0){                         // ヘッダ処理
                    if(len>10 && strncmp(s,"GET /?COM=",10)==0){
```

リスト1　動作確認済みWi-Fiコンシェルジェ[マイコン担当]サンプル・プログラムexample22_jam(つづき)

```
                    strncpy(com,&s[10],64);  // 受信文字列をcomへコピー
                    break;                   // 解析処理の終了
                }else if (len>5 && strncmp(s,"GET /",5)==0){
                    break;                   // 解析処理の終了
                }else if(len>6 && strncmp(s,"POST /",6)==0){
                    postF=1;                 // POSTのBODY待ち状態へ
                }
            }else if(postF==1){              // POSTのHEAD処理中のとき,
                if(len>16 && strncmp(s,"Content-Length: ",16)==0){
                    postL=atoi(&s[16]);      // 変数postLにデータ値を代入
                }
            }
            if( len==0 ) postF++;            // ヘッダの終了
            if( postF>=2) break;             // 解析処理の終了
            len=0;                           // 文字列長を0に
        }else if(c!='¥r' && c!='¥0'){
            s[len]=c;                        // 文字列変数に文字cを追加
            len++;                           // 変数lenに1を加算
            s[len]='¥0';                     // 文字列を終端
            if(len>=64) len=63;              // 文字列変数の上限
        }
    }
    t++;                                     // 変数tの値を1だけ増加させる
    if(t>TIMEOUT) break; else delay(1);      // TIMEOUTしたらwhileを抜ける
}
delay(1);                                    // クライアント側の応答待ち時間
while(Serial.available())Serial.read();      // シリアル受信バッファのクリア
if(com[0]){                                  // コマンドあり
    trUri2txt(com);                          // URLエンコードの変換処理
    utf_del_uni(com);                        // UTF8の制御コードの除去
    Serial.write(16);                        // DLEコードの送信
    Serial.println(com);                     // 文字データを出力
    delay(200);
    rx[0]='¥0';
    while(Serial.available() && rxi<64){
        c=Serial.read();
        if(c!='¥r'){
            if(c=='¥n'){
                if(
                    (rxi>=2 && strncmp(&rx[rxi-2],"OK",2)==0) ||
                    (rxi>=5 && strncmp(&rx[rxi-5],"error",5)==0)
                ) break;
                if(rxi<=60){
                    strcpy(&rx[rxi],"<BR>");
                    rxi+=4;
                }
            }else{
                rx[rxi]=c; rxi++; rx[rxi]='¥0';
            }
        }
    }
}else if(postF>=2 && postL>4){
    strcpy(rx,"HTTP POST データ転送");
    com[4]='¥0'; tx[0]='¥0';                 // 文字列変数の初期化
    for(i=0;i<4;i++) com[i]=client.read();
    if(strncmp(com,"PRG=",4)==0){            // プログラム・モード時
        memset(tx, 0, BUF_N+1);              // 文字列変数txの初期化
        i=0; postL-=4; rxi=0;                // PCからの受信準備
        if(postL > BUF_N)postL=BUF_N;        // 送信バッファの上限を設定
        for(i=0;i<postL;i++){
            if(client.available()){
                tx[i]=client.read();
            }else break;
        }
    }
    Serial.write(16);                        // IchigoJamへDLEコードを送信
}
if(client.connected()){                      // クライアントの接続状態を確認
  html(client,"",rx,WiFi.localIP());         // HTMLコンテンツを出力する
}
client.stop();                               // クライアントの切断
}
```

8 Wi-Fiコンシェルジェ[コンピュータ担当]

動作

Webブラウザ上の電源投入ボタンを押すと，ラズベリー・パイの起動状態を確認し，ラズベリー・パイが起動していなかった場合は，ラズベリー・パイのRUN端子を制御して起動します．このWi-Fiコンシェルジェ[コンピュータ担当]にWebブラウザでアクセスすると**図1**のようなラズベリー・パイ制御画面を表示します

応用

遠隔地のラズベリー・パイを自由自在に操作できるようになります

スマホやパソコンを使ってラズベリー・パイの電源管理をリモートで行おうとすると，ラズベリー・パイが停止中にもコマンドを受け付けるマイコンが外部に必要です．

そこで，Wi-FiマイコンESP8266の入ったESPモジュールを使って，ラズベリー・パイの起動やシャットダウンをWi-Fi経由で行えるようにしたWi-Fiコンシェルジェ[コンピュータ担当]（**写真1**）を紹介します．

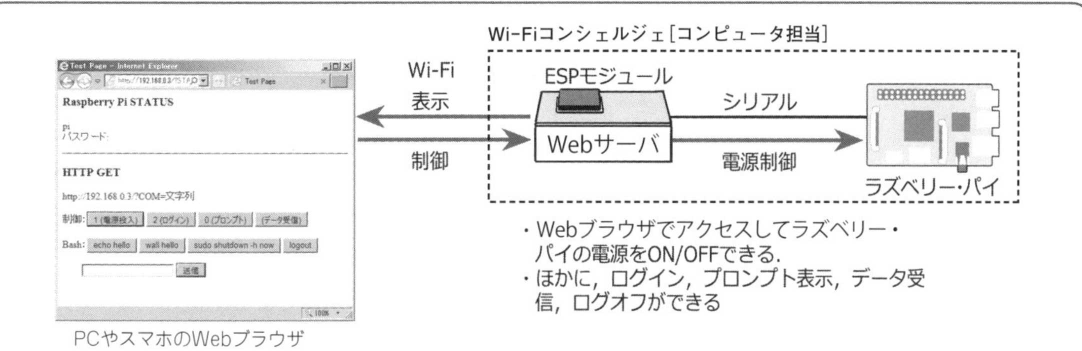

▶電源投入ボタン
ラズベリー・パイの電源を入れます
▶ログイン・ボタン
piユーザでのログインをします
▶プロンプト表示ボタン
動作状態の確認用
▶データ受信ボタン
応答値が得られなかったときに再取得します
▶Bash操作ボタン
各種Bashコマンドを入力します
「sudo shutdown -h now」ボタン
電源を切ることができます
▶テキスト・ボックス
任意のコマンドを入力できます
入力したコマンドの応答値は，Webブラウザの「Raspberry Pi STATUS」に表示されます．ただし，長いメッセージなどは受け取れません

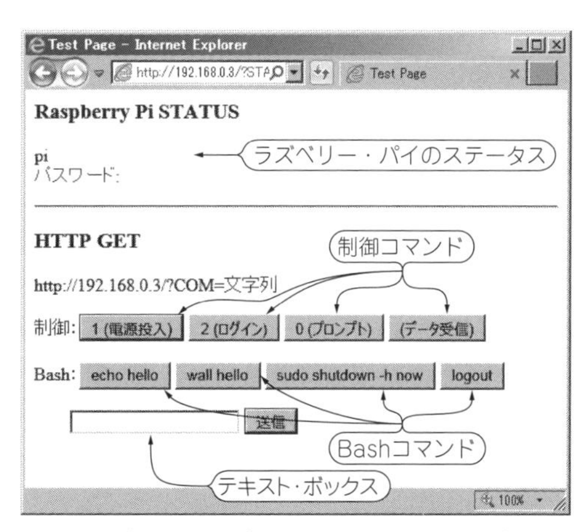

図1　ラズベリー・パイの電源をON/OFFを操作できるPCやスマホの画面
Webブラウザから HTTP GETコマンドを使ってラズベリー・パイの電源を制御できる．［電源投入］と，［ログイン］，［プロンプト］，［データ受信］の4つの制御ボタンに加え，4つのBashコマンド送信ボタンを備える．テキスト・ボックスに入力した任意のBashコマンドを送信することも可能

ラズベリー・パイの電源ON/OFF制御

● RUN端子で起動後，起動中はRUN端子を操作できないように制御

ラズベリー・パイの基板上には，ラズベリー・パイの電源をONにするためのRUN端子が設けられています．この端子をGNDに接続し，その後に開放にすると，ラズベリー・パイが起動します．

1つ注意しなくてはならない大切な点があります．ラズベリー・パイが起動している最中に再びRUN端子を操作すると，ラズベリー・パイにリセットがかかってしまいます．

そこで，ラズベリー・パイの動作中にはRUN端子を制御できないように保護回路を追加し，ラズベリー・パイがOFF状態のときだけRUN端子を操作できるようにしました．

Wi-Fiコンシェルジェ[コンピュータ担当]の回路図を**図2**に，**写真2**にラズベリー・パイの拡張端子とRUN端子の位置を示します．

Wi-Fiコンシェルジェ[コンピュータ担当]は，ラズベリー・パイの電源をONにしたいときは，ESPモジュールのIO 13(5番ピン)から“H”レベルを出力して，ラズベリー・パイの電源をONにします．ただし，ラズベリー・パイのシリアルUARTのTxD出力が“H”レベルのときは，IO13の出力にかかわらずRUN端子への出力を“H”レベルのまま維持します．つまり，ラズベリー・パイの電源がONのときは，ラズベリー・パイのRUN端子は操作しない仕組みです．

ラズベリー・パイの設定メニューの[インターフェース]では，シリアル・ポートとシリアル・コンソールを[有効]に設定してください．

動作確認済みサンプル・プログラム

● ラズパイをWi-FiマイコンESP8266で制御する

ESPモジュールに，動作確認済みWi-Fiコンシェルジェ[コンピュータ担当]のサンプル・プログラムexample23_raspi(**リスト1**)を書き込み，Webブラウザから ESPモジュールにアクセスすると，**図1**のようなラズベリー・パイ制御画面が表示されます．

ボタン[1 電源投入]をクリックするとラズベリー・パイの電源が立ち上がり，[2 ログイン]をクリックすると，piユーザのログイン・パスワードの入力待ちになります．テキスト・ボックスにパスワードを入力して，[送信]ボタンをクリックすると，ラズベリー・パイにログインすることができます．ログイン後は，Bashコマンドを送信することができます．コマンドの実行結果についても，短いメッセージであれば，受信することができます．ラズベリー・パイの電源を切るには，ログインした状態で[sudo shutdown -h now]ボタンをクリックします．

パスワードは暗号化されずに送信されるので，パスワードが流出してしまう恐れがあります．傍受が困難なLAN環境でのみ使用するか，パスワードを頻繁に変更するなどのセキュリティ対策をとってください．

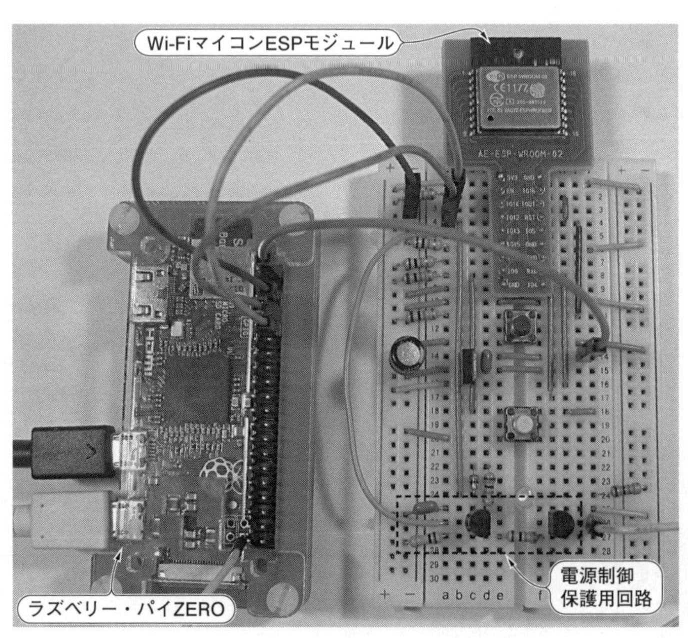

写真1　試作したWi-Fiコンシェルジェ[コンピュータ担当]
ラズベリー・パイのRUN端子をESPモジュールで制御する．ラズベリー・パイの動作中は，RUN端子を制御できないように保護回路を追加してある

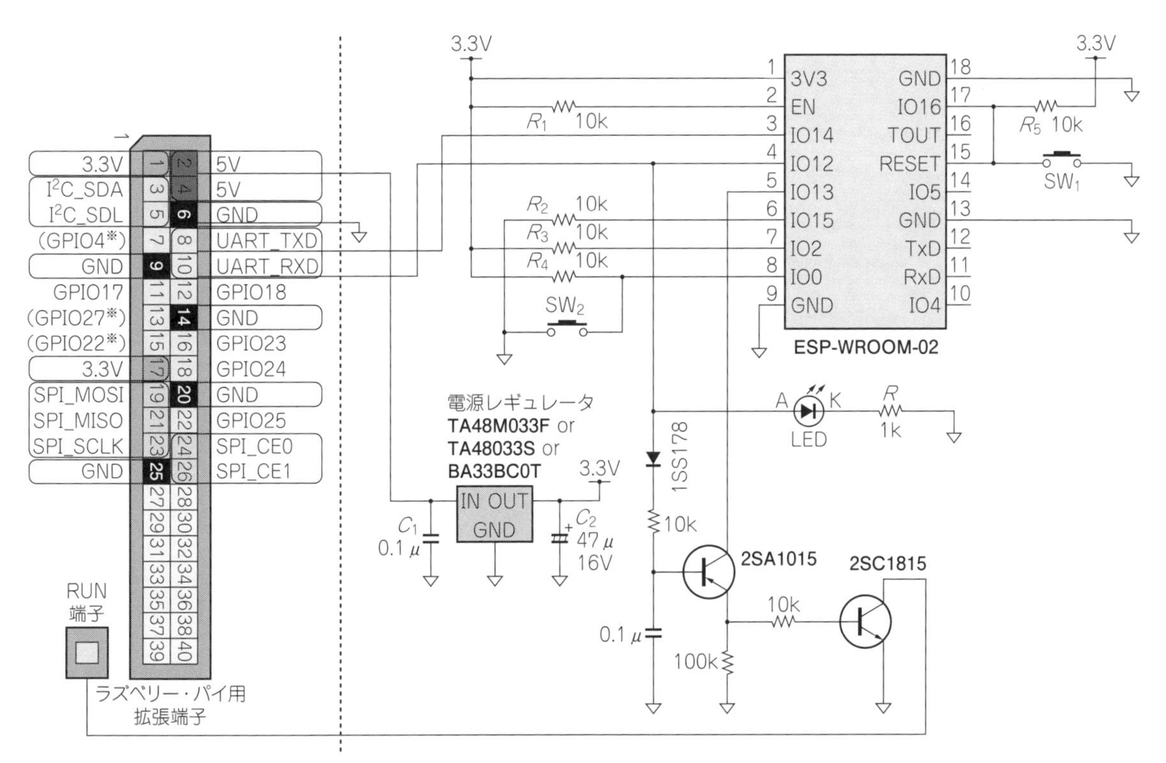

図2　Wi-Fiコンシェルジェ[コンピュータ担当]の回路図
ESPモジュールをラズベリー・パイに接続するときの配線図．ラズベリー・パイのTxDが"L"レベルのときだけ，IO 13の出力をトランジスタ2SA1015から2SC1815に伝え，RUN端子を制御する

写真2　ラズベリー・パイZEROの拡張端子とRUN端子の位置
図左の上部に取り付けたピン・ヘッダがラズベリー・パイ用の拡張端子．図の左上が2番ピンで右に向かって偶数番号ピンが並ぶ．使用するのは，2，6，8，10番ピン．RUN端子は写真の右側のスルーホール．基板上には「RUN」の表示がある

リスト1　動作確認済みWi-Fiコンシェルジェ[コンピュータ担当]のサンプル・プログラムexample23_raspi

```
/*******************************************************************************
Example 23: ラズベリー・パイ を制御する
*******************************************************************************/

#include <SoftwareSerial.h>
#include <ESP8266WiFi.h>                                // Wi-Fi機能を利用するために必要
#define PIN_POW 13                                      // IO 13(5番ピン)に電源制御回路
#define TIMEOUT 20000                                   // タイムアウト 20秒
#define SSID "1234ABCD"  ※使用する無線                  // Wi-Fiアクセス・ポイントのSSID
#define PASS "password"  LANに合わせる                   // パスワード
#define PiUSER "pi"  ←ラズベリー・パイにログインするときのユーザ名  // Raspberry Pi ユーザ名

SoftwareSerial softSerial(12,14);                       // IO12(4)をRX,IO14(3)をTXに設定
WiFiServer server(80);                                  // Wi-Fiサーバ(ポート80)定義
int PiPASS=0;                                           // パスワード入力中

void setup(){                                           // 起動時に一度だけ実行する関数
    pinMode(PIN_POW,OUTPUT);                            // 電源制御回路ポートを出力に
    digitalWrite(PIN_POW,LOW);                          // Raspberry PiをLOW(OFF)にする
    Serial.begin(9600);                                 // 動作確認のためのシリアル出力
    softSerial.begin(115200);                           // RaspberryPiとの通信ポート
    WiFi.mode(WIFI_STA);                                // Wi-FiをSTAモードに設定
    WiFi.begin(SSID,PASS);                              // Wi-Fiアクセス・ポイント接続
    Serial.println("Example 23 Raspi");                 // 「Example 23」をシリアル出力
    while(WiFi.status() != WL_CONNECTED){               // 接続に成功するまで待つ
        delay(500);                                     // 待ち時間処理
        Serial.print('.');                              // 無線APへの接続プログレス表示
    }
    server.begin();                                     // TCPサーバを起動する
    Serial.println();                                   // 改行を出力する
    Serial.println(WiFi.localIP ());                    // IPアドレスを出力する
}

void loop(){                                            // 繰り返し実行する関数
    WiFiClient client;                                  // Wi-Fiクライアントの定義
    char c;                                             // 文字変数cを定義
    char s[65];                                         // 文字列変数を定義
    char com[65]="¥0";                                  // RaspberryPiへの送信コマンド
    char rx[1025]="応答なし";                            // RaspberryPiからの応答(表示用)
    int i;
    int len=0;                                          // 文字列長を示す変数を定義
    int rxi=0;                                          // RaspberryPiからの応答文字長
    long t=0;                                           // 待ち受け時間カウント用の変数

    /* serverサーバ処理 */
    client=server.available();                          // TCPクライアントを生成
    if(!client) return;                                 // 生成できなかった場合は戻る
    Serial.println("Connected");                        // 接続があったことを表示する
    while(softSerial.available()) softSerial.read();    // 受信バッファのクリア
    while(client.available()) client.read();            // 受信バッファのクリア
    while(client.connected()){                          // クライアントの接続状態を確認
        if(client.available()){
            c=client.read();                            // データを文字変数cに代入
            if(c=='¥n'){                                // 改行を検出した時
                if(len>12 && strncmp(s,"GET /?START=",12)==0){
                    while(softSerial.available())softSerial.read();
                    softSerial.print('¥n');             // 改行コードLFを出力
                    delay(100);                         // プロンプト表示待ち時間
                    if(atoi(&s[12])!=2) break;          // 2以外の時(改行入力のみ)
                    PiPASS=1;                           // パスワード入力中フラグ
                    softSerial.print(PiUSER);           // ユーザ名を入力
                    softSerial.print('¥n');             // 改行コードLFを出力
                    break;                              // 解析処理の終了
                }else if(len>11 && strncmp(s,"GET /?POW=1",11)==0){
                    digitalWrite(PIN_POW,HIGH);         // Raspberry PiをHIGH(ON)にする
                    delay(100);                         // PIN_POW信号のホールド時間
                    digitalWrite(PIN_POW,LOW);          // PIN_POWをLOWに戻す
                    strcpy(rx,"電源を投入しました");
                    break;                              // 解析処理の終了
                }else if(len>10 && strncmp(s,"GET /?COM=",10)==0){
```

```
                strncpy(com,&s[10],64);                    // 受信文字列をcomへコピー
                break;                                      // 解析処理の終了
            }else if (len>5 && strncmp(s,"GET /",5)==0){
                break;                                      // 解析処理の終了
            }
            len=0;                                          // 文字列長を0に
        }else if(c!='¥r' && c!='¥0'){
            s[len]=c;                                       // 文字列変数に文字cを追加
            len++;                                          // 変数lenに1を加算
            s[len]='¥0';                                    // 文字列を終端
            if(len>=64) len=63;                             // 文字列変数の上限
        }
    }
    t++; delay(1);                                          // 変数tの値を1だけ増加させる
    if(t>TIMEOUT) break;                                    // TIMEOUTしたらwhileを抜ける
  }
  delay(1);                                                 // クライアント側の応答待ち時間
  if(com[0]){                                               // コマンドあり
    trUri2txt(com);                                         // URLエンコードの変換処理
    Serial.print("<- ");                                    // 送信マークをシリアル表示する
    if(PiPASS){
        Serial.println("********");                        // パスワードを伏字表示
        PiPASS=0;
    }else Serial.println(com);                              // コマンドをシリアル表示する
    while(softSerial.available())softSerial.read();         // 受信バッファのクリア
    rx[0]='¥0';                                             // 受信データのクリア
    softSerial.print(com);                                  // 文字データを出力
    softSerial.print('¥n');                                 // 改行コードLFを出力
  }
  while(rxi<1024){                                          // シリアル受信ループ(1024文字)
    for(t=0;t<1000000;t++){                                 // 約300msの期間, 受信確認
        if(softSerial.available()) break;                   // 受信があれば確認完了
    }
    if(t==1000000)break;                                    // 受信がなければ受信完了
    c=softSerial.read();                                    // シリアルから受信
    if(c=='¥n'){                                            // 改行時
        if(rxi<=1020){                                      // 1020文字以内の時
            strcpy(&rx[rxi],"<BR>");                        // HTML用に<BR>に差し替え
            rxi+=4;                                         // 文字数4
        }else break;                                        // 1021文字以上の時, 受信完了
    }else if(isprint(c)){                                   // 表示可能な文字の場合,
        rx[rxi]=c; rxi++; rx[rxi]='¥0';                     // 変数rxへ代入・rxi加算・終端
    }
  }
  Serial.print("-> ");                                      // 受信マークをシリアル表示する
  Serial.println(rx);                                       // 受信結果を表示する
  if(client.connected()){                                   // クライアントの接続状態を確認
    html(client,"",rx,WiFi.localIP());                      // HTMLコンテンツを出力する
  }
  client.stop();                                            // クライアントの切断
  Serial.println("Done");
}
```

9 Wi-Fiコンシェルジェ［電源設備担当］

動作

電源を入れると，割り当てられたIP アドレスでWebブラウザからのアクセスを待ちます．Webブラウザの操作によって，AC100V機器を制御します

応用

オーディオ機器や電気スタンドなど，AC電源をON/OFFすれば動作する家電機器をWebブラウザやラズベリー・パイから制御できます．

ただし，遠隔地からリモートでONにさせることができるので，無人で動作させても安全な機器に限ります

オーディオ機器や電気スタンドなどの家電機器の中には，ACコンセント用タイマに対応している機器があります．そういった機器を制御するにはAC100Vに対応したリレー・モジュールが便利です．製作する場合は，たとえ無人で動作させても事故が発生しないように，十分な配慮と安全対策が必要です．

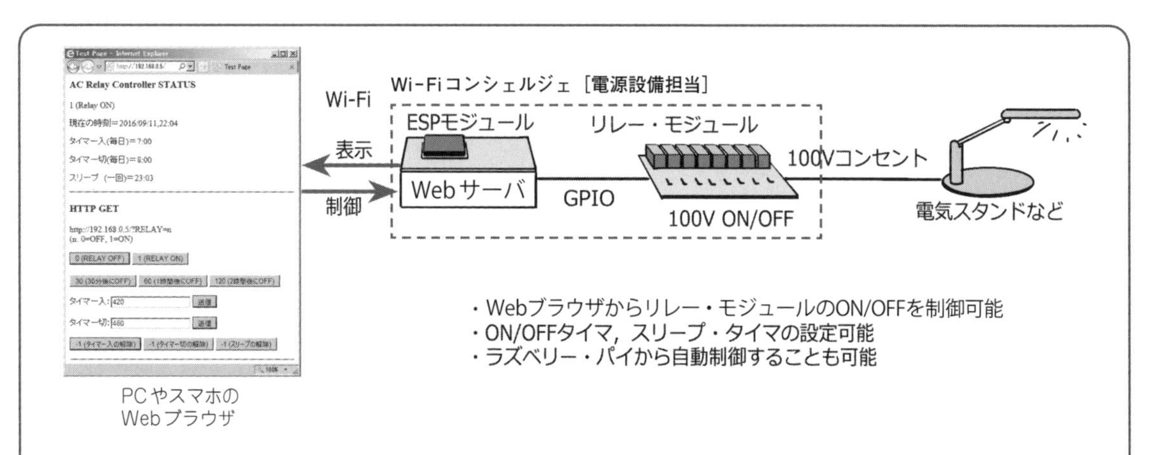

Wi-Fi電源制御リレーにWebブラウザでアクセスすると**図1**のような電源制御画面が表示されます

画面の上半分はWi-Fiコンシェルジェ［電源設備担当］の状態を表示しています

［Relay ON］ リレーがONになっていることを表示

［タイマ入］ リレーをONに制御する時刻

［タイマ切］ リレーをOFFに制御する時刻

［スリープ］ 次の制御までリレーがOFF

※一度，制御すると設定が解除される点で，タイマ切とは異なります

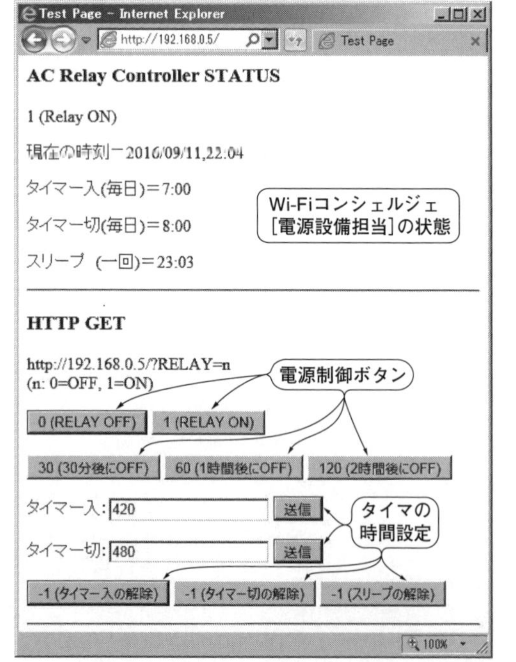

図1 Wi-Fiコンシェルジェ［電源設備担当］を制御するスマホやパソコンの画面

ハードウェア

● AC100Vを制御するリレー・モジュール

リレー制御用コイル端子に電流を流すと，電磁石の力でリレー内のACスイッチをONにし，電流を止めるとOFFにします．出力用のスイッチと制御用のコイルの回路が分離しているので，比較的，安全に電源制御できます．

ここではシンダ・プレシジョン製のリレー(953-1C-12DG)と専用基板(AE-RELAY953)などがセットになった大電流大型リレー・モジュール・キット(秋月電子通商)を使用します．

このリレーのAC用のスイッチは240 V 30 Aまで対応しているので，一般的なAC 100 Vのコンセントで使用可能な家電機器の多くをカバーします．

● ESPモジュールとリレー・モジュールの接続

DC12 V出力のACアダプタなどから，専用基板AE-RELAY953の端子CN_1のリレー電源(1番ピン)へ12 VのDC電圧を入力します．信号入力端子(3番ピン)の制御電圧は2～10 Vなので，ESPモジュールなどのCMOS 3.3 Vの出力信号を，そのまま接続することができます．

ESPモジュールの3.3 V電源には，DC-DCコンバータ R-78E3.3-0.5(RECOM製)を使用しました．通常の電源レギュレータを使って，ACアダプタの電圧12 Vから3.3 Vに降圧すると，ESPモジュールの約3倍の発熱量が電源レギュレータ部に生じます．このため，DC-DCコンバータを使用し，発熱を抑えました．

回路図を図2に，試作したWi-Fiコンシェルジェ[電源設備担当]を写真1に示します．ESPモジュールへあらかじめ後述のサンプル・プログラムを書き込んでおきます．

動作確認済みのサンプル・プログラム

● リレーを制御するプログラム

Wi-Fiコンシェルジェ[電源設備担当]のサンプル・プログラムexample24_acをリスト1に示します．サンプル・プログラム内のSSIDとPASSの定義は利用するWi-Fiアクセス・ポイントに合わせて書き換え

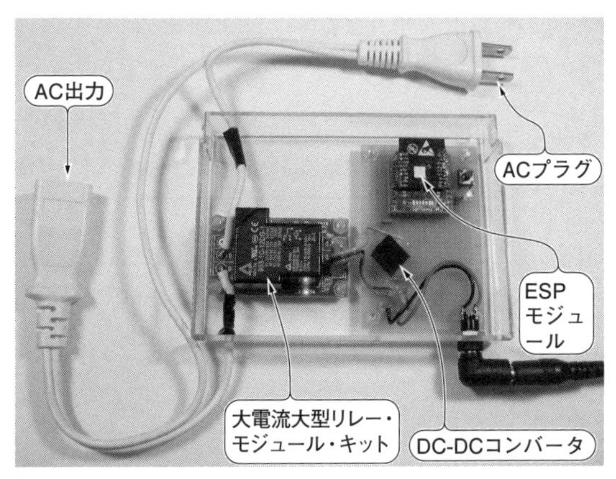

写真1 Wi-Fiコンシェルジェ[電源設備担当]の製作例
AC延長コードの片側を切断し，大電流大型リレー・モジュール・キットのスイッチ側に接続する．AC 100 Vのリレー回路部には市販のプリント基板を使用し，ケースへ固定する．実験時は漏電しないよう，必ずケースのカバーを取り付ける

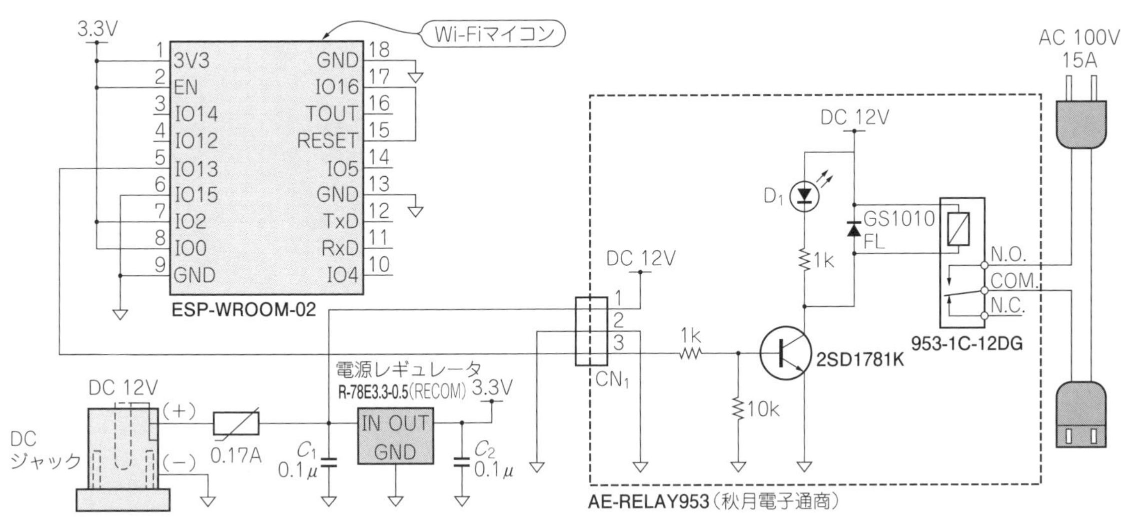

図2 Wi-Fiコンシェルジェ[電源設備担当]の回路図
ESPモジュールのIO 13を，大電流大型リレー・モジュール・キット(秋月電子通商)の専用基板AE-RELAY953の制御入力端子(CN1・3番ピン)へ接続し，リレーを制御する．DC12 Vから3.3 Vの降圧にはDC-DCコンバータを使用

てから，ESPモジュールに書き込んでください．リレー制御に限らず，タイマ制御などを利用したプログラムの参考になると思います．以下，本サンプル・プログラムのタイマ制御を行う部分について説明します．

① リレーをタイマ制御するときに使用する変数を定義します．TIMER_ONは，リレーをONにする時刻です．毎日，指定した時刻にリレーをONする制御を行うのに使用します．TIMER_OFFはOFFする時刻です．TIMER_SLEEPはスリープ・タイマです．TIMER_OFFと同様に指定した時刻にリレーをOFFします．毎日，制御するTIMER_OFFと異なり，TIMER_SLEEPは制御後に設定解除します．時刻0：00の値を0，23：59は1439とする分単位の整数値を使用します．未設定や解除状態は，負の値で示します．

② 本器を起動した時刻を保持する変数TIMEを定義します．ESPモジュール内のタイマの経過時間から現在時刻を算出するのに使用します(手順⑤で使用)．
③ インターネット時刻をNTPで取得し，変数TIMEへ，一時的に代入します．
④ 起動してからの経過時間を変数TIMEから減算し，本器を起動した時刻を算出します．
⑤ 起動してからの経過時間を変数TIMEへ加算し，現在時刻を算出し，変数timeへ代入します．
⑥ 時刻情報には日付が含まれています．ここでは日付情報を削除する計算を行います．
⑦ 得られた現在時刻と手順①で定義したタイマ時刻を比較し，リレーを制御します．

リスト1　動作確認済みWi-Fiコンシェルジェ[電源設備担当]のサンプル・プログラムexample24_ac

```
/*******************************************************************************
Example 24: AC電源コントローラ
*******************************************************************************/

#include <ESP8266WiFi.h>                        // Wi-Fi機能を利用するために必要
extern "C" {
#include "user_interface.h"                     // ESP8266用の拡張IFライブラリ
}
#include <WiFiUdp.h>                            // UDP通信を行うライブラリ
#define PIN_OUT 13                              // IO 13(5番ピン)にリレーを接続する
#define TIMEOUT 20000       ※使用する            // タイムアウト 20秒
#define SSID "1234ABCD"   }  無線LAN            // Wi-Fiアクセス・ポイントのSSID
#define PASS "password"   }  に合わせる          // パスワード
#define NTP_SERVER "ntp.nict.jp"                // NTPサーバのURL
#define NTP_PORT 8888                           // NTP待ち受けポート

WiFiServer server(80);                          // Wi-Fiサーバ(ポート80=HTTP)定義
int TIMER_ON=-1;          }                     // ONタイマ無効
int TIMER_OFF=-1;         } ①                   // OFFタイマ無効
int TIMER_SLEEP=-1;       }                     // スリープ・タイマ無効
unsigned long TIME;  ←――― ②                    // 1970年からmillis()=0までの秒数
                                                // ※現在時刻は TIME+millis()/1000
void setup(){
    pinMode(PIN_OUT,OUTPUT);                    // リレーを接続したポートを出力に
    Serial.begin(9600);                         // 動作確認のためのシリアル出力開始
    Serial.println("Example 24 AC Outlet");     // 「Example 24」をシリアル出力表示
    wifi_set_sleep_type(LIGHT_SLEEP_T);         // 省電力モードに設定する
    WiFi.mode(WIFI_STA);                        // Wi-FiをSTAモードに設定
    WiFi.begin(SSID,PASS);                      // Wi-Fiアクセス・ポイントへ接続
    while(WiFi.status() != WL_CONNECTED){       // 接続に成功するまで待つ
        Serial.print('.');                      // 進捗表示
        digitalWrite(PIN_OUT,!digitalRead(PIN_OUT));    // リレーの点滅
        delay(500);                             // 待ち時間処理
    }
    server.begin();                             // サーバを起動する
    Serial.println("¥nStarted");                // 起動したことをシリアル出力表示
    Serial.println(WiFi.localIP());             // 本機のIPアドレスをシリアル出力
    morseIp0(PIN_OUT,200,WiFi.localIP());       // IPアドレス終値をモールス符号出力
    while(TIME==0){
        TIME=getNTP(NTP_SERVER,NTP_PORT);       // NTPを用いて時刻を取得
    }
```

```
    TIME-=millis()/1000;                        // 起動後の経過時間を減算
}

void loop(){                                    // 繰り返し実行する関数
    WiFiClient client;                          // Wi-Fiクライアントの定義
    char c;                                     // 文字変数を定義
    char s[65];                                 // 文字列変数を定義  65バイト64文字
    char date[20];                              // 日付データ格納用
    int len=0;                                  // 文字列の長さカウント用の変数
    int t=0;                                    // 待ち受け時間のカウント用の変数
    unsigned long time=millis();                // ミリ秒の取得
    int i;

    if(time<100){
        time=getNTP(NTP_SERVER,NTP_PORT); ←③    // NTPを用いて時刻を取得
        if(time)TIME=time-millis()/1000; ←④     // 取得成功時に経過時間をTIMEに保持
        else TIME+=4294967;                     // 取得失敗時に経過時間を加算
        while(millis()<100)delay(1);            // 100ms超過待ち
        time=millis();                          // ミリ秒の取得
    }
    time = TIME + time / 1000; ←⑤               // 時刻で上書き
    time2txt(date,time);                        // 日時をテキストに変換する
    time = (time/60)%1440; ←⑥                   // 分に変更
    if(time == TIMER_ON ) digitalWrite(PIN_OUT,HIGH);    // リレーON      ┐
    if(time == TIMER_OFF) digitalWrite(PIN_OUT,LOW);     // リレーOFF     │
    if(time == TIMER_SLEEP){                    // スリープ・タイマ       ├⑦
        digitalWrite(PIN_OUT,LOW);              // リレーOFF              │
        TIMER_SLEEP=-1;                         // スリープ解除           ┘
    }

    client = server.available();                // 接続されたクライアントを生成
    if(client==0) return;                       // 非接続のときにloop()の先頭に戻る
    Serial.println("Connected");                // 接続されたことをシリアル出力表示
    while(client.connected()){                  // 当該クライアントの接続状態を確認
        if(client.available()){                 // クライアントからのデータを確認
            t=0;                                // 待ち時間変数をリセット
            c=client.read();                    // データを文字変数cに代入
            if(c=='¥n'){                        // 改行を検出した時
                if(len>5 && strncmp(s,"GET /",5)==0) break;
                len=0;                          // 文字列長を0に
            }else if(c!='¥r' && c!='¥0'){
                s[len]=c;                       // 文字列変数に文字cを追加
                len++;                          // 変数lenに1を加算
                s[len]='¥0';                    // 文字列を終端
                if(len>=64) len=63;             // 文字列変数の上限
            }
        }
        t++;                                    // 変数tの値を1だけ増加させる
        if(t>TIMEOUT) break; else delay(1);     // TIMEOUTに到達したらwhileを抜ける
    }
    if(len>12 && strncmp(s,"GET /?RELAY=",12)==0){
        digitalWrite(PIN_OUT,atoi(&s[12]));     // 入力値に応じてリレーを制御する
    }                                           // タイマの設定を行う
    if(len> 9 && strncmp(s,"GET /?ON=",  9)==0) TIMER_ON =atoi(&s[9]);
    if(len>10 && strncmp(s,"GET /?OFF=",10)==0) TIMER_OFF=atoi(&s[10]);
    if(len>12 && strncmp(s,"GET /?SLEEP=",12)==0){
        i=atoi(&s[12]);                         // 変数iに入力値を代入
        if(i<0) TIMER_SLEEP=-1;                 // 入力値が負だったときにスリープ切
        else TIMER_SLEEP=(i+time)%1440;         // 現在時刻+入力スリープ時間
    }
    if(client.connected()){                     // 当該クライアントの接続状態を確認
        i=digitalRead(PIN_OUT);                 // リレーの状態を読み取り変数iへ代入
        html(client,i,date,TIMER_ON,TIMER_OFF,TIMER_SLEEP,WiFi.localIP());
    }                                           // 負のときは-100を掛けて出力
    client.stop();                              // クライアントの切断
   Serial.println("Disconnected");              // シリアル出力表示
}
```

⑩ Wi-Fi コンシェルジェ［情報担当］

動作

- 各種Wi-Fi対応IoTセンサ機器からUDPで送られてきたセンサ値データをESPモジュール内に保持します
- ブラウザ画面の上部に保持したデータのファイル名とファイル・サイズを表示します
- ファイル名をクリックすると，ファイルをダウンロードできます
- ファイル・システムSPIFFSの容量は，Arduino IDEの［ツール］メニュー内の［Flash Size］で設定します
- 4Mバイトのフラッシュ・メモリが実装されているESPモジュールの場合は，最大3Mバイトのデータを保持できます

応用

ESPモジュールを使ったWi-Fiセンサのデータを受信してロギングします．第5章で紹介したWi-Fi照

これまで紹介してきた各種のIoTセンサ機器からUDPで送られてきたセンサ値をWi-Fi経由で受信し，ESP－WROOM－02内のファイル・システムへ保存するサンプルを製作します．受信したデータはIoTセンサ機器ごとに分けて時刻情報とともに保存し，Webブラウザからダウンロードすることができます．

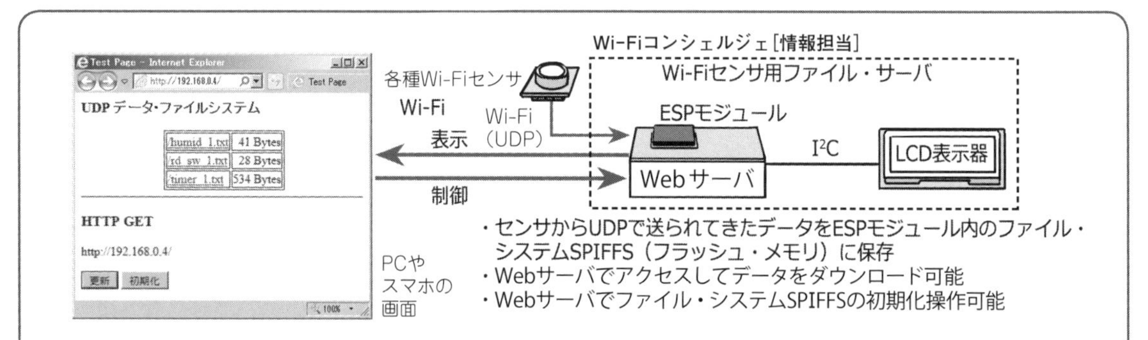

本ファイル・サーバを実行し，Webブラウザから本器へアクセスすると図1のような管理画面が開きます．初めて起動したときは［初期化］ボタンをクリックし，ファイル・システムをフォーマットしてから使用してください．

UDPデータを受信すると，先頭7文字のデバイス名をファイル名として，受信データをファイル・システムに保存します．保存ファイルには，保存時の取得日時を付与するので，センサのログとして活用できます．

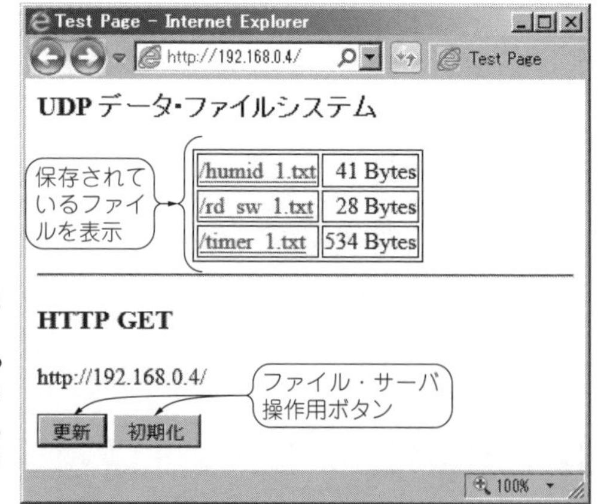

図1　Wi-Fiコンシェルジェ［情報担当］を制御するスマホやパソコンの画面
各種のWi-Fiセンサから送られてきたUDPデータをESPモジュール内のファイル・システムに保存し，Webブラウザでダウンロードが可能．受信データは受信時刻とともにデバイスごとのファイルに保存される．ファイルをクリックしてダウンロードすることも可能

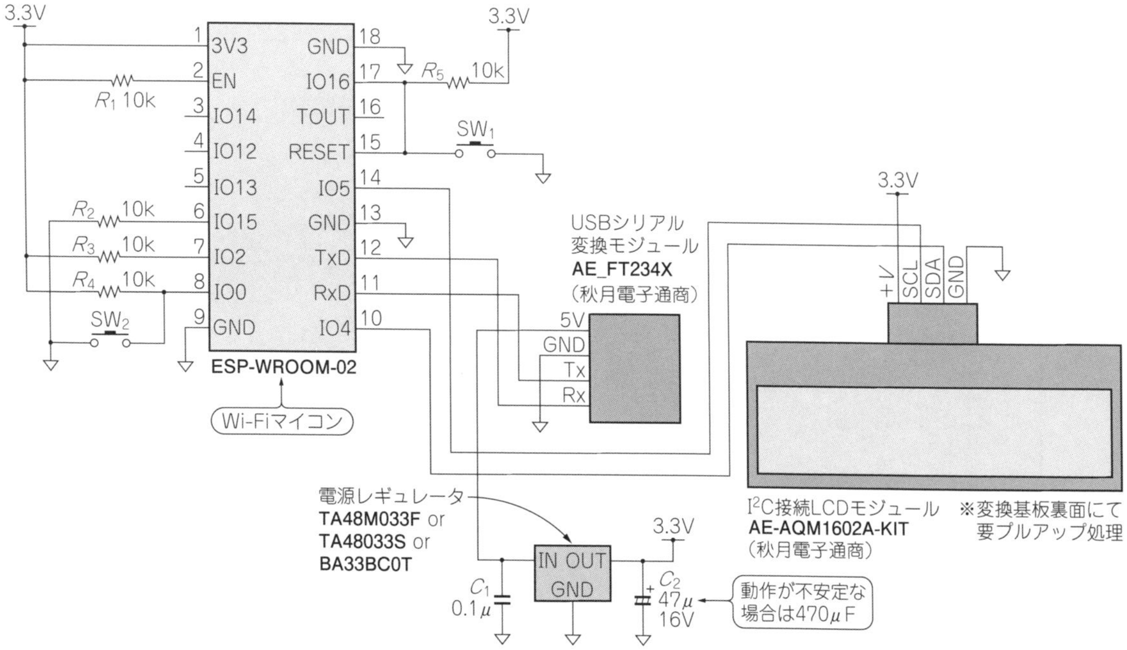

図2 Wi-Fiコンシェルジェ[情報担当]の回路図
16桁2行のI²C接続LCDモジュール(秋月電子通商・AE-AQM1602A-KIT)を使用

写真1 Wi-Fiコンシェルジェ[情報担当]の製作例
各種Wi-Fiセンサが送信するUDPパケットを受信し，ESPモジュール内のファイル・システムに保持する小型のWi-Fiファイル・サーバ．抵抗などの一部の部品を省略し，小さなミニブレッドボード上に製作した例

度計，Wi-Fi温度計，Wi-Fiドア開閉モニタ，Wi-Fi温湿度計，Wi-Fi気圧計，Wi-Fi人感センサ，Wi-Fi 3軸加速度センサ，Wi-Fiリモコン赤外線レシーバのデータを受信して保存できます

ESPモジュールにFTPサーバを実装することで，Windowsのエクスプローラなどからアクセスできます．試作例を「example25a_fs」としてダウンロードできるよう準備しました．詳細は，サンプル・プログラム内の記載を参照してください

ハードウェア

● ファイル・サーバのIPアドレスをLCDに表示

Wi-Fiコンシェルジェ[情報担当]の回路は，Wi-Fiコンシェルジェ[掲示板担当]を使います．LCD表示器には，Wi-Fiコンシェルジェ[情報担当]のIPアドレスを表示します．これは，Webブラウザを使って本機にアクセスする際に必要な情報です．LCD表示器には，そのほかに，時刻やファイル・アクセス時の動作状態確認を表示します．

回路図を**図2**に，試作例を**写真1**に示します．

動作確認済みのサンプル・プログラム

● ESPモジュール内のファイル・システムSPIFFSを使うコツ

リスト1に示したプログラムexample25_fsのファイル・システムを使用方法は，Webブラウザでアクセス後，**図1**を参考にしてください．

リスト1　動作確認済みのWi-Fiコンシェルジェ[情報担当]のサンプル・プログラムexample25_fs

```
/*******************************************************************************
Example 25: センサ受信データ・ファイル・システム
*******************************************************************************/
#include <FS.h> ←①
#include <ESP8266WiFi.h>                          // ESP8266用ライブラリ
extern "C" {
#include "user_interface.h"                       // ESP8266用の拡張IFライブラリ
#include <WiFiUdp.h>                              // UDP通信を行うライブラリ
#define TIMEOUT 20000     ※使用する               // タイムアウト 20秒
#define SSID "1234ABCD"    無線LAN                 // Wi-Fiアクセス・ポイントのSSID
#define PASS "password"    に合わせる              // パスワード
#define PORT 1024                                 // 送信のポート番号
#define NTP_SERVER "ntp.nict.jp"                  // NTPサーバのURL
#define NTP_PORT 8888                             // NTP待ち受けポート
File file; ←②
WiFiUDP udp;                                      // UDP通信用のインスタンスを定義
WiFiServer server(80);                            // Wi-Fiサーバ(ポート80=HTTP)定義
int LCD_EN;                                       // LCDに何らかのメッセージを表示中
unsigned long TIME;                               // 1970年からmillis()=0までの秒数
                                                  // ※現在時刻は TIME+millis()/1000

void setup(){
    while(!SPIFFS.begin())delay(1000); ←③        // ファイル・システムの開始
    lcdSetup(8,2);                                // 8桁×2行のI2CLCDの準備
    wifi_set_sleep_type(LIGHT_SLEEP_T);           // 省電力モードに設定する
    WiFi.mode(WIFI_STA);                          // Wi-FiをSTAモードに設定
    WiFi.begin(SSID,PASS);                        // Wi-Fiアクセス・ポイントへ接続
    while(WiFi.status() != WL_CONNECTED){         // 接続に成功するまで待つ
        delay(500);                               // 待ち時間処理
    }
    server.begin();                               // サーバを起動する
    udp.begin(PORT);                              // UDP通信御開始
    lcdPrintIp(WiFi.localIP());                   // 本機のIPアドレスをLCDに表示
    while(TIME==0){
        TIME=getNTP(NTP_SERVER,NTP_PORT);         // NTPを用いて時刻を取得
    }
    TIME-=millis()/1000;                          // 起動後の経過時間を減算
}
void loop() {
    WiFiClient client;                            // Wi-Fiクライアントの定義
    char c;                                       // 文字変数を定義
    char s[65];                                   // 文字列変数を定義 65バイト64文字
    char filename[13];                            // ファイル名格納用
    char date[20];                                // 日付データ格納用
    int len=0,i;                                  // 文字列等の長さカウント用の変数
    int t=0;                                      // 待ち受け時間のカウント用の変数
    unsigned long time=millis();                  // ミリ秒の取得
    if(time<100){
        time=getNTP(NTP_SERVER,NTP_PORT);         // NTPを用いて時刻を取得
        if(time)TIME=time-millis()/1000;          // 取得成功時に経過時間をTIMEに保持
        else TIME+=4294967;                       // 取得失敗時に経過時間を加算
        while(millis()<100)delay(1);              // 100ms超過待ち
        time=millis();                            // ミリ秒の取得
    }
    if((time/20)%50==0){                          // 1秒間隔で以下を実行
        if(LCD_EN){                                        // LCD_ENが0以外の時
            LCD_EN--;                                      // LCD_ENから1を減算
        }else{                                             // LCD_ENが0の時
            if((time/5000)%2) lcdPrintIp(WiFi.localIP());  // IPアドレスを表示
            else lcdPrintTime(TIME+time/1000);             // または時刻を表示
        }
    }
    client = server.available();                  // 接続されたクライアントを生成
    if(client==0){                                // TCPクライアントが無かった場合
        delay(11);
        len = udp.parsePacket();                  // UDP受信パケット長を変数lenに代入
        if(len==0)return;                         // TCPとUDPが未受信時にloop()先頭へ
        memset(s, 0, 65);                         // 文字列変数sの初期化(65バイト)
        udp.read(s, 64);                          // UDP受信データを文字列変数sへ代入
        if(s[7]!=',')return;                      // 8番目の文字が「,」で無ければ戻る
        s[7]='¥0';                                // 8番目の文字を文字列の終端に設定
        sprintf(filename,"/%s.txt",s);
```

```
        file = SPIFFS.open(filename,"a"); ←④   // 追記保存のためにファイルを開く
        if(file==0)return;                      // ファイルを開けれなければ戻る
        for(i=8;i<64;i++) if(s[i]=='¥r'||s[i]=='¥n') s[i]='¥0';
        lcdPrint(s);                            // LCDに表示する
        time2txt(date,TIME+time/1000);          // 日時をテキストに変換する
        file.print(date);   ┐                   // 日時を出力する
        file.print(',');    ├⑤                  // 「,」カンマをファイル出力
        file.println(&s[8]);┘                   // 受信データをファイル出力
        file.close(); ←────⑥                  // ファイルを閉じる
        return;                                 // loop()の先頭に戻る
    }
    lcdPrint("Connect");                        // 接続されたことを表示
    LCD_EN=10;                                  // 表示期間を10秒に設定
    len=0;
    while(client.connected()){                  // 当該クライアントの接続状態を確認
        if(client.available()){                 // クライアントからのデータを確認
            t=0;                                // 待ち時間変数をリセット
            c=client.read();                    // データを文字変数cに代入
            if(c=='¥n'){                        // 改行を検出した時
                if(len>5 && strncmp(s,"GET /",5)==0) break;
                len=0;                          // 文字列長を0に
            }else if(c!='¥r' && c!='¥0'){
                s[len]=c;                       // 文字列変数に文字cを追加
                len++;                          // 変数lenに1を加算
                s[len]='¥0';                    // 文字列を終端
                if(len>=64) len=63;             // 文字列変数の上限
            }
        }
        t++;                                    // 変数tの値を1だけ増加させる
        if(t>TIMEOUT) break; else delay(1);     // TIMEOUTに到達したらwhileを抜ける
    }
    if(!client.connected()||len<6) return;      // 切断された場合はloop()の先頭へ
    if(strncmp(s,"GET / ",6)==0){               // コンテンツ要求があった時
        lcdPrint2(&s[6]);                       // ファイル名またはコマンドを表示
        html(client,WiFi.localIP());            // HTMLコンテンツを表示
        client.stop();                          // クライアントの切断
        return;
    }
    if(strncmp(s,"GET /?FORMAT",12)==0){        // ファイル・システム初期化コマンド
        lcdPrint2("FORMAT");                    // フォーマットの開始表示
        SPIFFS.format(); ←────⑦                // ファイル全消去
        s[5]='¥0';                              // 取得ファイル名なし
    }
    if(strncmp(s,"GET /",5)==0){                // コンテンツ要求時
        for(i=5;i<strlen(s);i++){                       // 文字列を検索
            if(s[i]==' '||s[i]=='&'||s[i]=='+'){        // 区切り文字のとき
                s[i]='¥0';                                  // 文字列を終端する
            }
        }
        lcdPrint2(&s[5]);                                  // ファイル名を表示
        client.println("HTTP/1.1 200 OK");                // HTTP OKを応答
        client.println("Content-Type: text/plain");      // テキスト・コンテンツ
        client.println("Connection: close");             // 応答終了後に切断
        client.println();
        file = SPIFFS.open(&s[4],"r"); ←───⑧  // データ読取ファイルを開く
        i=0;                                    // 変数iに0を代入
        if(file==0){                            // ファイルが開けなかった時
            client.println("no data");          // ファイル無し表示
        }else{                                  // ファイルが開けた時
            while(file.available()){            // データが残っているとき
                client.write(file.read()); ←⑨  // ファイルを読み取って転送
                i++;                            // 変数iに1を加算
            }
        }
        file.close(); ←────⑩                   // ファイルを閉じる
        client.stop();                          // クライアントの切断
      lcdPrintVal("Bytes",i);                   // ファイル・サイズを表示
      return;                                   // 処理の終了・loop()の先頭へ
  }
}
```

Appendix 5 ネットワーク頭脳．IoT機器管理サーバの準備

IoTシステムでは，IoT機器管理サーバがネットワーク内の頭脳となり，これまでに製作したIoTセンサ機器(おもに第5章)やIoT制御機器(おもに第6章)を統合管理する重要な役割を担います．IoT機器管理サーバとしては，ネットワークに対応したLinux OSを動かすことができるラズベリー・パイを活用することで，手軽に実験や試作を行うことができます．クラウド上のIoT機器管理サーバとの中継機器としても使えます．

本章では，ラズベリー・パイのセットアップ方法と，IoT機器としてインターネットへ連携させる方法を紹介します．また，ラズベリー・パイの代わりに，一般的なパソコンで実験を行う方法についても説明します．

ラズベリー・パイの準備を行う

●必要な機器

ラズベリー・パイを動かすには，ラズベリー・パイ本体と周辺機器が必要です．**表1**に必要な機器を示します．

ACアダプタを選ぶときは，USB出力5V 1A以上，可能であれば2.5A程度のタイプが良いでしょう．マイクロSDカードは，デジカメやスマートフォンでの利用に比べてアクセス頻度や書き換え回数が高くなるので，格安品やバルク品，並行輸入品などを避け，長寿命で高書き換え回数に対応したものを選択することが重要です．空き容量を十分に確保しておくことで，書き換え回数が減り，より長持ちさせることができるので，8GB以上，可能であれば16GBのマイクロSDカードが良いでしょう．

表1 ラズベリー・パイの動作に必要な機器
ラズベリー・パイ本体と周辺機器が必要．PC用モニタの代わりにHDMI入力端子つきのテレビを使用することも可能

✓	品　名	備　考
□	Raspberry Pi 3 Model B	より安価な廉価品もある
□	Raspberry Pi 3 B用ケース	本体に合わせる
□	マイクロSD カード	8Gバイト以上(16GBを推奨)
□	PC用モニタ(またはテレビ)	HDMI入力端子つき
□	USBキーボード	一般のUSBキーボード
□	USBマウス	一般のUSBマウス
□	ACアダプタUSB 5V 2.5A出力	AD-B50P250など
□	HDMIケーブル	PCモニタ接続用
□	LANケーブル	有線LANに接続用
□	USBA-マイクロB対応ケーブル	2.5A電源対応品

●最新のインストール方法

セキュリティの観点からラズベリー・パイには最新のRaspberry Pi OSをインストールすることをおすすめします．最新のインストール方法は，下記をご覧ください．

最新のインストール方法
https://bokunimo.net/raspi/install.pdf

以下，NOOBSを使った古いインストール方法について説明します．

●マイクロSDカードへNOOBSを書き込む

NOOBSを使ったインストール方法もあります．ただし，古い方法につき将来的にはなくなる可能性があります．

マイクロSDカードのフォーマットを行うには，SDカードの規格化団体SD AssociationのWebサイトが配布しているSDフォーマッタを使用します．

SDフォーマッタ
https://www.sdcard.org/downloads/formatter/

SDフォーマッタを起動し，[オプション設定]の[論理サイズ調整]をONにし，フォーマットを行うマイクロSDカードのドライブ名を選択してから，フォーマットを行います．

[フォーマット]ボタンをクリックする前に，選択されているドライブ名が，フォーマット対象のマイクロSDが入ったドライブであることを良く確認してください．また，オプション設定の論理サイズ調整をONに設定しておきます．

次にインストール用のソフトウェアNOOBSをダウンロードし，SDカードに書き込みます．下記にアクセスして，最新のNOOBS liteをダウンロードしてください．

NOOBS
https://www.raspberrypi.org/NOOBS_lite/images/

ダウンロードしたZIPファイルに**図2**のようなフォルダやファイルが入っています．このフォルダとファイルをマイクロSDカードのドライブの直下(ルートフォルダ)へコピーしてください．なお，[NOOBS

SDFormatter V4.0

メディアがSD/SDHC/SDXCメモリーカードであることを確認してください。SDフォーマットすると、データはすべて失われます。
SD、SDHCおよびSDXCロゴはSD-3C, LLCの商標です。

Drive : D:　更新
Size : 15.0 GB　Volume Label :
フォーマットオプション:　オプション設定
クイックフォーマット, 論理サイズ調整OFF
フォーマット　終了

フォーマットオプション設定
消去設定　クイックフォーマット
論理サイズ調整　ON
OK　キャンセル

図1　SDFormater 4.0を使ってフォーマットする
フォーマッタする前にオプション設定の論理サイズ調整をONに設定する

NOOBS_v1_4_1.zip
整理　ファイルをすべて展開

名前	種類	圧縮サイズ	パスワ...	サイズ	圧縮率	更新日時
defaults	ファイル フォルダー					2015/02/17
os	ファイル フォルダー					2015/02/17
bootcode.bin	BIN ファイル	9 KB	無	18 KB	54%	2015/02/18
BUILD-DATA	ファイル	1 KB	無	1 KB	29%	2015/05/11
INSTRUCTIONS-README.txt	テキスト文書	1 KB	無	3 KB	57%	2015/02/18
recovery.cmdline	CMDLINE ファイル	1 KB	無	1 KB	0%	2015/02/18
recovery.elf	ELF ファイル	345 KB	無	542 KB	37%	2015/02/18
recovery.img	ディスク イメージ ファイル	2,043 KB	無	2,052 KB	1%	2015/02/18
recovery.rfs	RFS ファイル	17,758 KB	無	19,764 KB	11%	2015/02/18
RECOVERY_FILES_DO_NOT_EDIT	ファイル	0 KB	無	0 KB	0%	2015/02/18
recovery7.img	ディスク イメージ ファイル	2,090 KB	無	2,098 KB	1%	2015/02/18
riscos-boot.bin	BIN ファイル	1 KB	無	10 KB	99%	2015/02/18

図2　ダウンロードしたZIPの一例
キーボードの「Ctrl」キーを押しながら「A」キーを押して，NOOBSに含まれる全フォルダと全ファイルを選択する．その後，「Crtl」+「C」を押してクリップボードにコピーしてから，SDカードのドライブを開き，「Ctrl」+「V」を押下してNOOBSをSDカードのドライブの直下（ルートフォルダ）へ書き込む

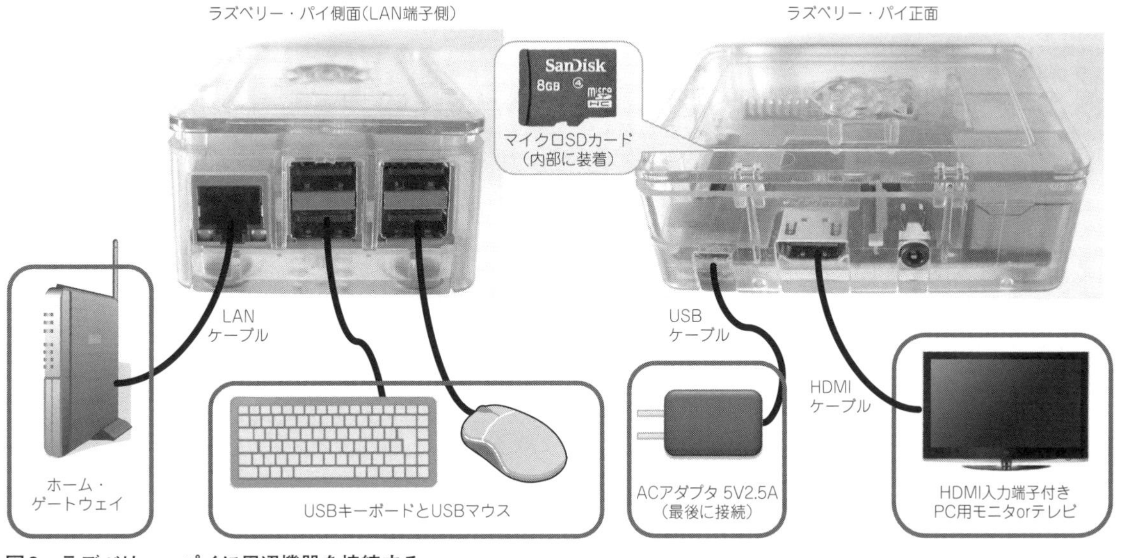

図3　ラズベリー・パイに周辺機器を接続する
作成したマイクロSDカードを挿入し，各周辺機器をラズベリー・パイへ接続する．モニタの電源を入れ，最後にラズベリー・パイのマイクロUSBコネクタに電源用USBケーブルを接続して電源を入れる

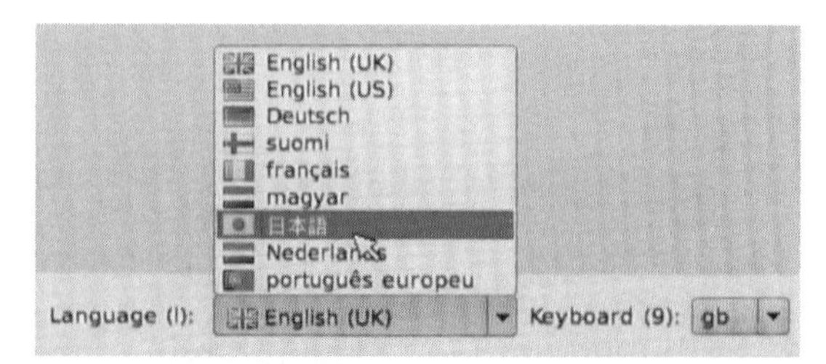

図4　NOOBSの言語選択
画面下部に表示される言語選択メニュー．ここで，日本語を選択する

図6　OSのインストール完了画面
インストール完了後のメッセージの例．OKをクリックすると，インストールしたOSが起動する

LITE]以外にも[NOOBS]や[RASPBIAN]がありますが，以下に示す方法ではインストールできないので，間違わないようにしてください．

●ラズベリー・パイへRaspbianをインストールする

ラズビアン(Raspbian)はラズベリー・パイ財団が公式にサポートを行っているOSです．NOOBSが入ったマイクロSDカードをラズベリー・パイへ挿入し，LANケーブル，USBキーボード，マウス，HDMI入力端子つきPC用モニタまたはテレビを接続し，最後にACアダプタを接続して，ラズビアンをインストールします．OSのインストールにはインターネットとの接続が必要です．もし，ゲートウェイやルータのDHCPサーバ機能を無効に設定している場合は，一時的に有効し，インストール後に戻せばよいでしょう．

ACアダプタをラズベリー・パイへ接続すると，基板上の赤のLEDが点灯し，NOOBSが動作しはじめます．緑のLEDはマイクロSDカードへのアクセスです．何もモニタに表示されない場合は，キーボードの数字キーの[2]を押すと，強制的にHDMIに映像を出力します．それでも表示されない場合は，配線やモニタの入力切り替えなどを確認してください．

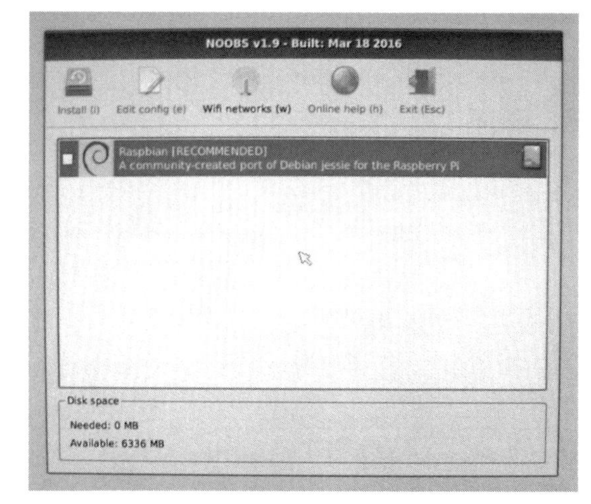

図5　NOOBSのOS選択画面
ウィンドウ上のアイコン[Wifi networks]をクリックして，無線LANアクセスポイントへ接続する．また，OSの選択画面でRaspbianを選択し，左上のインストール・ボタンをクリックするとインストールが開始される

図7　OSの画面
OSが起動したときのようす．左上のラズベリーのアイコンがメニュー・ボタン

OSの選択画面が表示されたら，画面下部の言語選択メニュー(4)から[日本語]を選択します．無線LANを使用してインストールする場合は，中央のウィンドウ上のアイコン[Wifi networks]をクリックして，無線LANアクセスポイントに接続します．

図5のようにインストール可能なOSが表示されるので，[Raspbian]を選択し，ウィンドウ左上のインストール[Install]ボタンをクリックすると，インストールが始まります．

インストールには時間がかかります．完了すると，完了画面(**図6**)が表示されます．「OK」をクリックすると，インストールしたOSが起動します．

図8　設定画面を開く
表示画面左上の「Menu」内の「Preferences」から「Raspberry Pi Configuration」を起動し，設定画面を開く

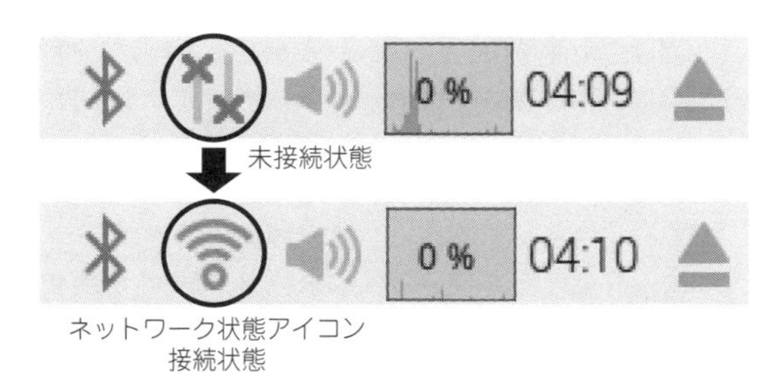

図9　無線LAN設定を行う
画面右上にあるネットワーク状態アイコンをクリックし，無線LANアクセスポイントに接続する．接続に成功すると状態アイコンが水色で点灯する

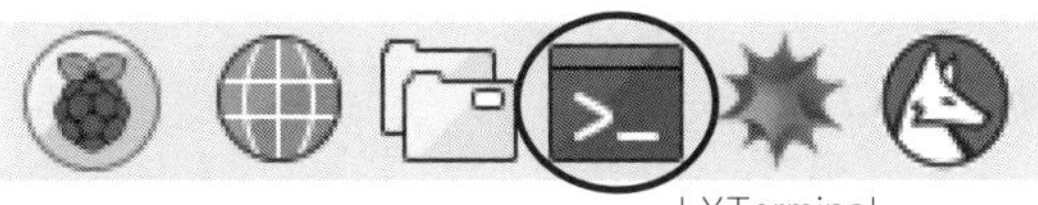

図10　LXTerminalを開く
ラズベリー・パイ上でコマンドを実行するためのターミナルソフトLXTerminalを起動する

表2　初回の起動時に行う初期設定
セキュリティを確保するために，必ずパスワードを設定する．先にタブLocalisation内の項目Keyboardの設定を行えば，パスワードの文字に記号や特殊文字が利用できるようになる．無線LANを使用する場合はWiFi Countryの設定を行う

要否	タブ	項目	CLI※	内　容
要設定	System	Password	2	パスワードを設定する
確認	Localisation	Locale	4-I1	「Language」を「ja(Japanese)」に，「Country」を「JP(Japan)」に，「Character Set」を「UTF-8」に設定する
要設定	Localisation	Timezone	4-I2	「Area」を「Asia」に，「Location」を「Tokyo」に設定する
要設定	Localisation	Keyboard	4-I3	「Country」を「Japan」に，「Variant」を「OADG 109A」に設定する
要設定	Localisation	WiFi Country	4-I4	「Country」を「JP Japan」に設定する

※sudo raspi-configで設定する場合のメニュー番号

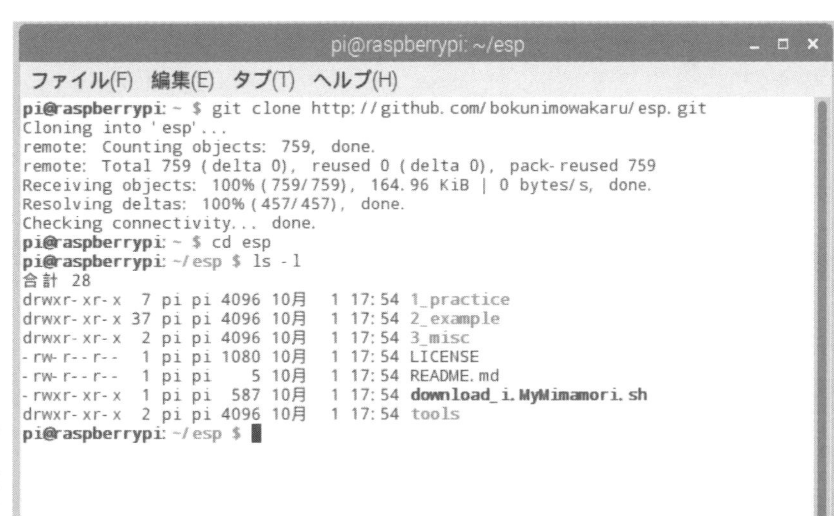

図11　プログラムをダウンロードする
「git」コマンドを使用してGitHubから本書で使用するプログラム集espをダウンロードする．「cd esp」でダウンロードしたフォルダへ移動し，「ls -l」で中身を確認したときのようす

● Raspbianの初期設定を行う

OSが起動したら，「Welcome to Raspberry Pi」と書かれた初期設定画面が表示されます．地域，パスワード，無線LANの設定と，ソフト更新を行ってください．

初期設定画面を閉じてしまった場合や，再設定を行う場合は，**図8**の画面左上のメニュー・ボタンから［設定(Preferences)］→［Raspberry Pi の設定(Raspberry Pi Configuration)］を選択し，**表2**の設定を行います．パスワードを変更するには，設定画面上のタブ［システム(System)］をクリックし，「パスワードを変更(Change Password)」ボタンをクリックします．パスワード設定ウィンドウが開くので，初期パスワード「raspberry」と新しいパスワードを入力し，［OK］ボタンを押します．アルファベットと数字以外の記号を使用する場合は，先に［キーボードの設定(Keyboard)］の設定を行っておきます．

● 無線LANへ接続する

すでに無線LANへ接続された状態であれば，画面右上にあるネットワーク状態アイコンが**図9**(下)のように表示されます．**図9**(上)のような状態のときは，無線LANや有線LANに接続されていません．

無線LANへ接続するには，ネットワーク状態アイコンをクリックします．ラズベリー・パイ周囲にある無線LANアクセスポイントの一覧が表示されるので，自宅などの利用できる無線LANアクセスポイントを選択し，アクセスポイント接続用のパスワードを入力してください．

● GitHubからサンプル・プログラムをダウンロードする

ラズベリー・パイ上で動作するLinux へコマンドを入力するにはLXTerminalを使用します．無線LANまたは有線LANへ接続した状態で，**図10**のアイコンをクリックして，LXTerminalを開いてください．

LXTerminalが開いたら，下記のコマンドを入力して，サンプル・プログラムをダウンロードしてください．「esp」フォルダが作成され，その中に本書に関連した各種のファイルが格納されます．

```
$ git␣clone␣https://github.com/bokunimowakaru/esp.git⏎
```

● 電源の入れ方と切り方

ラズベリー・パイには電源ボタンがありません．電源を入れるときはMicro USBコネクタにUSBケーブルを挿し込んで電源を投入します．電源を切るときは画面左上のメニュー・アイコンから［Shutdown］を選び，［OK］ボタンをクリックします．緑色のLEDの点滅が完了するまで待ってから，マイクロUSBコネクタに接続していた電源用USBケーブルを抜きます．

LXTerminalで「sudo shutdown -h now」を実行してシャットダウンする方法もあります．この場合も，緑のLEDの点滅が完全に停止してから電源用USBケーブルを抜きます．

● 常時動作について

ラズベリー・パイはプログラミング学習用として設計されており，常時使用することは想定されていません．ラズベリー・パイをIoT機器の管理サーバ用として常時使用する場合は，安全性や信頼性に留意する必要があります．万が一，出火しても火災にならないための対策や，インターネットからの脅威に備えること，マイクロSDカードの寿命に対して考慮することなどに配慮してください．

①火災に対する安全性の確保
②インターネット・セキュリティ対策
③データ破損に対する対策

対策方法の1つとして，日本製のラズベリー・パイ本体や，産業用マイクロSDカードの使用を検討してみても良いでしょう．また，ラズベリー・パイ用のケースについても内部にポリイミド・テープを貼ることで，ケースの耐燃性を高めるような対策もあるでしょう．

パソコンで代用する

ラズベリー・パイの代わりにWindows 7～10を搭載したパソコンを使用することもできます．ここでは，Windows上で動作する定番のUNIXライクな環境であるCygwinを使用します．

● Cygwinをインストールする

Cygwinをインストールするには下記のサイトから「setup-x86.exe」をダウンロードして実行します(**図12**)．64ビット版のWindowsの場合は，「setup-x86_64.exe」を使用することができます．

```
https://www.cygwin.com/
```

実行後，5回，「次へ」を押すと**図13**のようなダウンロード・サイトの選択画面「Chioose A Download Site」のウィンドウが開くので，末尾が「jp」の国内のサイトを選択します．

次に14インストール項目(Package)を選択する画面が表示されます．Cygwinには非常に多くの項目があります．この画面で必要な項目を探し，選択する必要があります．項目を探す方法はいくつかあります．1つ目は「Category」の中から，探し出すことです．この場合，画面サイズを広げたほうが良いでしょう．あるいは，「Search」の欄にインストールしたい項目名を入力し，その項目名を含むカテゴリと項目に絞ってか

図12　Cygwinインストーラを起動する
Cygwinサイトからsetup-x86.exeまたはsetup-x86_64.exeをダウンロードして，起動したときのようす．「次へ」を5回，クリックする

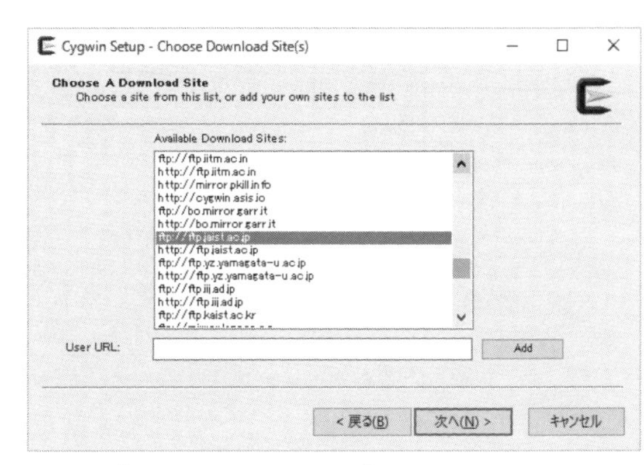

図13　ダウンロード・サイト選択
インストール時にダウンロードするサイトを選択する．末尾が「jp」のサイトを選択する

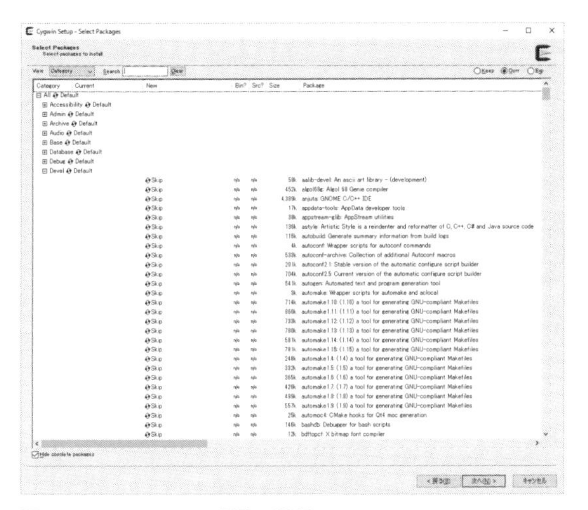

図14　インストール項目の選択
インストール項目(Package)の選択画面では，インストール時に選択する項目に記載のものを選択する．ウィンドウを広げると探しやすい

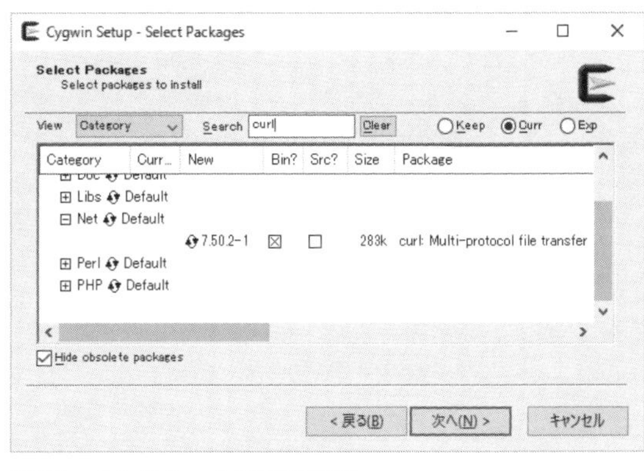

図15　インストール項目の詳細
入力欄「Search」へ表3の項目を入力すると，効率的に項目を探すことができる．「次へ」をクリックするとインストールが開始される

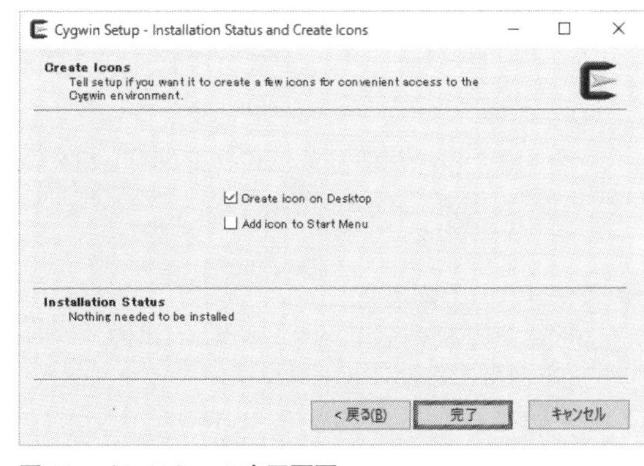

図16　インストール完了画面
「Create icon on Desktop」にチェックを入れ，「完了」をクリックし，インストーラが終了する．初回起動時は初期設定が自動的に実行される

ら探す方法もあります．慣れれば，このほうが早いでしょう．ただし，Search欄に入力するときに，「Enter」キーを押さないようにしてください．次のダウンロードに進んでしまいます．

本書で使用するインストール項目を**表3**に示します．本表に従って，インストール項目を選択してください．「次へ」をクリックするとインストール準備が開始されます．選択し忘れた項目については，あとからインストールすることもできます．

次に，インストール項目の選択にともなって，ほかに必要なパッケージが「Resolving Dependencies」のウィンドウに表示されます．「Select required packages」をチェックした状態で「次へ」をクリックし，インストールしてください．

インストールが完了すると，「Create Icons」の画面が表示され，「完了」をクリックするとインストーラが終了します．

表3　Cygwinインストール時に選択する項目

Category	Package	備　考
Devel	gcc-core	C言語のプログラムを実行形式にコンパイルするためのコマンド
Devel	make	C言語などのソースコードを一括でコンパイルするためのコマンド
Devel	git	GitHubなどのバージョン管理システムを利用するためのコマンド
Net	curl	HTTPサーバとのアクセスを行うためのコマンド
Net	nc	UDPやTCPパケット入出力コマンドnetcat※
Web	wget	Webサーバからコンテンツを取得するためのコマンド
Graphics	Gnuplot	グラフ描画ソフトgnuplot

※本書内ではnetcatと記す

リスト1　udp_logger_cygwin.sh

```
echo "UDP Logger (usage: ${0} port)"                # タイトル表示
if [ ${#} = 1 ]                                     # 入力パラメータ数の確認
then                                                # 1つだった時
    if [ ${1} -ge 1 ] && [ ${1} -le 65535 ]         # ポート番号の範囲確認
    then                                            # 1以上65535以下の時
        PORT=${1}                                   # ポート番号を設定
    else                                            # 範囲外だった時
        PORT=1024                                   # UDPポート番号を1024に
    fi                                              # ifの終了
else                                                # 1つでは無かった時
    PORT=1024                                       # UDPポート番号を1024に
fi                                                  # ifの終了
echo "Listening UDP port "${PORT}"..."              # ポート番号表示
while true                                          # 永遠に
do                                                  # 繰り返し
    UDP=`nc -luw0 ${PORT}`                          # UDPパケットを取得
    DATE=`date "+%Y/%m/%d %R"`                      # 日時を取得
    echo -E $DATE, $UDP                             # 取得日時とデータを表示
done                                                # 繰り返しここまで
```

● GitHubからプログラムをダウンロードする

続いてLXTerminal上で下記のコマンドを入力し，サンプル・ソフトをダウンロードしてください．「esp」フォルダが作成され，その中に本稿に関連した各種のファイルが格納されます．

```
$ git␣clone␣https://github.com/bokunimowakaru/esp.git⏎
```

● スクリプトの修正方法

CygwinでUDPやTCPパケットの入出力ツールNetcatを利用するには「nc」コマンドを使用します．ラズベリー・パイ用のスクリプトでは「netcat」と記している場合があるので，Cygwinで使用する場合は「nc」へ修正してください．あるいは，Cygwinインストール後に次のコマンドを入力し，ncコマンドを呼び出すようにしても良いでしょう．

```
$ ln␣-s␣/usr/bin/nc.exe␣/usr/bin/netcat⏎
```

また，Cygwinでは「sudo」コマンドがサポートされていませんので，スクリプト中のsudoコマンドを削除してください．一例として，ラズベリー・パイ用のUDPロガーのスクリプトをCygwin用に変更したものを udp_logger_cygwin.shに示します．「sudo netcat」としていた部分を「nc」に置き換えました．動作内容はラズベリー・パイで実行したときと同じです．

ネットワーク頭脳 ラズベリー・パイやクラウドで複数のIoT機器を連携動作　IoTシステム製作・基本編

第7章 1ホーム用マルチセンサ 2Ambientでグラフ表示 3スマートフォン連携IoTサービスBlynk 4インターネット照る照る坊主 5千客万来メッセンジャ

国野 亘 Wataru Kunino

これまでに製作したIoTセンサ機器やIoT制御機器，IoT機器管理サーバが連携操すると，さまざまなIoT応用システムを実現することができます．ここでは，基礎となるマルチセンサ・システムやインターネット・サービスAmbientやBlynkとの連携システム，インターネット上の情報との連携システム，玄関呼鈴システムといった具体的なIoTシステムの製作例を紹介します．

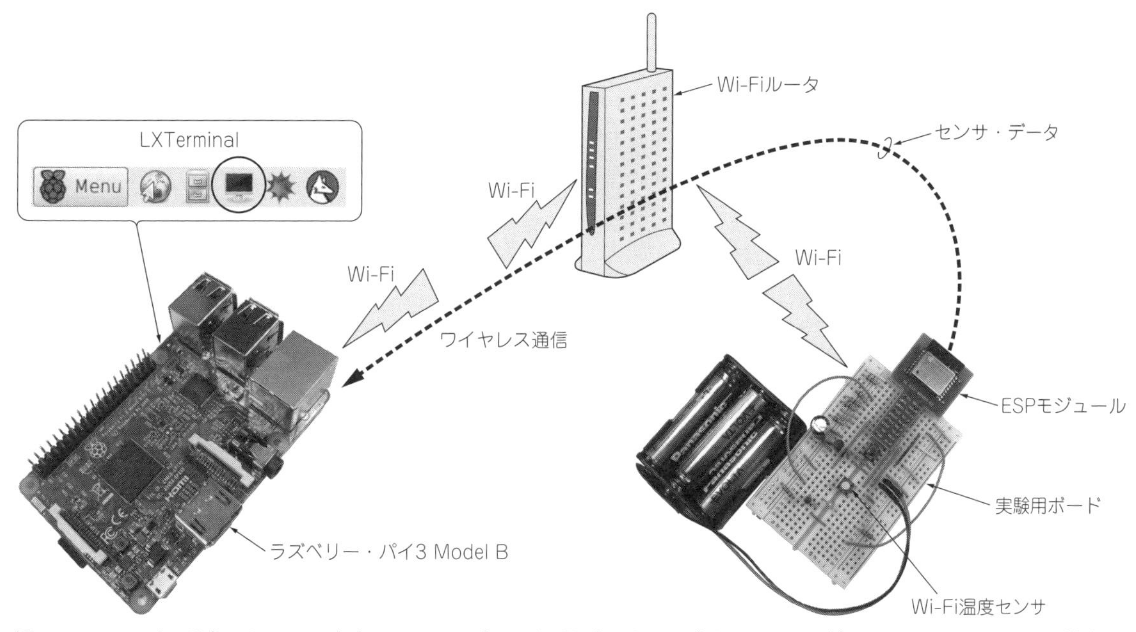

図1　Wi-Fi，イーサネット，USBをもつI/Oコンピュータ ラズベリー・パイ3にESPモジュールにつないだセンサ情報を集める
ESP-WROOM-02 が送信した情報を，ラズベリー・パイ3で収集する実験の構成図．ラズベリー・パイ3に内蔵されている無線LAN機能を使って，無線LANアクセス・ポイントに接続し，Wi-Fiセンサの情報を収集．Wi-Fiルータをインターネットに接続することで，さまざまなインターネット・サービス(Ambient，Blynk，天気，GMailなど)との連携が行える

IoTシステム 1 ホーム用マルチセンサ

ラズベリー・パイを使って，ESP-WROOM-02につないだ各種のIoTセンサ機器からのデータを収集し，収集したデータをグラフ化し，HTTPサーバでグラフを提供するIoTシステムを製作します．住居内や実験室に設置した複数のセンサ情報を統合管理するセンサ・ネットワーク基本システムとしてさまざまな分野で活用できるでしょう．

動作

▶第5章で製作した各種Wi-Fiセンサからの情報をラズベリー・パイで収集します

▶ラズベリー・パイで収集したデータをグラフ化します

▶ブラウザからセンサ状態を閲覧できるように，HTTPサーバでグラフを提供します

● Bashスクリプトでセンサのデータを収集する

第5章で製作した各Wi-Fiセンサの情報を活用するには，集めた情報を収集統合して処理する機器が必要です．ここではラズベリー・パイ 3 Model Bを使用してデータを収集する実験を行ってみます(**図1**)．

ラズベリー・パイ3はIoTセンサ機器と同じWi-Fiネットワークに接続します(**図2**)．有線LANの場合は，

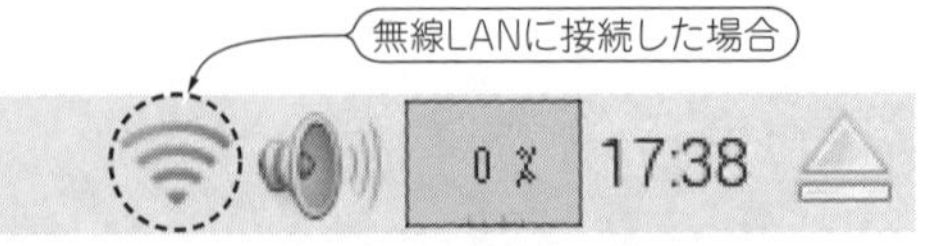

図2　ラズベリー・パイ3の無線LANの接続状態
無線LANに接続すると，図のようなアイコンが表示される．無線LANに接続していない場合，再度，アイコンをクリックして無線LANの設定をする

図3　LXTerminal を開く
ラズベリー・パイ用のOS Raspbianでコマンドを入力するためのツール LXTerminal を使用する．クリックするとLinuxのターミナル画面が開く

IoTセンサ機器と同じLAN(ネットワークセグメント)内に接続します．

● Bashスクリプトのダウンロード

ネットワークに接続ができたら，**図3**のアイコンをクリックして，LXTerminalを開きます．

続いてLXTerminal上で下記のコマンドを入力し，サンプル・プログラムをダウンロードしてください．ダウンロードするとespフォルダが作成され，その中に本稿に関連した各種のファイルが格納されます．

```
$ git ␣ clone ␣ http://github.com/bokunimowakaru/esp.git ↵
```

リスト1　udp_logger.shは，Bashスクリプトによる簡易的なデータ収集用のサンプル・プログラムです．espフォルダ内にあるtoolsフォルダに保存されています．前半の手順①の部分では実行時に入力するパラメータの内容確認を行います．手順③の部分は永久ループです．手順②のnetcatコマンドを使ってUDPパケットのデータを取得し続けます．起動するには，以下のコマンドを入力します．

```
$ cd ␣ esp/tools ↵
$ ./udp_logger.sh ␣ 1024 ↵
```

前章で作成した各Wi-Fiセンサの電源を入れると**図4**のように情報を収集することができます．

図4　UDPデータ収集プログラムudp_logger.shの実行例
GitHubからプログラムをインストールし，**リスト1**のudp_logger.shを実行したときのようす．Wi-Fiセンサから送られてきた情報を表示する

```
pi@raspberrypi:~ $ git clone https://github.com/bokunimowakaru/esp.git↵
                    ～インストール表示(省略)～
pi@raspberrypi:~ $ cd esp/tools↵
pi@raspberrypi:~/esp/tools $ ./udp_logger.sh 1024↵ ←(プログラムの実行)  (ポート番号)
Listening UDP port 1024…
2016/03/20 19:27, rd_sw_1,1, 1
2016/03/20 19:29, press_1,28, 1002     } (Wi-Fiでセンサから送られてきた情報)
2016/03/20 19:50, humid_1,28.5, 64
^C ← (「Ctrl」キーを押しながら「C」キーを押すと終了する)
pi@raspberrypi:~/esp/tools $
```

リスト1　ラズベリー・パイ3 Model Bを使用してデータを収集するためのシェル・スクリプト(udp_logger.sh)
受信したUDPパケットの内容を表示する

```
#!/bin/bash
 # UDPを受信する

 echo "UDP Logger (usage: ${0} port)"          # タイトル表示
 if [ ${#} = 1 ]                               # 入力パラメータ数の確認        ┐
 then                                          # 1つだったとき                 │
     if [ ${1} -ge 1 ] && [ ${1} -le 65535 ]   # ポート番号の範囲確認          │
     then                                      # 1以上65535以下のとき          │
         PORT=${1}                             # ポート番号を設定              │
     else                                      # 範囲外だったとき              ├ ①入力パラメータの確認
         PORT=1024                             # UDPポート番号を1024に         │
     fi                                        # ifの終了                      │
 else                                          # 1つではなかったとき           │
     PORT=1024                                 # UDPポート番号を1024に         │
 fi                                            # ifの終了                      ┘
 echo "Listening UDP port "${PORT}"…"          # ポート番号表示
 while true                                    # 永久に                        ┐
 do                                            # 繰り返し                      │
     if [ ${PORT} -lt 1024 ]                   # ポート番号を確認              │
     then                                      # 1024未満のとき                │
         UDP=`sudo netcat -luw0 ${PORT}`       # UDPパケットを取得             │
     else                                      # ポート番号が1024以上のとき    ├ ②UDPモニタ
         UDP=`netcat -luw0 ${PORT}` ← ③UDPデータ取得 # UDPパケットを取得       │
     fi                                        # ifの終了                      │
     DATE=`date "+%Y/%m/%d %R"`                # 日時を取得                    │
     echo $DATE, $UDP                          # 取得日時とデータを表示        │
 done                                          # 繰り返しここまで              ┘
```

ロガーとしてファイルに記録するには以下のコマンドを入力します．teeコマンドは画面の表示とファイルの出力を分けるためのコマンドです．ファイル名log.csvにログを保存します．

```
$ ./udp_logger.sh␣1024|tee␣-a␣log.csv↵
```

保存したファイルは，Leaf Padやメモ帳といったテキスト・エディタ，Microsoft ExcelやLibreOffce Calcといった表計算ソフトで開くことができます．た

リスト2 UDPを受信しつつグラフを作成するシェル・スクリプト(udp_logger_graph.sh)

UDPパケットのデータからデバイス名を抽出し，デバイスごとに分けてログを保存し，グラフ化する

```
#!/bin/bash
# UDPを受信しつつグラフを作成する

echo "UDP Logger (usage: ${0} port)"                # タイトル表示
if [ ${#} = 1 ]                                     # 入力パラメータ数の確認
then                                                # 1つだったとき
    if [ ${1} -ge 1 ] && [ ${1} -le 65535 ]         # ポート番号の範囲確認
    then                                            # 1以上65535以下のとき
        PORT=${1}                                   # ポート番号を設定
    else                                            # 範囲外だったとき
        PORT=1024                                   # UDPポート番号を1024に
    fi                                              # ifの終了
else                                                # 1つではなかったとき
    PORT=1024                                       # UDPポート番号を1024に
fi                                                  # ifの終了
echo "Listening UDP port "${PORT}"…"               # ポート番号表示
while true                                          # 永久に
do                                                  # 繰り返し
    UDP=`sudo netcat -luw0 ${PORT}|tr -d [:cntrl:]|\
    tr -d "\!\"\$\%\&\'\(\)\*\+\-\;\<\=\>\?\[\\\]\^\{\|\}\~]"`
                                                    # UDPパケットを取得
    DATE=`date "+%Y/%m/%d %R"`                      # 日時を取得
    DEV=${UDP#,*}                                   # デバイス名を取得(前方)
    DEV=${DEV%%,*}                                  # デバイス名を取得(後方)
    echo -E $DATE, $UDP|tee -a log_${DEV}.csv       # 取得日時とデータを表示
    FLAG=`echo -E ${UDP}|cut -d, -f3`               # データ2を切り出す
    FLAG=`expr $FLAG : '[0-9]*' 2> /dev/null`       # 数値かどうかを代入する
if [ ${FLAG} ]                                      # 数値FLAGを確認する
then                                                # 数値のとき(第2データあり)
    gnuplot << EOF                                  # グラフ描画ツールを起動
    set output 'log_${DEV}.png'                     # 出力ファイル名を設定
    set terminal png                                # 出力ファイル形式を設定
    set datafile separator ','                      # 区切り文字を設定
    set xlabel 'Date'                               # 横軸の名前を「Date」に
    set xdata time                                  # 横軸を時間表示に
    set timefmt'%Y/%m/%d %H:%M'                     # 時刻入力形式の設定
    set format x '%m/%d'                            # 時刻表示形式の設定
    set ytics nomirror                              # 左の縦軸を第1軸に
    set y2tics                                      # 右の縦軸を第2軸に
#   set yrange[0:100]                               # 縦軸の範囲を設定
#   set y2range[0:100]                              # 縦軸(右)の範囲を設定
    set grid                                        # 目盛線を表示
    plot 'log_${DEV}.csv' using 1:3 w lp t '#1',\
    'log_${DEV}.csv' using 1:4 w lp t '#2' axes x1y2    # データを描画
EOF
else
    gnuplot << EOF                                  # グラフ描画ツールを起動
    set output 'log_${DEV}.png'                     # 出力ファイル名を設定
    set terminal png                                # 出力ファイル形式を設定
    set datafile separator ','                      # 区切り文字を設定
    set xlabel 'Date'                               # 横軸の名前を「Date」に
    set xdata time                                  # 横軸を時間表示に
    set timefmt'%Y/%m/%d %H:%M'                     # 時刻入力形式の設定
    set format x '%m/%d'                            # 時刻表示形式の設定
    set ytics nomirror                              # 左の縦軸を第1軸に
#   set yrange[0:100]                               # 縦軸の範囲を設定
    set grid                                        # 目盛線を表示
    plot 'log_${DEV}.csv' using 1:3 w lp t '#1'     # データを描画
EOF
fi
done                                                # 繰り返しここまで
```

(注釈)
- 入力パラメータの確認 (echo "UDP Logger…"〜fi)
- 手順①UDPデータ取得 (UDP=…)
- 手順②デバイス名の抽出(※内容は未確認) (DEV=…)
- 手順③ (FLAG=…)
- 手順④データ数が2つの場合のグラフ作成部 (then節のgnuplot〜EOF)
- 手順⑤データ数が1つの場合のグラフ作成部 (else節のgnuplot〜EOF)
- 手順⑥ (then節のset output)
- 手順⑦ (else節のset output)

だし，ラズベリー・パイのmicro SDカード内のデータは壊れやすいので，同時にUSBメモリに記録するなどのバックアップ対策を行うと安心です．また，micro SD内の空き領域を十分に確保しておくことで，書き換え回数が減り，マイクロSDカードの寿命を延ばせるでしょう．

■ 収集したセンサ情報をHDMIモニタにグラフ表示する

● Gnuplotでデータをグラフ化

ラズベリー・パイなどのLinux系のOSでグラフを作成する定番ツール Gnuplotを使って，収集したデータをグラフ化する方法について説明します．ラズベリー・パイ にGnuplotをインストールするには，LXTerminalから以下のコマンドを入力します．

```
$ sudo apt-get install gnuplot ↵
```

リスト2 udp_logger_graph.shは，前節のUDPデータ収集プログラムudp_loggerにグラフ化機能を追加したサンプル・プログラムです．UDPパケットのデータからデバイス名を抽出し，デバイス毎に分けてログを保存し，グラフ化します．

● データ処理の流れ

プログラムの手順①でUDPパケットのデータを取得します．UDPで送られてきたデータは信頼できるかどうかがわかりません．そこで，tr -dコマンドを使って，制御コードや特定の記号文字を削除するようにしました．

手順②ではデバイス名を抽出します．このデバイス名は各Wi-Fiセンサのスケッチ内の「#define DEVICE」で設定した名前です．

手順③では受信データ内のセンサ値の個数が1個か2個かを確認します．センサ値が2個だった場合は，手順④で2つのデータを同じグラフ上にプロットします．1個だった場合は，手順⑤で1つだけプロットします．

プログラムを実行するには，LXTerminalからtoolsフォルダ内で下記のコマンドを入力します．

```
$ ./udp_logger_graph.sh ␣ 1024 ↵
```

図5 File Managerを起動する
ラズベリー・パイ内のフォルダ(ディレクトリ)を参照するためにFile Managerを起動する．ファイルやディレクトリを閲覧/操作できる

得られたデータは，PNG形式の画像ファイルとしてtoolsフォルダ内に保存されます．**図5**のFile Managerを起動し，「esp」フォルダ，「tools」フォルダの順に開くと，「log_デバイス名.png」の形式のファイルが保存されています．見たいファイルをダブルクリックすると画像ビューアGPicViewが開き，**図6**のようなグラフが表示されます．

■ ラズベリー・パイをHTTPサーバ化してスマホでアクセスする

ネットワークで情報を公開する方法の1つに，ラズベリー・パイ上でHTTPサーバを動作させる方法があります．HTTPサーバとは，Webページを配信するサーバです．ここでは家庭内のネットワークに接続されたパソコンやテレビ，スマートフォンなどから，同じ家庭内のラズベリー・パイにアクセスして，収集したデータのグラフを閲覧する方法について説明します．

HTTPサーバ用のソフトウェアには，Apache HTTP Serverを使用します．商用インターネットが開始された当時から現在にかけて，多くのWebサーバで使用されてきた定番のソフトです．

ラズベリー・パイのLXTerminalから次のコマンドを入力し，インストールと起動を行います．次回のラズベリー・パイの起動時からは，HTTPサーバが自動的に開始されます．

```
$ sudo ␣ apt - get ␣ install ␣ apache2 ↵
$ sudo ␣ /etc/init.d/apache2 ␣ start ↵
```

画面右上の無線LANアイコンにカーソルを合わせると，ラズベリー・パイのIPアドレスが表示されます．例えば，ラズベリー・パイのIPアドレスが192.168.0.31

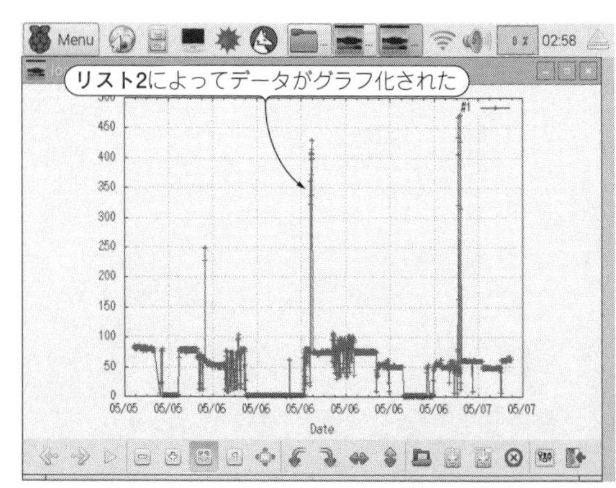

図6 収集したデータをグラフ化してラズベリー・パイ3のモニタで表示
収集したデータのグラフは画像ファイルとして保存される．ダブルクリックすると画像ビューアGPicViewが開き，グラフを表示する

リスト3 収集したデータをグラフ化し，Apache HTTP Serverを使用して家庭内のLANに配信するHTMLテキスト(index.html)
最新データに更新するため，ブラウザに表示されたコンテンツは８秒ごとに再読み込みを行うようになっている

```
<head><title>Test Page</title>
<meta http-equiv="refresh" content=8>
<meta http-equiv="Content-type" content="text/html; charset=UTF-8">
<meta name="viewport" content="width=720">
</head>
<body>
<center><h2>Test Page for ESP8266 Sensors</h2>
<table border=1>
<tr>
        <td valign="top"><b>ワイヤレス・温湿度センサ</b> humid_1<br>
        <img src="log_humid_1.png" width=320 height=240></td>
        <td><b>ワイヤレス・気圧センサ</b> press_1<br>
        <img src="log_press_1.png" width=320 height=240></td>
</tr>
<tr>
        <td valign="top"><b>ワイヤレス・照度センサ</b> illum_1<br>
        <img src="log_illum_1.png" width=320 height=240></td>
        <td><b>ワイヤレス・温度センサ</b> temp._1<br>
        <img src="log_temp._1.png" width=320 height=240></td>
</tr>
<tr>
        <td valign="top"><b>ワイヤレス・ドアスイッチ</b> rd_sw_1<br>
        <img src="log_rd_sw_1.png" width=320 height=240></td>
        <td valign="top">
        <h3>サポート情報</h3><ul>
        <li><a href="http://www.geocities.jp/bokunimowakaru/cq/esp/">
                筆者による サポートページ</a></li><br>
        <li><a href="http://cc.cqpub.co.jp/system/contents/2/">
                CQ出版社 オンラインサポートページ</a>
        </li></ul></td>
</tr>
</table>
</center>
</body>
```

8秒ごとにWebページの再読み込みを行い，情報を更新する
①温湿度センサのグラフを表示
②気圧センサのグラフを表示
③照度センサのグラフを表示
④温度センサのグラフを表示
⑤ドア・スイッチのグラフを表示
サポート・ページのリンクを表示

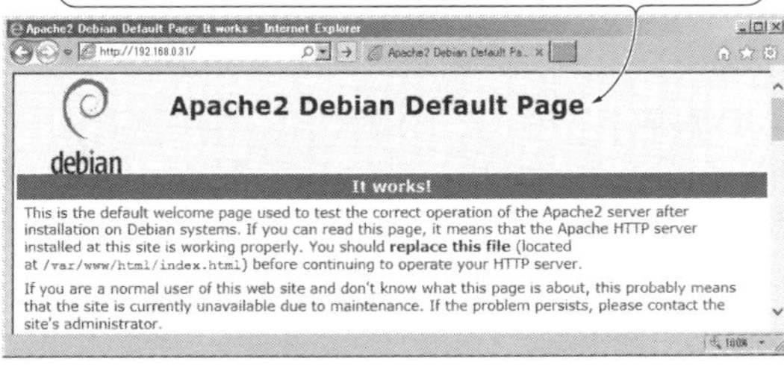

図7 Apache HTTP サーバの実行例
Webページを配信するためにラズベリー・パイにインストールしたApache HTTP Serverを実行する．家庭内のネットワークに接続されたパソコンやテレビ，スマートフォンからデータを閲覧できる

だった場合のURLは，http://192.168.0.31/になります．同じLAN内のパソコンから，ラズベリー・パイのIPアドレスを含んだURLにアクセスすると，**図7**のようなデフォルト・ページ画面が表示されます．

コンテンツを配信するには，ラズベリー・パイ内の/var/www/htmlフォルダにHTML形式のファイルやテキスト・ファイルを保存します．トップページのコンテンツを書き換える場合は，同フォルダ内のindex.

図8 iOSで表示した例
家庭内のネットワークに接続したスマートフォン(iOS)からラズベリー・パイにアクセスしてグラフを表示した例．屋外から閲覧するにはVPNなど家庭内のネットワークに入るための手段が必要

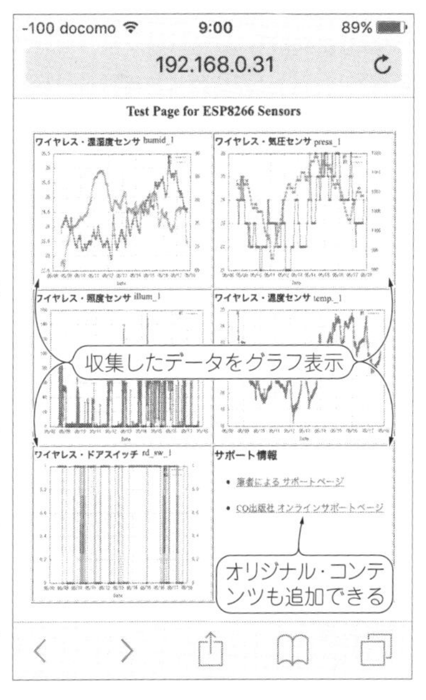

htmlを置き換えます．ここでは，index.html(**リスト3**)を使用します．LXTerminalから，toolsフォルダ内で次のコマンドを実行し，トップページのコンテンツを

上書きしてください．

```
$ sudo␣cp␣index.html␣/var/www/html/ ↵
```

udp_logger_graph.sh（**リスト2**）の画像の保存先などを変更したudp_logger_serv.shを実行すると，パケットの収集が開始されます．

```
$ ./udp_logger_serv.sh␣1024 ↵
```

この状態でWi-Fiセンサを起動します．センサが送信したUDPパケットをラズベリー・パイが受信し，グラフを作成します．グラフを閲覧するには，パソコンやスマートフォンのブラウザにラズベリー・パイのIPアドレスを入力します．**図8**にiPhoneでの表示例を，と**図9**にパソコンでの表示例を示します．

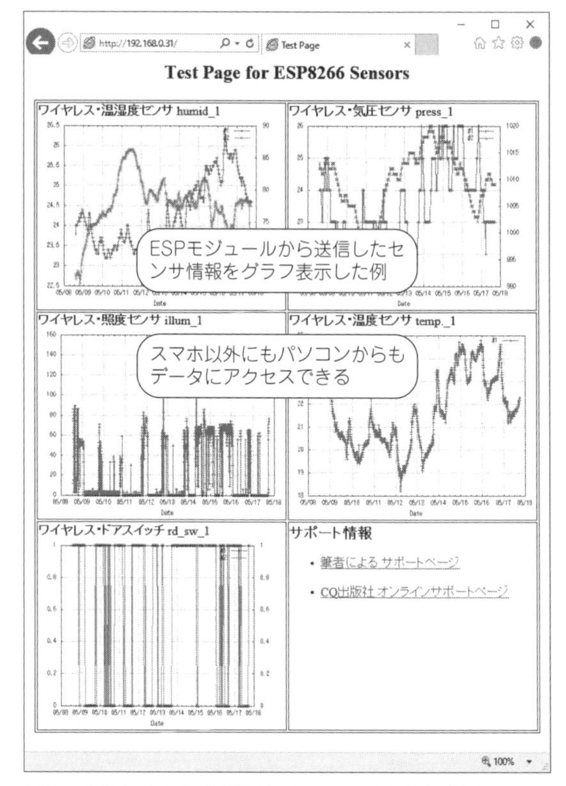

図9　収集したセンサ情報をパソコンで表示した例
家庭内のネットワークに接続したパソコン（Windows）からWi-Fiデータ・センサ（ラズベリー・パイ）にアクセスしてグラフを表示した例．スマホでもパソコンでも同じように表示できる

IoTシステム 2 Ambientでグラフ表示

外出先からスマートフォンを使って，自宅のセンサ状態を確認したいばあいは，クラウド・サービスを利用すると簡単かつ比較的安全です．ここでは，クラウド・サービスAmbientがIoT機器管理サーバとなり，Wi-Fi温湿度計からセンサ情報を収集するIoT応用システムを紹介します．

動作

▶ Wi-Fi温湿度計のセンサ情報をクラウド・サービスAmbientへ送信します
▶ クラウド・サービスAmbientは，センサ値をグラフ化し，Webで提供します

● センサ情報をAmbientへ送信する

ここではWi-Fi センサの情報を，直接，クラウドサービスAmbientへアップロードし，パソコンやスマート・フォンから閲覧する方法について説明します（**図10**）．

Ambientは，アンビエントデータ社が運営するIoT用のクラウド・サービスです．利用にあたっては，同サイトの利用案内に同意する必要があります．以下のページにアクセスし，「ユーザ登録」のボタンをクリッ

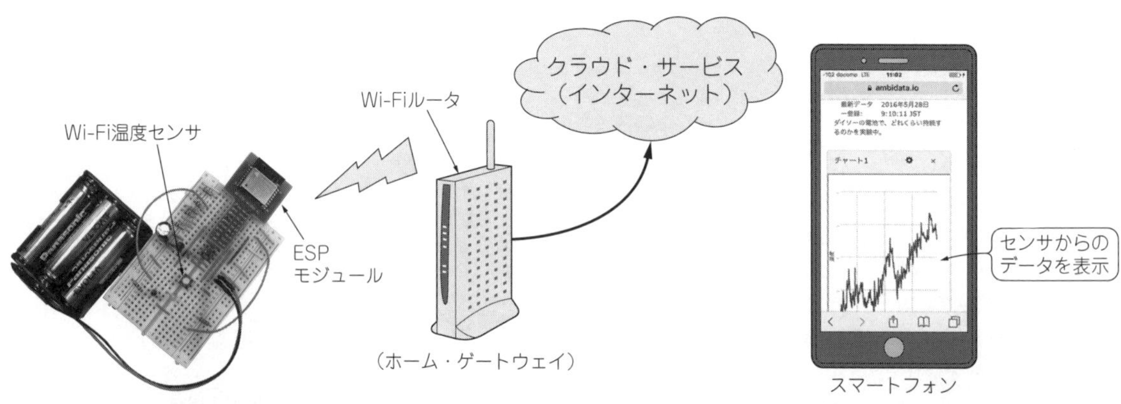

図10　クラウドにセンサ情報を送信する
Wi-Fiセンサの情報を，クラウドに送信するときの機器の構成図．アンビエントデータ社の「IoT用クラウド・サービスAmbient（以下Ambient）」にセンサ情報をアップロードする．屋外でもデータの閲覧が可能になる

クし，メール・アドレスとAmbientのログイン用パスワードを設定すると，案内メールが届きます．その案内メール内に書かれた登録用URLリンクにアクセスすると，登録が完了します．

http://ambidata.io/

登録後，ログインすると**図11**のような「My チャネル」画面が開きます．この画面で重要な項目は，「チャネルID」と書かれた数字と「ライトキー」です．チャネルIDはセンサ機器1台ごとに割り当てられた番号です．ライトキーはセンサからクラウドにアップロードするときに使用するパスワードのようなものです．登録時に設定したWebサイトのログイン用パスワードとは異なります．

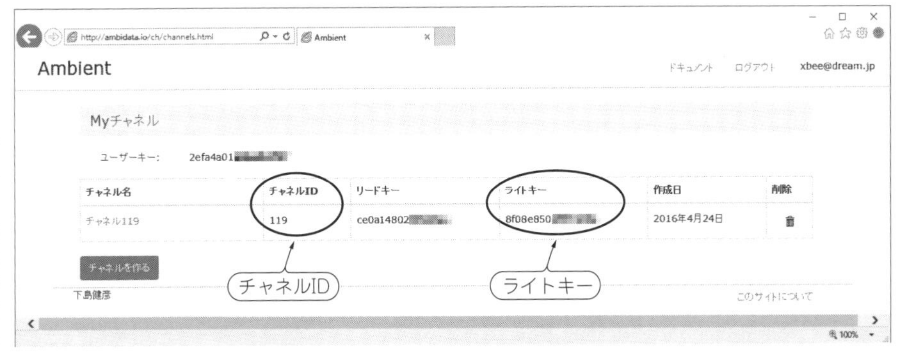

図11 AmbientにログインしたときのMyチャネル画面
Ambientのログインしたときに開く「My チャネル」画面. ここに表示される「チャネルID」と「ライトキー」をWi-Fiセンサに登録する

リスト4 第5章のリスト4 example09_humのデータ送信先にクラウド・サービスのAmbientを追加したスケッチ(example09c_hum)
SSIDとパスワードの設定が必要．また，①と②の部分をAmbientで取得したチャネルIDとライトキーに書き換える必要がある

```
/***************************************************************
 Example 09c: 湿度センサ HDC1000
***************************************************************/
#include <ESP8266WiFi.h>                    // ESP8266用ライブラリ
#include <WiFiUdp.h>                        // UDP通信を行うライブラリ
#include "Ambient.h"                        // Ambient用のライブラリの組み込み
#define PIN_LED 13                          // IO 13(5番ピン)にLEDを接続する
#define SSID "1234ABCD"                     // 無線LANアクセス・ポイントのSSID
#define PASS "password"                     // パスワード
#define AmbientChannelId 100                // チャネルID(整数)
#define AmbientWriteKey "0123456789abcdef"  // ライトキー(16桁の16進数)
#define SENDTO "192.168.0.255"              // 送信先のIPアドレス
#define PORT 1024                           // 送信のポート番号
#define SLEEP_P 29*60*1000000               // スリープ時間 29分(uint32_t)
#define DEVICE "humid_1,"                   // デバイス名(5文字+"_"+番号+",")
Ambient ambient;
WiFiClient client;

void setup(){
                    ～～～ 省略 ～～～
    ambient.begin(AmbientChannelId, AmbientWriteKey, &client);    // Ambient開始
}

void loop(){
    WiFiUDP udp;                            // UDP通信用のインスタンスを定義
    float temp,hum;                         // センサ用の浮動小数点数型変数
    char s[6];
                    ～～～ 省略 ～～～
        /* クラウドへ */
        dtostrf(temp,5,2,s);                // 温度を文字列に変換
        ambient.set(1,s);                   // Ambient(データ1)へ温度を送信
        dtostrf(hum,5,2,s);                 // 湿度を文字列に変換
        ambient.set(2,s);                   // Ambient(データ2)へ湿度を送信
        ambient.send();                     // Ambient送信の終了(実際に送信する)
    }
    sleep();
}
                ～～～ 以下，省略 ～～～
```

リスト中の注記：
- 使用する無線LANに合わせる（SSID，PASS）
- ①Ambientのチャネル名の番号（AmbientChannelId）
- ②Ambientのライトキー（AmbientWriteKey）
- ③Ambientアクセス用のインスタンスを定義（Ambient ambient;）
- ④Ambientアクセスを開始するためのコマンド（ambient.begin）
- ⑤Ambientへ「データ1」として湿度情報を送信する（ambient.set(1,s);）
- ⑥Ambientへ「データ2」として湿度情報を送信する（ambient.set(2,s);）

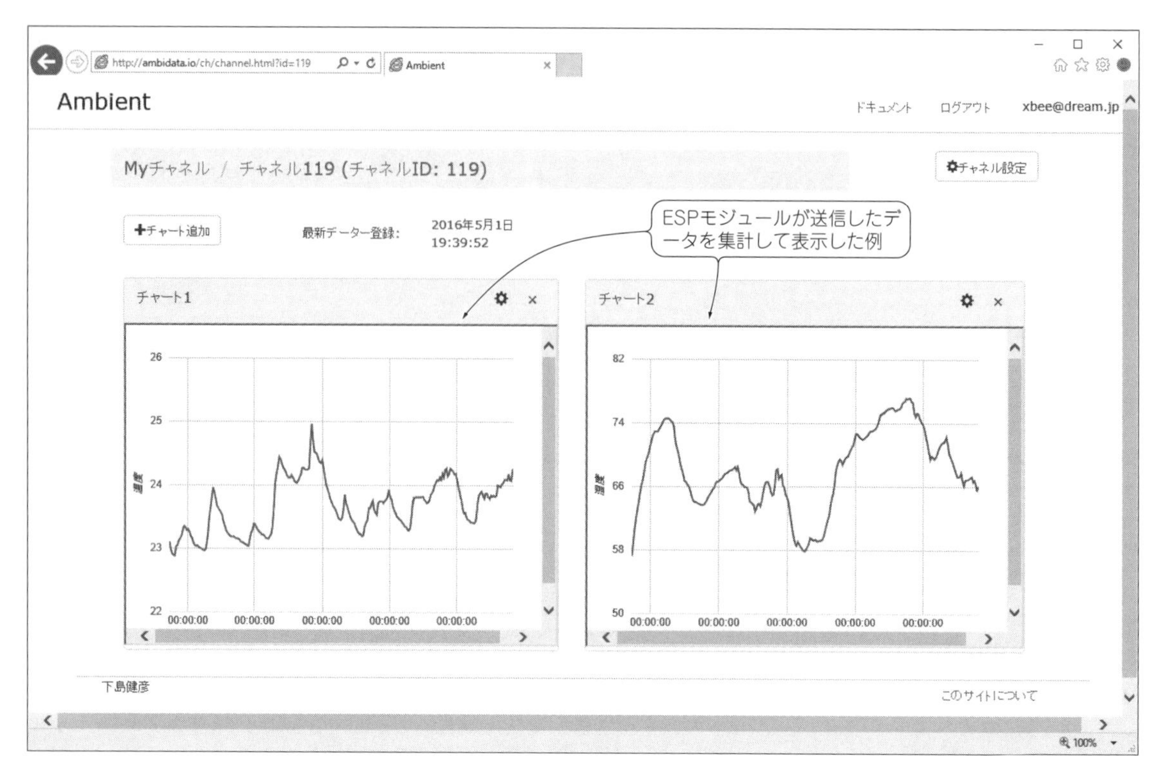

図12　クラウド・サーバAmbientを利用してグラフを表示する
Ambientにアップロードしたデータは，クラウド側で蓄積・保存される．スマートフォンやパソコンでAmbientにアクセスしてアップロードしたデータのグラフを閲覧することができる

● Ambientのサービスを利用するスケッチ

example09c_hum(**リスト4**)は，ワイヤレス・温湿度センサの第5章のリスト4　example09_humに，Ambientにアクセスに関する機能を追加したESPモジュール用のサンプル・スケッチです．Ambientにデータを送信する命令などを追加しました．

おもな追加点は，①Ambient用チャネル名の番号，②Ambient用ライトキー，③Ambientへのアクセス用インスタンスambientの定義，④Ambientの使用開始，そして⑤温度データの送信と，⑥湿度データの送信です．

追加点⑤と⑥のambient.setの第1引き数は，データ番号です．1～8の範囲の整数を渡します．このデータ番号によって，1つの機器(チャネル)につき8項目までのデータを送信することができます．また，第2引き数にはセンサから取得した数値データを文字列で渡します．

これらの直前の「dtostrf」は浮動小数点数型の数値を文字列に変換する命令です．第1引き数の変数tempやhumを，第2変数で与えられた文字列長に変換します．第3引き数は小数点以下の桁数です．第4引き数は変換後の文字列を受け取るための文字列変数です．

スケッチをESPモジュールに書き込み，Wi-Fi温湿度計を起動すると，約30分ごとに，温度と湿度の測定を行い，LAN内およびクラウド・サーバのAmbientの両方にデータを送信します．

それでは，クラウド・サーバAmbientにログインして，**図11**の「My チャネル」のチャネル名をクリックしてみましょう．正しく送信ができていれば，**図12**のようなグラフが表示されます．グラフの縦軸の項目を設定する場合は，ウィンドウの右上の「チャネル設定」をクリックしてください．

うまくアップロードできない場合は，センサの電源を切って再起動してみます．スリープ中はコンデンサに充電された電荷だけで動作し続けるので，電池を抜いただけでは電源が切れません．コンデンサを外して，少し待ってからコンデンサと電池を元に戻します．

また，前節のudp_logger_serv.shを使って，LAN内にデータが送信されているかどうかも確認しましょう．LAN内で正しく受信ができるのに，Ambientにデータが送信されないようであれば，ホーム・ゲートウェイやAmbientの設定などを確認してください．

*

サーバとの通信仕様は，同サイトの運営者によって変更される可能性があります．その場合は，Ambientアクセス用のライブラリを最新のものに更新してください．更新するには，Arduino IDEを終了した状態で，各フォルダ内の「Ambient.cpp」と「Ambient.h」を削除し，AmbientのWebサイトから最新のライブラリをダウンロードして，Arduino IDEにインストールします．

ラズベリー・パイを経由してAmbient送信する方法もあります．**リスト1**のudp_logger.shを改造し，センサから得られたUDPデータをAmbientへ転送するサンプルをambient_router.shとしてtoolsフォルダへ収録しましたので，参考にしてください．

IoTシステム 3 スマートフォン連携IoTサービスBlynk

今度は外出先のスマートフォンから自宅のIoT機器を制御してみましょう．前節と同様，外出先からのアクセスにはクラウド・サービスを利用すると簡単です．ここでは，クラウド・サービスBlynkがIoT機器管理サーバとなり，Wi-Fi照度計のLED制御と，照度測定を行うIoT応用システムを製作します．

動作

- ▶Wi-Fi照度計に搭載したLEDをクラウド・サービスBlynkから制御します
- ▶このLEDを点灯させると照度センサがONになります
- ▶照度センサから得られた照度値はクラウド・サービスBlynkへ送信されます
- ▶クラウド・サービスBlynkには，スマートフォンでアクセスすることが可能です

● デザインを自由にカスタマイズできるBlynk

クラウドと連携した汎用的なIoT用サービスとしては，Blynkが有名です．最大の特徴は，スマートフォン上で自分用のユーザ・インターフェースを簡単に作成することができる点です．ESPモジュールに接続したセンサ等のデータをクラウド上のBlynkサーバに転送することで，スマートフォンから閲覧できるようになるだけではなく，ESPモジュールに接続した機器をスマートフォンから制御することも可能になります．

● Blynkの始めかた

スマートフォンからApp Store（またはGoogle Play）にアクセスし，「Blynk」のキーワードで検索してください．検索時に「Blynk」の「y」を「i」と間違えないように注意し，また，販売元が「Blynk Inc.」であることや，**図13**(a)のようなアイコンなどを確認してからインス

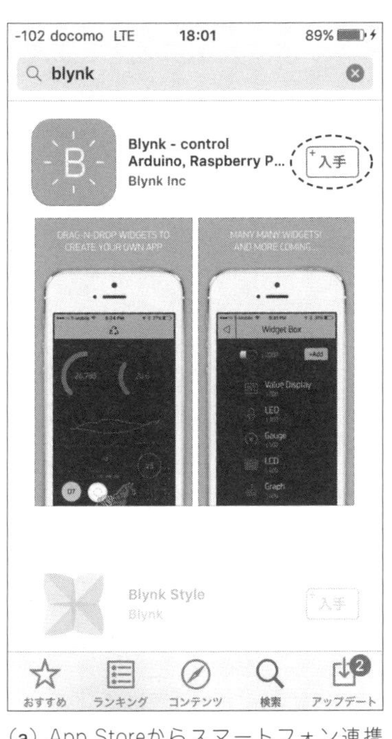

(a) App Storeからスマートフォン連携IoTサービスBlynk専用アプリをダウンロードする

(b) Create New Accountをタッチして，ユーザ登録を進める．メール・アドレスの入力とパスワードの設定を行う．メール・アドレスとパスワードの代わりに，Facebookのアカウントを使うこともできる

(c) 新しいプロジェクトを作成する場合は，入力欄にプロジェクト名を入力し，HARDWARE MODELでESP8266を選択する．Auth Tokenは，ESPモジュールとの紐づけに必要

図13　スマートフォン連携IoTサービスBlynkを使う

トールを実行します．初めて使用するときは，**図13(b)**の[Create New Account]をタッチして，メール・アドレスの入力とパスワードの設定を行います．Facebookのアカウントを使うこともできます．

起動後に画面中央に表示される[Create New Project]をタッチすると，**図13(c)**のようなプロジェクト設定画面が開きます．一番上の入力欄にはプロジェクト名を入力します．ハードウェアの選択欄「HARDWARE MODEL」では，「ESP8266」を選択してください．その次の32桁の16進数は，「Auth Token」です．このAuth TokenはESPモジュールとの紐づけを行うために使用します．このAuth Tokenをスケッチに転記する必要があるので，[E-Mail]をタッチしてパソコンに転送しておくと便利です．

次にBlynk用のライブラリをArduino IDEにインストールします．**図14**のようにメニューの[スケッチ]から[Include Library]-[manage Library]を選択し，**図15**の「Blynk」を検索し，[Install]をクリックしてください．

インストール後，[ファイル]メニューの[スケッチの例]から[Blynk]-[Boards_WiFi]-[ESP8266_Standalone]を開きます．そして，**リスト5**のようにAuto Talkenと，使用する無線LANアクセス・ポイントのSSID，パスワードを入力しておきます．

ハードウェアについては，第5章の第1節で使用したWi-Fi照度センサの回路を使用します．スケッチを書き込むためには，USBシリアル変換アダプタの接続も必要です．USBから電源を給電する場合，電源レギュレータ部にはTA48M033Fを使用したほうが

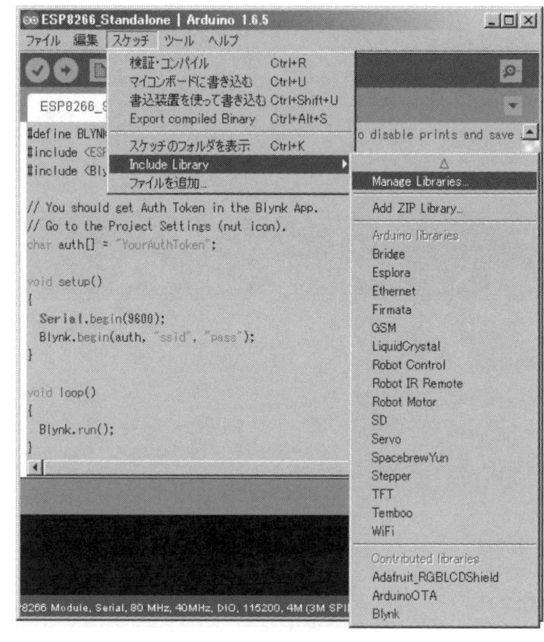

図14 Arduino IDEにBlynk用のライブラリをインストールする
Arduino IDEの[Include Library]→[Manage Library]の順に選択する

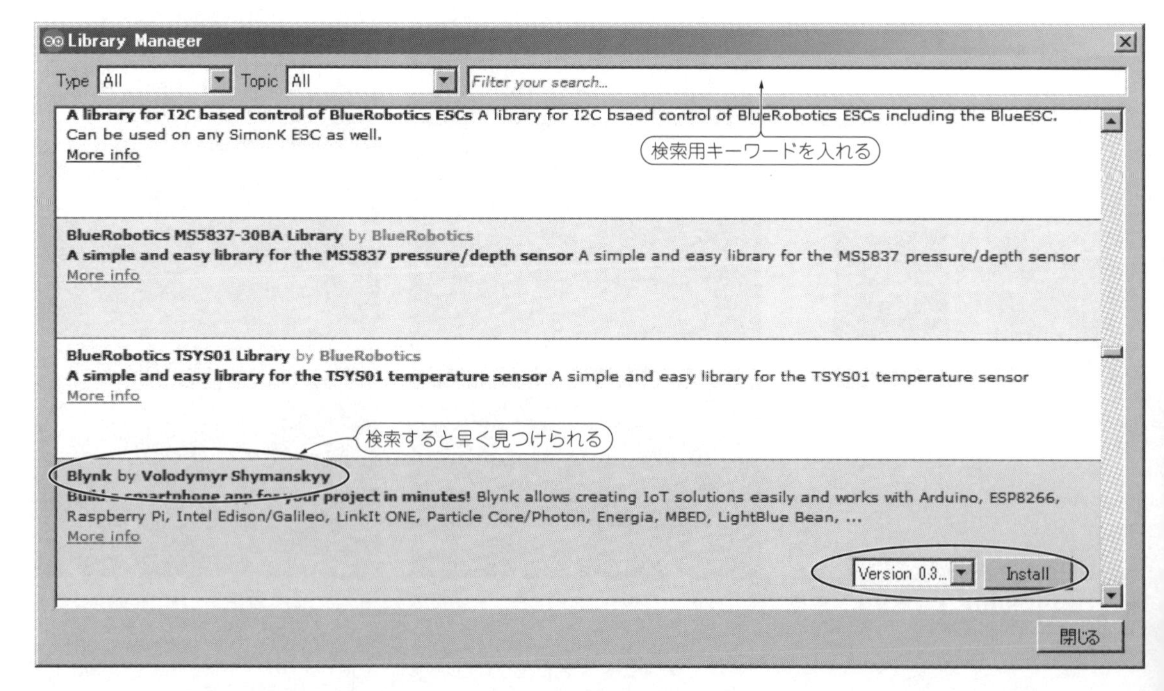

図15 ライブラリ「Blynk」をインストールする
Manage Librariesを開くと，多くのライブラリが表示されるので検索機能を利用して探す

リスト5　クラウドIoTサービスBlynkを使うためのサンプル・スケッチ(ESP8266_Standalone)
「char auth」の部分に取得したAuth Tokenを，Blynk.beginの部分に使用する無線LANアクセス・ポイントのSSIDとパスワードを記述してから，ESPモジュールに書き込む

```
/**************************************************
 * Blynk is a platform with iOS and Android apps to control
 * Arduino, Raspberry Pi and the likes over the Internet.
 **************************************************/

#define BLYNK_PRINT Serial            // Comment this out to disable prints and save space
#include <ESP8266WiFi.h>
#include <BlynkSimpleEsp8266.h>

// You should get Auth Token in the Blynk App.
// Go to the Project Settings (nut icon).
char auth[] = "1234abcd1234abcd1234abcd1234abcd";

void setup()
{
  Serial.begin(9600);
  Blynk.begin(auth, "1234ABCD", "password");
}

void loop()
{
 Blynk.run();
}
```

（注釈）
- #define BLYNK_PRINT Serial → シリアルへのログ出力を止めるにはこの行を消す
- char auth[] → ここへAuth Talkenを転記する
- Blynk.begin → ※使用する無線LANに合わせる
- "1234ABCD" → SSID
- "password" → パスワード
- Blynk.run(); → Blynkの実行

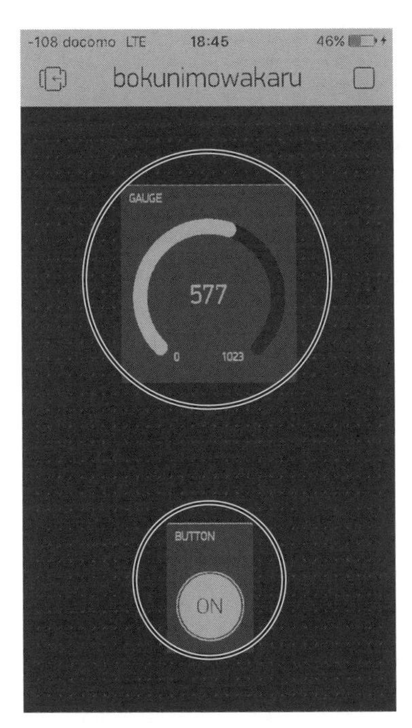

図16　操作画面の完成例．スマートフォンのユーザ・インターフェースを作成する
表示エリアをタッチして，図のように，「Gauge」と「Button」のアイコンを配置する．すべてタッチ操作でできるので簡単．設定後，画面右上の再生ボタンにタッチするとワイヤレス照度センサとの連携が開始する．画面上の[BUTTON]にタッチすると，クラウドからESPモジュールを制御し，ブレッドボード基板上のLEDが点灯する．また，照度の測定値を「GAUGE」に表示する

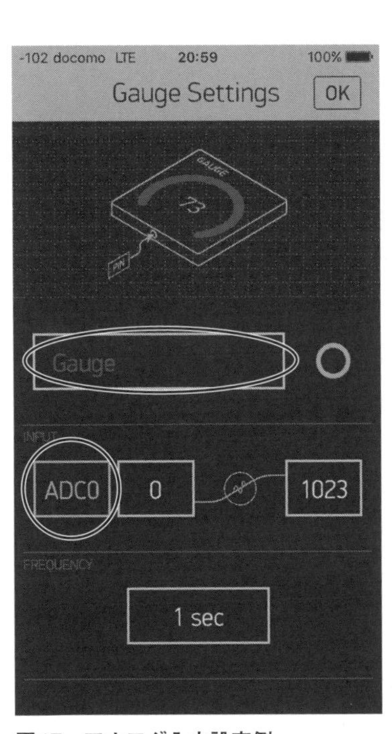

図17　アナログ入力設定例
「Gauge」は照度の目安を示すレベル・メータとして使用する．アイコンをタッチすると図のような設定画面が開くので，「INPUT」欄を「ADC0」に設定する

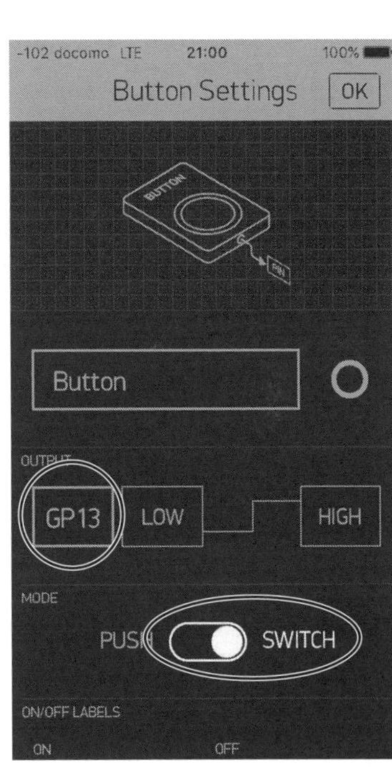

図18　ボタン設定例
設定画面の「OUTPUT」欄を「GP13」に設定し，「MODE」欄を「SWITCH」に切り換える

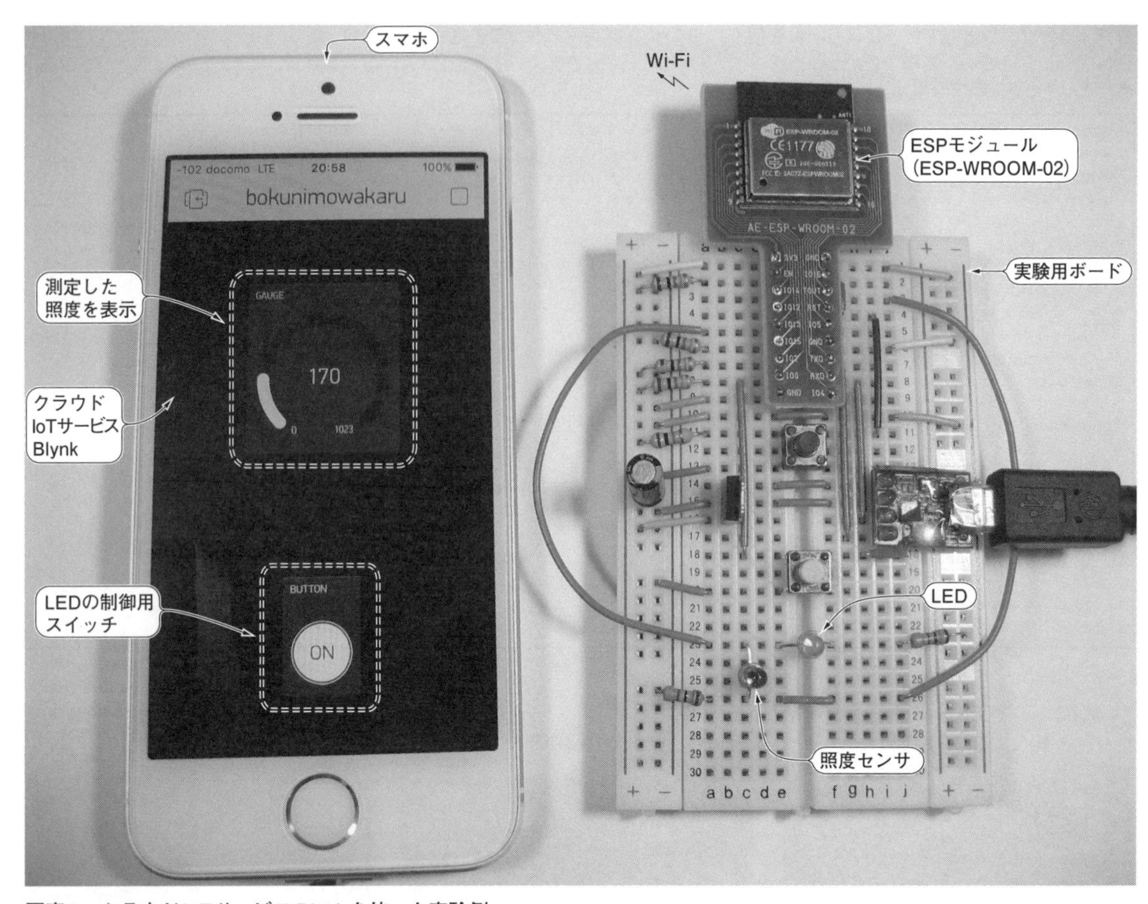

写真1　クラウドIoTサービスBlynkを使った実験例
クラウド・サービスBlynkから，ワイヤレス照度センサのハードウェアを制御する実験例．スマートフォンの画面上のボタンを押すと，照度センサの電源が入り，照度に応じた値が表示される

安定します．

以上のセットアップが完了したら，**リスト5**のスケッチをESPモジュールに書き込み，Wi-Fi側の完成です．

今度は，スマートフォン側のユーザ・インターフェースを作成します．すべてタッチ操作なので簡単です．まずは表示エリアをタッチして，完成**図16**のように，「Gauge」と「Button」のアイコンを配置します．

「Gauge」は照度の目安を示すレベル・メータとして使用します．アイコンをタッチすると**図17**のような設定画面が開くので，「INPUT」欄を「ADC0」に設定してください．

「Button」は照度センサに電源を供給し，またLEDを点灯制御させるために使用します．設定画面の「OUTPUT」欄を「GP13」に設定し，「MODE」欄を「SWITCH」に切り換えてください(**図18**)．

設定後，画面右上の再生ボタンにタッチするとワイヤレス照度センサとの連携が開始されます．画面上の[BUTTON]にタッチすると，クラウドからESPモジュールを制御し，ブレッドボード基板上のLEDが点灯します．また，照度の測定値を「GAUGE」に表示します(**写真1**)．他にもさまざまなパーツがあり，例えば「GRAPH」を使えば簡単なグラフ表示も可能です．

ここでは，Blynkの基本的な使い方を理解するために，スケッチ「Standalone」をそのまま使用しましたが，自分でスケッチを書くことで，さまざまなセンサデバイスを扱うことができるようになります．また，より複雑な制御も可能になります．なお，将来，Blynk社の都合により，無料で扱える範囲が制限される可能性や，通信仕様が変更になる可能性が考えられます．

「インターネット照る照る坊主」は，天気予報情報をインターネットから取得し，その結果に応じて3個のLEDを制御し，LEDの点灯状態の違いによって天気予報情報を表示します．

インターネット上の天気予報データの取得とLEDの制御には，ラズベリー・パイ上で動作するcurlコマンドを使用します．

ここでは，curlコマンドの使い方とcurlコマンドで得た天気予報データから晴れ/曇り/雨の情報を抽出する方法を学びます．

IoTシステム 4 インターネット照る照る坊主

動作

ラズベリー・パイがインターネットから天気予報情報を取得し，その結果に従って，3色LED化したWi-Fiコンシェルジェ[照明担当]を制御します

応用

ラズベリー・パイで取得する情報の種類を変更すると，いろいろな分野の表示に使えます．3色LED化したWi-Fiコンシェルジェ[照明担当]は，スマホや

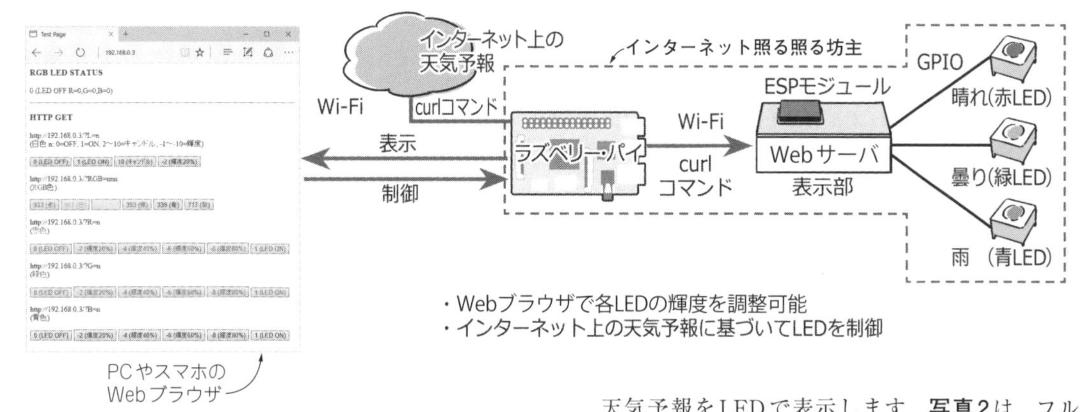

天気予報をLEDで表示します．**写真2**は，フルカラーLEDの制御を確認しやすいように赤，緑，青の3つ別々のLEDを搭載しました．フルカラー表示するには，これら3つのLEDが一体になったRGBフルカラーLED(カソード・コモン)を使用します

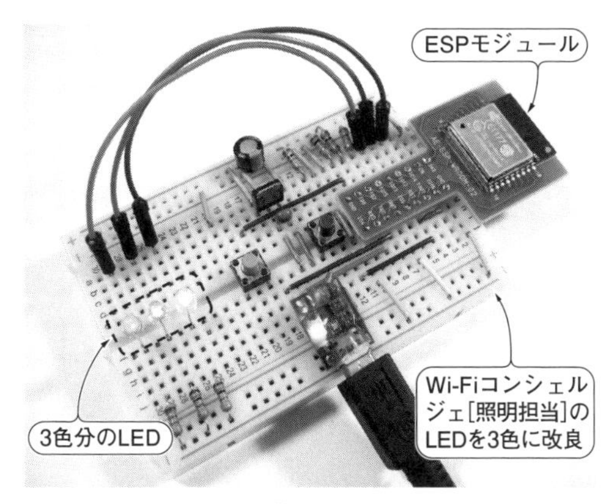

写真2 3個のLEDを搭載させた改良版のWi-Fiコンシェルジェ[照明担当]の製作例

図19 3色化したWi-Fiコンシェルジェ[照明担当]の制御画面
Webブラウザでアクセスすると表示される．各LEDの輝度を個々に設定することで，さまざまな色を表現することができる．画面は5つの段で構成され，多くのボタンが並んでいる．最上段のボタンはWi-Fiコンシェルジェ[照明担当]と共通．2段目はフルカラーLED使用時に6色を表現可能．3〜5段目は各LEDの輝度調整．これらの調合で好みの色を作り出すことができる

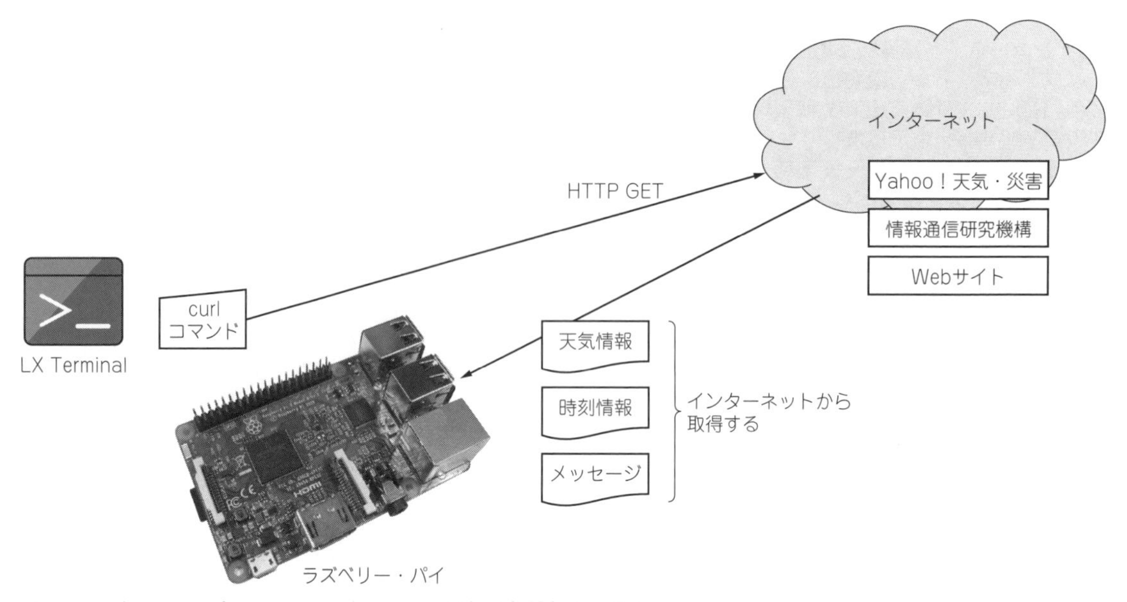

図20　ラズベリー・パイでインターネットから天気予報情報を取得する
LXTerminalから`curl`コマンドを使ってインターネット上の天気，時刻，メッセージなどの情報を取得する

Webブラウザでアクセスして制御可能なので，いろいろな色彩や光量で発光させることができます(**図19**)

ラズパイでインターネット上のデータを取得して点灯させるLEDを決める

● curlコマンドを使いインターネットからデータ取得

curlコマンドはインターネット上のデータを取得するためのコマンドです．ここではインターネットからファイルを取得する方法について説明します(**図20**)．まずは，Raspbianをインストールしたラズベリー・パイでLXTerminalを起動し，以下のように小文字で「curl」と入力し，実行してみてください．

```
$ curl␣-s␣www.bokunimo.net/bokunimowakaru/cq/esp2.txt↵
```

図21のように，指定したURLのテキスト・ファイルをインターネットから取得し，情報が表示されます．この情報は筆者の運営するWebサイトから取得した特集のサポート・ページの更新情報です．

オプションの「-s」は，取得時の進捗状況やエラーなどを表示させないためのオプションです．その次のURLは取得するファイルのインターネット・アドレスです．ここでは「http://」を省略しましたが，明示することでプロトコルを指定することも可能です．

今度は，時刻を取得してみましょう．下記を実行すると，独立行政法人情報通信研究機構が配信する時刻情報を取得することができます．

```
$ curl␣-s␣ntp-a1.nict.go.jp/cgi-bin/time↵
```

● 取得した情報から必要なデータを抽出する

インターネットから取得するデータの形式には，HTML，XML，JSONなどがあります．それぞれの形式で構文が異なりますが，どの形式もテキストで書かれています．これらのデータを利用するには，データの中から必要な文字列を抜き出す必要があります．**構文を解析してデータを抽出することをパース処理と呼び，パース処理を行うプログラムをPerser(パーサ)と言います．**

一般的には，Perserライブラリを使用するか，自作のPerserで解析処理を行います．本稿では，「grep」や「cut」などのコマンドを使って，簡易的な方法でデータを抽出する方法を説明します．まず，以下のコマンドを入力してみてください(**図22の①**)．

```
$ curl␣-s␣www.bokunimo.net/bokunimowakaru/cq/esp2.txt|grep␣'<info>' ↵
```

この例では，curlコマンドを実行した結果データを，パイプ記号「|」を使って，grepコマンドに渡しました．パイプ先のgrepコマンドは，その引き数である「<info>」の文字を含む行だけを抽出します．

次に，「cut」コマンドを追加します．以下のコマンド(**図22②**)を入力してみてください．

```
pi@raspberrypi ~ $ curl -s www.bokunimo.net/bokunimowakaru/cq/pi.txt⏎   ←メッセージ取得コマンド
<title> これはテキストによるメッセージ配信の実験です。</title>
<descr> 以下、お知らせ、近況、関連URL、更新日の情報です。</descr>
<info>  今のところ［お知らせ］はございません。</info>                        取得したメッセージ
<state> 現在のボクの［近況］は本書の執筆中です。</state>                    （時期によって異なる）
<url>   http://www.geocities.jp/bokunimowakaru/cq/15/</url>
<date>  2016/01/11</date>
pi@raspberrypi ~ $ curl -s ntp-a1.nict.go.jp/cgi-bin/time   ←時刻の取得を実行
Mon Jan 11 19:46:00 2016 JST
pi@raspberrypi ~ $           ↖取得した時刻情報
```

図21 インターネットから情報を取得したときのようす
ラズベリー・パイでcurlコマンドを実行し，テキスト・ファイルや現在の時刻情報をインターネットから取得したときのようす

```
$ curl␣-s␣www.bokunimo.net/
bokunimowakaru/cq/esp2.
txt|grep␣'<info>'|cut␣-f2|cut␣-
d'<'␣-f1⏎
```

「<」や「>」で区切られたタグ「<info>」や「</info>」が消え，メッセージだけが表示されたと思います．ここで使用したcutコマンドは1行を複数のフィールドに区切って，指定した一部のフィールドだけを切り出す処理を行います．1回目のcutのオプションの「-f2」は，文字列をタブで区切ったときの2番目のフィールド(文字列)を示します．指定されたフィールドのみを切り出し，次のcut命令に渡します．2回目のcutのオプション「-d'<'」は，区切り文字を「<」に設定し，「-f1」は区切った1番目のフィールドを示します．これら2つのcutにより，タブ文字よりも後でかつ，その次にくる「<」までの文字列を出力します．

複数のスペース文字やタブで区切られたデータについては，**図22**の③の「|awk␣'{print $2}'」のように，awkコマンドを使って取り出すことができます．「$2」は2番目のフィールドを示します．ただし，この例では後ろ側のタグ「</info>」が残ったままになるので，④のような文字の置換を行うtrコマンドを使用します．ここでは，「>」をスペース文字「␣」に置き換えてから，awkコマンドに渡します．

```
$ curl␣-s␣www.bokunimo.net/
bokunimowakaru/cq/pi.
txt|grep␣'<info>'|tr␣'<'␣'
'|awk␣'{print $2}'⏎
```

次は，Yahoo! 天気・災害サービスから取得した，大阪の天気情報を取得してみましょう．

```
$ curl␣-s␣rss.weather.yahoo.
co.jp/rss/days/6200.xml|cut␣-
d'<'␣-f17|cut␣-d'>'␣-f2⏎
```

得られたXML書式の情報を，1つ目のcutコマンドへ入力し，区切り文字を「<」とした17番目のフィールドを2つ目のcutコマンドへ入力，そして区切り文字を「>」とした2番目のフィールドを出力します．

こういったbashで扱うコマンドをファイルとして作成し，スクリプトとして動かすことも可能です．実行形式のファイルにするには「chmod a+x」を実行します．**図23**に**リスト6**の動作確認済みの時刻/天気予報/筆者からのメッセージを取得する練習用サンプル・スクリプトpractice06_curl.shの実行のようすを示します．

ラズパイでWi-Fiコンシェルジェ［照明担当］を制御する

● 抽出した情報を元にLEDを点灯させる

インターネット照る照る坊主は，Wi-Fiコンシェルジェ［照明担当］の回路とスケッチを基に，LEDを3色

```
pi@raspberrypi $ curl -s www.bokunimo.net/bokunimowakaru/cq/esp2.txt|grep '<info>'⏎ ←①
<info>  今のところ［お知らせ］はございません。</info>

pi@raspberrypi ~ $ curl -s www.bokunimo.net/bokunimowakaru/cq/esp2.txt|grep '<info>'|cut -f2|cut -d'<' -f1⏎ ←②
今のところ［お知らせ］はございません。

pi@raspberrypi ~ $ curl -s www.bokunimo.net/bokunimowakaru/cq/esp2.txt|grep '<info>'|awk '{print $2}'⏎ ←③
今のところ［お知らせ］はございません。</info>

pi@raspberrypi ~ $ curl -s www.bokunimo.net/bokunimowakaru/cq/esp2.txt|grep '<info>'|tr '<' ' '|awk '{print $2}'⏎
今のところ［お知らせ］はございません。
                                        ④「>」をスペース文字に置換してから③を実行
```

図22 簡易的なデータ抽出方法
①grepコマンドを使った行の抽出，②cutコマンドを使った不要なタグの削除，③awkコマンドを使ったフィールド抽出，④trコマンドを使ったフィールド分割

に改良したものです．フルカラーLEDに置き換えて使うこともできます．

図24に3色LED対応に改良したWi-Fiコンシェルジェ[照明担当]の回路図を示します．

ESP-WROOM-02用のスケッチが「example16_led」のままだと赤色のLEDしか制御することができません．3色LEDに対応したスケッチを「2_example」フォルダ内の「example16f_led」へ収録したので，SSIDとPASSを無線LANアクセス・ポイントのものに変更してから，ESP-WROOM-02に書き込んでください．

ESPモジュールに実装したHTTPサーバで制御コマンドを受信する

● `curl`コマンドを使ってLEDを制御する

ESPモジュール内に実装するWebサーバ機能は，Webブラウザからの制御を受け付けるだけではなく，ラズベリー・パイなどからHTTPコマンドを受信してESPモジュールを制御することができます(**図25**)．

「インターネット照る照る坊主」の表示部が起動すると，シリアル出力とモールス符号によるLED点滅によって「インターネット照る照る坊主」の表示部のIPアドレスを表示します．例えば，このアドレスが「192.168.0.2」だった場合，Webブラウザから「http://192.168.0.2/」と入力すると，Wi-Fiコンシェルジェ[照明担当]のユーザ・インターフェースが表示されます．

「`http://192.168.0.2/?L=1`」と入力すると，LEDを点灯させることができます．これは，ESPモジュール内のHTTPサーバ機能に対し，インターネット・ブラウザがHTTP GETコマンドを送信して実現しています．

この仕組みを利用してラズベリー・パイからLEDを点灯するには以下のように入力します．IPアドレスは，「インターネット照る照る坊主」の表示部に合わせてます．

`grep`コマンドを使用して必要な応答行を抽出することもできます．

```
pi@raspberrypi ~ $ cd ~/esp/1_practice/
pi@raspberrypi:~/esp/1_practice $ chmod a+x practice06_curl.sh
pi@raspberrypi ~/esp/1_practice $ ./practice06_curl.sh
------------------------------------------------------------------------------------
現在の時刻 (NICT): Sat Oct  1 22:56:00 2016 JST
------------------------------------------------------------------------------------
天気予報 (Yahoo!):【 1日(土) 大阪(大阪) 】曇時々晴 - 28℃/21℃ - Yahoo!天気・災害
------------------------------------------------------------------------------------
著者からのメッセージ：
トランジスタ技術をお買い上げいただきありがとうございました。
3行目にお知らせ、4行目に近況、5行目に関連URL、6行目に更新日が入ります。
今のところ[お知らせ]はございません。
現在のボクの[近況]は本書の執筆中です。
http://www.geocities.jp/bokunimowakaru/cq/esp/
2016/10/01
------------------------------------------------------------------------------------
pi@raspberrypi ~/esp/1_practice $
```

フォルダ移動
実行形式へ変更
サンプルの実行

図23 `curl`コマンドの練習用サンプルの実行例
現在時刻，天気予報，本書の著者からのメッセージを表示するスクリプト・ファイルの練習用サンプル．自分で作成した場合は，`chmod`コマンドでファイル属性を実行形式に変更してから実行する

リスト6 時刻/天気予報/筆者からのメッセージを取得する練習用サンプル・スクリプト `practice06_curl.sh`

```
#!/bin/bash
hr="---------------------------------------------------------------------------"
echo $hr                                                        # 水平線を表示
echo -n "現在の時刻 (NICT): "                                    # テキスト表示
curl -s ntp-a1.nict.go.jp/cgi-bin/time                          # 時刻を取得して表示
echo $hr                                                        # 水平線を表示
echo -n "天気予報 (Yahoo!): "                                    # テキスト表示
curl -s rss.weather.yahoo.co.jp/rss/days/6200.xml\
|cut -d'<' -f17|cut -d'>' -f2|tail -1                           # 天気を取得して表示
echo $hr                                                        # 水平線を表示
echo "著者からのメッセージ: "                                     # テキスト表示
curl -s www.geocities.jp/bokunimowakaru/cq/esp2.txt -o tmp_boku.txt~   # 取得・ファイル保存
grep '<title>' tmp_boku.txt~ |cut -f2|cut -d'<' -f1             # タイトルを抽出
grep '<descr>' tmp_boku.txt~ |tr '<' ' '|awk '{print $2}'       # メッセージを抽出
grep '<info>'  tmp_boku.txt~ |cut -f2|cut -d'<' -f1             # お知らせを抽出
grep '<state>' tmp_boku.txt~ |tr '<' ' '|awk '{print $2}'       # 近況を抽出
grep '<url>'   tmp_boku.txt~ |cut -f2|cut -d'<' -f1             # URLを抽出
grep '<date>'  tmp_boku.txt~ |tr '<' ' '|awk '{print $2}'       # 更新日を抽出
\rm tmp_boku.txt~                                               # ファイルの消去
echo $hr                                                        # 水平線を表示
```

LEDを制御する(HTTP GET)：

```
$ curl␣-s␣192.168.0.2/?L=1↵
```

必要な応答文を抽出：

```
$ curl␣-s␣192.168.0.2/?L=1|grep␣
LED|grep␣"<p>"↵
```

制御に成功すると，LEDが点灯し，「<p>1 (LED ON)</p>」の応答が得られます．また，消灯するには「L=」の後の数字を「0」にします．

● HTTP POSTでLEDを制御する

今度は，HTTP POSTを使用してみましょう．HTTP POSTを実行するには「-XPOST」オプションを付与し，「-d」オプションで送信データを指定します．以下は「L=0」を指定し，LEDを消灯するためのコマンドです．

LEDを制御する(HTTP POST)：

```
$ curl␣-s␣192.168.0.2␣-XPOST␣-
d"L=0"↵
```

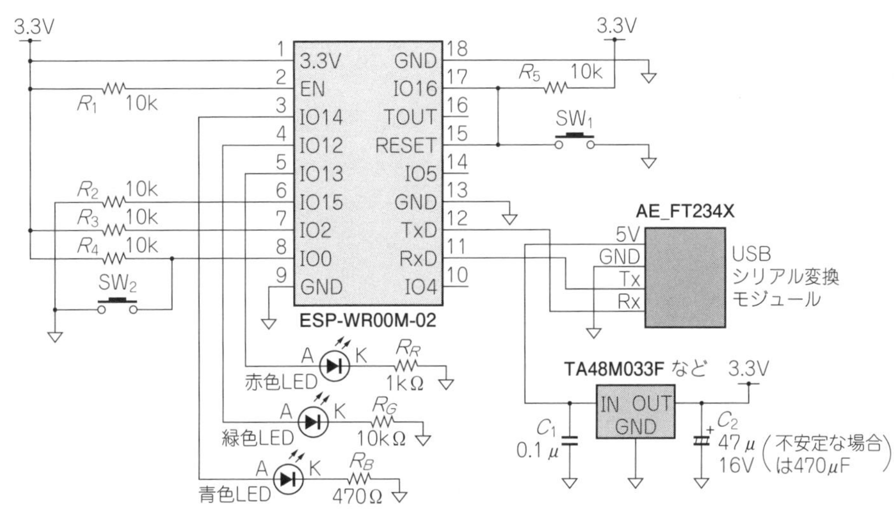

発光色	LED×3個を使用する場合		フルカラーLEDを使用する場合	
	LED型番	負荷抵抗	LED型番	負荷抵抗
赤	OSDR3133A	R_R=1kΩ	OSTA5131A-R/PG/B	R_R=560Ω
緑	OSG5DA3133A	R_G=10kΩ	ピン 4=赤，3=GND，	R_G=470Ω
青	OSUB3133A	R_B=470Ω	2=青，1=緑	R_B=1kΩ

図24 「インターネット照る照る坊主」の表示部回路図
Wi-Fiコンシェルジェ［照明担当］を改良してLEDを3色にした．赤色LEDをESPモジュールのIO 13(5番ピン)へ，緑色をIO 12(4番ピン)へ，青色をIO 14(3番ピン)へ接続する

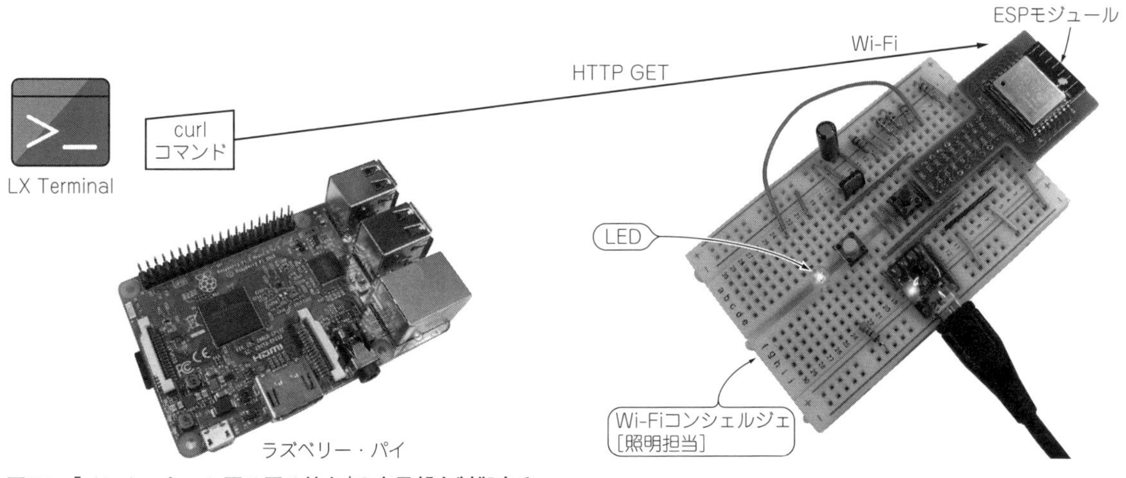

図25 「インターネット照る照る坊主」の表示部を制御する
LXTerminalからcurlコマンドを使ってWi-Fiコンシェルジェ[照明担当]を制御する

リスト7 Yahoo!天気・災害サービスから情報を取得する練習用サンプル・スクリプト practice07_led.sh

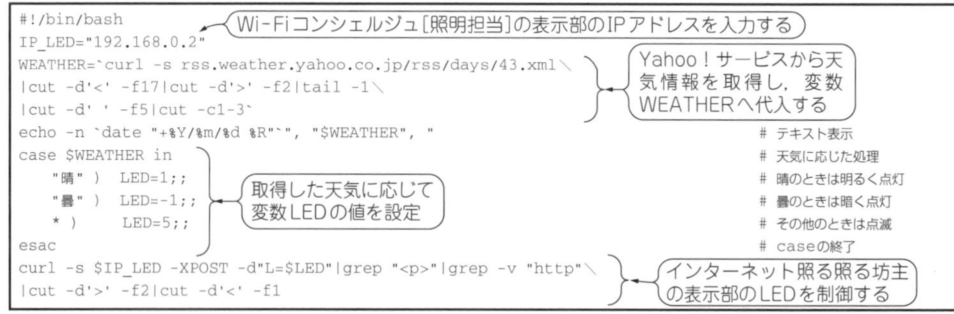

```
#!/bin/bash
IP_LED="192.168.0.2"
WEATHER=`curl -s rss.weather.yahoo.co.jp/rss/days/43.xml\
|cut -d'<' -f17|cut -d'>' -f2|tail -1\
|cut -d' ' -f5|cut -c1-3`
echo -n `date "+%Y/%m/%d %R"`", "$WEATHER", "          # テキスト表示
case $WEATHER in                                       # 天気に応じた処理
    "晴" )  LED=1;;                                    # 晴のときは明るく点灯
    "曇" )  LED=-1;;                                   # 曇のときは暗く点灯
    * )     LED=5;;                                    # その他のときは点滅
esac                                                   # caseの終了
curl -s $IP_LED -XPOST -d"L=$LED"|grep "<p>"|grep -v "http"\
|cut -d'>' -f2|cut -d'<' -f1
```


リスト8 Wi-Fi天気予報器の動作確認済みサンプル・スクリプト practice07a_led.sh

```
#!/bin/bash
# 天気をLEDの状態で表示する

IP_LED="192.168.0.2"                                   # ワイヤレスLEDのIP
while true; do  ←(繰り返し実行するためのWhileコマンド)   # 永久ループ
WEATHER=`curl -s rss.weather.yahoo.co.jp/rss/days/43.xml\
|cut -d'<' -f17|cut -d'>' -f2|tail -1\
|cut -d' ' -f5|cut -c1-3`                              # 天気を取得する
echo -n `date "+%Y/%m/%d %R"`", "$WEATHER", "          # テキスト表示
case $WEATHER in                                       # 天気に応じた処理
    "晴" )  LED=1;;                                    # 晴の時は明るく点灯
    "曇" )  LED=-1;;                                   # 曇の時は暗く点灯
    * ) LED=5;;                                        # その他の時は点滅
esac               (タイムアウト時間を指定するオプション)  # caseの終了
RES=`curl -s -m3 $IP_LED -XPOST -d"L=$LED"|grep "<p>"|grep -v "http"\
|cut -d'>' -f2|cut -d'<' -f1`                          # ワイヤレスLED制御
if [ -n "$RES" ]; then                                 # 応答があった場合
    echo $RES                                          # 応答内容を表示
else                       (応答に応じた距離)            # 応答が無かった場合
    echo "ERROR"                                       # ERRORを表示
fi                                                     # ifの終了
sleep 1800  ←(30分間，何もしない)                        # 待ち時間処理(30分)
done  ←(Wihle～doneまでの処理を繰り返し実行する)          # whileに戻る
```

● wgetでLEDを制御する

もちろん，wgetで制御することもできます．LEDを点灯するには，以下のように「L=1」を指示します．

```
$ wget␣-q␣-O/dev/
stdin␣192.168.0.2/?L=1↵
```

天気予報情報を取得して，インターネット照る照る坊主の表示部を制御するしくみ

● 天気予報をLEDで表示させる

curlを使用して，天気情報を取得し，天気に応じてLEDを制御してみましょう．**リスト7** practice07_led.shの冒頭のIPアドレスを，ESP-WROOM-02のIPアドレスに修正し，実行してみてください．

```
$ cd␣/esp/1_practice↵
$ ./practice07_led.sh↵
```

Yahoo!天気・災害サービスから晴れを取得するとLEDが点灯(L=1)し，曇りだと暗く点灯(L=-1)，雨だとキャンドルのように点滅(L=5)します．

このスクリプトを連続的に繰り返し実行すると，実用的に使えるようになります．

リスト8 practice07a_led.shは，**リスト7**を元に，while命令を使用し，末尾行のdoneまでの処理を繰り返し実行するようにし，Wi-Fiコンシェルジェ[照明担当]を制御するときのcurlコマンドに「-m」オプションを付与し，3秒以内に応答がなかった場合は，「ERROR」を表示する機能を追加しました．

● 天気予報を3色のLED/フルカラーLEDで表示させる

最後に，練習問題です．予報が晴れなら赤LED，曇りは緑LED，雨は青LEDを点灯させるスクリプトを自分で作成してみましょう．

リスト8を基にcase文の内容と，curlコマンドのHTTP POSTの内容を修正します．赤色のLEDを点灯させる場合は「R=1」を，緑の場合は「G=1」，青は「B=1」を送信するようにすれば，動作するでしょう．赤を点灯した後に，緑に変わった場合，同時に赤と緑が表示されてしまうので，少し工夫が必要です．

正解は「1_practice」フォルダ内の「practice07f_led.sh」へ収録しました．参考にしてください．

IoT システム 5 千客万来メッセンジャ

動作

Wi-Fi人感センサの反応に応じて，Wi-Fiチャイムを鳴らし，定型文を発話します．同時に通知メールを指定メール・アドレスに送信して来客を知らせます

応用

センサと制御機器の組み合わせで，いろいろな場所に，いろいろな制御をさせることができます．センサとして使用できるIoTセンサ機器とIoT制御機器との組み合せ例を次に示します

▶ IoTセンサ機器の例
- Wi-Fi 人感センサで訪問者を検知します
- Wi-Fi 3軸加速度センサでドアや窓の動きを検出します
- Wi-Fiドア開閉モニタで来客を検知します

▶ IoT制御機器 Wi-Fi コンシェルジェの例
- [チャイム担当]や[アナウンス担当]を使って音で通知します
- [リモコン担当]や[電源設備担当]を使って機器を制御します
- [掲示板担当]や[マイコン担当]を使って液晶やテレビへメッセージを表示します

これまでに製作したIoT応用システムでは，IoTセンサ機器かIoT制御機器のどちらか一方を対象にしていました．本節では，IoTセンサ機器かIoT制御機器の両方を，IoT機器管理サーバが統合管理するIoT応用システムの一例として，Wi－Fi人感センサの反応に応じて呼鈴を鳴らす玄関呼鈴システムを製作します．さらに音声出力機能やメール送信機能を追加する方法についても説明します．

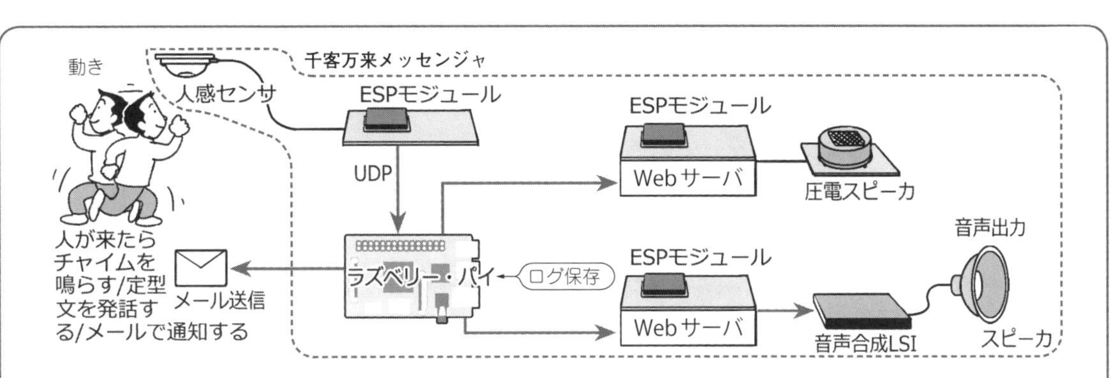

「千客万来メッセンジャ」の頭脳のとしての役割を担うラズベリー・パイは，Wi-Fi人感センサからの通知を待ち受け，センサが反応すると，Wi-Fiコンシェルジェ チャイム担当のチャイムを鳴らすコマンドを送信します．また，システムを発展させる具体例として，計3種類のセンサへの対応や，Wi-Fiコンシェルジェ アナウンス担当から音声出力，メールを送信機能の追加を行います．

IoT センサ /IoT 制御機器 / ラズパイを組み合わせる

● 大規模システムを小分けに―Wi-Fiセンサ/ラズパイなどを組み合わせた呼鈴

「千客万来メッセンジャ」を製作するにあたって，機能を小さく分けた単機能の呼鈴の動作実験から始めます．

IoTシステムの多くは，IoTセンサ，IoT制御機器，IoT機器管理サーバから構成されます． 図26の千客万来メッセンジャでは，IoTセンサがWi-Fi人感センサ，IoT制御機器はWi-Fiコンシェルジュ[チャイム担当]，センサとチャイムを制御するIoT機器管理サーバはラズベリー・パイが担います．**ラズベリー・パイがIoT機器の頭脳となり，玄関に設置した人感センサが反応したときに，室内に設置したチャイムを鳴らします．**

● IoTセンサの役割

状態変化の通知をUDPポート1024にブロードキャスト送信します． ここでは，人が来たことを感知するためにWi-Fi人感センサを使用します．これ以外に，Wi-Fiスイッチャや Wi-Fiドア開閉モニタを使用することもできます．

● IoT制御機器Wi-Fiコンシェルジェ

Wi-FiコンシェルジェはHTTPサーバ機能をもったIoT機器です．チャイム担当は，チャイム音を鳴らすこと，アナウンス担当は音声を発する役割に徹し，頭脳部は後者のIoT機器管理サーバに委ねます．

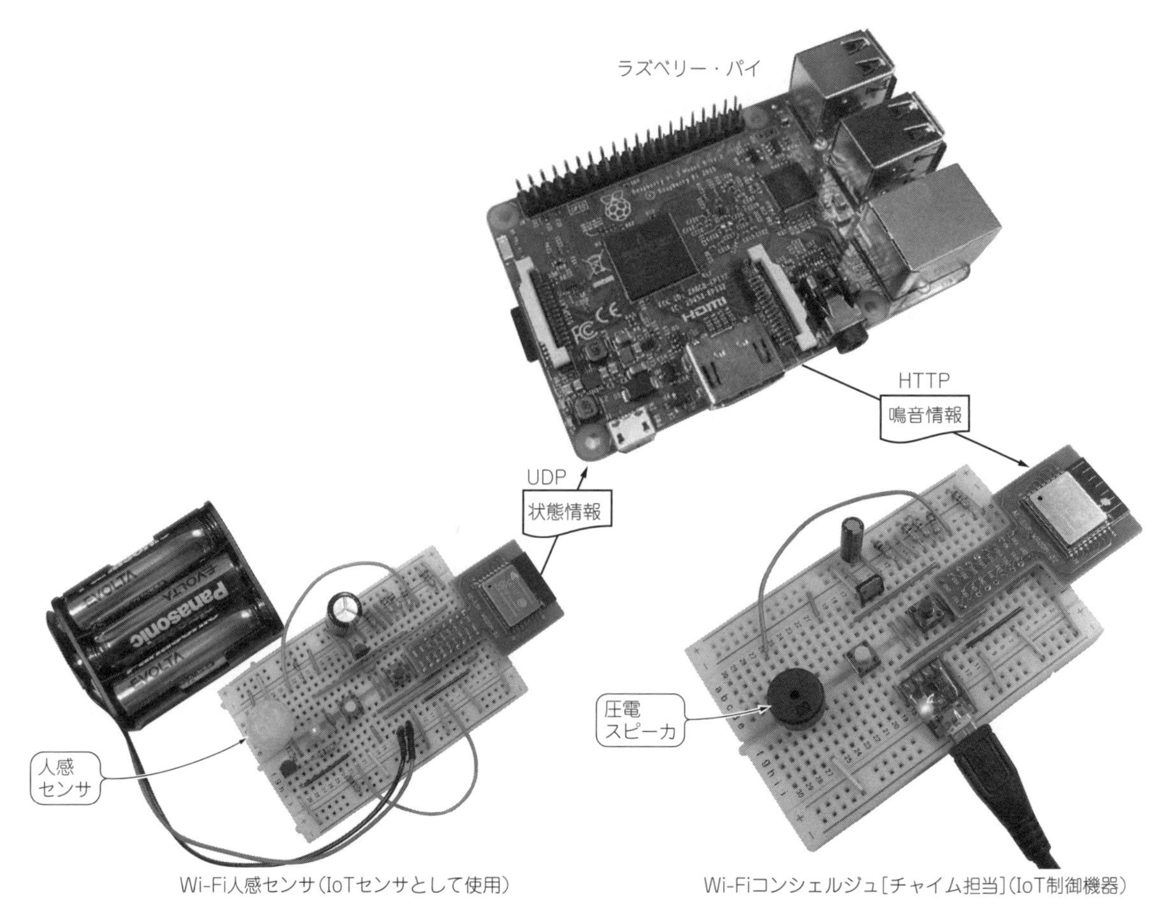

図26　機能を分けて動作実験中のようす．Wi-Fiセンサ/ラズパイなどを組み合わせた千客万来メッセンジャ
これまでに製作したWi-Fi人感センサの状態情報を受信し，Wi-Fiコンシェルジュ[チャイム担当]へ鳴音制御を行う単機能の呼鈴

● IoT機器管理サーバ

Wi-Fi人感センサが送信するUDPパケットをチャイム側で直接受信して音を鳴らすほうが構成としては簡単ですが，それだと単なるワイヤレス呼鈴です．

ここでは，将来，IoT機器管理サーバであるラズベリー・パイがさまざまなIoTセンサやIoT制御機器を総括管理することを想定しています．その展開へ向けた最小システムとして意義のある構成になっています．

「単機能の呼鈴」部分のサンプル・プログラム

● センサの情報を受けたラズパイがチャイムを制御

Wi-Fiセンサ，チャイムは，それぞれの紹介ページにあるプログラムを使用します．これらをシステムとして連携する部分をBashスクリプトで記述し，ラズベリー・パイで動作させます．

ラズベリー・パイ用単機能の呼鈴のサンプル・スクリプトserver01_bell.shを**リスト9**に，実行のようすを**図27**に示します．スクリプトは「4_server」フォルダ内に収録しています．

リスト9のスクリプト中の※マークのcase文の区間は，変数DEVの内容に応じて異なる処理を実行するための構文です．このようにcase文を用いることで，複数の種類のIoT呼鈴センサからのパケットに対し，それぞれ異なるデータ抽出方法や制御方法を記述することができます．

Wi-Fi人感センサの場合，変数DEVのデバイス名が「`pir_s_?`」に一致します．このとき，人感センサの検出値が0以外であれば，チャイムを発音するために，変数BELLへ1を代入します．

単機能呼鈴に3種のセンサに対応/音声出力機能/ログ機能を追加する

● センサを自動判別して異なった制御を行う

単機能呼鈴の機能は，単なるワイヤレス呼鈴に過ぎ

リスト9 ラズベリー・パイ用単機能の呼鈴の動作確認済みのサンプル・スクリプト server01_bell.sh

```
#!/bin/bash
# Server Example 01:玄関呼鈴システム

PORT=1024                                                   # 受信UDPポート番号を1024に
REED=1          ← Wi-Fiドア開閉センサのタイプに合わせる     # ドア・スイッチON検出=0 OFF=1
IP_BELL="192.168.0.2"  ← Wi-FiチャイムのIPアドレス          # ワイヤレスBELLのIPアドレス

echo "Server Example 01 Bell (usage: $0 port)"              # タイトル表示
if [ $# -ge 1 ]; then                                       # 入力パラメータ数の確認
    if [ $1 -ge 1024 ] && [ $1 -le 65535 ]; then            # ポート番号の範囲確認
        PORT=$1                                             # ポート番号を設定
    fi                                                      # ifの終了
fi                                                          # ifの終了
echo "Listening UDP port "$PORT"..."                        # ポート番号表示
while true; do                                              # 永遠に繰り返し
    UDP=`nc -luw0 $PORT|tr -d [:cntrl:]|\
    tr -d "\!\"\$\%\&\'\(\)\*\+\-\;\<\=\>\?\[\\\]\^\{\|\}\~"`
                                                            # UDPパケットを取得
    DATE=`date "+%Y/%m/%d %R"`                              # 日時を取得
    DEV=${UDP#,*}      ┐                                    # デバイス名を取得(前方)
    DEV=${DEV%%,*}     ┘デバイス名を抽出する                # デバイス名を取得(後方)
    echo -E $DATE, $UDP                                     # 取得日時とデータを表示
    BELL=0                                                  # 変数BELLの初期化
※  case "$DEV" in                                           # DEVの内容に応じて
        "rd_sw_"? ) DET=`echo -E $UDP|tr -d ' '|cut -d, -f2`
                    if [ $DET -eq $REED ]; then             # 応答値とREED値が同じとき
                        BELL=2                              # 変数BELLへ2を代入
                    fi
                    ;;
        "pir_s_"? ) DET=`echo -E $UDP|tr -d ' '|cut -d, -f2`
                    if [ $DET != 0 ]; then                  # 応答値が0以外の時
                        BELL=1                              # 変数BELLへ1を代入
                    fi
                    ;;
        "Ping" )    BELL=-2                                 # 変数BELLへ-2を代入
                    ;;
        "Pong" )    BELL=-1                                 # 変数BELLへ-1を代入
                    ;;
    esac
    if [ -n "$IP_BELL" ] && [ $BELL != 0 ]; then            # BELLが0でないとき
        echo -n "BELL="                                     # 「BELL=」を表示
        RES=`curl -s -m3 $IP_BELL -XPOST -d"B=$BELL"\
        |grep "<p>"|grep -v "http"\
        |cut -d'>' -f2|cut -d'<' -f1`                       # ワイヤレスBELL制御
        if [ -n "$RES" ]; then                              # 応答があった場合
            echo $RES                                       # 応答内容を表示
        else                                                # 応答が無かった場合
            echo "ERROR"                                    # ERRORを表示
        fi                                                  # ifの終了
    fi
done                                                        # 繰り返しここまで
```

ません．一般的なワイヤレス呼鈴と異なる点は，システムの拡張性です．**リスト9**の※部はセンサの種類に応じて変数BELLの値を変化させ，異なるチャイム音を発するようにしました．

● 各機器を連携させるラズベリー・パイ用Bashスクリプト

リスト10のserver02_talk.shは，音声出力機能とログ保存機能を追加したサンプル・スクリプトです．**リスト9**のserver01_bell.shを次のように拡張しました．

① Wi-Fiコンシェルジュ[アナウンス担当]のIPア

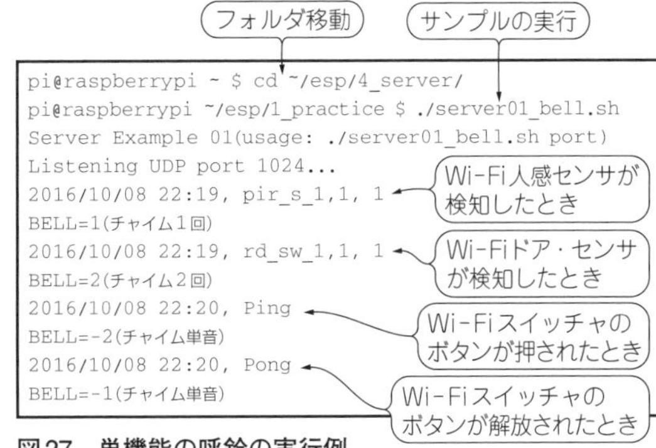

図27 単機能の呼鈴の実行例
スクリプト内に各デバイスと検出値に応じた制御内容を記述することで，Wi-Fi人感センサやWi-Fiドア・モニタ，Wi-Fiスイッチャに応じて，Wi-Fiコンシェルジュ[チャイム担当]を制御する

リスト10　各センサを連携させるラズベリー・パイ用の動作確認済みサンプル・スクリプト server02_talk.sh

```
#!/bin/bash
# Server Example 02: 玄関呼鈴システム [TALK対応版][ログ保存対応版]

PORT=1024                                          # 受信UDPポート番号を1024に
REED=1                                             # ドア・スイッチON検出=0 OFF=1
IP_BELL="192.168.0.2"  ①                           # ワイヤレスBELLのIPアドレス
IP_TALK="192.168.0.4"                              # ワイヤレスTALKのIPアドレス
                        ~~ 省略 ~~
while true; do
    UDP=`nc -luw0 $PORT|tr -d [:cntrl:]|\
    tr -d "\!\"\$\%\&\'\(\)\*\+\-\;\<\=\>\?\[\\\]\^\{\|\}\~"`
                                                   # UDPパケットを取得
    DATE=`date "+%Y/%m/%d %R"`                     # 日時を取得
    DEV=${UDP#,*}                                  # デバイス名を取得(前方)
    DEV=${DEV%%,*}                                 # デバイス名を取得(後方)
    echo -E $DATE, $UDP|tee -a log_$DEV.csv ←②    # 取得日時とデータを保存
    BELL=0                                         # 変数BELLの初期化
    TALK=""                                        # 変数TALKの初期化
    case "$DEV" in                                 # DEVの内容に応じて
        "rd_sw_"? ) DET=`echo -E $UDP|tr -d ' '|cut -d, -f2`
                    if [ $DET -eq $REED ]; then    # 応答値とREED値が同じとき
                        BELL=2                     # 変数BELLへ2を代入
                        TALK="do'aga/hirakima'_shita." ←③  # 「ドアが開きました」
                    fi
                    ;;
        "pir_s_"? ) DET=`echo -E $UDP|tr -d ' '|cut -d, -f2`
                    if [ $DET != 0 ]; then         # 応答値が0以外の時
                        BELL=1                     # 変数BELLへ1を代入
                        TALK="jinn'kannse'nnsaga/hannno-shima'_shita." ←④
                    fi
                    ;;
        "Ping" )    BELL=-2                        # 変数BELLへ-2を代入
                    ;;
        "Pong" )    BELL=-1                        # 変数BELLへ-1を代入
                    TALK="yobirinnga/osarema'_shita."
                    ;;
    esac
    if [ -n "$IP_BELL" ] && [ $BELL != 0 ]; then   # BELLが0でないとき
        echo -n "BELL="                            # 「BELL=」を表示
        RES=`curl -s -m3 $IP_BELL -XPOST -d"B=$BELL"\
        |grep "<p>"|grep -v "http"\
        |cut -d'>' -f2|cut -d'<' -f1`              # ワイヤレスBELL制御
        if [ -n "$RES" ]; then                     # 応答があった場合
            echo $RES                              # 応答内容を表示
        else                                       # 応答が無かった場合
            echo "ERROR"                           # ERRORを表示
        fi                                         # ifの終了
    fi
    if [ -n "$IP_TALK" ] && [ -n "$TALK" ]; then   # TALKが空でないとき
        echo -n "TALK="                            # 「TALK=」を表示
        RES=`curl -s -m3 $IP_TALK -XPOST -d"TEXT=$TALK"\
        |grep "<p>"|grep -v "http"\
⑤      |cut -d'>' -f2|cut -d'<' -f1`              # ワイヤレスTALK制御
        if [ -n "$RES" ]; then                     # 応答があった場合
            echo $RES                              # 応答内容を表示
        else                                       # 応答が無かった場合
            echo "ERROR"                           # ERRORを表示
        fi                                         # ifの終了
    fi
done                                               # 繰り返しここまで
```

ドレスを保存する変数IP_TALKの定義を追加しました．使用する機器に合わせて，変数IP_BELLとIP_TALKにアドレスを記述してください．使用しないIoT制御機器については「"」(ダブルコート)内のアドレスを消し，2つの「"」を残してください．

② コマンドteeを使用して，受信データをファイルとして保存します．

③ ドアが開いたときに行う処理です．変数TALKへ「ドアが開きました」を音声出力するAques Talk用コードを代入します．

④ 人感センサが反応したとき，変数TALKへ「人感センサが反応しました」の音声コードを代入します．

⑤ 変数IP_TALKにアドレスが代入されており，かつ変数TALKに音声データが代入されていた場合にWi-Fi音声出力器へ音声データを送信する処理です．cURLを用いて送信し，その応答内容を抽出して表示します．

リスト11　千客万来メッセンジャのラズベリー・パイ用動作確認済みスクリプトserver03_mail.sh

```
#!/bin/bash
# Server Example 03: 玄関呼鈴システム [TALK対応版][ログ保存対応版][MAIL対応版]
~~ 省略 ~~
MAILTO="abcdef@xxx.jp" ←⑥
                                        ~~ 省略 ~~
while true; do
                                        ~~ 省略 ~~
    MAIL=""                                             # 変数MAILの初期化
    case "$DEV" in                                      # DEVの内容に応じて
                                        ~~ 省略 ~~
        "pir_s_"? ) DET=`echo -E $UDP|tr -d ' '|cut -d, -f2`
                    if [ $DET != 0 ]; then              # 応答値が0以外の時
                        BELL=1                          # 変数BELLへ1を代入
                        TALK="jinn'kannse'nnsaga/hannno-shima'_shita."
                        MAIL="人感センサが反応しました. " ←⑦
                    fi
                    ;;
                                        ~~ 省略 ~~
    esac
                                        ~~ 省略 ~~
    if [ -n "$MAIL" ]; then                             # MAILが空でないとき
⑧       echo -e $UDP | mutt -s $MAIL $MAILTO            # メール送信の実行
    fi
done                                                    # 繰り返しここまで
```

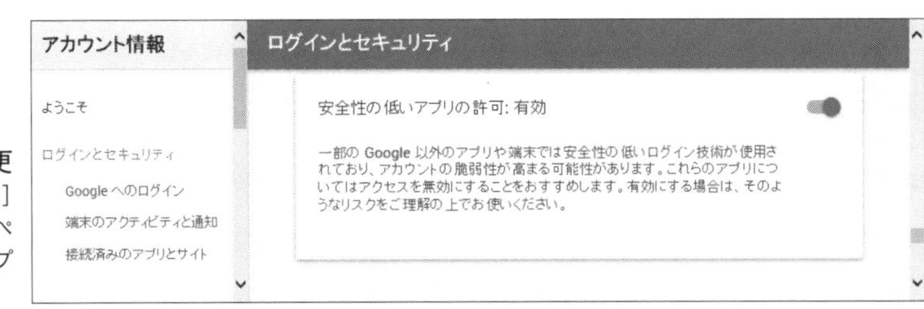

図28　Gmailのセキュリティの設定変更
Googleへログインし，[アカウント情報]→[ログインとセキュリティ]を選択し，ページの下のほうにある[安全性の低いアプリの許可]を有効にする

この⑤のように各種の条件に応じたIoT制御機器への制御機能を追加することで，さまざまなWi-Fiセンサから得た情報に基づいて，機器を制御することができます.

通知メール「人感センサが反応しました」を送信する

● メール送信機能を追加する

リスト2 server02_talk.shにメール送信機能を追加したserver03_mail.shを**リスト11**に示します．千客万来メッセンジャの完成形のスクリプトです.

以下に，追加したメール送信部について説明します.

⑥ 変数MAILTOに送信先のメール・アドレスを代入します.
⑦ 変数MAILにメールの件名となる文字列を代入します.
⑧ 変数MAILに文字列が代入されている場合，メール送信クライアントMuttを使ってメール送信を実行します.

千客万来メッセンジャのラズベリー・パイ用の動作確認済みスクリプトserver03_mail.shを実行するには，ラズベリー・パイにsSMTPとMuttをインストールしておきます．「tools」フォルダ内の「gmail_setup.sh」と，Gmailのアカウントを使えば，簡単にラズベリー・パイにセットアップすることができます．手動で設定することもできますが，メールや使用するメール・サーバに関する知識や情報が必要です．ここでは，ラズベリー・パイとGmailの組み合わせで実験するのが簡単でしょう.

LXTerminalから「cd~/esp/tool」と「./gmail_setup.sh」を実行し，Gmailアカウントとパスワードを入力してください．パスワードは平文のままラズベリー・パイ内の「/etc/ssmtp/ssmtp.conf」に保存されます．Muttからメールを送信するには，Googleのセキュリティ設定が必要です．WebブラウザでGoogleへログインし，アカウント情報内のセキュリティ設定を変更してください(**図28**).

第8章 ネットワーク頭脳 IoTシステム製作 モバイル編&実用編

6 ジャングルや孤島でも…モバイル回線対応・見守りシステム
7 Wi-Fiとモバイル回線を橋渡しするIoTルータ
8 24時間防犯カメラマン 9 ホーム・オートメーション・システム
10 IFTTTでクラウド連携

国野 亘 Wataru Kunino

本章では，第7章で紹介した具体的なIoTシステムを応用し，より本格的なシステムへと展開します．
見守りシステムと，IoTルータは，家庭内の情報を外部と連携する実用的なシステムです．モバイル回線を使用すれば，インターネット環境の無い遠隔地に居住する家族の生活状況を見守ることもできます．
自宅向けのシステムとしては，玄関のようすを撮影しメールで送信する24時間防犯カメラマンと，エアコンなどの家電機器を自動制御するホーム・オートメーション・システムを紹介します．
これらの製作例を参考に，自分だけのIoTシステムへと進化させることもできるでしょう．

モバイル対応システム製作 6 モバイル回線対応・見守りシステム

● IoTに特化したデータ通信サービスSORACOM

機器を設置する場所に，固定インターネット回線が引かれていない場合を想定し，**IoT向けデータ通信サービス SORACOM Air**を使い，ラズベリー・パイをインターネットへ接続する方法を説明します．

SORACOM Airは，ソラコム社がIoT向けに行っているモバイル・インターネット通信サービスです．データ量が少ないIoTの特徴を考慮し，従量料金制が採用されているほか，解約金を不要にした点，SIMカードの管理をクラウド上で可能にした点などが特徴です．NTTドコモの3GとLTE通信のインフラを使用しているので，サービス・エリアが広いことも特徴の1つです．

AK-020 SORACOMスタータ・キットは，Amazonで販売されている3G用の通信端末AK-020とSIMカード，クーポン券のセット商品です．購入したら，SORACOMのWebサイト(`https://soracom.jp/setup`)でユーザ登録とクレジット・カードの登録，SIMカードの設定を行います．また，パソコンなどで，一度，動作確認を行っておいたほうが良いでしょう．ただし，通信データ量が少ない場合は割安ですが，データ量が多いと高額な通信料が発生します．動作確認を終えたら取り外し，意図しない通信料の発生を防ぎましょう．

● BitTradeOne製Apple Piを使って簡単に製作

ハードウェアの製作を省略するには，BitTradeOne製のApple Piを購入するのがもっとも手軽です．製作例を**写真1**に示します．Apple Pi上の温湿度センサは，ラズベリー・パイの発熱による影響を受け易い点に注意する必要があります．ラズベリー・パイ ZEROであれば，基板背面にヒートシンクを追加することで，発熱による影響を低減することができます．

Apple Piには，リモコン送信，タクト・スイッチ，LED，オーディオ出力などの機能も装備されています．本稿を基にしてさまざまな機能拡張を行うことも可能です．自分だけの見守りシステムの構築に挑戦してみてはいかがでしょう．

本稿で行った実験後に，Apple Piの実験を行う場合は，I²Cを制御するソフトウェアの違いにより，ラズベリー・パイの再起動が必要になることがあります．

見守りシステムの概要

● 初期費用や月額を抑えて手軽に製作

あまり聞きなれないかもしれませんが，高齢者を見守るサービスは，15年以上前から実用化され，すでに活用されています(**表1**)．

表1 見守りサービスの一例
象印マホービンは2001年3月にi-PoTを発売.同社が提供する「みまもりほっとライン」の契約数は，1万件を超えている．また，シャープは同社のテレビへ，セコムもホーム・セキュリティ・システムに搭載するなど，別宅に居住する高齢者を見守るシステムの実用化が進んでいる

事業者	サービス名	開始時期	対象機器
象印マホービン	みまもりホットライン	2001年3月	ポット
シャープ	見守りサービス	2010年10月	テレビ
セコム	高齢者見守りサービス	2015年10月	防犯システム

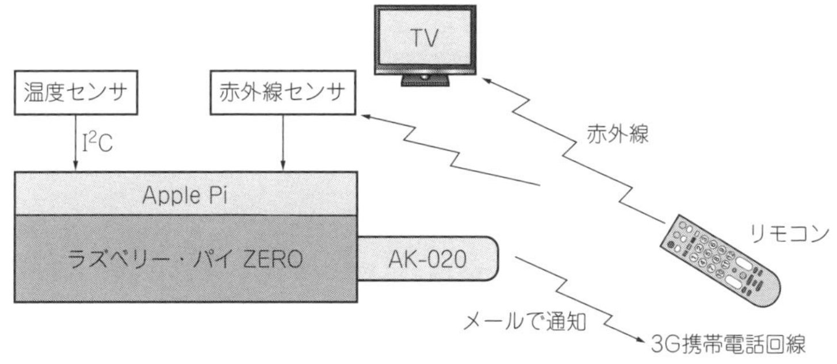

図1 I/Oコンピュータ「ラズベリー・パイ」とIoT実験ボードApple Piと3G通信モジュールを組み合わせて今どきのIoT見守りシステムを製作
ラズベリー・パイZEROにトランジスタ技術2016年8月号付録基板で作ったIoT実験ボードApple Piをつなぎ，I²C接続の温度センサと赤外線センサで，室温とテレビ用リモコンの利用状況を3Gの携帯電話回線経由のメールで通知する

ここでは，**表1**に似たような見守りシステムを，安価な機器やサービスを使って試作します．

図1，**写真1**のような見守りシステムを試作しました．主要な機器構成は，**写真2**に示すラズベリー・パイとApple Pi，AK-020 SORACOMスタータ・キットです．

これらの組み合わせにより，初期費用や月額を控えた見守りシステムの構築が可能になりました．

● 赤外線リモコン信号と室温を監視

今回，製作したシステムの要件は以下のとおりです．テレビなどのリモコン信号を監視し，およそ4時間以上リモコン操作が行われなかった場合や，室温が35℃を超えたときに，通知メールを自動送信します．

▶ハードウェア要件

①I/Oコンピュータ ラズベリー・パイ を使用する
②温度センサと，赤外線リモコン受光モジュール，LCD表示器を使用する
③LANまたはSORACOM用3Gデータ通信端末AK-020を利用したインターネット接続機能

▶ソフトウェア機能に対する要件

①約4時間以上リモコン信号が受信されなかった場合，通知メールを送信する
②室温が35℃を超えたときに通知メールを送信する
③状態に変化がなければ，通知メールの送信を10分毎に行い続ける
④夜間21時から翌朝7時までは(リモコン操作を行わないので)，①～③に関わらずメール送信を行わない
⑤システムが正常に稼働していることを知らせるために，午前9時に状況メールを送信する
⑥メール送信時に，送信事由，送信日時，室温，最後に受信したリモコン・コード情報を含める

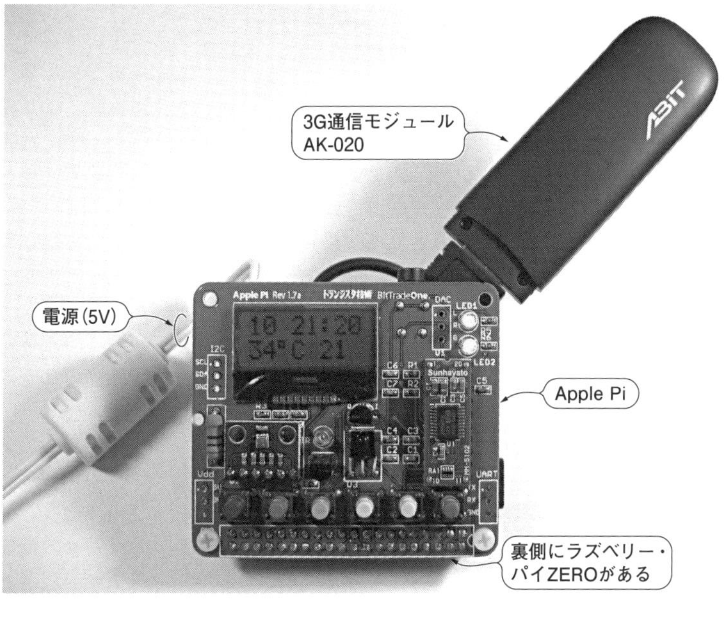

3G通信モジュール AK-020
電源(5V)
Apple Pi
裏側にラズベリー・パイZEROがある

写真1 モバイル回線対応・見守りシステム
IoTの技術を応用して，低価格なネットワーク対応のマイコン・ボードと，月額を抑えたインターネット接続サービスを利用して，初期費用や月額を控えた見守りシステムの構築を目指す
リビングに設置し，21時から翌朝7時までを除き，赤外リモコンの信号を4時間受信しない場合や室温が35℃以上のときに通知メールを送信する

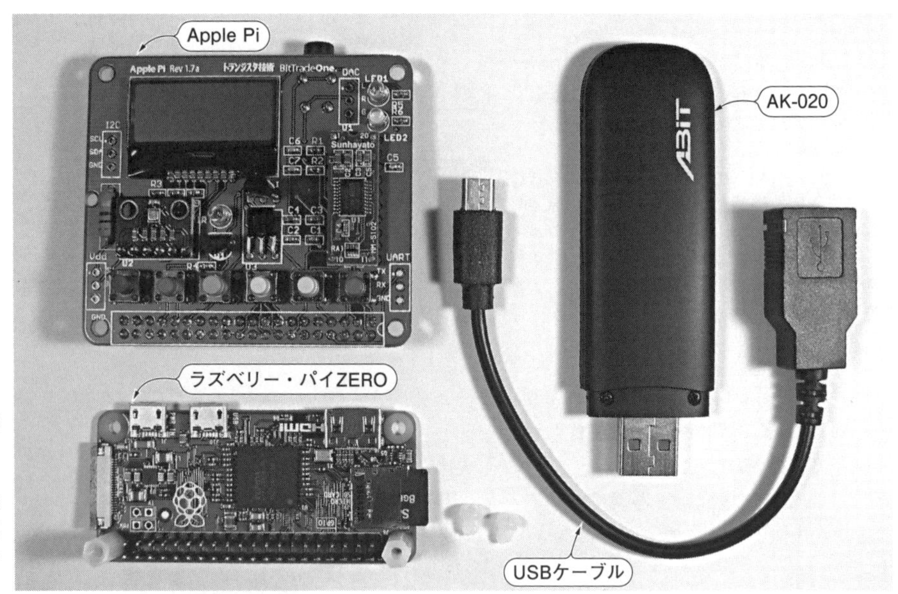

写真2 IoT見守りシステムの主要な機器
試作にはラズベリー・パイZERO, Apple Pi, AK-020 SORACOMスターター・キットを使用した. ラズベリー・パイ ZEROのMicro USB端子とABiT製3GモデムAK-020との接続には変換ケーブルが必要

見守りシステムの製作

■ STEP1 ラズベリー・パイ用のソフトウェアをダウンロードする

● 内蔵の温度センサで測定する

ソフトウェアは, 筆者が作成したものをダウンロードして使用します. ラズベリー・パイ(本稿ではRaspbian OSを使用)でLXTerminalを開き, 以下のコマンドを入力してください.

```
$ cd ↵
$ git␣clone␣https://github.com/bokunimowakaru/RaspberryPi.git ↵
$ cd␣RaspberryPi/gpio ↵
$ make ↵
```

以上の操作を行うと, 各種の実行ファイルが作成されます. 例えば, `raspi_temp` はラズベリー・パイ内蔵の温度センサを使って温度を取得する実行ファイルです. 以下のように入力すると温度が得られます.

```
$ ./raspi_temp ↵
```

プログラムは, 拡張子に「c」がついたファイルです. 例えば, `raspi_temp.c`をテキスト・エディタ(Leaf Pad)で開くと表示することができます. プログラム内の「`TEMPERATURE_OFFSET`」は, 内蔵温度センサから取得した温度値を減算補正するための値です. 適切な温度を得るには調整が必要です. 値を変更して保存したら, 再度, 「`make↵`」を入力して, 実行ファイルを作り直してください.

■ STEP2 I²Cインターフェースを搭載した温度センサを接続する

● より正確な温度を測定するには

ラズベリー・パイ内蔵の温度センサを使った場合は, プロセッサの負荷によって内部の温度上昇が大きく変化するため, 正確な値を得ることができません. そこで, **写真3**のようにI²Cインターフェースを搭載した温度センサをラズベリー・パイに接続して, より高い精度の温度を測定します. ここでは**表3**に記載したセンサを使用します.

I²Cインターフェースを持つデバイスとラズベリー・パイとの通信は, SDAとSCLの2本の信号で行われます. これらの信号線にはプルアップ抵抗が必要ですが, ラズベリー・パイ側や各種センサ・モジュール側でプルアップされているので, 新たに追加する必要はありません.

センサ・デバイスに, I²Cアドレス設定ピンや, 省電力設定ピンなどがある場合は, それらの設定ピンを電源かGNDに接続して設定する必要があります. これらもあらかじめモジュール上で設定されている場合がほとんどです. はんだジャンパなどでI²Cアドレスの設定が必要なモジュールは, **表2**の値となるように設定してください. 省電力設定ピンは解除しておきます. 解除するときの論理はデバイスによって異なります.

ラズベリー・パイとセンサ・デバイスとの接続が完了したら, **表2**の「センサ値の取得コマンド」に「./」を付与して以下のコマンドを実行してください(下記の「bme280」の部分はセンサによって異なる). それぞれのセンサの機能に応じて, 温度, 湿度, 気圧の順に取得値が表示されます.

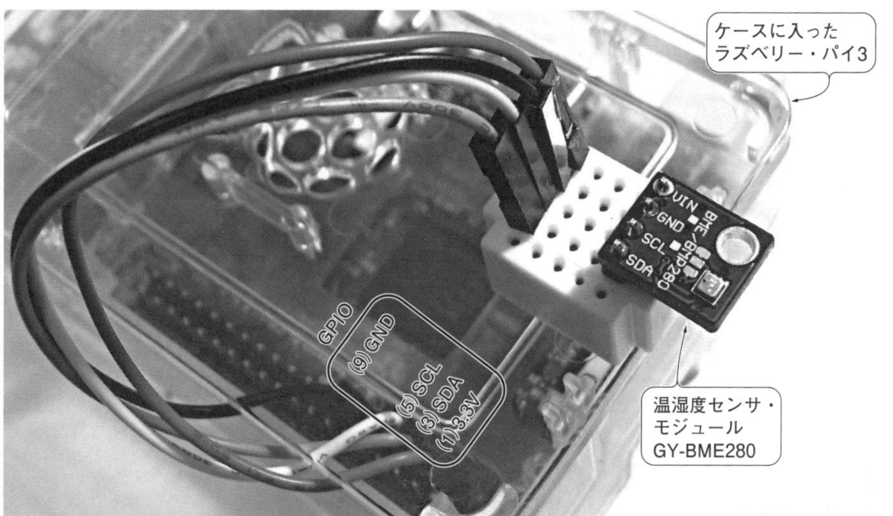

写真3 I²C温湿度センサ・モジュールBME280（BOSCH）をラズベリー・パイ3に接続した
温度・湿度・気圧の測定が可能なセンサ・モジュールGY-BME280をラズベリー・パイの拡張IO端子へ接続する．I²C信号のSDAをラズベリー・パイの3番ピンへ，SCLを5番ピンへ接続

```
$ ./raspi_bme280 ⏎
28.30 35.66 987.81(取得値)
```

通信エラーが発生した場合は，再実行してください．それでもエラーが出る場合は，一度，ラズベリー・パイをシャットダウンし，ACアダプタを抜いてリセットしてみます．動作が不安定な場合は，デバイスの電源にパスコンを追加してみたり，プルアップ抵抗を追加するなどの対策を行います．

● STEP3 赤外線リモコン受信モジュールと小型LCD表示器モジュールをラズベリー・パイに接続

写真4のように，赤外リモコン受信モジュール（シャープ製GP1UXC41QS）と小型液晶モジュール（秋月

Column 試作検討には'3'仕上げは'ZERO'

ハードウェア要件の1つ，ラズベリー・パイ（ラズベリーパイ）は，英国ラズベリーパイ財団が開発した安価なシングル・ボード・コンピュータです．クレジット・カードとほぼ同じ小さな基板にも関わらず，USBキーボードとUSBマウス，そしてテレビもしくはPC用モニタ（ディスプレイ）等に接続することで，学習用パソコンとして使用することができます．学習用といっても，インターネット閲覧やビデオ再生，ワープロ，表計算，ゲームといった処理を実行する能力をもっています．

執筆時点で販売されているラズベリー・パイのうち，システム開発用に適しているのは2016年3月に発売されたラズベリー・パイ 3 Model Bです．64ビットのARMv8プロセッサCortex-A53 Quad Core 1.2 GHzを搭載し，またWi-FiやBluetoothも搭載しているなど，高い処理能力と充実した機能が実装されています．しかし，消費電力や発熱も大きい点で，今回の見守り用IoT機器の実運用に相応しいとは言えません．

見守りIoTに向いているのは，ラズベリー・パイZeroです．しかし，CPUの速度が遅く，そのままではキーボードやマウスが接続できない上，LANや無線LANもありません．従って，システム開発についてはラズベリー・パイ 3を使用し，実運用の段階でラズベリー・パイ ZEROへ移行すると良いでしょう．

表Aは，ラズベリー・パイ3Bとラズベリー・パイZeroの機能を比較したものです．

表A 本稿で使用するラズベリー・パイの仕様
開発にはラズベリー・パイ 3 を使用すると効率的だが，消費電力や本体発熱が大きい欠点もある．ラズベリー・パイ Zeroは，パフォーマンスや機能は低いが，低価格で低消費電力なので実運用に適している

用途	コンピュータ	プロセッサ	RAM	Wi-Fi	USB	電源	電力
開発用	ラズベリー・パイ 3 Model B	64ビット，Cortex-A53 Quad Core, 1.2 GHz	1 GB	○	4ポート	7 W	1.4 W
運用時	ラズベリー・パイ Zero	32ビット，ARM1176JZF-S, 1 GHz	512 MB	×	Micro 1ポート	0.7 W	0.4 W

表2　本稿で使用可能な温度(湿度・気圧)センサの一例
各種の温度センサの比較表．今回の要件では温度だけが測定できれば良い．しかし，湿度についても熱中症などに影響するので，拡張性を考えると湿度も測れるセンサが良い．なお，Apple Piには温度・湿度・気圧の測定が可能なBME280(BOSCH)が実装されているが，ラズベリー・パイの発熱の影響を受けやすいので，熱対策が必要

インターフェース	メーカ名	型名	温度	湿度	気圧	参考価格［円］	センサ値の取得コマンド	アドレス	備　考
−	Broadcom	CPU内蔵	△	×	×	−	raspi_temp	−	目的が異なる．室温測定に適さない
I²C	Aosong	AM2320	○	○	×	600	raspi_am2320	0x5C	中国メーカ製の格安モジュール
I²C	BOSCH	BME280	○	○	○	1,080	raspi_bme280	0x76	温度，湿度，気圧のすべてが測れる
I²C	STマイクロエレクトロニクス	LPS25H	○	×	○	600	raspi_lps25h	0x5D	高精度の気圧センサ・デバイス
I²C	STマイクロエレクトロニクス	STTS751	○	×	×	100	raspi_stts751	0x39	高精度の温度単体センサ・デバイス
I²C	TI	HDC1000	○	○	×	680	raspi_hdc1000	0x40	高精度の温湿度センサ・デバイス

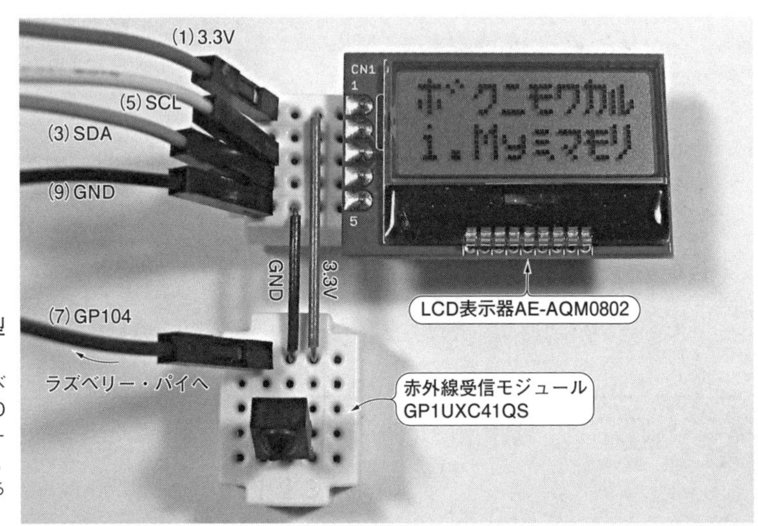

写真4　リモコン受信モジュールと小型LCD表示器の配線例
リモコン受信モジュールの1番ピンをラズベリー・パイの拡張IOポートの7番ピン(GPIO 4)に接続．また，小型LCD表示器モジュールの4番ピンを拡張IOの3番ピン(SDA)に，3番ピンを5番ピン(SCL)に接続する．どちらも電源は3.3 V

電子通商製AE-AQM0802)をラズベリー・パイに接続します(**図2**)．

赤外線リモコン信号を受信するには「raspi_ir_in」命令を使用します．命令の後にスペースを空け，ポート番号の「4」を入力し，「⏎」で実行します．赤外線リモコンを操作すると，受信したコードが表示されます．受信強度が弱いと，データに誤りや欠落が発生します．赤外線リモコンによっては，うまく受信できないものがあります．その場合は，命令の後のポート番号のオプションに続けて，スペースと0～2の数字を付与してください(0：家製協AEHA方式，1：NEC方式，2：SONY SIRC方式)．

```
$ ./raspi_ir_in␣4 ⏎
AA 5A 8F 12 16 D1 (受信結果)
$ ./raspi_ir_in␣4␣0 ⏎
AA 5A 8F 12 16 D1 (受信結果)
```

LCD表示器に文字を表示するには「raspi_lcd」命令を使用します．ただし，LCD表示器のロットによっては，ACKをラズベリー・パイへ応答できない不具合があります．エラーが発生するときは，命令の後に「-i」のオプションを付与してください(LCD表示器からのACKを無視するオプション)．Apple PiにはバッファICが追加されているので，オプション「-i」は不要です．

```
$ ./raspi_lcd␣"ボクニモワカルi.Myミマモリ" ⏎
$ ./raspi_lcd␣-i␣"エラーヲ カイヒ" ⏎
```

■ 見守りシステム i.MyMimamori Piのソフトウェア

● SORACOM Airの設定

通信端末AK-020をラズベリー・パイに接続し，下記のコマンドを実行してください．通信端末AK-020を動かすために必要なソフトのインストールと設定ファイルの作成が行われます．

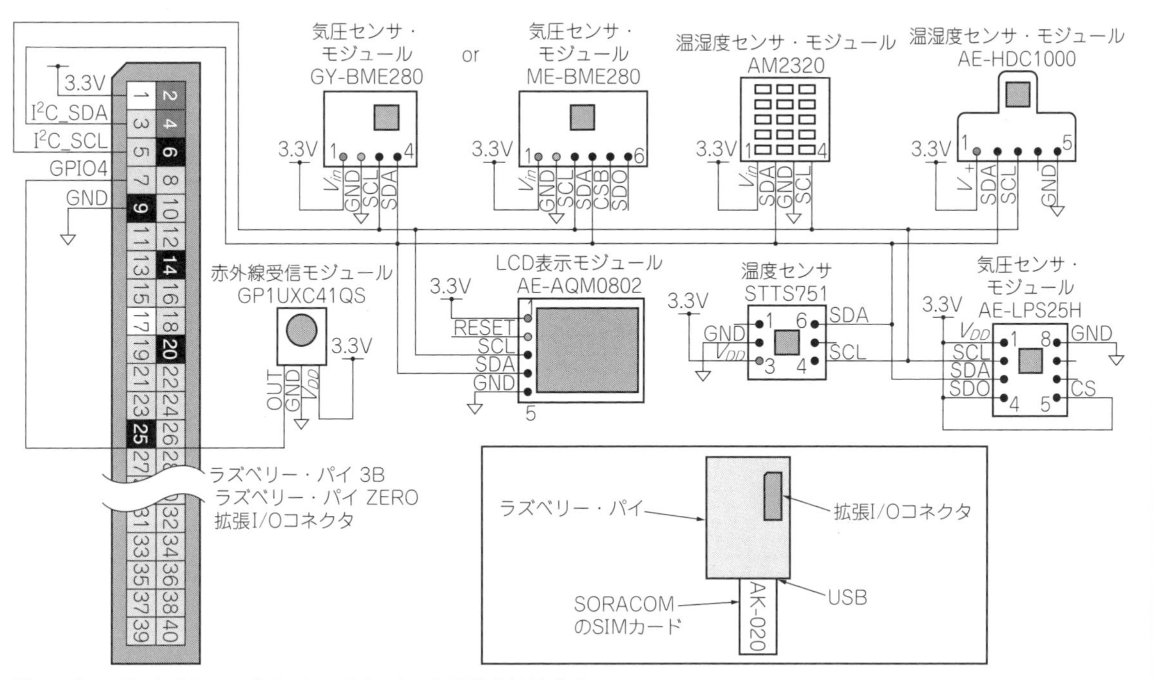

図2 I²Cでラズベリー・パイにセンサとLCD表示器を接続する
各種I²Cインターフェースのワンチップ・センサICとLCD表示器，赤外線リモコン受光モジュールをラズベリー・パイに接続する．ワンチップ・センサICは，6種類のセンサの中から，いずれか1つを接続する．必要に応じてパスコンやプルアップ抵抗を追加する

```
$ cd␣~/RaspberryPi/network/soracom ↵
$ sudo␣./soracom_setupAK020.sh ↵
```

続けて，下記のコマンドを実行するとSORACOM Airによる3G通信を開始します．10秒ほど待って，AK-020の緑色のLEDが0.5秒間隔で点滅すれば接続成功です．SORACOM Airの通信を停止するには同じコマンドに「stop」を付与します．

```
$ ./soracom␣start ↵
```

●通知用メールアドレスGmailの設定

本システム用のソフトウェアは，**リスト1**のようにBashのシェル・スクリプトで作成しました．

メールの送信はプログラム中の⑥の部分でMuttというソフトウェアを使って行われます．また，メールの送信にはメール・サーバを利用する必要があります．ここでは，GoogleのGmailアカウントを使ってメールを送信するように設定しています．次のコマンドを実行すると，ラズベリー・パイにsSMTPとMuttがインストールされ，Gmailの設定が行われます．

```
$ cd␣~/RaspberryPi/network/i.myMimamoriPi/ ↵
$ ./setup.sh ↵
```

実行後，Gmailアカウントとパスワードを入力してください．パスワードは平文のままラズベリー・パイ内の「/etc/ssmtp/ssmtp.conf」に保存されます．また，Muttからメールを送信するには，**図3**のGmailのセキュリティの設定変更も必要です．

次に，**リスト1**(i.MyMimamoriPi.sh)をLeaf Pad(テキスト・エディタ)開き，①の部分にメールの送信先を記入します．宛て先は，Gmailである必要はありません．保存後，以下のコマンドを入力して，**リスト1**を実行し，動作を確認してみましょう．正しく動作すれば，**図4**のような結果が表示されます．停止するには「Ctrl」キーを押しながら「C」キーを押下します．

```
$ ./i.MyMimamoriPi.sh ↵
```

i.MyMimamoriPiを起動するときに「〉ファイル名」を付与するとログをファイルとして保存することができます．また，「&」を付けるとバックグラウンドで実行することができます．見守り通知メールを送信する時に，LANや無線LANが接続されておらず，AK-020が接続されていれば，自動的にSORACOM Airの通信を開始し，送信終了後に通信を切断します．

```
$ ./soracom␣stop ↵
$ ./i.MyMimamoriPi.sh〉 log.txt & ↵
```

リスト1　i.MyMimamori.sh

見守りシステム用プログラム．TVリモコンの利用が4時間以上ない場合や，室温が35℃以上の場合に，通知メールを送信する

```
#!/bin/bash
MAILTO="xxxx@xxx.xxx.jp"  ←①ここにメールの宛先アドレスを記入する(Gmail以外でも可)   # メール送信先
TEMP_OFFSET=0 #(℃)                                          # 内部温度上昇補正
MONITOR_START=7 #(時)                                       # 監視開始時刻
MONITOR_END=21 #(時)                                        # 監視終了時刻
REPORT_TIME=9 #(時)                                         # メール送信時刻
REPORT_STAT=0                                               # メール送信状態
ALLOWED_TERM=4 #(時間)  ←②4時間～22時間の値を設定する．リモコンの使用状況に合わせて調整する   # 警報指定時間(22以下)
ALLOWED_TEMP=35 #(℃)   ←③設置場所に合わせて調整する．システムの内部温度上昇分も考慮する   # 警報指定温度

# 初期化
echo "i.myMimamoriPi"                                       # タイトル表示
PID=`ps -eo pid,cmd|awk '/.*sub_i.MyMir.sh$/{print$1}'`     # 子プロセスのID確認
kill ${PID} >& /dev/null                                    # 子プロセス停止
sleep 0.1                                                   # 停止待ち
PID=`pidof raspi_ir_in`                                     # 子プロセスのID確認
kill ${PID} >& /dev/null                                    # 赤外線受信停止
./sub_i.MyMir.sh &  ←④赤外線リモコン受信用の子プロセスの実行   # 赤外線受信の開始
# 監視処理
while true;do                                               # ループ処理の開始
    # データ取得処理
    time=`date +%d" "%H:%M`                                 # 時刻を変数timeへ
    hour=`echo $time|cut -c4-5`                             # 「時」をhourへ
    if [ ${hour:0:1} = 0 ]; then hour=${hour:1:1}; fi       # 先頭0を削除
    min=`echo $time|cut -c7-8`                              # 「分」をminへ
    temp=`../../gpio/raspi_bme280|cut -d"." -f1`            # BOSCH BME280使用時
    ((temp -= TEMP_OFFSET))                                 # 温度の補正
    IR=`tail -1 ir.txt|cut -c4-5`                           # 赤外線の操作を取得
    if [ ${IR:0:1} = 0 ]; then IR=${IR:1:1}; fi             # 先頭0を削除
    echo -n "[Mi] Time="${time}", "                         # 動作表示(時刻)
    echo "Temperature="${temp}", IR="${IR}                  # 動作表示(温度)
    ../../gpio/raspi_lcd -i ${time}${temp}°C ${IR}          # 液晶へ表示
    # 10分ごとの処理
    if [ ${min:1:1} = 0 ]; then                             # 分の下桁が0のとき
        # 判定処理
        mes=0                                               # メッセージ初期化
        if [ ${hour} = 0 ]; then REPORT_STAT=0; fi          # メール状態の解除
        if [ ${hour} = $REPORT_TIME -a $REPORT_STAT = 0 ]; then   # メール送信時刻検出
            mes="現在の状態のお知らせ"                          # 送信メッセージ
            REPORT_STAT=1                                   # 送信済に設定
        fi
        ((trig = hour - IR))                                # 経過時間を計算
        if [ ${trig} -lt 0 ]; then ((trig += 24)); fi       # マイナス時の処理
        if [ ${hour} -ge $MONITOR_START -a ${hour} -le $MONITOR_END ]; then
            if [ ${trig} -ge $ALLOWED_TERM ];then mes="長時間，操作がありません";fi
            if [ ${temp} -ge $ALLOWED_TEMP ];then mes="室温が高くなっています";fi
        fi                                                  # 警告状態の判定処理
        # 通知処理
        if [ ${mes} != 0 ]; then                            # 警告がある時
            PING=`ping -c1 -W0 google.com|tr -d '¥n'|¥
                awk -F'time=' '{print $2}'|cut -d' ' -f1`   # PING確認
            if [ -z ${PING} ]; then                         # 応答が無かった時
                ../soracom/soracom start  ←⑤3Gモデムの接続処理   # SORACOM接続
            fi
            echo "[Mi] Message="${mes}                      # 動作表示(警告)
            text="Date,Time="${time}"¥nTemperature="${temp}"℃¥nIR="`tail -1 ir.txt`
            if [ ${trig} -ge 3 ]; then                      # 3時間以上のとき
            text=${text}"¥n最後にリモコンを操作してから"${trig}"時間が経過しました"
            fi
            echo -e ${text}                                 # 動作表示(メール)
            echo -e ${text} | mutt -s ${mes} $MAILTO  ←⑥メールの送信処理   # メール送信の実行
            WVDIAL=`pidof wvdial`                           # SORACOM確認
            if [ ${WVDIAL} ]; then                          # SORACOM接続中の時
                sudo ../soracom/soracom stop                # SORACOM切断
            fi
        fi
    fi
    # 待機処理(分表示が変わるまで待機する)
    min2=`date +%M`                                         # 現在の分を取得
    while [ ${min} = ${min2} ]; do                          # 変化が無ければ，
        sleep 1                                             # 1秒間スリープし，
        min2=`date +%M`                                     # 分を再取得
    done                                                    # 繰り返し(スリープ)
done                                                        # 繰り返し(監視処理)
```

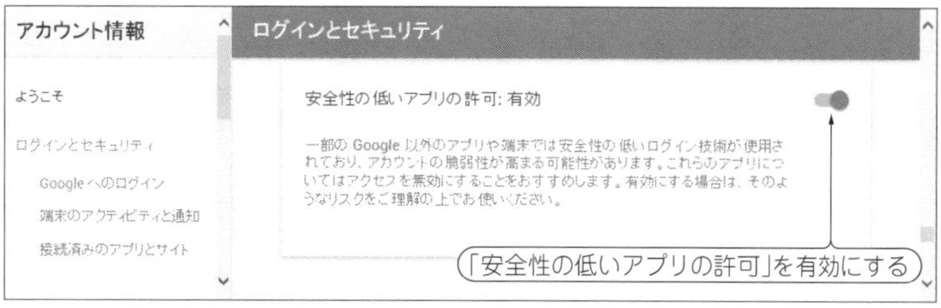

アカウント情報
ようこそ
ログインとセキュリティ
Googleへのログイン
端末のアクティビティと通知
接続済みのアプリとサイト

ログインとセキュリティ
安全性の低いアプリの許可: 有効
一部の Google 以外のアプリや端末では安全性の低いログイン技術が使用されており、アカウントの脆弱性が高まる可能性があります。これらのアプリについてはアクセスを無効にすることをおすすめします。有効にする場合は、そのようなリスクをご理解の上でお使いください。
「安全性の低いアプリの許可」を有効にする

図3　Gmailのセキュリティの設定変更
Googleへログインし，「アカウント情報」→「ログインとセキュリティ」を選択し，ページの下のほうにある「安全性の低いアプリの許可」を有効にする

コンパクトなラズベリー・パイ ZEROで製作

●ラズベリー・パイ3で試作，ZEROで仕上げ

ブレッドボード上で動作確認ができたら，ユニバーサル基板やApple Pi用プリント基板に部品をはんだ付けし，拡張ボードを作成します．**写真5**はプリント基板に部品を実装し，ラズベリー・パイ 3に装着した例です．Apple Pi基板上にNXP製PCA9515Aを実装することで，I²Cで安定して通信できますが，この部品を入手しにくい場合は，**写真6**のように省略することも可能です．

トランジスタ技術2016年8月号付録のプリント基板

```
pi@raspberrypi ?/RaspberryPi/network/i.myMimamoriPi
 $ ./i.MyMimamoriPi.sh?  ← 入力
[Mi] Time=10 13:47, Temperature=31, IR=13
[Mi] Time=10 13:48, Temperature=31, IR=13
[Mi] Time=10 13:49, Temperature=30, IR=13   ← 1分毎に表示される
[IR] 10 13:49, AA 5A 8F 12 16 D1   ← リモコン受信時に表示される
```

図4　プログラム動作確認のようす
実行すると1分ごとに日付(日のみ)，時刻，温度，最終リモコン受信時刻(時のみ)を表示する．リモコン受信時には，受信したコードを表示する

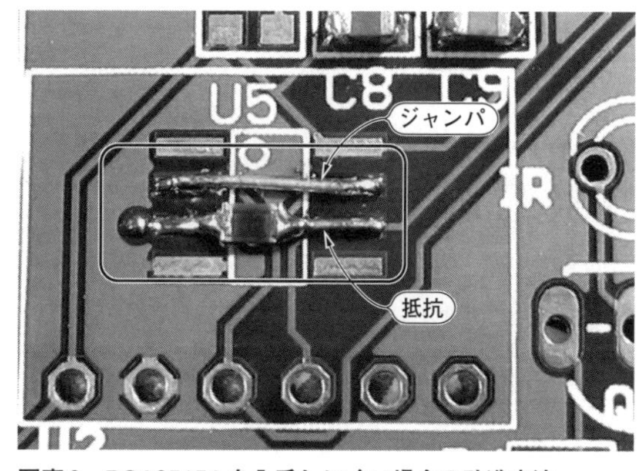

写真6　PCA9515Aを入手しにくい場合の改造方法
ジャンパ抵抗(0Ω)とジャンパ線でI²C信号を直結したときのようす．本稿で使用するLCD表示器モジュールAE-AQM0802は，ACKを無視すれば表示が可能．他のセンサ・デバイスについては，問題なく動作している

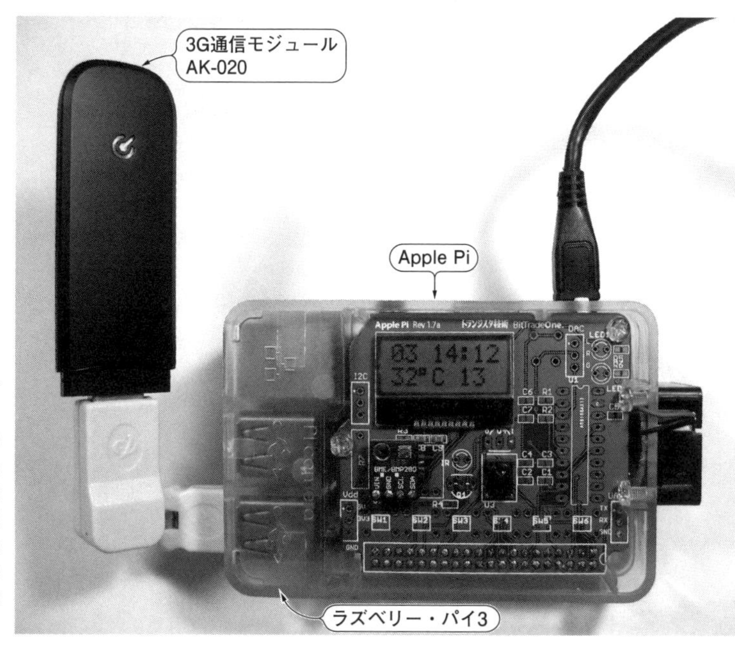

写真5　試作したi.MyMimamori Piシステムの一例
トランジスタ技術2016年8月号に付属のApple Pi用プリント基板を利用して製作した機器の一例．本稿で使用するセンサBME280と赤外線リモコン受信モジュール，小型LCD表示器を実装．またケースに入れるために基板の周囲の一部を削った．内部温度の上昇を低減のため，右側には冷却ファンを取り付けた

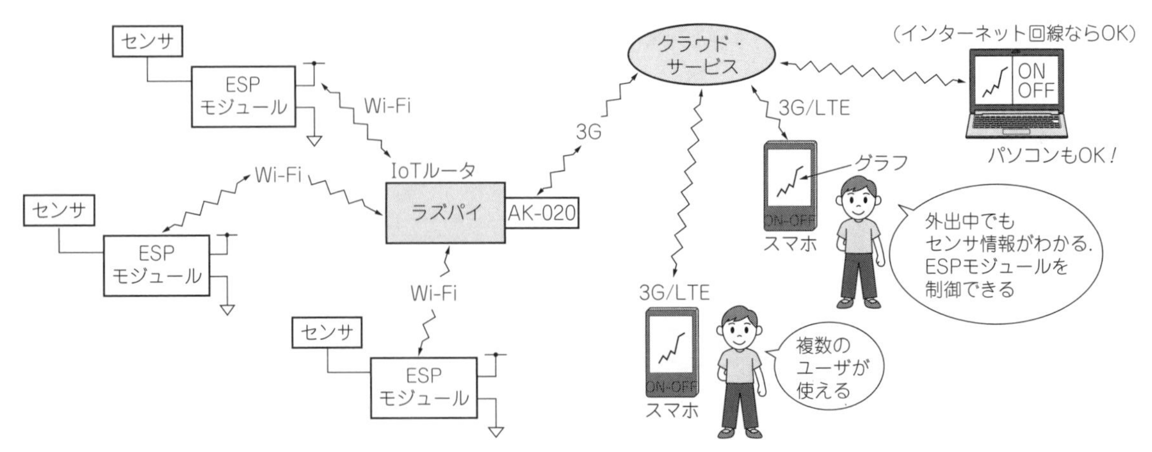

図5　IoTルータの動作のようす
ラズベリー・パイ3と3G携帯電話回線モジュールAK-020を使って，Wi-Fi通信で接続したESPモジュールのデータを，AK-020で3G携帯電話回線経由でインターネット橋渡しする

を使った実験では，ラズベリー・パイの発熱が温度センサに影響する課題があります．筆者は，冷却ファンを取り付けて低減を図りました．しかし，ファンによる消費電力の増大やファンの騒音，ファンの故障への懸念などを考えると，発熱による温度上昇分を減算する方法や，発熱量の少ないラズベリー・パイ ZEROを使用する方法についても検討したほうが良いでしょう．

モバイル対応システム製作 7 センサ情報を橋渡しするIoTルータ

各種IoTセンサから取得したセンサ値データをIoT向けクラウド・サービスAmbientへ中継するIoTルータの製作方法について説明します．インターネットに接続された有線LANまたは無線LAN，3G通信ユニットAK-020などからAmbientへセンサ値を送信します．

● Wi-Fiから携帯電話回線へ

SORACOMのAK-020とラズベリー・パイ3Bを使い，ESPモジュールからのデータを3G携帯電話回線と橋渡しできるIoTルータを作ってみました(**図5**)．これによって，場所に関係なくESPモジュールのIoT機器をクラウド・サービスに接続することができます(**図6**)．

3G通信ユニットAK-020をラズベリー・パイに接続し，下記のコマンドを実行してください．通信端末AK-020を動かすために必要なソフトのインストールと設定ファイルの作成が行われます．

図6　SORACOM Air用・通信端末AK-020を使った実験
SORACOM Airを使えば，インターネット回線がない場所や車などの移動体のセンサ情報を手軽にクラウドにアップロードが可能

```
$ cd␣~/esp/tools ↵
$ sudo␣./soracom_setupAK020.sh ↵
```

続けて，下記のコマンドを実行すると3G通信を開始します．10秒ほど待って，AK-020の緑色のLEDが0.5秒間隔で点滅すれば接続成功です．なお，3G通信を停止するには末尾の引き数を「stop」に変更して同コマンドを再実行します．こまめに停止して不用意な通信料の発生を防ぎましょう．

```
$ ./soracom␣start ↵
```

すでにラズベリー・パイは無線LANアクセス・ポイントか有線LANに接続されていると思います．このコマンドの実行後は，3G通信でインターネットにアクセスするようになります．

この実験を行うには，**図6**の機器以外に，無線LANアクセスポイントが必要です．もしくは，ラズベリー・パイ上で無線LANアクセスポイント機能を動作させても良いでしょう．無線LANアクセスポイント機能を付与するソフトウェア「hostapd」を設定するには，以下のコマンドを実行します．ただし，実行後は通常の無線LANアクセスポイントへの接続ができなくなります．

```
$ cd␣~/esp/tools/ ↵
$ ./wifiAP_setup.sh ↵
```

それでは，ワイヤレス・センサのデータを収集してみましょう．Leaf Padを使って「ambient_router.sh」を開き，6行目と7行目にAmbientのチャネルIDとライトキーを入力してください．そして，ラズベリー・パイに下記のコマンドを入力してから，第5章で製作した各ワイヤレス・センサを起動してください．

```
$ ./ambient_router.sh␣1024 ↵
```

LXTerminalの動作画面は，これまでのサンプルとあまり変わりませんが，センサからデータを受け取るたびにインターネット上のAmbientサービスにデータを転送します．

以下にIoTルータのサンプル・スクリプトの動作について説明します．

①IoT用クラウド・サービスAmbientで取得したチャネルIDを記述します．
②Ambientで取得したライト・キーを記述します．
③UDPポート1024へ送られてきた各種IoTセンサからのセンサ値を受信します．

Column モバイル回線で「どこでも無人無線機」作り！ SORACOM Air＋SORACOM AK-020/So-net 0 SIM＋DoCoMo L-02C

AK-020 SORACOMスタータ・キット(**写真A**)はIoT向けに開発されたセット商品です．セット商品はサポートを受けやすい点で，お奨めです．

十分な知識がありサポートが不要な場合は，SIMと通信端末を個別に入手することで，より通信費用を安価に抑えることができます．

一例として，500 MB未満の月額通信料が無料のnuroモバイル 0 SIMとDoCoMo製 L-02Cとの組み合わせがあります．IoT向けの商品ではないので複数回線の契約ができませんが，1回線でよければ，むしろIoTに適したプランになっている点でお奨めです．3か月以上の利用がないと自動解約される点や，500 MB以上の利用料が高めである点などに注意が必要ですが，どちらもIoT用途では問題ないでしょう．

0 SIMとL-02Cのセットアップ用のスクリプトはSORACOMと同じフォルダ内のsonet_setupL02C.shを準備しました．なお，APNと接続先の設定については，L-02Cに付属のL-02C接続先(APN)設定ツールを使ってください．

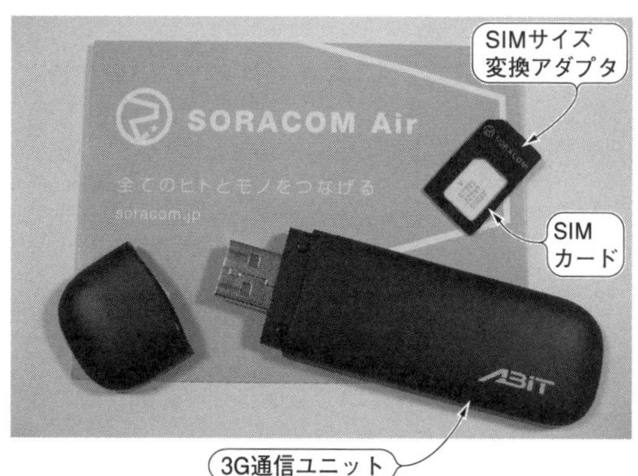

写真A　AK-020 SORACOMスタータ・キット
通信端末AK-020とSIMカード，通信料クーポンのセット商品．IoT向けのサービスで，従量課金やクラウドによるSIMカード管理システムなどの特長がある

リスト2　IoTセンサ用ルータのサンプル・スクリプト ambient_router.sh
IoTセンサ機器(リスト中の⑥)から受信したセンサ値をIoT用クラウド・サービスAmbientへ転送する

```
#!/bin/bash

echo "UDP Logger (usage: ${0} port)"                   # タイトル表示
AmbientChannelId=100 ←────────①                       # Ambientチャネル ID(整数)
AmbientWriteKey="0123456789abcdef" ←──②              # ライトキー(16桁の16進数)
HOST="54.65.206.59"                                    # 送信先アドレス(変更不要)
if [ ${#} = 1 ];then                                   # 入力パラメータ数が1つの時
    if [ ${1} -ge 1 ] && [ ${1} -le 65535 ];then       # ポート番号が1以上65535以下
        PORT=${1}                                      # ポート番号を設定
    else                                               # 範囲外だった時
        PORT=1024                                      # UDPポート番号を1024に
    fi                                                 # ifの終了
else                                                   # 1つでは無かった時
    PORT=1024                                          # UDPポート番号を1024に
fi                                                     # ifの終了
echo "Listening UDP port "${PORT}"..."                 # ポート番号表示

while true;do                                          # 永久に繰り返し
UDP=`sudo netcat -luw0 ${PORT}|tr -d [:cntrl:]|¥ ←──────③
tr -d "¥!¥"¥$¥%¥&¥'¥(¥)¥*¥+¥-¥;¥<¥=¥>¥?¥[¥¥¥]¥^¥{¥|¥}¥~/"`
                                                       # UDPパケットを取得
DATE=`date "+%Y/%m/%d %R"`                             # 日時を取得
DEV=${UDP#,*}   ┐                                      # デバイス名を取得(前方)
                ├─④
DEV=${DEV%%,*}  ┘                                      # デバイス名を取得(後方)
echo -E $DATE, $UDP|tee -a log_${DEV}.csv              # 取得日時とデータを保存
DATA=""                                                # 変数DATAの初期化
case "$DEV" in ←────────⑤                             # DEVの内容に応じて
"humid_1" ) DATA=¥"d1¥"¥:¥"`echo -E ${UDP}|tr -d ' '|cut -d, -f2-3|sed "s/,/¥",¥"d2¥"¥:¥"/g"`¥";;  ┐
"press_1" ) DATA=¥"d3¥"¥:¥"`echo -E ${UDP}|tr -d ' '|cut -d, -f2-3|sed "s/,/¥",¥"d4¥"¥:¥"/g"`¥";;  │
"illum_1" ) DATA=¥"d5¥"¥:¥"`echo -E ${UDP}|tr -d ' '|cut -d, -f2`¥";;                              ├─⑥
"temp._1" ) DATA=¥"d6¥"¥:¥"`echo -E ${UDP}|tr -d ' '|cut -d, -f2`¥";;                              │
"rd_sw_1" ) DATA=¥"d7¥"¥:¥"`echo -E ${UDP}|tr -d ' '|cut -d, -f2-3|sed "s/,/¥",¥"d8¥"¥:¥"/g"`¥";;  ┘
esac
if [ -n "$DATA" ];then                                 # 変数にデータが入っている時
JSON="{¥"writeKey¥":¥"${AmbientWriteKey}¥",${DATA}}"   # データを生成                 ⑦
curl -s ${HOST}/api/v2/channels/${AmbientChannelId}/data -X POST -H "Content-Type: application/json" -d ${JSON} ←┘
fi                                                     # データを送信
done                                                   # 繰り返し
```

④センサ機器のデバイス名を抽出し，変数DEVへ代入します．
⑤変数DEVに応じた処理(内容は手順⑥)に振り分けます．
⑥Ambientのチャネルは，1チャネルにつき8つまでのデータを保持することができます．
　ここでは，各デバイスの各センサ値をデータ項目d1～d8に割り振る処理を行います．
⑦受信したセンサ値データをAmbientへ送信します．

有線LANや無線LANを使った実験が終わったら，3G通信ユニットAK-020を接続し，「./soracom start」を実行してから，サンプル・スクリプトを実行すると，3G回線経由でAmbientへセンサ値を送信するようになります．

Column　モバイル通信がなくても有線LANや無線LANでインターネット接続

ラズベリー・パイが有線LANや無線LANでインターネットに接続されていれば，通信ユニットAK-020やSORACOM Airサービスがなくても動作させることができます．3G通信ユニットAK-020を装着していた場合であっても，「./soracom stop」を実行してモバイル通信を停止すれば，有線LANまたは無線LANからインターネットへ接続できるようになります．

実用システム製作 8 24時間防犯カメラマン

防犯カメラはセキュリティ・システムに欠かせない機器の1つです．

人感センサが反応する場所をカメラで撮影し，その写真データをメールに添付して送信する24時間防犯カメラマンを紹介します(図2)．

動作

Wi-Fi人感センサは反応したことをUDPで通知し，ラズベリー・パイがその通知を受信するとWi-Fiカメラを制御して写真撮影します．撮影後，あらかじめ設定したメール・アドレスに撮影データを添付したメールを送信します

応用

Wi-Fi人感センサ以外にも，温度や加速度センサを使い，そのときのようすを撮影して指定メール・アドレスに通知することができます

24時間防犯カメラマンの構成

●Wi-Fi人感センサ＋Wi-Fiカメラ＋ラズパイ

監視したい玄関などに設置した**人感センサが，人体などの動きを検知したときに，カメラで写真を撮影し，ラズベリー・パイで保存するシステム**を製作します．

千客万来メッセンジャと同様，**センサには，Wi-Fi人感センサ，Wi-Fiドア開閉センサ，Wi-Fiスイッチ**

24時間防犯カメラマン
人感センサ
ESPモジュール
Wi-Fi
人感センサ
人体などの動きを検知
Wi-Fi
通知
ラズベリー・パイ
Wi-Fiカメラ
ESPモジュール
Webサーバ
Wi-Fi
写真撮影
メール・サーバ
写真付きメール送信
写真付きメール送信
写真データ

・人体などの動きを検知したときに，Wi-Fi防犯カメラで写真を撮影し，データを添付したメールを送信する

図7　人感センサが反応時の撮影写真をメールで受け取ることができる

人感センサが反応すると，撮影データを添付したメールを送信します．図7は，スマートフォンのメール・ソフトでそれを受信したときのようすです．メールは，ラズベリー・パイから，クラウド上のGmailのメール・サーバを経由して送信します

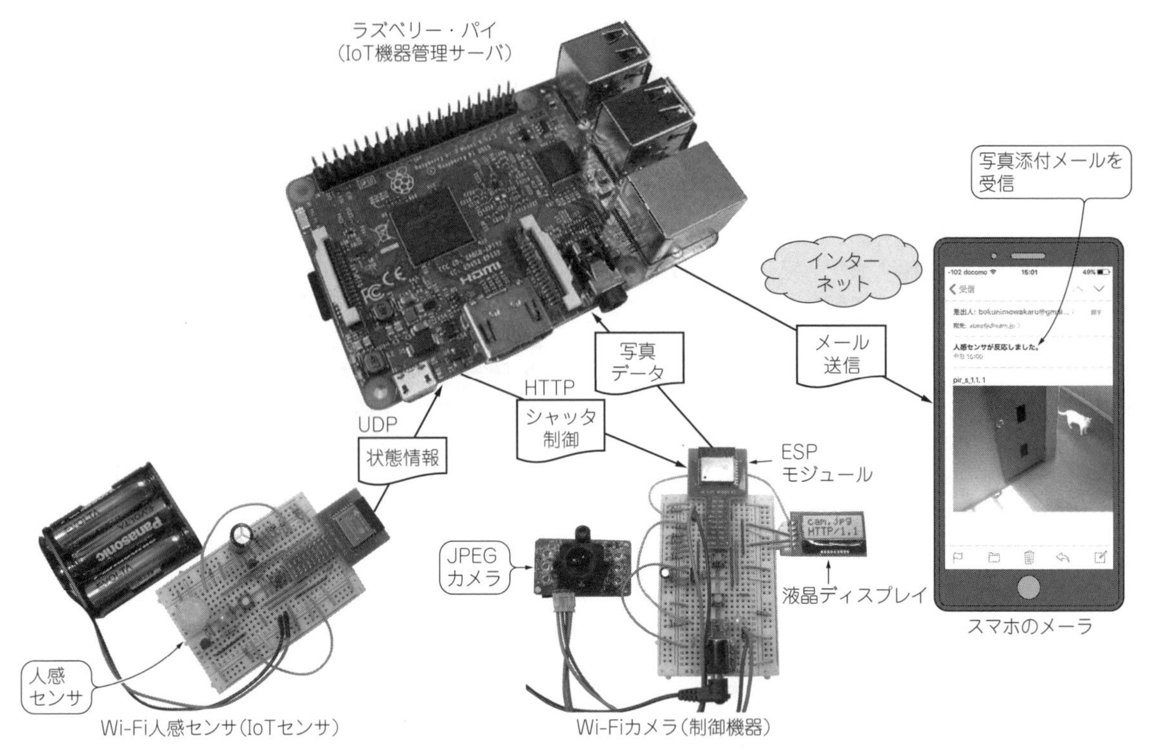

図8　Wi-Fi防犯カメラ・システム
これまでに製作したWi-Fi人感センサやWi-Fiスイッチャ，Wi-Fiドア開閉センサなどの状態情報を受信すると，Wi-Fi防犯カメラへシャッタ制御を行い撮影し，データを添付したメールを送信する防犯カメラ・システム

ャなどが使用できます．IoT制御機器としては，Wi-Fiコンシェルジェ[カメラ担当]を使用します．これらを統括管理するIoT機器管理サーバとして，ラズベリー・パイを使用しています(図8)．

さらに，撮影後にラズベリー・パイからメールを送信し，スマートフォンなどで撮影画像を閲覧できるようにします．メール送信機能については，ラズベリー・パイとGmailとの組み合わせて実験を行います(「tools」フォルダ内の「gmail_setup.sh」を使用して設定する)．

Wi-Fi防犯カメラ・システムのサンプル・プログラム

●Wi-Fiセンサの反応通知を受け取ったラズパイがWi-Fiカメラを制御する

最初に，センサの反応をトリガにカメラ撮影し，データをラズベリー・パイに転送するラズベリー・パイ用スクリプトを作ります．

リスト3は，ラズベリー・パイで動作する24時間防犯カメラマンのスクリプトserver04_cam.shです．

このサンプル・スクリプトを次の主要な動作について説明します．

① Wi-Fiカメラの IPアドレスを記述します．Wi-FiカメラのLCD画面に表示されたIPアドレスを転記してください．
② 撮影した写真を保存するときのファイル名を変数FILEに代入します．
③ Netcat(ncコマンド)を使用して，Wi-Fi人感センサからのUDPパケットを受信します．
④ Wi-Fi人感センサが送信するUDPパケットの先頭にはデバイス名として「pir_s_1」の文字列が含まれています．ここでは，先頭から「,」までの文字を抽出して，変数DEVに代入します．
⑤ 変数DEVの内容に応じた処理を行います．変数DEVの内容が人感センサの「pir_s_?」と一致し，人感センサの検出値が0以外だったときに，変数CAMへ1を代入します．
⑥ 変数CAMの値が0以外のときに，wgetコマンドを使って，撮影を行い，写真ファイルcam.jpgを取得します．
⑦ 写真ファイルcam.jpgをphotoフォルダ内に移動します．このとき，変数FILEに撮影日時を追加したファイル名に変更します．日付は年月

リスト3　24時間防犯カメラマンのラズベリー・パイ用の動作確認済みサンプル・スクリプトserver04_cam.sh

```
#!/bin/bash
# Server Example 04: 防犯システム

PORT=1024                                              # 受信UDPポート番号を1024に
REED=1                                                 # ドアスイッチON検出=0 OFF=1
IP_CAM="192.168.0.5"   ←①WiFi防犯カメラのIPアドレス     # カメラのIPアドレス
FILE="cam_a_1"  ←②                                     # 保存時のファイル名

echo "Server Example 04 Cam (usage: $0 port)"          # タイトル表示
if [ $# -ge 1 ]; then                                  # 入力パラメータ数の確認
    if [ $1 -ge 1024 ] && [ $1 -le 65535 ]; then       # ポート番号の範囲確認
        PORT=$1                                        # ポート番号を設定
    fi                                                 # ifの終了
fi                                                     # ifの終了
echo "Listening UDP port "$PORT"..."                   # ポート番号表示
mkdir photo >& /dev/null                               # 写真保存用フォルダ作成
while true; do                                         # 永遠に繰り返し
    UDP=`nc -luw0 $PORT|tr -d [:cntrl:]|\  ←③
    tr -d "\!\"\$\%\&\'\(\)\*\+\-\;\<\=\>\?\[\\\]\^\{\|\}\~"`
                                                       # UDPパケットを取得
    DATE=`date "+%Y/%m/%d %R"`                         # 日時を取得
④  DEV=${UDP#,*}                                       # デバイス名を取得(前方)
    DEV=${DEV%%,*}                                     # デバイス名を取得(後方)
    echo -E $DATE, $UDP|tee -a log_$DEV.csv            # 取得日時とデータを保存
    CAM=0                                              # 変数CAMの初期化
⑤  case "$DEV" in                                      # DEVの内容に応じて
        "rd_sw_"? ) DET=`echo -E $UDP|tr -d ' '|cut -d, -f2`
                    if [ $DET -eq $REED ]; then        # 応答値とREED値が同じとき
                        CAM=1
                    fi ;;
        "pir_s_"? ) DET=`echo -E $UDP|tr -d ' '|cut -d, -f2`
                    if [ $DET != 0 ]; then             # 応答値が0以外の時
                        CAM=1
                    fi ;;
        "Pong" )    CAM=1 ;;
    esac
    if [ $CAM != 0 ]; then                             # CAMが空でないとき
        wget -qT10 $IP_CAM/cam.jpg  ←⑥                 # 写真撮影と写真取得
        SFX=`date "+%Y%m%d-%H%M"`                      # 撮影日時を取得し変数SFXへ
        mv cam.jpg photo/$FILE"_"$SFX.jpg >& /dev/null
    fi                                                 # 写真の保存
done                      ⑦                            # 繰り返しここまで
```

日，時刻は「時」と「分」で表します．1分以内の同時刻に複数の撮影が行われると上書きされてしまいます(これを防ぐには秒を付与して保存する)．

本スクリプトをラズベリー・パイで実行し，Wi-Fi人感センサが人体などの動きを検知すると，Wi-Fiカメラのシャッタを動作させ，撮影した画像をラズベリー・パイに転送します．転送後は，ラズベリー・パイの「photo」フォルダに日付情報とともに保存されます．

● 撮影データを添付メールで送信する機能を追加する

リスト1にメール送信機能を付与したサンプル・スクリプトserver05_mail.shを**リスト4**に示します．人感センサが反応すると，**図7**のようなメールを送信します．おもな追加点は以下のとおりです．

⑧ ここにメールの宛て先を記述して変数MAILTOに代入してください．必ず自分のメール・アドレスに書き換えてください．Gmail以外でもかまいません．

⑨ 変数MAILにメールの件名となるテキスト文字列「人感センサが反応しました」を代入します．

⑩ メールの件名に変数MAILの内容を，メール本文に受信したUDPパケットの内容を，添付ファイルに撮影した写真を添付して，変数MAILTOの宛て先にメールを送信します．

リスト4　リスト1のserver04_cam.shにメール送信機能を追加した24時間防犯カメラマンの動作確認済みサンプル・スクリプトserver05_mail.sh

```
#!/bin/bash
# Server Example 05: 防犯システム [MAIL対応版]

                                        ~~ 省略 ~~
MAILTO="abcdef@xxx.jp" ←⑧

                                        ~~ 省略 ~~
while true; do
                                        ~~ 省略 ~~
    MAIL=""                                                     # 変数MAILの初期化
    case "$DEV" in                                              # DEVの内容に応じて
        "rd_sw_"? ) DET=`echo -E $UDP|tr -d ' '|cut -d, -f2`
                    if [ $DET -eq $REED ]; then                 # 応答値とREED値が同じとき
                        MAIL="ドアが開きました."
                    fi
                    ;;
        "pir_s_"? ) DET=`echo -E $UDP|tr -d ' '|cut -d, -f2`
                    if [ $DET != 0 ]; then                      # 応答値が0以外のとき
                        MAIL="人感センサが反応しました." ←⑨
                    fi
                    ;;
        "Pong" )    MAIL="呼鈴が押されました."
                    ;;
    esac
    if [ -n "$MAIL" ]; then                                     # MAILが空でないとき
        wget -qT10 $IP_CAM/cam.jpg                              # 写真撮影と写真取得
        SFX=`date "+%Y%m%d-%H%M"`                               # 撮影日時を取得し変数SFXへ
        if [ -n "$MAILTO" ] && [ -f cam.jpg ]; then             # 送信先が設定されているとき
            echo "MAIL="$MAIL                                   # メールの件名を表示
            echo -E $UDP\
            |mutt -s $MAIL -a cam.jpg -- $MAILTO                # メールを送信
        fi                                   ⑩
        mv cam.jpg photo/$FILE"_"$SFX.jpg >& /dev/null
    fi                                                          # 写真の保存
done                                                            # 繰り返しここまで
```

実用システム製作 9 ホーム・オートメーション・システム

ESPモジュールやラズベリー・パイを使って自宅家電をコントロールできるように実験してみました.

応用

基本サンプルを改造すれば，自分に適したMyホーム・オートメーション・システムを製作することができます．以下はその一例です．

- トイレ使用後の経過時間をLEDの色などでさりげなく表示し，前の人が使用した気配が消えたことを知らせる，トイレの使用後気配見張り番.
- 室内の照度があらかじめ設定した規定値を超えてた場合に，1分ごとに，赤外線リモコン信号を送信し，徐々に輝度を下げていき，あらかじめ設定していた照度に変更する.
- 就寝時刻を過ぎているにも関わらず，照明が点灯している場合に，照明の輝度を下げて眠気を誘う.
- 起床時刻を10分以上，過ぎてもリビングの人感センサが反応しない場合に，警報音やメールを送信し，居住者の異常を遠隔地に住む家族などに連絡する見守りシステム.
- 入浴中などに住宅内の湿度が上がったときに，エアコンの換気機能で湿度を下げ，結露やカビなどの繁殖を抑える，省エネ型の湿度調整システム.

温度異常時にエアコンの運転を開始する

●基本サンプルの内容

ここでは，基本的なホーム・オートメーション・システムの一例として，IoTセンサ機器から得られた在室情報と温度情報を基に，エアコンの運転を制御するIoT応用システムを製作します．在室中にも関わらず，室温が高くなりすぎた場合や，低くなりすぎた場合に，エアコンの運転を開始します．

在室情報を得るにはWi-Fi人感センサを使用し，温度情報を得るにはWi-Fi温度計または，Wi-Fi温湿度計，Wi-Fi気圧計を使用します．エアコンの制御には，Wi-Fiコンシェルジェ[リモコン担当]を使

Wi-Fi人感センサ
(IoTセンサとして使用)

Wi-Fi温湿度センサ
(IoTセンサとして使用)

Wi-Fi赤外線リモコン信号送受信機
(IoT制御機器として使用)

図9　自分で作るMyホーム・オートメーション・システムi.MyMimamori Home
人感センサと温度センサを使用し，在室中にも関わらず不適切な室温だった場合に，エアコンの運転を自動的に開始する

- ▶Wi-Fi人感センサが在室情報を送信します
- ▶Wi-Fi温度計が室内の温度情報を送信します
- ▶これらを受信したラズベリー・パイは，在室中にも関わらず室温が異常だったときにエアコンの運転を開始するためのリモコン信号を，Wi-Fi赤外線コンシェルジェ[リモコン担当]へ送信します
- ▶[リモコン担当]は，赤外線リモコン信号を送信して，エアコンの運転を開始します

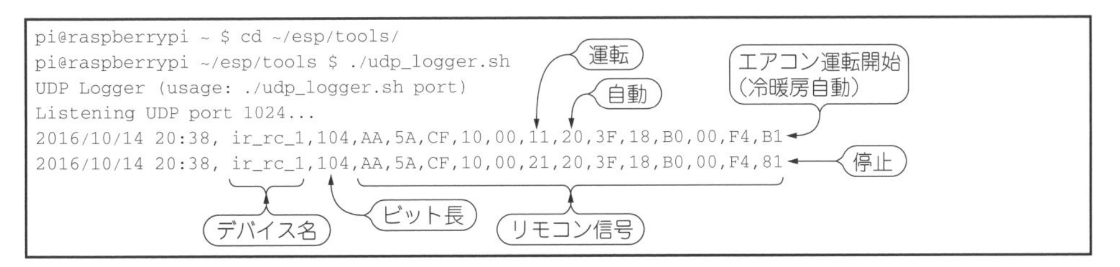

```
pi@raspberrypi ~ $ cd ~/esp/tools/
pi@raspberrypi ~/esp/tools $ ./udp_logger.sh
UDP Logger (usage: ./udp_logger.sh port)
Listening UDP port 1024...
2016/10/14 20:38, ir_rc_1,104,AA,5A,CF,10,00,11,20,3F,18,B0,00,F4,B1
2016/10/14 20:38, ir_rc_1,104,AA,5A,CF,10,00,21,20,3F,18,B0,00,F4,81
```


図10　エアコンの赤外線リモコン信号(udp_logger.sh)を使ってデータ化する
Wi-Fi赤外線コンシェルジェ[リモコン担当]に向けてリモコンを操作すると，デバイス名「ir_rc_1」に続いて，リモコン信号のコードが得られる．先頭の104は10進数でリモコン信号のビット長を表し，続く13バイトは16進数のリモコン信号

用します(**図9**).

エアコン制御に向けた準備

●エアコンの赤外線リモコン信号のコードを取得する

エアコンをリモコン制御するにはエアコンのリモコン信号のコードを取得し，スクリプトへ記述する必要があります．コードを取得するには，ラズベリー・パイの「~/esp/tools/」フォルダ内にある「udp_logger.sh」を(Cygwinの場合は，udp_logger_cygwin.shを)使用します(**図10**).

ラズベリー・パイでudp_logger.shを実行し，Wi-Fi赤外線コンシェルジェ[リモコン担当]に向けてリモコンを操作すると，リモコン信号のコードが得られます．エアコンの運転開始用のコードと運転停止用のコードを取得し，これらのコードを後述のスクリプト

に記述します．

双方向リモコンの場合は，リモコンの送信信号の後にエアコンからの応答信号が表示されます．応答信号は複数回にわたる場合もあります．最初に表示された信号がリモコン送信信号です．

なお，家電製品協会(AEHA)方式以外の方式の場合は，Wi-Fi赤外線コンシェルジェ[リモコン担当]で紹介した方法を使ってリモコン信号方式を変更してから取得します．

エアコンの自動制御を実現するサンプル・スクリプト

●スクリプトを制御する機器のリモコン・コードに書き換える

リスト5のserver06_hvac.shにエアコンの自動制御を行うサンプル・スクリプトを示します．実行する前に，手順①の部分にWi-Fi赤外線リモコン送受信機のIPアドレスを，手順②に赤外線リモコン方式を，手

リスト5　エアコンの自動制御用ラズベリー・パイ・スクリプト server06_hvac.sh

```
#!/bin/bash
# Server Example 06: ホームオートメーション 熱中症予防

PORT=1024                                                  # 受信UDPポート番号を1024に
IP_IR="192.168.0.5" ←── ①                                  # 赤外線リモコン送信機のIP
AUTO="OFF"                                                 # 運転中フラグ(ON/OFF)
IR_TYPE=0 ←── ②                                            # 方式 0=AEHA,1=NEC,2=SIRC
AC_ON="104,AA,5A,CF,10,00,11,20,3F,18,B0,00,F4,B1" ←── ③   # エアコンの電源入コマンド
AC_OFF="104,AA,5A,CF,10,00,21,20,3F,18,B0,00,F4,81" ←── ④  # エアコンの電源切コマンド
TEMP=25                                                    # 温度の初期値を常温に仮設定

echo "Server Example 06 Auto HVAC (usage: $0 port)"        # タイトル表示
curl -s $IP_IR"?TYPE="$IR_TYPE > /dev/null ←── ⑤            # リモコン方式の設定
if [ $# -ge 1 ]; then                                      # 入力パラメータ数の確認
    if [ $1 -ge 1024 ] && [ $1 -le 65535 ]; then           # ポート番号の範囲確認
        PORT=$1                                            # ポート番号を設定
    fi                                                     # ifの終了
fi                                                         # ifの終了
echo "Listening UDP port "$PORT"..."                       # ポート番号表示
while true; do                                             # 永遠に繰り返し
⑥{UDP=`timeout 10 nc -luw0 $PORT|tr -d [:cntrl:]|\
  tr -d "\!\"\$\%\&\'\(\)\*\+\-\;\<\=\>\?\[\\\]\^\{\|\}\~"`
                                                           # UDPパケットを取得
    DATE=`date "+%Y/%m/%d %R"`                             # 日時を取得
    DEV=${UDP#,*}                                          # デバイス名を取得(前方)
    DEV=${DEV%%,*}                                         # デバイス名を取得(後方)
    if [ -n "$DEV" ]; then                                 # デバイス名が得られたとき
        echo -E $DATE, $UDP|tee -a log_$DEV.csv            # 取得日時とデータを保存
    fi
    DET=0                                                  # 変数DETの初期化
    VAL=0                                                  # 変数VALの初期化
⑦{  case "$DEV" in                                          # DEVの内容に応じて
        "pir_s_"? ) DET=`echo -E $UDP|tr -d ' '|cut -d, -f2`;;
        "temp._"? ) VAL=`echo -E $UDP|tr -d ' '|cut -d, -f2`;;
        "humid_"? ) VAL=`echo -E $UDP|tr -d ' '|cut -d, -f2`;;
        "press_"? ) VAL=`echo -E $UDP|tr -d ' '|cut -d, -f2`;;
    esac
⑧{  if [ $VAL != 0 ]; then
        TEMP=`echo $VAL|cut -d. -f1`                       # 整数部の切り出し
    fi
⑨{  if [ $DET != 0 ]; then                                  # 人感センサに反応あり
        if [ $TEMP -ge 28 ]||[ $TEMP -lt 15 ]; then        # 28℃以上または15℃未満
            echo "エアコンの運転を開始します．"               # メッセージ表示
            curl -s $IP_IR -XPOST -d"IR="$AC_ON            # エアコンの電源をONに
            AUTO="ON"                                      # 運転中
            SECONDS=0                                      # 経過時間をリセット
        fi
    fi
⑩{  if [ $SECONDS -ge 1800 ]&&[ $AUTO = ON ]; then          # 制御後，30分が経過時
        echo "エアコンの運転を停止します．"                   # メッセージ表示
        curl -s $IP_IR -XPOST -d"IR="$AC_OFF               # エアコンの電源をOFFに
        AUTO="OFF"                                         # 停止中
    fi
    # echo $DATE, $SECONDS $AUTO $TEMP $UDP                # デバッグ用
done                                                       # 繰り返しここまで
```

順③にエアコンの運転を開始するときのリモコン信号コードを，④に停止するときのコードを記入してください．

● サンプル・スクリプトの内容

スクリプトを実行すると，Wi-Fi人感センサから在室情報を，Wi-Fi温度計などから室温情報を収集します．人感センサが在室を検知したときの室温が28℃以上，または15℃未満だった場合に，エアコンの運転を開始します(図11)．また，タイマ変数SECONDSを0にセットします．タイマ変数SECONDSは自動で1秒ごとの経過時間をカウントします．運転を開始してから30分以上，人体の検知がなかった場合や，室温が15℃以上28℃未満の状態が続いた場合は，エアコンを停止します．

以下にエアコンの自動制御スクリプトserver06_hvac.shの主要な動作について説明します．

①Wi-Fi赤外線リモコン信号送受信機のIPアドレスを変数IP_IRへ代入します．
②赤外線リモコン信号方式を変数IR_TYPEへ代入します．家電製品協会AEHA方式の場合は0を，NEC方式の場合は1，SIRC方式の場合は2を代入します．
③エアコンの運転を開始するリモコン信号コードを変数AC_ONへ代入します．
④エアコンの運転を停止するリモコン信号コードを変数AC_OFFへ代入します．
⑤赤外線リモコン信号方式をWi-Fi赤外線リモコン信号送受信機へ設定します．
⑥各IoTセンサからUDPパケットを受信し，変数UDPへ代入します．
⑦得られたデバイス名に応じた処理を行います．
- Wi-Fi人感センサからの場合は，変数DETへ検知状態を代入します．
- Wi-Fi温湿度計などの温度センサからの場合は，変数VALに温度値を代入します．

⑧変数VALの値が0でない場合に，変数VALの値を変数TEMPへ保存します．ただし，得られた温度が，ちょうど0℃だった場合は変数TEMPの値が変化しません．
⑨人感センサが人体を検知し，変数DETの値が0以外であったときに，変数TEMPの値を確認します．確認の結果，室温が28℃以上または15℃未満の場合に，エアコンの運転を開始するためのリモコン信号コードをWi-Fi赤外線リモコン信号送受信機へ送信し，タイマとなる変数SECONDSを0にします．また，本システムが運転開始したことを示す変数AUTOにONを代入します．
⑩変数SECONDSは1秒ごとに自動的に値を加算するシステム変数です．変数AUTOがONで，かつSECONDSが1800秒，すなわち30分を超過したときに，エアコンを停止するコードを送信します．また，変数AUTOへOFFを代入します．

動作確認する際に，実際の室温を変化させることは難しいので，手順⑩の条件を変更するか，温度センサを温めるなどの方法で動作を確認します．あるいは，以下のようなコマンドを使用し，各センサを模擬してスクリプトの動作を確認する方法もあります．

```
$ echo␣"temp._0,30"␣>␣/dev/
                udp/127.0.0.1/1024 ↵
$ echo␣"pir_s_0,1"␣>␣/dev/
                udp/127.0.0.1/1024 ↵
```

実用システム製作 10 クラウド連携マイ・ホーム・システム

前節ではエアコンを自動制御するホーム・オートメーション・システムの基本サンプルを紹介しました．このシステム(i.MyMimamori Home)の最大の特長は，自分で応用例を拡張できることです．ここでは，クラウド・サービスやメール・サービスといったインターネットとの連携機能の拡張と，玄関呼び鈴システムと連携させてみます．

応用

本書ではIoT用のクラウド・サービスAmbientを使用しました．IFTTTのようなクラウド連携サービスを利用することでよりさまざまなサービスに対応することもできます．

- IFTTT(https://ifttt.com/)

さまざまなクラウド・サービスのデータを橋渡しすることができます．Gmail以外にもTwitterやFacebook，LINEといった，多くのクラウド・サービスとの連携が可能です．自作のIoT機器についてはMaker Webhooks(https://ifttt.com/maker_webhooks)と呼ばれるアプレットを使用します．

スクリプトへの追記でIoT頭脳の機能を拡張する

●メール通知と動作状況確認グラフ表示機能の追加

ここでは前節のスクリプトの機能を拡張し，室内の温度情報をIoT向けのクラウド・サービスAmbient

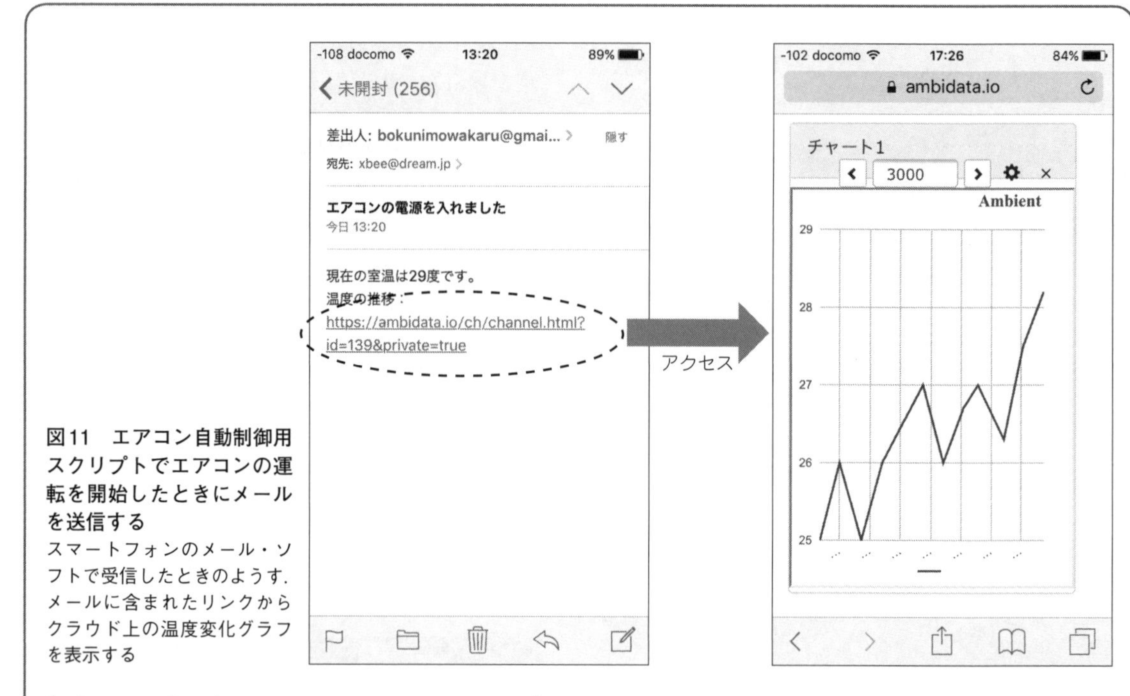

図11　エアコン自動制御用スクリプトでエアコンの運転を開始したときにメールを送信する
スマートフォンのメール・ソフトで受信したときのようす．メールに含まれたリンクからクラウド上の温度変化グラフを表示する

- ▶ホーム・オートメーションによるエアコンの自動制御を行います
- ▶在室中にも関わらず異常な室温を検出したときにメール「エアコンの電源を入れました」をスマートフォンへ送する
- ▶スマートフォンで受信したメールに含まれるリンクへアクセスすると，室内の温度推移グラフがスマートフォンのブラウザ上に表示される

リスト6　メール通知とグラフ表示機能を追加 server07_net.sh

```
#!/bin/bash
# Server Example 07: ホームオートメーション 熱中症予防 [Ambient] [メール送信]

                                        ~~ 省略 ~~
AmbientChannelId=100 ←①                                  # AmbientチャネルID(整数)
AmbientWriteKey="0123456789abcdef" ←②                    # ライトキー(16桁の16進数)
HOST="54.65.206.59"                                      # 送信先アドレス(変更不要)
MAILTO="abcdef@xxx.jp" ←③                                # メール送信先

                                        ~~ 省略 ~~
while true; do
                                        ~~ 省略 ~~
    if [ $VAL != -999 ]; then
        TEMP=`echo $VAL|cut -d. -f1`                     # 整数部の切り出し
        JSON="{\"writeKey\":\"${AmbientWriteKey}\",\"d1\":\"${VAL}\"}" ←④
        curl -s ${HOST}/api/v2/channels/${AmbientChannelId}/data\  ⎫
             -X POST -H "Content-Type: application/json" -d ${JSON} ⎭←⑤
                                                         # クラウドへデータ送信
    fi
    if [ $DET != 0 ]; then                               # 人感センサに反応あり
        if [ $TEMP -ge 28 ]||[ $TEMP -lt 15 ]; then      # 28℃以上または15℃未満
            echo "エアコンの運転を開始します．"               # メッセージ表示
            curl -s $IP_IR -XPOST -d"IR="$AC_ON          # エアコンの電源をONに
            AUTO="ON"                                    # 運転中
            SECONDS=0                                    # 経過時間をリセット
            echo -e "現在の室温は$TEMP度です．\n\n温度の推移："\          ⎫
"https://ambidata.io/ch/channel.html?id=${AmbientChannelId}&private=true"\ ⎬←⑥
            | mutt -s "エアコンの電源を入れました" $MAILTO                ⎭
                                                         # メール送信の実行
        fi
    fi
                                        ~~ 省略 ~~
done
```

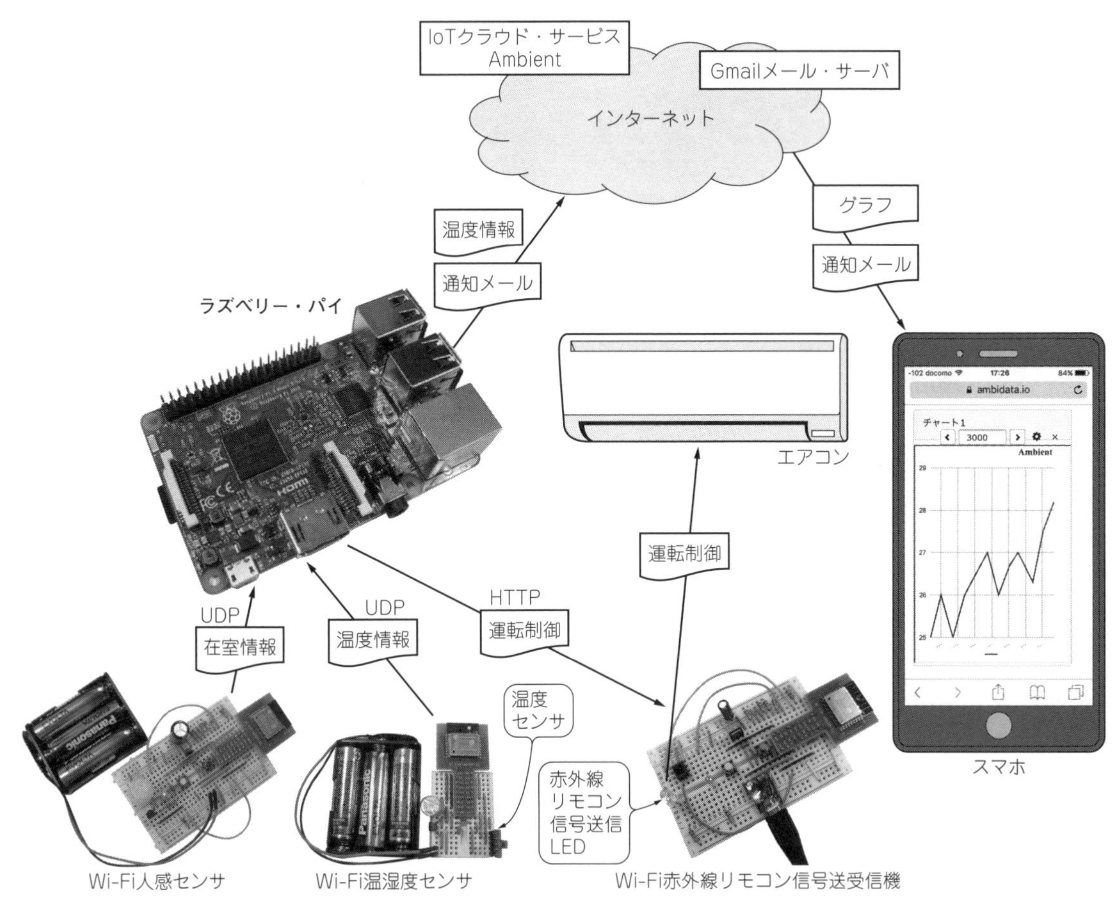

図12 ホーム・オートメーションi.MyMimamori Homeシステムの拡張
クラウドへ温度情報を送信する機能と，エアコンの運転を開始したときにメールを送信する機能を追加し，インターネットとの連携機能を拡張する

へ送信する機能を追加しました．また，在室中にも関わらず異常な室温を検出したときにクラウド・サービスAmbientのグラフへのリンクURLを含む通知メールをGmailで送信する機能も追加します．

これらの仕組みにより，室温の異常時に送信したメールから簡単にAmbientへアクセスすることができるようになります(**図12**)．

インターネットとの連携機能を拡張したスクリプトを**リスト6**に示します．**リスト5**と重複する部分については省略します．

①IoT用クラウド・サービスAmbientで取得したチャンネルIDを記述します．
②Ambientで取得したライト・キーを記述します．
③メールの送信先を記述します．必ず書き換えてください．Gmail以外へ送信することもできます．
④Ambientへ送信するデータを変数JSONへ代入します．
⑤cURLのHTTP POSTを使ってAmbientへデータを送信します．
⑥現在の室温とAmbientへアクセスするためのURLをメールで送信します．

スクリプトを実行する前に，AmbientのWebサイト(https://ambidata.io/)のアカウントの取得と，sSMTPとMuttのインストール・設定を行い，リスト中の①のAmbient用チャンネルIDと，②のAmbient用ライトキーを書き換えておく必要があります．

また，メールの送信用サーバにGmailを使用するので，第7章の千客万来メッセンジャと同様に，Gmailのセットアップとセキュリティの設定変更(安全性の低いアプリの許可設定の有効化)を行ってください．スクリプト③のメール宛て先アドレスはGmail以外でも大丈夫です．Gmailサーバから指定したメールアドレスへメールが転送されます．

● デバイスの追加と玄関用呼び鈴

IoTセンサやIoT制御機器を追加することで，より大規模なシステムへと発展させることも可能です．その一例として，第7章の千客万来メッセンジャの一部を組み合わせたサンプル・スクリプトを**リスト7**の玄関呼び鈴システムと統合server08_home.shに示します．

ここでは，玄関用，室内用の2台のWi-Fi人感センサを使用し，玄関用の人感センサが反応したときにはWi-Fiチャイムを制御し，室内用の人感センサ反応時はエアコンを制御します．これらを区別するために，玄関用のデバイス名を「pir_s_1」，室内用を「pir_s_2」と設定しています．デバイス名はESP-WROOM-02モジュールへ書き込むスケッチexample11_pir.ino内

リスト7　玄関の呼び鈴システムと統合させたスクリプトserver08_home.sh

```
#!/bin/bash
# Server Example 08: ホームネットワーク server01_bell + server06_hvac.sh

                                                  ~~ 省略 ~~
while true; do
                                                  ~~ 省略 ~~
   BELL=0                                                     # 変数BELLの初期化
   DET=0                                                      # 変数DETの初期化
   VAL=-999                                                   # 変数VALの初期化
   case "$DEV" in                                             # DEVの内容に応じて
      "rd_sw_1" ) BELL=`echo -E $UDP|tr -d ' '|cut -d, -f2`
               if [ $BELL -eq $REED ]; then                   # 応答値とREED値が同じとき
                  BELL=2                                      # 変数BELLへ2を代入
               else                                           # 異なるとき
                  BELL=0                                      # 変数BELLへ0を代入
               fi;;
      "rd_sw_"? ) DET=`echo -E $UDP|tr -d ' '|cut -d, -f2`
               if [ $DET -eq $REED ]; then                    # 応答値とREED値が同じとき
                  DET=1                                       # 変数DETへ1を代入
               else                                           # 異なるとき
                  DET=0                                       # 変数DETへ0を代入
               fi;;
      "pir_s_1" ) BELL=`echo -E $UDP|tr -d ' '|cut -d, -f2`;;  ← 人感センサ玄関用
      "pir_s_"? ) DET=`echo -E $UDP|tr -d ' '|cut -d, -f2`;;   ← 人感センサ室内用
      "Ping" )    BELL=-2;;                                   # 変数BELLへ-2を代入
      "Pong" )    BELL=-1;;                                   # 変数BELLへ-1を代入
      "temp._"? ) VAL=`echo -E $UDP|tr -d ' '|cut -d, -f2`;;
      "humid_"? ) VAL=`echo -E $UDP|tr -d ' '|cut -d, -f2`;;
      "press_"? ) VAL=`echo -E $UDP|tr -d ' '|cut -d, -f2`;;
   esac
   if [ -n "$IP_BELL" ] && [ $BELL != 0 ]; then               # BELLが0で無いとき
      echo -n "BELL="                                         # 「BELL=」を表示
      RES=`curl -s -m3 $IP_BELL -XPOST -d"B=$BELL"\
      |grep "<p>"|grep -v "http"\
      |cut -d'>' -f2|cut -d'<' -f1`                           # ワイヤレスBELL制御
      if [ -n "$RES" ]; then                                  # 応答があった場合
         echo $RES                                            # 応答内容を表示
      else                                                    # 応答が無かった場合
         echo "ERROR"                                         # ERRORを表示
      fi                                                      # ifの終了
   fi
   if [ $VAL != -999 ]; then
      TEMP=`echo $VAL|cut -d. -f1`                            # 整数部の切り出し
   fi
   if [ $DET != 0 ]; then                                     # 人感センサに反応あり
      if [ $TEMP -ge 28 ]||[ $TEMP -lt 15 ]; then             # 28℃以上または15℃未満
         echo "エアコンの運転を開始します．"                  # メッセージ表示
         curl -s $IP_IR -XPOST -d"IR="$AC_ON                  # エアコンの電源をONに
         AUTO="ON"                                            # 運転中
         SECONDS=0                                            # 経過時間をリセット
      fi
   fi
   if [ $SECONDS -ge 1800 ]&&[ $AUTO = ON ]; then             # 制御後，30分が経過時
      echo "エアコンの運転を停止します．"                     # メッセージ表示
      curl -s $IP_IR -XPOST -d"IR="$AC_OFF                    # エアコンの電源をOFFに
      AUTO="OFF"                                              # 停止中
   fi
done                                                          # 繰り返しここまで
```

（注記：case～esac＝センサ用の処理部，if～fi（後半）＝制御機器用の処理部；BELL関連＝チャイム用，エアコン関連＝エアコン用）

のDEVICE値で変更してください．

リスト中の前半のcase～esac構文中に各IoTセンサのデバイス名に応じた処理を記述します．例えば，玄関用の人感センサの処理は，「"pir_s_1")」の部分に記述し，室内用人感センサの処理は「"pir_s_"?)」の部分に記述します．「?」マークは「任意の1文字」を意味し，デバイス名がpir_s_2などが含まれます．

また，ドアの開閉も人の在室を検出するうえで重要な情報です．Wi-Fiドア開閉センサのrd_sw_1やrd_sw_2についても人感センサと同様の作用を行うようにしました．玄関用のデバイス名にはrd_sw_1を，各部屋にはrd_sw_0やrd_sw_2～9を付与してください．

後半はIoT制御機器用です．本例では，Wi-Fiチャイム用の処理とエアコン制御用の処理を記述しました．本例を参考に他のさまざまなIoT制御機器を追加すると，大規模なホーム・オートメーション・システムへと広がります．

クラウド連携サービス IFTTT

●便利なWebサービスIFTTT(if this then that)

さまざまなクラウド・サービスのデータを橋渡しするにはIFTTTというWebサービスが便利です．Gmailや，Twitter，Facebook，LINEといった，数多くのクラウド・サービスとの連携が可能です．

「IFTTT」は図5に示すように，「if this then that」の「if」と，this，then，thatの頭文字「t」が並べられた省略文字です．入力条件である「this」を満たしたときに，出力先「that」を制御します．

ここでは，IoT機器からのイベント情報がIFTTTへ入力されたときに，Gmailのアカウントを使ってメールを送信するサンプルについて説明します．

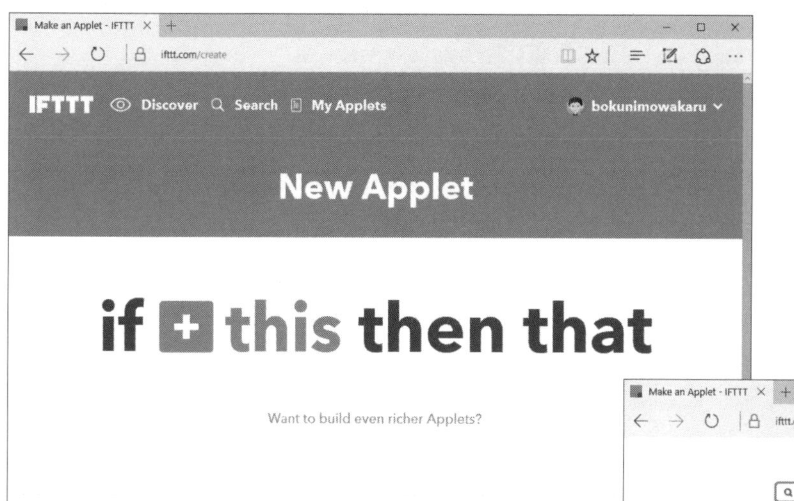

図13 IFTTTでアプレットを追加する画面
さまざまなクラウド・サービスと連携可能なIFTTT．画面上の「this」をクリックし，入力条件を設定してから，「that」の出力先を設定する

図14 クラウド・サービス選択画面
300以上のクラウド・サービスと連携が可能なIFTTT．サービス名がわかっている場合は，画面上部の検索窓を利用する

● IFTTTをWebページで設定する

まずは，Chromeや，Edgeなどのインターネット・ブラウザを使用し，IFTTT(https://ifttt.com/join/)へアクセスし，アカウントを作成してください．IEからアクセスすることはできません．

自作のIoT機器についてはWebhooks(https://ifttt.com/maker_webhooks)と呼ばれる汎用の制御用アプレットを使用します．IFTTTへサイン・インした状態で，「New Applet」を選択し，**図13**の「＋this」の部分をクリックすると，**図14**のようなサービスの一覧が表示されます．あまりにも多くのサービスが提供されているので，上部の検索窓に「Webhooks」と入力して検索すると良いでしょう．Webhooksを選択するとイベント名の入力欄が表示されるので，IoTセンサ機器のデバイス名を入力します．Wi-Fi人感センサの場合は「pir_s_1」を，Wi-Fiドア開閉モニタの場合は「rd_sw_1」などを入力してください．

次に，出力先となる「that」の部分へ「Gmail」を設定します．アクション選択画面で，「Send an email」を選択し，メールの宛て先，メールの件名などを設定します．宛て先はGmail以外でもかまいません．

● センサ検知時にIFTTTへ送信する

Wi-Fiドア開閉モニタ，Wi-Fi人感センサなどからの通知を受け取ったときに，IFTTTにデバイス名を送信するサンプル・スクリプトを**リスト8**に示します．手順①の部分にはIFTTTのWebhooks用のkeyを記述します．**図15**のWebhooks設定画面の「Account Info」の「URL」に表示される「use/」以降の文字列がWebhooks用のkeyです．

手順②は，Wi-Fiセンサから得られたデバイス名に応じて，IFTTTへの通知の要否を変数DETに設定

図15　IoT機器用アプレット「Webhooks」を使用する
Webhooksが使えるようになったら，設定画面が表示できる．IoT機器からは「Account Info」の「URL」に含まれるkeyを使ってアクセスする

図16　Webhooksのテスト画面
300以上のクラウド・サービスと連携が可能なIFTTT．画面上の「this」をクリックし，入力条件を設定してから，「that」の出力先を設定する

します．手順③ではcurlコマンドを使ってIFTTTへ送信を行います．送信に成功すると「Congratulations! You've fired the rd_sw_1 event」のようなメッセージが表示され，失敗時は「ERROR」が表示されます．

● Webhooksのテスト画面

デバイス名をイベント通知するだけでなく，温度や状態などをメールに含めることも可能です．**図15**のWebhooks設定画面のURLにパソコンからアクセスすると，**図16**のようなテスト画面が表示されるので，event名やJSONデータを編集して，curlコマンドのパラメータを確認してください．ホーム・オートメーション用のスクリプトにIFTTTへの送信機能を追加したスクリプトを「server10_home.sh」として収録しました．IoTセンサ等から取得した温度データとともに通知をIFTTTへ送信することができます．

技術的にも価格的にも身近になったIoTですが，ホーム・オートメーションといったシステムの実用化には，まだ時間がかかりそうです．さまざまな機器や用途に合わせてシステムを構築するには，アプリケーション・プロファイルやプロトコルの標準化が必要です．すでに標準化された仕様も多くあります．しかし，1つではないことが，本来の意味での標準化は成し遂げられていないと思います．

そんな時代だからこそ，自作のシステムが有用です．引き続き身近になったこれらのデバイスを活用した自作システムに取り組み，やがて世の中に当たり前のように存在する未来へとつながれば，とても喜ばしいです．

リスト8　センサ検知時にIFTTTへデバイス名を通知するスクリプトserver09_ifttt.sh

```
#!/bin/bash
# Server Example 09: IFTTT 送信

# IFTTTのKeyを(https://ifttt.com/maker_webhooks)から取得し，変数KEYへ代入する
KEY="xx_xxxx_xxxxxxxxxxxxxxxxxxxxxxxxxxxxxxxxxxx"  ←①IFTTTから取得したKeyを記述する   # IFTTTのKey(鍵)

PORT=1024                                       # 受信UDPポート番号を1024に
REED=1                                          # ドアスイッチON検出=0 OFF=1
URL="https://maker.ifttt.com/trigger/"          # IFTTTのURL(変更不要)

echo "Server Example 09 IFTTT (usage: $0 port)"  # タイトル表示
if [ $# -ge 1 ]; then                           # 入力パラメータ数の確認
    if [ $1 -ge 1024 ] && [ $1 -le 65535 ]; then # ポート番号の範囲確認
        PORT=$1                                 # ポート番号を設定
    fi                                          # ifの終了
fi                                              # ifの終了
echo "Listening UDP port "$PORT"..."            # ポート番号表示
while true; do                                  # 永遠に繰り返し
    UDP=`nc -luw0 $PORT|tr -d [:cntrl:]|\
    tr -d "\!\"\$\%\&\'\(\)\*\+\-\;\<\=\>\?\[\\\]\^\{\|\}\~/"`
                                                # UDPパケットを取得
    DATE=`date "+%Y/%m/%d %R"`                  # 日時を取得
    DEV=${UDP#,*}                               # デバイス名を取得(前方)
    DEV=${DEV%%,*}                              # デバイス名を取得(後方)
    echo -E $DATE, $UDP                         # 取得日時とデータを表示
    DET=0                                       # 変数DETの初期化
    case "$DEV" in                              # DEVの内容に応じて
 ②  ┌ "rd_sw_"? ) DET=`echo -E $UDP|tr -d ' '|cut -d, -f2`
 セ │            if [ $DET -eq $REED ]; then  # 応答値とREED値が同じとき
 ン │                DET=1                    # 変数DETへ1を代入
 サ │            else                         # 異なるとき
 用 │                DET=0                    # 変数DETへ0を代入
 の │            fi;;
 処 │ "pir_s_"? ) DET=`echo -E $UDP|tr -d ' '|cut -d, -f2`;;
 理部└ "Ping" )    DET=1;;                      # 変数DETへ1を代入
    esac
    if [ $DET != 0 ]; then                      # 人感センサに反応あり
        RES=`curl -s -m3 -XPOST ${URL}${DEV}/with/key/${KEY}` ←  # IFTTTへ送信
        if [ -n "$RES" ]; then                  # 応答があった場合   ③IFTTTへの送信部
            echo $RES                           # 応答内容を表示
        else                                    # 応答が無かった場合
            echo "ERROR"                        # ERRORを表示
        fi                                      # ifの終了
    fi
done
```

Column ホーム・オートメーション(i.My.Mimamori Home)システムの一例

本書ではIoTセンサ，IoT制御機器，IoT機器管理サーバの製作を通し，さまざまなIoTシステムの製作例を示してきました．その中でも，ホーム・オートメーション・システムについては，少ない機器構成での簡単な例にすぎず，他にもさまざまな応用展開が考えられます．ここでは，応用の際にヒントとなるシステム例を紹介します．

応用例

- 在室中の室内が暗くなると自動的に室内の照明を点灯する自動制御．
- 帰宅時に玄関を開けると，自動的に室内の照明やエアコンをONにする．
- 室内の照度があらかじめ設定していた規定値を超えていた場合に，1分ごとに，赤外線リモコン信号を送信し，徐々に輝度を下げていき，あらかじめ設定していた照度まで達したら，制御を停止する節電システム．
- 複数の人感センサやドア・センサを使用し，別の部屋への移動を検知すると，移動前の部屋の照明を消灯する節電支援．
- トイレ使用後の経過時間を，LEDの色などでさりげなく表示し，前の人が使用した気配が十分に消えたことを知らせる，トイレの使用後気配見張り番．
- 入浴中などに住宅内の湿度が上がったときに，エアコンの換気機能で湿度を下げ，結露やカビなどの繁殖を抑える，省エネ型の湿度調整システム．
- テレビの電源をリモコン入れてからの経過時間を測定し，1時間以上が経過したら，音声出力器から「テレビの観すぎです」と警告を発する．
- 起床時刻になると，各種の家電の電源を入れ，音楽を流し，朝の目覚めを支援する．また，インターネット上の天気やニュースなどを音声で読み上げることで，起床時の眠気を覚ます．
- 起床時刻を10分以上，過ぎてもリビングの人感センサが反応しない場合に，警報音やメールを送信し，居住者の異常を遠隔地に住む家族などに連絡する見守りシステム．
- 各種のIoTセンサからの情報で，室内の居住者の生活状況を検出し，普段と異なる行動を検出したときに，異常を知らせる高齢者などの見守りシステム．
- 就寝時刻を過ぎているにも関わらず，照明が点灯している場合に，照明の輝度を下げて眠気を誘う．
- 室内が不在の状態にもかかわらず，窓が開いたときに，警報音やメールで不審者の侵入の可能性を知らせる防犯システム．

● ホーム・オートメーションに利用可能な本書のデバイス一覧

Wi-Fi基本デバイス(第4章)

1. Wi-Fiインジケータ※1
2. Wi-Fiスイッチャ
3. Wi-Fiレコーダ
4. Wi-Fi LCD※2

IoTセンサ機器の製作(第5章)

1. Wi-Fi照度計
2. Wi-Fi温度計
3. Wi-Fiドア開閉モニタ
4. Wi-Fi温湿度計
5. Wi-Fi気圧計
6. Wi-Fi人感センサ
7. Wi-Fi 3軸加速度センサ
8. NTP時刻データ転送機
9. Wi-Fiリモコン赤外線レシーバ
10. Wi-Fiカメラ
11. ソーラ発電トランスミッタ※3

IoT制御機器の製作(第6章)

1. Wi-Fiコンシェルジェ 照明担当
2. Wi-Fiコンシェルジェ チャイム担当
3. Wi-Fiコンシェルジェ 掲示板担当
4. Wi-Fiコンシェルジェ リモコン担当
5. Wi-Fiコンシェルジェ カメラ担当
6. Wi-Fiコンシェルジェ アナウンス担当
7. Wi-Fiコンシェルジェ マイコン担当
8. Wi-Fiコンシェルジェ コンピュータ担当
9. Wi-Fiコンシェルジェ 電源設備担当
10. Wi-Fiコンシェルジェ 情報担当

※1：Wi-Fiコンシェルジェ 照明担当を推奨
※2：Wi-Fiコンシェルジェ 掲示板担当を推奨
※3：EnOcean USBゲートウェイ USB400Jが必要

Column Wi-Fi & Bluetooth対応！ 最新ESP32モジュール

最新のIoTチップESP32を搭載したESP32-WROOM-32(以下ESP32モジュール)も登場しています(**写真B**)．ESP32モジュールは，Bluetoothにも対応するほか，デュアル・コアの32ビットMCUを搭載し，クロックの高速化やGPIOなどのインターフェースも大幅に強化されました(**表B**)．本書で紹介したESP-WROOM-02用のプログラムをESP32モジュール用に修正したものがダウンロードしたフォルダ内に含まれています．ファイル名「exampleXX_xxx.ino」の数字の部分に32を加算したものがESP32モジュール用です．詳細については次ページのAppendix 6をご覧ください．

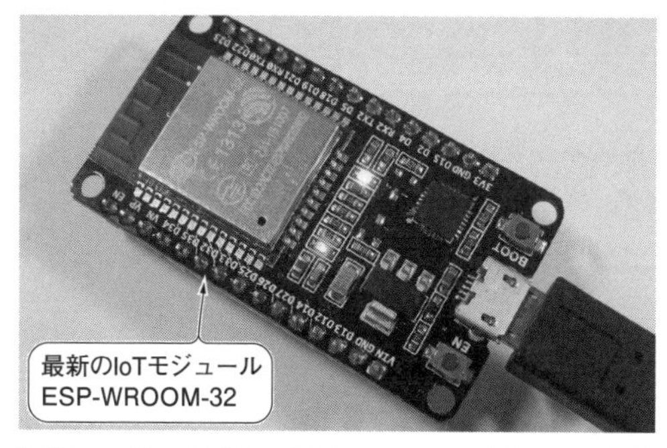

写真B　約1500円！ 最新のESP32モジュールを搭載した開発ボードの一例
金属シールドに覆われた部品がESP32モジュール．開発ボードには，USBシリアル変換IC，電源レギュレータ，リセットボタン(EN)，ファームウェア書き換えボタン(BOOT)，LED(GPIO 2)なども実装されている

表B　従来のESPモジュールと最新のESP32モジュールの違い
デュアルコアの32ビットMCUが搭載され，クロックの高速化やGPIOなどのインターフェースが大幅に強化された

	従来ESP-WROOM-02	最新ESP32-WROOM-32
搭載LSI	中国Espressif Systems社製 ESP8266EX	中国Espressif Systems社製 ESP32
Wi-Fi	802.11 b/g/n (最大72.2 Mbps)	802.11 b/g/n (最大150Mbps)
Bluetooth	なし	Bluetooth v4.2 BR/EDR および BLE
MCU	32ビット MPU Tensilica L106 (Cadence社)	32ビット Dual-Core MPU Xtensa LX6 (Cadence社)
動作クロック	80 MHz(水晶振動子＝26 MHz)	160 MHz(水晶振動子＝40 MHz)
RAM	36 Kバイト(最大/ユーザ領域)	520 Kバイト(システム領域を含む)
フラッシュ・メモリ	2 Mバイト(最大16 Mバイト) ※販売在庫品などの一部は4 Mバイト	4 MBバイト(最大64 Mバイト) ※容量は販売店やロットによって異なる場合がある
GPIO	最大11本	最大32本
A-Dコンバータ	10ビット，入力1本	12ビット2個・最大15入力(差動1入力含む)
DAC・PWM	10ビットPWM	8ビット2チャネルDACおよび16ビットPWM
外部インターフェース	I^2C，SPI，UARTなど	I^2C，SPI，HSPI，VSPI，UARTなど
電源電圧	2.7～3.6 V	2.7～3.6 V
消費電流	120 mA(MCS7送信時)，80 mA(平均)	152 mA(MCS7送信時)，80 mA(平均)
待機電流	60 μA(RTC使用ディープ・スリープ時)	20 μA(RTC使用ディープ・スリープ時)
サイズ	18×20×3 mm	18×25.5×2.8 mm

Appendix 6　ESP32搭載ESP32-WROOM-32を使ったIoT機器の製作

最新のESP32チップ搭載ESP32-WROOM-32モジュール(以下，ESP32モジュール)について紹介します．従来のESP-WROOM-02モジュールとの違いは前コラムをご覧ください．

内容

- ESP32モジュールを使った開発ボードの製作方法と注意点を紹介します．
- リリース版および最新ESP32開発環境のインストール方法を紹介します．
- ESP-WROOM-02モジュール用のスケッチをESP32モジュール用に変更する方法について説明します．
- ESP32の省電力機能，ホール効果センサ，タッチ・センサを試用してみます．

最新ESP32モジュール搭載各種開発用ボード

●ESP32モジュール，開発ボード，開発環境

ESP32モジュールは2016年9月頃に発表され，同年11月以降に開発ボードが入手できるようになりました．2017年に入ると，国内の販売店でも販売が開始され，モジュール単品や，ピッチ変換基板などESP32モジュールを扱うための周辺部品がそろいつつあります．発売時の型番はESP-WROOM-32でしたが，2018年6月から，ESP32-WROOM-32に改名されました．

Arduino IDE用の開発環境Arduino core for ESP32 WiFi chip(以下 Arduino ESP32)については，2016年12月にWi-Fiに関する主要機能の開発が完了しましたが，従来のESP-WROOM-02に比べて安定性や機能面で劣っていました．2017年に多くの不具合対策と機能拡張が行われ，2018年7月に安定した正式版がリリースされました．

写真1は，ピン・ピッチ変換基板上にESP32モジュールがはんだ付け実装された秋月電子通商製のWi-Fiモジュール ESP-WROOM-32 DIP化キットです．ブレッドボードへ実装できるように，ESP32モジュールの1番ピン～19番ピンと20番ピン～38番ピンが片側ずつに配置されています．ピン・ヘッダについては，自分ではんだ付けを行う必要があります．

広まりつつある最新ESP32モジュール

●ブレッドボードで開発ボードを製作する

ESP32モジュールを搭載したESP32開発ボードの製作例を**写真2**に，必要な部材を**表1**に，回路図を**図**

写真1　ESP32-WROOM-32モジュールとピン・ピッチ変換基板
ESP32モジュールの全信号線をブレッドボードなどに接続可能なDIP化キットAE-ESP-WROOM-32(秋月電子通商製)

写真2　ESP32開発用ボード
IoTマイコンの基本機能であるWi-Fi，LED，タクトスイッチを搭載したマイコン周辺回路やワイヤレス実験用に製作した．開発に必要なUSBシリアル変換モジュールも搭載した

表1　ESP32-WROOM-32の実験に必要な部品・機材

✓	部品名	型番	数量	参考価格
□	ESP-WROOM-32 DIP化キット	AE-ESP-WROOM-32	1式	900円
□	USBシリアル変換アダプタ	AE-FT234X	1式	600円
□	レギュレータ 3.3 V500 mA	TA48M033F or TA48033S or BA33BC0T	1個	100円
□	高輝度(500 mcd)LED	OSDR3133A	1個	10円
□	タクトスイッチ汎用品	汎用品(DTS-6など)	2個	20円
□	電解コンデンサ 1000 μF 6V	6HEA1000M	2個	120円
□	電解コンデンサ 1000 μF 16V	10WXA1000MEFC10X9	1個	20円
□	セラミックコンデンサ 0.1 μF	汎用品・2.5mmピッチ	1個	10円
□	抵抗器(1/4W) 10kΩ	汎用品	2個	10円
□	抵抗器(1/4W) 1kΩ	汎用品	1個	5円
□	ブレッドボード400穴	E-CALL EIC-801	1枚	270円
□	ブレッドボード用ジャンパ	EIC-J-L	1式	400円
□	USBケーブル Micro B	汎用品	1本	100円

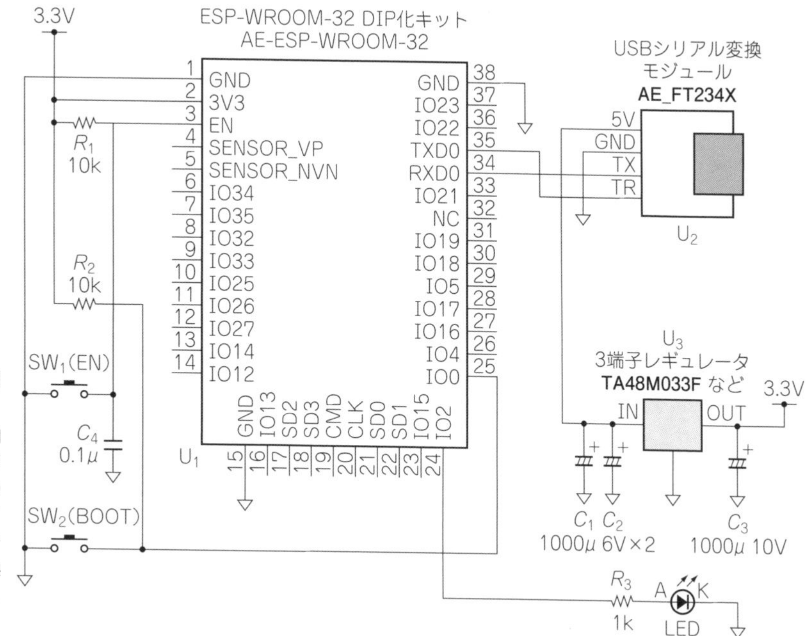

図1　ブレッドボード版ESP32開発ボードの回路図

Wi-FiモジュールESP32-WROOM-32を使った基本的なESP32開発ボードの回路図．PCと接続するためのUSBシリアル変換モジュール，マイコンをリセットするタクト・スイッチSW_1(EN)，ファームウェアの書き換えモードに設定するSW_2(BOOT)，動作確認用LEDなどを実装する

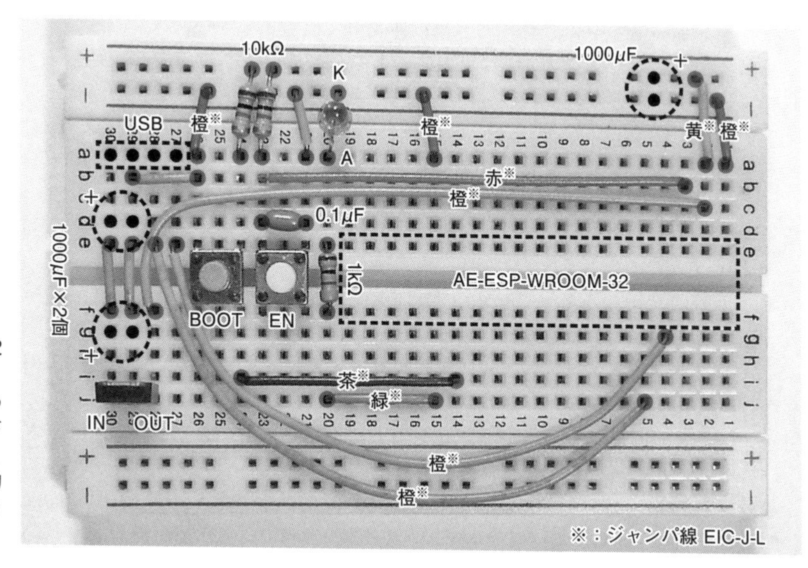

写真3　ブレッドボード版ESP32開発ボードの配線図

ブレッドボードジャンパを使って図のように配線する．3端子LDO型レギュレータは，金属面が図の上側を向くように実装する．LEDは，樹脂の切り欠きのある側(リード線の短いほう)が図の上側を向くように実装する

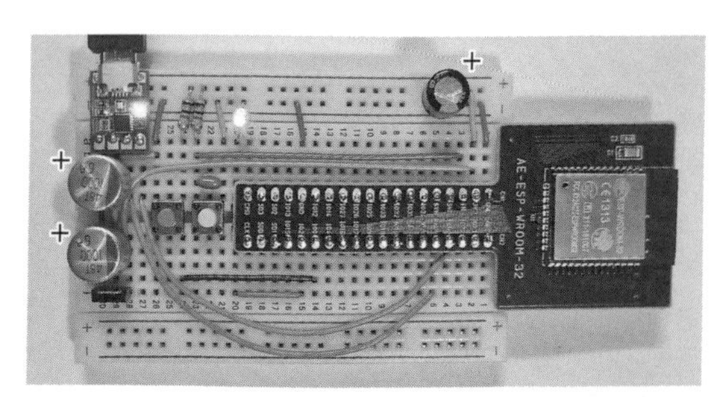

写真4　ブレッドボード版ESP32開発ボードの完成例
ESP32モジュール，USBシリアル変換モジュール，コンデンサを図の向きに合わせて実装する．コンデンサC_1とC_2は，上面に帯が印刷されている向きを図の右側に，C_3は側面に帯が印刷されているほうを図の下側を向くように実装する

表2　ESP32を搭載した開発ボードの実装済IO部品の接続先

実装済IO部品	接続先	ブレッドボード版	DOIT製 DEV KIT V1	純正 DevKitC
BOOTボタン(SW_1)	GPIO 0	○	○	○
ENボタン(SW_2)	EN	○	○	○
POWER LED(D1)	電源	−	○(3.3 V)赤	○(5 V)赤
USER LED	GPIO 2	○ 赤	○ 青	−
拡張IO用ピン	−	全ピン	30ピン	38ピン

1に示します．

PCとの通信インターフェースには，ESP-WROOM-02の開発ボードと同じUSBシリアル変換アダプタAE-FT234Xを用います．しかし，ESP32モジュールでは起動時の突入電流が大きいので，AE-FT234Xに実装されているポリスイッチの影響を受けやすくなります．そこで，AE-FT234Xの5V出力に低ESRのコンデンサを追加することで，ポリ・スイッチによる電圧降下を抑えました．

ブレッドボードへ配線を行うときは，**写真3**の位置と色名表示に合わせてジャンパ線EIC-J-Lを使うと良いでしょう．図中のジャンパ線のうち，色名が示されていない3本(ブレッドボード上の位置表示＝28-b，29-e，30-e)は，橙色(3×2.54mm)です．

● 各社から販売されているESP32開発ボードを使用する

より手軽にESP32を始めるには，開発ボードを購入するのが良いでしょう．ESP32モジュールの他，USBインターフェースやタクト・スイッチなどがあらかじめ実装されており，パソコンへ接続してESP32用のソフトウェア開発を行ったり，ブレッドボードへ接続してハードウェア開発や試作などを行ったりすることができます．

例えば，Espressif Systems社純正の「ESP32-DevKitC ESP-WROOM-32開発ボード(ESP32 Core board V2)」が1500円程度で販売されています(**写真5・右**)．あるいは，先行して販売されていたDOIT社製 ESP32 DEV KIT V1(**写真5・左**)を入手した人も多いでしょう．

写真5　ESP32開発ボードの一例
ESP32を搭載したESP32-WROOM-32モジュールを搭載したDOIT製DEV KIT V1(左)と，Espressif純正DevKitC(右)が1500円程度で販売されている

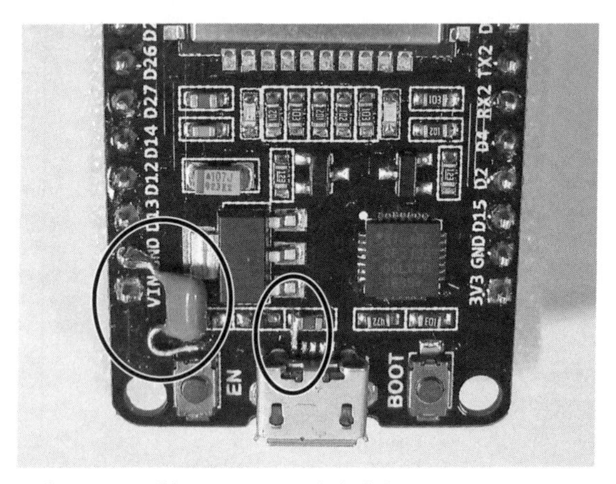

写真6　DOIT製DEV KIT V1を改造する
USB 5V入力の所にジャンパ線を追加し，ENボタンにセラミック・コンデンサを追加した

前述のブレッドボード版およびDOIT製DEV KIT V1，純正DevKitCに実装されているタクト・スイッチ(ボタン)やLEDの接続先を**表2**に示します．DOIT製V1にはユーザ用LEDが実装されていますが，純正品では省略されています．純正DevKitCを使用する場合は，ブレッドボードなどを使用し，IO2へLEDと負荷抵抗を接続することで，他の開発ボードと同じようにLEDを制御することができます．

● DOIT製DEV KIT V1の不具合対策

DOIT製DEV KIT V1にはハードウェア上の不具合があり，電源の投入やスケッチの書き込みに失敗することがあります．**写真6**のように，ENボタン用の信号ラインへセラミック・コンデンサ0.1 μFを接続し，コンデンサの反対側をGNDに接続することで改善することができます．また，電源をUSB端子から供給する場合は，USB端子のすぐ近くに実装されているチップ・コンデンサへUSB電源ピンを接続することで，安定して動作するようになります．

ESP32開発環境のインストール方法

●ESP32開発キットのインストール方法

ここでは，第3章でインストールしたArduino IDEに，ESP32用の開発キット(Arduino core for ESP32 WiFi Chip)をインストールする方法について紹介します(Arduino IDEバージョン1.8.5以上を推奨)．

インストール方法は，(1)リリース版のインストール方法，(2)CygwinのGitでのインストール方法，(3)ZIP形式でのインストール方法の3つの中から選ぶことができます．

(1)のリリース版をインストールする手順は，従来のESP-WROOM-02と同様です．第3章のp.36～p.37に記載の「Additional Boards Manager URLs」(追加のボードマネージャのURL)の欄に，下記のESP32開発キットのURLを入力してから，従来と同様の手順でインストールを行ってください．

ESP32開発キット(リリース版)

https://dl.espressif.com/dl/package_esp32_index.json

● 最新版(非リリース版)のESP32開発キットのインストール方法

ESP32開発キットは，正式版リリースまでの期間が長かったことから，最新版をインストールする方法が一般化しています．また，2018年7月以降も頻繁に不具合修正が行われているので，当面は最新版(非リリース版)をインストールすることも多いでしょう．

最新版のインストール方法には，p.162「Cygwinをインストールする」で使用した(2)Cygwin上でGitを使ってダウンロードする方法と，(3)ZIP形式でダウンロードする方法があります．Cygwinでダウンロードしたほうが，バージョンアップが容易です．

Cygwin上のGitでESP32用の開発キットをダウンロードするには，下記のコマンド例を参考に，Arduinoのスケッチブックの保存場所内にダウンロードしてください．

ESP32開発キット(Git・最新版)

```
$ cd /cygdrive/c/Users/(ユーザ名)
    Documents/Arduino/
$ git clone https://github.com/espressif/
    arduino-esp32 hardware/espressif/esp32
$ chmod a+x hardware/espressif/esp32/
    tools/*.exe
```

ZIP形式でダウンロードする場合は，Arduinoのスケッチブックの保存場所内のhardwareフォルダ内にespressifフォルダを作成し，さらにその中にesp32フォルダを作成し，下記でダウンロードしたZIPファイル内のarduino-esp32-masterフォルダの中の全フォルダとファイルを作成したesp32フォルダにコピーしてください．

ESP32開発キット(ZIP形式)

https://github.com/espressif/arduino-esp32/archive/master.zip

コピー先の一例

C:/Users/(ユーザ名)/Documents/Arduino/hardware/espressif/esp32/

>PC>ドキュメント>Arduino>hardware>espressif>esp32

次に，CygwinのGitまたはZIP形式で保存した開発キットのesp32フォルダ内のtoolsフォルダにget.exeを管理者権限で実行します．アイコンを右クリックし「管理者として実行」を選択してください．

get.exeを実行すると，**図2**のような実行ウィンドウが開き，ESP32マイコン用ライブラリのダウンロードが開始されます．10～30分程度で1回目(マイコン用ライブラリ部xtensa-esp32-elf)のZIP展開が始まり，さらに数分後に2回目(ESP専用ツールesptool)，3回目(SPIFFS用ツールmkspiffs)のダウンロードとZIP展開が行われます．

インストールに成功しても失敗してもウィンドウが自動的に閉じるので，3回目のダウンロードが開始されたあたりから画面をよく見ておき，Doneのメッセージを確認します．起動直後に一瞬でウィンドウが閉

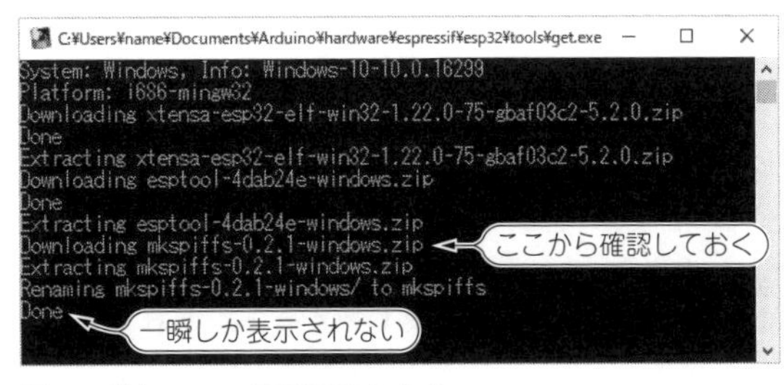

図2　ダウンロード画面のようす
約10～30分をかけて，3回のダウンロードとZIP展開が交互に行われる．成功しても失敗してもウィンドウが消える場合があったが，最新版では改良されキー入力待ちになる

Column インストールに失敗する場合の解決方法

本開発キットのインストールに失敗する要因は，(1)フォルダ名に日本語が含まれている場合，(2)ファイルやフォルダのアクセス権の不一致，(3)ネットワーク設定の問題，(4)インストールする各ソフトウェアのバージョンの不整合，(5)セキュリティ対策ソフトによる問題などが考えられます．

管理者権限でコマンド・プロンプトまたはCygwinを起動し，コマンド・ラインからget.exeを実行すると，エラーの内容がウィンドウ上に残ります．エラー内容をインターネットで検索すれば，対策方法が見つかることもあります．

例えば，アクセス権に異常をきたしている場合は，スケッチの保存先を変更し，別のフォルダで実行します．ZIP展開の処理で失敗する場合は，ダウンロードしたファイルが壊れている可能性が高いので，distフォルダ内のファイルを消去してから，再実行します．学内や企業内のプロキシ経由でのアクセスに失敗している場合は，スマホなどのテザリングなどを利用して，直接，ダウンロードすると良いでしょう．

じた場合や，ダウンロード直後にZIP展開が一瞬で終了した場合は，インストールに失敗している可能性があります(コラム参照)．

● ESP32開発キットの更新方法

ESP32開発キットは頻繁に更新されています．CygwinのGitでダウンロードした場合は，下記のコマンドで簡単に更新することができます(実行時はArduino IDEを終了しておく)．get.exeも再実行する必要がありますが，更新頻度が低いので，時間に余裕のあるときや，何らかの支障が出たときに実行しても良いでしょう．

```
$ cd /cygdrive/c/Users/(ユーザ名)/Documents/
  Arduino/hardware/espressif/esp32/
$ git fetch origin
$ git reset --hard origin/master
$ chmod a+x tools/*.exe
```

● USBシリアル用ドライバのインストール

USBシリアル変換モジュールAE-FT234X用のドライバ・ソフトウェアは，初めてPCへUSB接続を行ったときに自動的にインストールされます．未実施の場合は，第1章のp.21～p.22にしたがって，インストールとCOMポート番号の確認を行ってください．

純正DevKitCやDOIT製DEV KIT V1の場合はCP2102用のドライバ・ソフトウェアが必要です．Windows 10では自動的にインストールされますが，Windows 7～8ではシリコンラボラトリーズ社のサイトからCP210x USB to UART Bridge VCPドライバをダウンロードしてインストールしてください．「CP210x VCP」で検索すると見つかるでしょう．

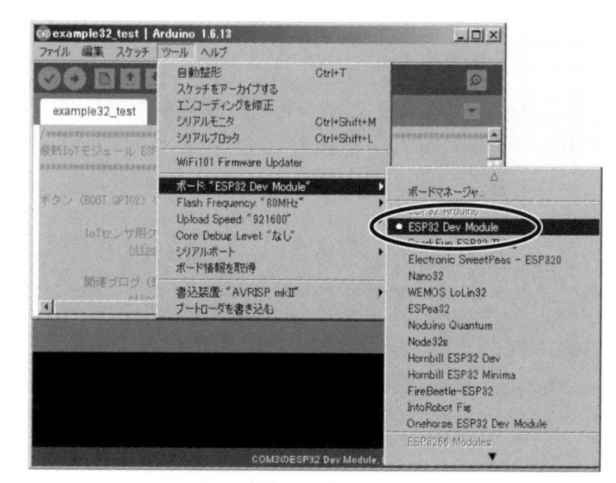

図3 Arduino ESP32をインストール後のボード項目の一例
Arduino IDEへArduino ESP32をインストールすると「ツール」メニュー内の「ボード」項目に「ESP32 Arduino」が追加される

● Arduino IDEでESP32を選択する

Arduino IDEを起動すると，**図3**のように「ツール」メニューの「ボード」項目内に「ESP32 Arduino」が追加されているので，「ESP32 Dev Module」を選択します．選択後，同じ「ツール」メニュー内の「シリアルポート」項目からESP32マイコン開発ボードを接続したCOMポート番号を選択してください．

● ESP32用サンプル・スケッチをダウンロードする

筆者が作成したサンプル・スケッチも，Cygwinを使ってダウンロードすることができます．Arduino IDEを終了し，次のコマンドをCygwin上で実行してください．

```
$ cd /cygdrive/c/Users/(ユーザ名)/Documents/
  Arduino/
$ git clone https://github.com/bokunimowakaru/
  esp cqpub_esp_git
```

Cygwinを使わずにダウンロードするには，パソコンのブラウザからGitHub(https://github.com/bokunimowakaru/esp)にアクセスし，ブラウザ画面右側の緑色ボタン「Clone or download」をクリックし，「Download ZIP」を選んでください．この場合はZIP形式になるので，ZIP内のフォルダをArduinoフォルダにコピーしてください．

ESP32動作確認用サンプル example32_test

ESP32開発環境の準備ができたので，実際にスケッチを書き込んで動作確認してみましょう．ここでは，スケッチの書き込み方法と，ハードウェア上の注意点について説明します．

● ボタン早押しゲームの内容

ストップウォッチのSTART/STOPボタンを2度連続押しして，どれだけ早くボタンが押せるかを競った経験はあるでしょうか．ここでは，ESP32用の動作確認用サンプルとして，ボタン早押しゲームをESP32に書き込む方法について説明します．

サンプル・スケッチは「example32_test」として収録しました．ブレッドボード版の開発ボード上のBOOT(SW_2)ボタンや純正のESP32用DevKitC開発ボード，DOIT製ESP32用DEV KIT V1開発ボード上のタクト・スイッチを連続押下したときの速度が，IoTセンサ用クラウド・サービスAmbientへ送信され，その結果がインターネット上に公開されます．

● ESP32用スケッチの書き込み方法

スケッチexample32_testをArduino IDEで開き，スケッチ内のSSIDとPASSをお手持ちの無線LANアクセス・ポイントに合わせて変更し，開発ボードをファームウェア書き換えモードに設定してから，スケッチの書き込みを行います．

ブレッドボード版の開発ボードの場合は，BOOTボタン(SW2)を押しながら，ENボタン(SW_1)を押し，ENボタンだけを放した後にBOOTボタンを放すと，ファームウェア書き換えモードにできます．DOIT製DEV KIT V1の場合は，**写真6**の改造を行う，もしくはコンパイルが終わってから書き込みが開始されるまでのタイミングに，BOOTボタンを押しながらENボタンを押してください．純正DevKitCの場合は，自動で切り替わります．

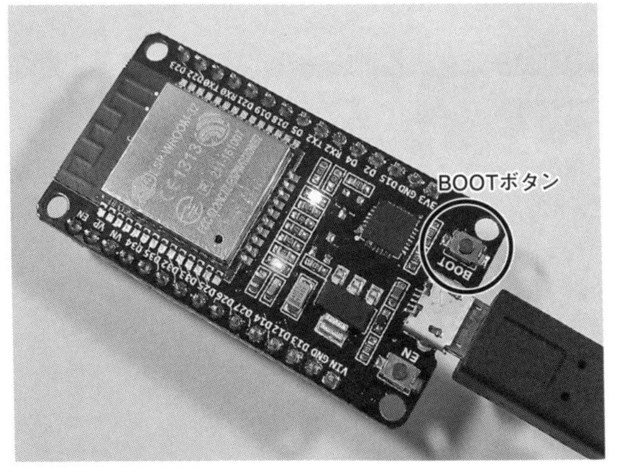

写真7　開発ボードのタクト・スイッチでボタン早押しゲーム
開発ボード上のBOOTボタンを早押しすると，その速度がクラウド・サービスAmbientへ送信される

Arduino IDE上の書き込みボタンをクリックすると，ESP32開発ボードにスケッチが書き込まれます．ESP-WROOM-02に比べ，初回のコンパイル時間が長くなりますが，書き込み時間は短縮されます．

例えば，最新のPCを使った場合は，書き込み時間の短縮効果が強まるので，効率的に開発が行えるようになります．一方，筆者が使用している第1世代Core i7(Windows 7)のPCだと，軽食がとれてしまうくらいのコンパイル時間がかかります．さまざまなサンプル・スケッチを試したい場合は，仮に不慣れなOSであっても，最新のPCでコンパイルする方が現実的です．2回目以降のコンパイルは高速に実行できるので，開発時やデバッグ時は古いPCでも差し支えません．

ESP32マイコンに書き込んだスケッチを実行するには，開発ボードのENボタンを押してください．

● シリアル・モニタのビット・レートを115.2 kbpsに変更する

サンプル・スケッチの動作状態をArduino IDEのシリアル・モニタで確認するには，シリアル・モニタのビット・レート設定に注意します．

ESP32-WROOM-32モジュールではシステムからの情報が115.2 kbpsで出力されるようになったので，サンプル・スケッチのシリアル出力のビット・レートを115.2 kbpsに合わせることで，システムとスケッチの両方の出力を文字化けなく表示できるようにしました．

スケッチ内の「Serial.begin」命令の括弧内の数字が115200の場合は，シリアル・モニタのビット・レート設定を115200 bpsに設定してください．

なお，ESP-WROOM-02モジュール用のサンプル・スケッチを使用する場合は，シリアル・モニタのビッ

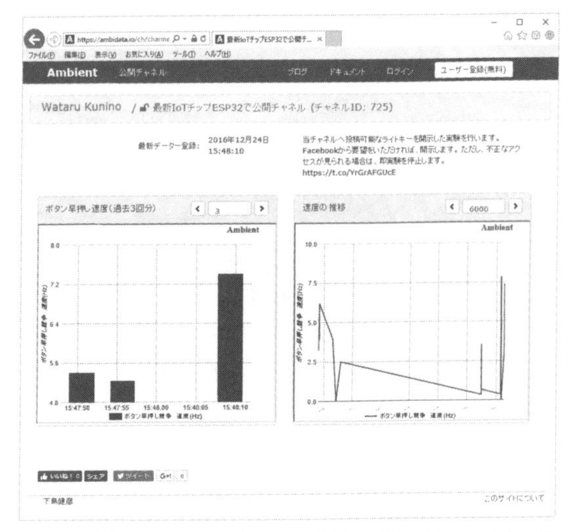

図4　最新のESP32モジュールを使ってAmbientへデータを送信してみた
開発ボード上のBOOTボタン(GPIO 0)を早押しすると，その速度がAmbientの公開実験チャネルへ送信される．速度(Hz)が早いほど棒グラフが高くなる．見知らぬ人や，一緒に製作した知人と最高値を競ってみよう

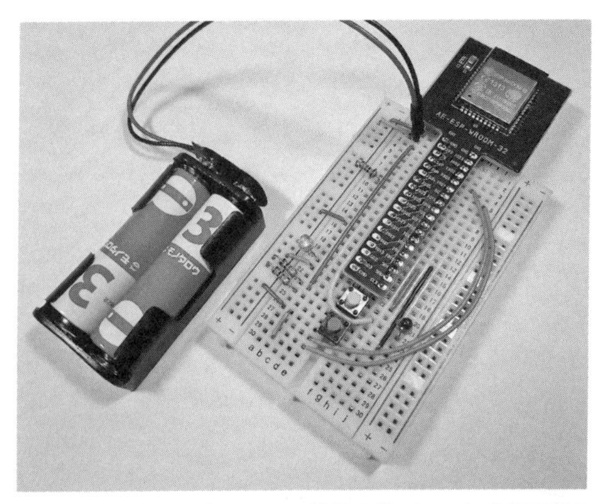

写真8　ESP32モジュールに新品の単3アルカリ乾電池2本を直結して動作させたWi-Fi照度センサ子機
乾電池2本をESP32へ直結することで，電源回路などを簡略化することができる．この状態で電池電圧2.7 Vまで動作させることができた

ト・レートを9600 bpsに戻してください．

● ESP32用スケッチの動作確認

それでは，動作確認してみましょう．起動後，ESP32開発ボード上のBOOTボタンを2度，素早く押下してみてください(ダブルクリック)．2度押し速度がシリアル出力表示されるとともに，Ambientの公開実験チャネルへ速度値が送られます．パソコンやスマートフォンのインターネット・ブラウザを使って，下記のWebページにアクセスすると最新の速度値を閲覧することができます．

早押し実験チャネル
https://ambidata.io/bd/board.html?id=133

本スケッチexample32_testは，2016年11月から12月にかけて筆者が作成したESP32用の初期のサンプルです．この時点では，開発キットArduino core for ESP32 WiFi Chipに不具合が多く，限られた機能の範囲内でWi-Fiが動作するサンプルを製作しました．最新の開発環境はもちろん，古い環境や更新時に発生するデグレ状態でも実行できる場合が多いので，動作確認用として活用できるでしょう．

● ESP32起動時の不具合

起動時に不具合が起こる場合は，電源に問題があることが多いようです．LDO型レギュレータの入力側または出力側に1000 μFのコンデンサを追加すると改善できるでしょう．

LDO型レギュレータの入力側のコンデンサは，USB電源のインピーダンスや保護回路などによる電圧降下を改善します．コンデンサに蓄えられるエネルギーは，電圧の二乗に比例するうえ，ESP32が動作する最小電圧までの電位差も大きいので，効率的な改善が期待できます．

レギュレータの出力側のコンデンサはレギュレータの供給能力不足による電圧降下を改善することができます．供給能力が800 mA以下のレギュレータやLDO型でないレギュレータの場合に，改善が期待できるでしょう．

● 乾電池2本による直結動作で電源回路を簡略化

アルカリ乾電池2本をESP32モジュールに直結することで，ブレッドボード版ESP32開発ボード上の多くの部品を削減することができます．しかも，削減した電源回路部品の漏れ電流がなくなるので，ディープ・スリープ・モード時の待機電力を大幅に改善することもできます．手軽にESP32の実験や動作確認を行いたい場合や，用途を限定した利用方法において有効な手段です．

ただし，過電流保護もなくなるので，故障や異常時に発熱や出火の原因になる場合があります．発火してもすぐに消火できる状態で実験を行うか，延焼しないような場所で使用する，ポリ・スイッチなどの保護回路の追加など，十分な対策を必ず行ってください．

表3　ESP-WROOM-02用スケッチをESP32用へ改造する

改造箇所	ESP-WROOM-02(改造前)	ESP-WROOM-32(改造後)
①使用するWi-Fiライブラリ	#include <ESP8266WiFi.h>	#include <WiFi.h>
②LEDのGPIO接続ピン	#define PIN_LED 13	#define PIN_LED 2
③シリアル通信速度	Serial.begin(9600);	Serial.begin(115200);
④WiFiClientの接続確認方法	if(client==0) return;	if(!client) return;

ESP32でLチカ example33_led

ESP-WROOM-02用のスケッチをESP32モジュール用に修正する一例として，第4章で紹介したESP-WROOM-02用のWi-Fiインジケータのスケッチexample01_ledを，ESP32用のスケッチexample33_ledへ変更してみます．他のサンプル(各ESPモジュールの対応表= p.224 **表4**)についても，同じように変更することができます．

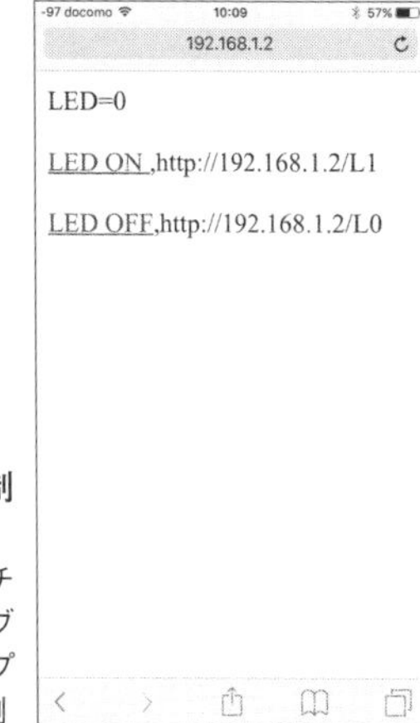

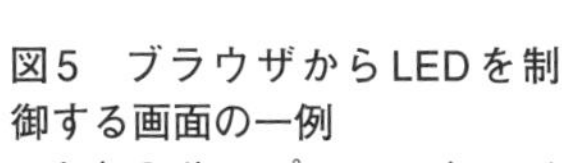

図5　ブラウザからLEDを制御する画面の一例
Lチカのサンプル・スケッチexample33_ledにHTTPによるブラウザ表示機能を追加したサンプルexample33b_ledの動作画面例

● おもなESP32対応ポイント

リスト1は，サンプル・スケッチブックに含まれているESP32用のLチカのサンプル・スケッチexample33_ledです．

ESP-WROOM-02用のスケッチからESP32用へ改造するためのおもな4つの変更点を，以下と**表3**に示します．**リスト1**のスケッチを見ながら確認してください．

改造①：Wi-Fi機能を使用するときに必要な，ESP32用のWi-Fiライブラリです．ESP-WROOM-02では専用のライブラリ名を使用していましたが，ESP32ではArduino標準のWi-Fiライブラリと同じ名前を使用します．ボード設定によって自動的にESP32用のWi-Fiライブラリが組み込まれます．

改造②：このdefine文はESP32のGPIOピンの設定用です．GPIOを使用する場合は，ESP32開発ボードに書かれているピン名を見ながら設定すれば良いでしょう．ここでは，LED用のIOピンを13番から2番へ変更しました．

改造③：ESP-WROOM-02のサンプルではシリアル速度を9600 bpsにしていましたが，ESP32では115.2 kbpsを使用します．

改造④：WiFiClientの型が変更となったため，クライアントからの接続の確認方法を変更しました．

おもにこれら4つの改造を行うことで，多くのESP-WROOM-02用のスケッチをESP32上で動作させることができるでしょう．

動かし方はESP-WROOM-02のWi-Fiインジケータ(exapmle01_led)と同じです．TelnetやTera Term，bashコマンドなどからポート23へ「1」を送信するとLEDが点灯し，「0」を送信すると消灯します．ブラウザからHTTPで制御可能なexample33b_ledや，スマホから直接制御可能なexample33d_led(コラム参照)も収録しました．

ESP32用Wi-Fiスイッチャ example34_sw

●スイッチ状態をUDPで送信する

今度は，UDP送信のサンプルです．タクト・スイッチ(ボタン)の状態が変化したときに，UDPでブロードキャスト送信します．**写真9**に実験のようすを示します．

おもな改造ポイントは**表3**と同じなので，ESP-WROOM-02用のサンプル・スケッチexample02_swを参考にして，自分で改造してみても良いでしょう．各開発ボード上のBOOTボタンはIO 0に接続されています．このボタンを使用する場合は，「#define PIN_SW」の部分で「0」を定義してください．

もし，自分で作ったスケッチが動かなかった場合は，ダウンロードしたサンプル・スケッチに含まれているexample32_swを参考にしてください．

● UDPパケットを受信する

ESP32用Wi-Fiスイッチャが送信したUDPパケッ

リスト1　ESP32用のLチカのサンプル・スケッチexample33_led

```
/******************************************************************************
Example 33(=32+1): ESP32でLEDを点滅させる
******************************************************************************/

#include <WiFi.h>  ←── 改造①                        // ESP32用WiFiライブラリ
#define PIN_LED 2  ←── 改造②                        // GPIO 2(24番ピン)をLEDへ接続
#define SSID "1234ABCD"                              // 無線LANアクセスポイントのSSID
#define PASS "password"                              // パスワード
WiFiServer server(23);                               // Wi-Fiサーバ(ポート23=TELNET)定義

void setup(){                                        // 起動時に一度だけ実行する関数
    pinMode(PIN_LED,OUTPUT);                         // LEDを接続したポートを出力に
    Serial.begin(115200);  ←── 改造③               // 動作確認のためのシリアル出力開始
    Serial.println("ESP32 eg.01 LED");               // 「ESP32 eg.01」をシリアル出力表示
    WiFi.mode(WIFI_STA);                             // 無線LANをSTAモードに設定
    delay(10);                                       // ESP32に必要な待ち時間
    WiFi.begin(SSID,PASS);                           // 無線LANアクセスポイントへ接続
    while(WiFi.status() != WL_CONNECTED){            // 接続に成功するまで待つ
        delay(500);                                  // 待ち時間処理
        digitalWrite(PIN_LED,!digitalRead(PIN_LED)); // LEDの点滅
        Serial.print(".");
    }
    server.begin();                                  // サーバを起動する
    Serial.println(WiFi.localIP());                  // 本機のIPアドレスをシリアル出力
}

void loop(){                                         // 繰り返し実行する関数
    WiFiClient client;                               // Wi-Fiクライアントの定義
    char c;                                          // 文字変数を定義

    client = server.available();                     // 接続されたクライアントを生成
    if(!client) return;  ←── 改造④                 // 非接続の時にloop()の先頭に戻る
    Serial.println("Connected");                     // 接続されたことをシリアル出力表示
    while(client.connected()){                       // 当該クライアントの接続状態を確認
        if(client.available()){                      // クライアントからのデータを確認
            c=client.read();                         // データを文字変数cに代入
            Serial.write(c);                         // 文字の内容をシリアルに出力(表示)
            if(c=='0'){                              // 文字変数の内容が「0」のとき
                digitalWrite(PIN_LED,LOW);           // LEDを消灯
            }else if(c=='1'){                        // 文字変数の内容が「1」のとき
                digitalWrite(PIN_LED,HIGH);          // LEDを点灯
            }
        }
    }
    client.stop();                                   // クライアントの切断
    Serial.println("\nDisconnected");                // シリアル出力表示
}
```

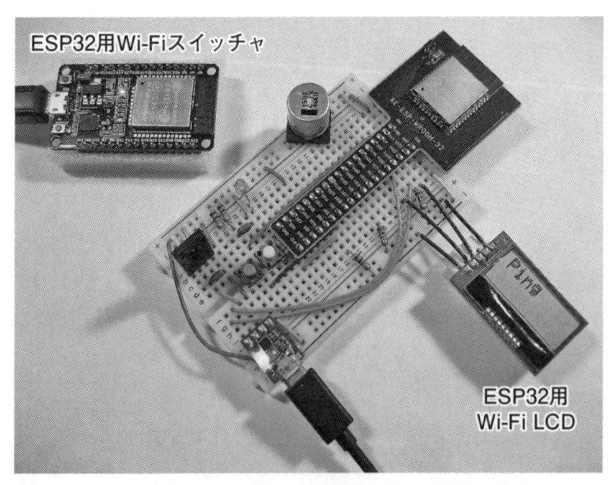

写真9　Wi-Fiスイッチャから送信したUDPパケットをWi-Fi LCDで受信したときのようす
Wi-Fiスイッチャのスケッチexample34_swを書き込んだESP32開発ボードからUDPパケットを送信し，ESP32用Wi-Fi LCDで受信したときのようす

トは，第4章で製作したWi-Fi LCDなどで受信し，表示することができます．Wi-FiスイッチャのBOOTボタンを押下したときに「Ping」，離したときに「Pong」の文字列が表示されます．

写真9では，ESP-WROOM-02用のスケッチexample05_lcdをESP32用に改造したWi-Fi LCDのサンプル・スケッチexample37_lcd.inoを使用しました．I²Cインターフェース用SDAピンGPIO 21と，SCLピンGPIO 22，電源，GNDをI²C小型LCDモジュールAE-AQM0802へ接続してください．

● ホール効果センサとタッチ・センサ

ESP32チップには，磁力を測定するホール効果センサと，静電容量を測定するタッチ・センサが内蔵されています．

ホール効果センサの値を取得するにはhallRead命令を使用します．下記は変数hallにセンサ値を代入す

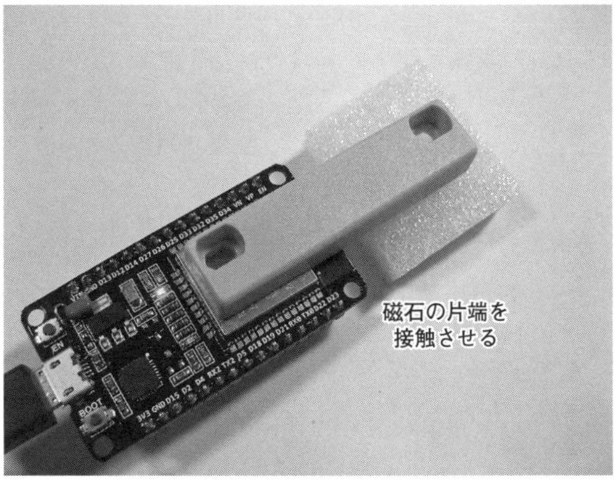

写真10　磁力を検出することができるホール効果センサをESP32開発ボードに接触させたときのようす
ドア・センサ用の磁石を接触させると磁力を検出する．感度は高くないので，磁石の先端がシールドに接触するように，位置を調整した

図6　ESP32内蔵のホール効果センサとタッチ・センサの動作確認を行う
サンプル・スケッチexample31_demoを動かしたESP32開発ボードにアクセスすると，ホール効果センサの読み値がhallReadの部分に，タッチ・センサの読み値がtouchReadの部分に表示される．hallRead部には現在の値と，カッコ内に変化検出のための比較値が表示される．touchRead部には読み値と判定結果がONまたはOFFと表示される

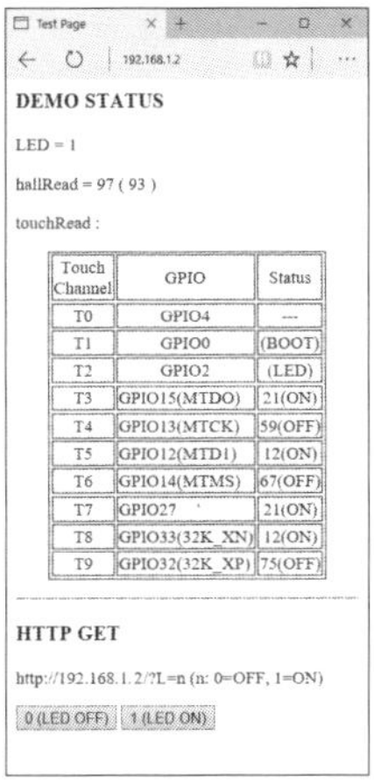

Test Page
192.168.1.2

DEMO STATUS

LED = 1

hallRead = 97 (93)

touchRead :

Touch Channel	GPIO	Status
T0	GPIO4	---
T1	GPIO0	(BOOT)
T2	GPIO2	(LED)
T3	GPIO15(MTDO)	21(ON)
T4	GPIO13(MTCK)	59(OFF)
T5	GPIO12(MTD1)	12(ON)
T6	GPIO14(MTMS)	67(OFF)
T7	GPIO27	21(ON)
T8	GPIO33(32K_XN)	12(ON)
T9	GPIO32(32K_XP)	75(OFF)

HTTP GET

http://192.168.1.2/?L=n (n: 0=OFF, 1=ON)

0 (LED OFF)　1 (LED ON)

る場合の例です．

```
int hall = hallRead();
```

写真10のようにドア・センサ用の磁石をESP32モジュールへ接触させたり遠ざけたりするとプラスまたはマイナス方向へ読み値が変化します．

タッチ・センサの状態を読むには，touchRead命令を使用します．カッコ内の引き数はGPIOのIO番号です．ただし，使用可能なピンはIO 0，2，4，12～15，27，32～33の10ポートです．IO 12のセンサ値を読み取るときは，以下のように書きます．

```
int touch = touchRead(12);
```

タッチ・センサの動作確認を行うには，**写真11**のようにブレッドボードからL字状のピン・ヘッダで信号を引き出し，このピン・ヘッダに指先を触れます．

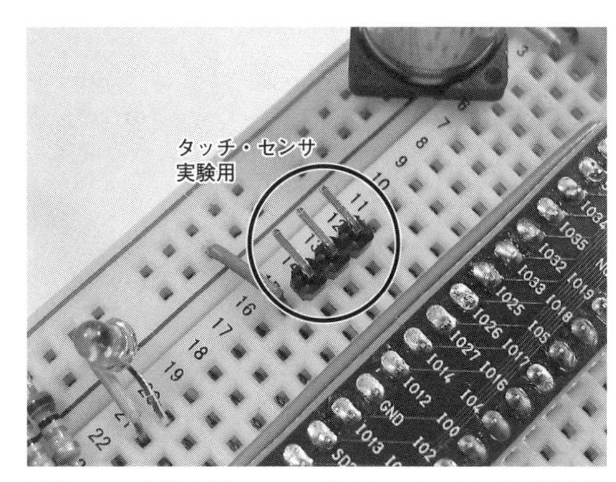

写真11　L字状のピン・ヘッダでタッチ・センサの動作確認を行う
ピン・ヘッダの金属部に触れてみたところ，読み値が50～60くらい変化した．人体にたまった静電気でICが壊れる場合があるので，一度，指先をGNDなどに触れてから実験を行う

得られたセンサ値にはノイズが含まれています．平均値などの演算を行ってノイズの影響を低減させることで，安定した値を得ることができます．これらのセンサを使ったサンプル・スケッチをexample31_demoとして収録しました．

ESP32用IoTセンサ example36_le

●ESP32でケチケチ運転

第4章，p.57～p.59では，ESP-WROOM-02を使った乾電池による長期間動作方法(ケチケチ運転術)を紹介しました．ESP32でも，ディープ・スリープ・モードがサポートされており，esp_deep_sleep命令で低省電力状態に設定することができます．

ESP-WROOM-02用のスケッチexample04_leをESP32用に変更したスケッチexample36_leもサンプル・スケッチに収録したので，センサの製作時などに参考にしてください．

●簡単になったA-Dコンバータ入力

ESP32には12ビットA-Dコンバータ2個が内蔵され，最大17チャネル(作動1入力を含む)のアナログ入力が可能になりました．また，開発環境Arduino ESP32ではArduino標準のanalogRead命令をサポートし，より手軽にアナログ入力を利用することができます．さらに，モジュール内蔵のアッテネータにより，A-Dコンバータのリファレンス電圧を上回る入力に対応しています．実測してみたところ，約0.1～3.2 Vまでの入力が行えました．電源電圧の3.3 Vに近い電圧までの入力が可能になったので，活用範囲が広がるでしょう．

以下は，ESP32-WROOM-32の6番ピンGPIO 34（ADC1_CH6）の電圧を変数adcへ代入する場合の一例です．スケッチexample36_leにも同じような記述があるので，合わせて確認すれば，理解が深まるでしょう．

```
int PIN_AIN = 34;
pinMode(PIN_AIN,INPUT);
int adc=analogRead(PIN_AIN);
```

ESP32では，A-Dコンバータの解像度と入力電圧範囲の変更にともない，ESP-WROOM-02で取得したときの値とは取得値が異なります．解像度の変更によって読み値の範囲は0～4095の4倍になり，電圧範囲の変更によって読み値が3.2分の1になるので，これらの乗算により，ESP-WROOM-02に比べて約1.25倍の読み値が得られるようになります．

ESP-WROOM-02のスケッチを改造してESP32用に変更する場合は，以下のように取得結果を1.25で除算すれば良いでしょう．

```
int adc=analogRead(PIN_AIN)*4/5;
```

従来のESP-WROOM-02よりも機能や性能が増大したESP32を使えば，より多くのことができるようになると思います．一方，ESP-WROOM-02でも十分な場合も多いでしょう．まずはESP-WROOM-02での実現性を検討し，不十分な場合にESP32へ移行するような使い分けを行うと良いでしょう（サンプル対応表＝**表4**）．

表4　各ESPモジュールのサンプル・プログラム対応表

No	練習用サンプル	ESP-WROOM-02用	ESP32-WROOM-32用
1	Wi-Fiインジケータ	example01_led	example33_led
2	Wi-Fiスイッチャ	example02_sw	example34_sw
3	Wi-Fiレコーダ	example03_adc	example35_adc
4	Wi-Fi LCD	example05_lcd	example37_lcd
−	ケチケチ運転術	example04_le	example36_le
No	**IoTセンサ機器**	**ESP-WROOM-02用**	**ESP32-WROOM-32用**
1	Wi-Fi照度計	example06_lum	example38_lum
2	Wi-Fi温度計	example07_temp	example39_temp
3	Wi-Fiドア開閉モニタ	example08_sw	example40_sw
4	Wi-Fi温湿度計	example09_hum_sht31	example41_hum_sht31
5	Wi-Fi気圧計	example10_hpa	example42_hpa
6	Wi-Fi人感センサ	example11_pir	example43_pir
7	Wi-Fi 3軸加速度センサ	example12_acm	example44_acm
8	NTP時刻データ転送機	example13_ntp	example45_ntp
9	Wi-Fiリモコン赤外線レシーバ	example14_ir_in	example46_ir_in
10	Wi-Fiカメラ	example15_camG	example47_camG
No	**Wi-Fiコンシェルジェ**	**ESP-WROOM-02用**	**ESP32-WROOM-32用**
1	照明担当	example16_led	example48_led
2	チャイム担当	example17_bell	example49_bell
3	掲示板担当	example18_lcd	example50_lcd
4	リモコン担当	example19_ir_rc	example51_ir_rc
5	カメラ担当	example20_camG	example52_camG
6	アナウンス担当	example21_talk	example53_talk
7	マイコン担当	example22_jam	example54_jam
8	コンピュータ担当	example23_raspi	example55_raspi
9	電源設備担当	example24_ac	example56_ac
10	情報担当	example25_fs	example57_fs

Column　デモや実験に便利．ESPモジュールのソフトウェアAP機能

Wi-Fiモジュール使ったデモでは，ネットワークを組んだり，PCやスマホを接続したりする際の手間が課題となることがあります．ここでは，無線LANアクセスポイント機能をESPモジュール上のソフトウェアAP(アクセス・ポイント)で実現し，一時的なネットワーク環境下でデモを行う方法について紹介します．

無線LANアダプタには，無線LANアクセス・ポイント側のAPモードと，アクセス・ポイントへ接続する端末用のSTAモードなどがあります．これまでのスケッチでは，WiFi.modeコマンドでWIFI_STAを指定することにより，STAモードにしていましたが，WIFI_APを指定することでAPモードに設定することができます．あるいはスケッチからWiFi.modeコマンドを削除することで，APモードとSTAモードの両方を動かすこともできます(WIFI_AP_STAを指定しても良い)．

リストAは，ソフトウェアAPを使った場合のsetup関数部の一例です．また，LEDをWi-Fiで制御するスケッチexample01_ledを改造し，ソフトウェアAPに対応したサンプル・スケッチも製作しました．詳しくは，サンプル・スケッチの中のexample01d_led(ESP-WROOM-02用)と，example33d_led(ESP32-WROOM-32用)を参照してください．

スマホ側のIPアドレスはESPモジュール側のDHCPサーバが自動的に割り振ることで設定の手間を減らします．一方，ESPモジュール側のIPアドレスは固定(192.168.1.2)にすることで，二次元バーコードなどから簡単にアクセスできるようにしました．**図B**のような二次元バーコードをスマホのカメラで読み取ると，ESPモジュールにアクセスすることができます．

本書で紹介した各種Wi-Fiコンシェルジェを**リストA**のように書き換えれば，デモの準備や，来客者のスマホから制御してもらうことが簡単になるでしょう．

図A　ブラウザから各ESPモジュールへ直接アクセスする
ESPモジュール内の無線LANアクセス・ポイント機能を有効にすることで，スマホから直接，アクセスすることができる

リストA　ソフトウェアAPによるESPモジュールを使った無線LANアクセス・ポイント機能

```
#include <WiFi.h>                          // ESP32用WiFiライブラリ
#define SSID_AP "ESP_SoftAP"               // 無線LANアクセスポイントのSSID

void setup(){                              // 起動時に一度だけ実行する関数
    WiFi.mode(WIFI_AP);                    // 無線LANをAPモードに設定
    delay(10);                             // ESP32に必要な待ち時間
    WiFi.softAP(SSID_AP);                  // ソフトウェアAPの起動
    WiFi.softAPConfig(
        IPAddress(192,168,1,2),            /* 固定IPアドレス */
        IPAddress(192,168,1,1),            /* ゲートウェイアドレス */
        IPAddress(255,255,255,0)           /* ネットマスク */
    );
    Serial.println(SSID_AP);               // 本APのSSIDをシリアル出力
    Serial.println(WiFi.softAPIP());       // 本APのIPアドレスをシリアル出力
}
```

図B　ブラウザからLED制御画面へアクセスするための二次元バーコード
サンプル・スケッチexample01d_ledまたは33d_ledを実行したESPモジュールの制御画面へアクセスするための二次元バーコードの一例．デモ時などに，IPアドレスの手入力の手間を省くことができる

付属CD-ROMの使い方

本書付属CD-ROMにはESP-WROOM-02用とESP32-WROOM-32用のサンプル・プログラム(Arduino用スケッチ)や，ラズベリー・パイ用のサンプル・プログラム等が収録されています．

インストール方法については第3章をご覧ください．ラズベリー・パイ用についてはUSBメモリを経由してインストールすることができます．

なお，開発環境の更新やプログラムの不具合修正などのためにソフトの修正を行うことがあります．最新版については，GitHubからダウンロードできます．

■CD-ROM内容一覧

cqpub_esp

ESP-WROOM-02用とESP32-WROOM-32用のサンプル・プログラムが含まれているフォルダ．Arduino IDEのスケッチブック用の保存フォルダへcqpub_espフォルダを丸ごとコピーして使用する．詳細は第3章のp.37～p.39を参照

cqpub_esp/1_practice

ESP-WROOM-02用とESP32-WROOM-32用の練習用サンプル・プログラムが含まれているフォルダ．Arduino IDEの[ファイル]メニューの[スケッチブック]からアクセスする．詳細は第3章のp.40～p.46を参照

cqpub_esp/2_example

ESP-WROOM-02用とESP32-WROOM-32用のIoT機器用のサンプル・プログラムが含まれているフォルダ

cqpub_esp/3_misc

第1章 ATコマンドでESPモジュールを制御(p.25)

example_http01.txt	p.25図12 HTTPリクエスト用のファイル

第2章 ATコマンドでESPモジュールを制御(p.26)

IchigaJam_LED.txt	IchigoJamをTCP サーバ化

第5章 [11] ソーラ発電トランスミッタ(p.98)

enoc_logger.sh	EnOcean USBゲートウェイのログ表示
enoc_stm431j.sh	EnOcean 温度センサSTM431J受信用
enoc_stm431j_amb.sh	EnOcean 温度センサAmbient転送用

第5章 [12] LTE電報メーラ(p.105)

IchigaJam_RaspPi_trigC.txt	電源管理用プログラム

cqpub_esp/4_server

第6章～第7章のIoTシステムの製作に使用するラズベリー・パイ用サンプル・プログラム

cqpub_esp/node-red

Node-RED用のサンプル・フロー(参考用)

cqpub_esp/tools

第5～8章で使用するudp_logger(第7章 p.166)を含む各種関連ツール(設定用, 動作確認用)

cqpub_esp/download_i.MyMimamori.sh

第8章 6 モバイル回線対応・見守りシステムで使用するラズベリー・パイ用ソフトのダウンローダ

cqpub_raspi/esp.zip

フォルダcqpub_espをラズベリー・パイにインストールするためのZIP形式ファイル. ZIP形式のまま(ZIP圧縮を展開せずに)USBメモリにコピーする

cqpub_raspi/RaspberryPi.zip

ラズベリー・パイのGPIO制御とI^2C通信を行うためのライブラリ. ZIP形式のまま(ZIP圧縮を展開せずに)USBメモリにコピーする

■ラズベリー・パイへのインストール方法

本CD-ROMのラズベリー・パイ用のソフトをインストールするには, 下記の2つのファイルを使用します. ただし, すでにGitHubから最新版をダウンロードしている場合は, インストール不要です.

```
cqpub_raspi/esp.zip
cqpub_raspi/RaspberryPi.zip
```

ZIP形式のまま(ZIP圧縮を展開せずに)USBメモリにコピーし, USBメモリをラズベリー・パイのUSB端子へ接続してください. ラズベリー・パイがUSBメモリを認識すると, [リムーバブル・メディアの挿入]画面が自動的に開くので, [ファイル・マネージャで開く]を選択し, 上記2つのファイルを[pi]フォルダ/home/piへコピーしてください. コピーが完了したらLXTerminalを起動し, 下記のコマンドを入力します.

```
$ unzip  esp.zip
$ unzip  RaspberryPi.zip
```

■最新版のダウンロード方法

ラズベリー・パイやCygwinから下記のコマンドを入力することで, 最新版のサンプル・プログラムをダウンロードできます. 詳細は, 第6章Appendix 5のp.162などをご覧ください.

```
$ git  clone  http://github.com/bokunimowakaru/esp.git
$ git  clone  http://github.com/bokunimowakaru/RaspberryPi.git
```

上記のgitコマンドでダウンロードした場合は, 下記のコマンドで差分だけをダウンロードすることができます.

```
$ cd  ~/esp
$ git  pull
$ cd  ~/RaspberryPi
$ git  pull
```

むすび

本書では，ESP32-WROOM-32とESP-WROOM-02モジュールを中心にIoTセンサやIoT制御機器，そしてラズベリー・パイを使用したIoT機器管理をするためのシステム構築方法について紹介しました．

これらはどれも従来から実現できた技術ですが，IoTという目的のために企画された部品が安価に手に入るようになり，手軽かつ簡単に構築できるようになりました．

■ワイヤレス通信モジュール

ここで，少しワイヤレス通信モジュールについて，振り返ってみましょう．ワイヤレス通信モジュールは，シールドで覆われた高周波回路を切り出したもので，おもにアナログの音声や映像を高周波に変換するために使用されていました．単なる変換機がワイヤレス通信モジュールへと急速に展開を遂げ始めたのは，2000年前後に登場したIT機器の影響です．モジュール内にはディジタル処理をする機能が搭載され，パソコンや携帯型情報端末，携帯電話，スマートフォンなどの機器への組み込み用のモジュール部品として，量産されました．

しかし，プロトコル・スタックの一部をホスト側に別途実装する必要があり，またアンテナを別途実装し，電波法に従った技術適合証明や工事設計認証を受ける必要もありました．そういった課題を鑑みた一部の先行メーカーは，アプリケーション・レベルのプロトコル・スタックやアンテナを実装し，電波法にも適合したモジュールを発売しました．一例として，MaxStream 社(現Digi International社)のXBeeシリーズ(1999年)や，Digi International社のXBee ZBシリーズ(2007年)，Roving Networks社(現Microchip社)のRN-42シリーズ(2010年)などが登場し，製品への組み込みのほか，システムの試作やデモ用，ホビー用途などでも簡単に使うことができ，アーリーアダプタ向けIT機器やM2M機器，IoT機器の普及に寄与しました．

そして2015年頃から急速に普及しはじめたWi-Fi搭載のワイヤレス通信モジュールがEspressif Systems社のESPシリーズです．当初，ピッチ変換基板とともにaitendoがいち早く国内販売を開始したところ，人気を集め，わずか1年くらいの間に，他の販売店からも次々に販売されました．

特に内蔵のマイコンで，自作のアプリケーション・プログラムを実行できると点が，従来のワイヤレス通信モジュールとは一線を画した画期的な長所です．

もはや，IoTモジュールと呼ぶのが適切でしょう．

その後も，ESP32シリーズの追加や，HTTPサーバ機能を簡単に作成できるWebServerライブラリの追加，正式版ライブラリのリリースなど，機能や性能の進化を続けています．ESPシリーズは，今日のIoTを語るうえで欠かせないモジュールと言えるでしょう．

筆者は，このような多くの技術が詰まったモジュール部品であるESPシリーズを，約3年間にわたって使わせていただき，実験を繰り返し行いました．そしてモジュールの中の技術を引き出す方法について，トランジスタ技術2016年9月号と2017年3月号の特集として紹介させていただきました．実際に応用システムを組み，使い勝手を確認しながら製作した応用製作については，システム動作そのものが一定の完成形となっているでしょう．

次は，あなたのアイデアの出番です．新たなIoTシステムの登場に，本書が少しでも貢献できればと願っております．

2019年1月　国野　亘

索　引

か・カ行

さ・サ行

た・タ行

な・ナ行

は・ハ行

ま・マ行

や・ヤ行

ら・ラ行

わ・ワ行

■筆者略歴

国野　亘(くにの・わたる)

ボクにもわかる地上ディジタル　管理人

https://bokunimo.net/index.html

関西生まれ．言葉の異なる関東や欧米などさまざまな地域で暮らすも，近年は住みよい関西圏に生息し続けている哺乳類・サル目・ヒト属・関西人．おもにホビー向けのワイヤレス応用システムの研究開発を行い，その成果を書籍やウェブサイトで公開している．

大中　邦彦(おおなか・くにひこ)

1976年　茨城県生まれ

1999年　東京工業大学・電子物理工学科卒

2001年　同大学院社会理工学研究科修士課程修了

現在は電機メーカーのIT系子会社にて経営者，兼技術者として勤務

超特急Web接続！
ESPマイコン・プログラム全集
［CD-ROM付き］

CD-ROM付き

定価は表紙に表示してあります

発行所　CQ出版株式会社

〒112-8619　東京都文京区千石4-29-14

電　話　編集　03-5395-2124

販売　03-5395-2141

ISBN978-4-7898-4704-9

著　者　国野 亘，大中 邦彦

発行人　小澤 拓治

2019年2月1日　初版発行

2022年1月1日　第3版発行

編集担当　今 一義

表紙デザイン　株式会社コイグラフィー

DTP　西澤 賢一郎

印刷・製本　三晃印刷株式会社

Printed in Japan